U0363275

中国国家公园体制建设报告
（2021~2022）

ANNUAL REPORT ON NATIONAL PARK MANAGEMENT
SYSTEM IN CHINA (2021-2022)

主　编／苏　杨　张海霞　何　昉
副主编／王　蕾　苏红巧　邓　毅

社会科学文献出版社
SOCIAL SCIENCES ACADEMIC PRESS (CHINA)

主要写作人员名单

国务院发展研究中心管理世界杂志社
苏 杨 苏红巧 赵鑫蕊

深圳大学美丽中国研究院
何 昉 张同升 孙乔昀

浙江工商大学旅游与城乡规划学院
张海霞

湖北经济学院旅游与酒店管理学院
邓 毅 高 燕 董 茜 夏保国

中国科学院动物研究所
解 焱

玛多云享自然文旅有限公司
王 蕾

　　"国家公园蓝皮书"（《中国国家公园体制建设报告》）的相关研究、写作、出版及样书购买得到国务院发展研究中心力拓基金项目、教育部人文社会科学研究规划基金项目（22YJAZH021）的支持。

前　言

　　《中国国家公园体制建设报告（2021～2022）》是第一本"国家公园蓝皮书"《中国国家公园体制建设报告（2019～2020）》（以下简称"第一本蓝皮书"）的延续。2021年，中国第一批5个国家公园以习近平主席在COP15①上的讲话宣布和国务院批复文件的形式正式产生，这一年堪称历史记录中的中国国家公园元年。在第一本蓝皮书对国家公园体系和体制进行系统分析、第一批国家公园已经产生、第二批国家公园呼之欲出的情况下，本书聚焦操作层面的国家公园事务（包括国家公园管理机构、地方政府和社会各界怎么保护好、利用好国家公园等），确定以**"国家公园如何统筹'最严格的保护'和'绿水青山就是金山银山'"**为年度主题，阐释和讨论"最严格的保护"怎么落地和两山怎么转化，意图既让这几年参与国家公园的利益相关方更好地因地制宜而非教条硬搬地保护、利用，也让更多的地方准确理解国家公园，从而使更多有国家代表性的区域在地方政府的支持下尽快进入国家公园行列。在这样的主题和意图下，本书分为三篇，分别是**"国家公园'最严格的保护'的科学含义、实现方式和体制机制"**、**"国家公园实现两山转化的技术路线和体制机制"**、**"国家公园统筹'最严格的保护'和两山转化的案例及相关措施的项目化方案"**②。

　　以上三篇的研究在2021～2022年这个时间段尤显必要：自2019年中共中

---

　　① COP15指联合国《生物多样性公约》（CBD）缔约方大会第十五次会议。该会议分成两个阶段，其中第一阶段会议于2021年10月11～15日在中国云南省昆明市召开。习近平主席在10月12日的领导人峰会发言中指出，为加强生物多样性保护，中国正加快构建以国家公园为主体的自然保护地体系，逐步把自然生态系统最重要、自然景观最独特、自然遗产最精华、生物多样性最富集的区域纳入国家公园体系；中国正式设立三江源、大熊猫、东北虎豹、海南热带雨林、武夷山5个第一批国家公园。COP是《生物多样性公约》的最高议事和决策机制，COP15的主题是**"生态文明：共建地球生命共同体"**（Ecological **Civilization-Building a Shared Future for All Life on Earth**）。
　　② 考虑到本书内容庞杂，因此按主题分为三篇，但各章仍是全书统一顺排，图表序号也基于章数确定。

央办公厅、国务院办公厅印发《关于建立以国家公园为主体的自然保护地体系的指导意见》（在本书中简称《保护地意见》）以来，国家公园和自然保护地领域的"大动作"持续不断，从自然保护地整合优化、国家公园体制试点验收、诸多自然保护地整合后按文件要求履行国家公园创建程序，到 COP15 上第一批国家公园正式亮相，再到习近平主席在 2022 年世界经济论坛上正式提出"中国正在建设全世界最大的国家公园体系"和在海南视察时指出国家公园是国之大者①，以及 2022 年 8 月社会各界期待已久的《国家公园法（草案）（征求意见稿）》公开征求意见，这两年多的动作足够大、变化足够多。本书的三篇内容多数基于我们这个研究团队过去几年的研究成果，且"文章合为时而作"，包括分析 2020 年以来的各种领导讲话、文件和技术标准等②，其中均涉及对"最严格的保护"和国家公园处理"两山"关系的理解及其怎么体现到操作层面。这使本书的时间标注（2021~2022 年）名副其实，也使读者能知其然和未然——毕竟第二批国家公园也即将公布，第一批国家公园的体制机制即将全面落地。

这三篇的逻辑线索和主要内容如下。

第一篇以"国家公园'最严格的保护'的科学含义、实现方式和体制机制"为主题。"最严格的保护"是国家公园的"标签"之一，但是否严防死守建禁区就是最严格的保护？从科学角度看，生态保护的要点在于根据主要保护对象的保护需求采取调控措施，如从方式、程度、频率上管制人类活动或调控生态系统的某些要素（如对水体的生态修复或对竞争性树种的择伐等），以形成主要保护对象的最适生境等——**最严格的保护是最严格地按照科学来保护。**在这种理解下的保护，不仅对国家公园的管理能更好地实现保护目标，也易于

---

① "海南以生态立省，海南热带雨林国家公园建设是重中之重。要跳出海南看这项工作，视之为'国之大者'，充分认识其对国家的战略意义。"参见《习近平：海南国家公园建设是"国之大者"》，人民网，2022 年 4 月 12 日，http://politics.people.com.cn/n1/2022/0412/c1024-32397370.html。

② 其中包括习近平总书记在党的十九届六中全会（该会议通过了《中共中央关于党的百年奋斗重大成就和历史经验的决议》）、COP15、世界经济论坛等重要场合涉及国家公园的讲话，国务院批复第一批国家公园的文件，多项国家标准及国家林业和草原局文件，还有诸多正在争取设立国家公园的自然保护地提交的"两报告、一方案"（《国家公园科学考察与符合性认定报告》《设立国家公园社会影响评估报告》《国家公园设立方案》），以及《国家公园法（草案）（征求意见稿）》，等等。

协调人与自然的关系，尤其在中国的自然保护地普遍存在"人、地约束"的情况下。这种理解也易于使某些地方政府纠正国家公园妨碍发展的偏见，使更多具有国家代表性的自然保护地整合转化为国家公园。但在现实管理中，如何实现"最严格地按照科学来保护"？结合中国自然保护地目前存在的主要问题，本篇主要强调通过体制机制改革来实现完整性保护、适应性管理并争取形成"共抓大保护"的利益共同体。管理体制机制是国家公园实现管理目标的制度保障，其中又以管理单位体制和资源环境综合执法体制为核心。基于此，第一篇由国家公园"最严格的保护"的科学含义、国家公园"最严格的保护"的实现方式、保障国家公园"最严格的保护"的体制机制三个部分组成。

第二篇以"国家公园实现两山转化的技术路线和体制机制"为主题。"绿水青山就是金山银山"是习近平生态文明思想的重要原则，也是生态产品价值实现的实践途径。《国家公园法（草案）（征求意见稿）》明确了"国家公园践行绿水青山就是金山银山理念"和"国家公园范围内经营服务类活动实行特许经营"。特许经营机制是国家公园统筹实现"最严格的保护"和"绿水青山就是金山银山"的主要手段，能在"生态保护第一"的前提下确保"全民公益性"并发挥市场在资源配置中的高效作用。特许经营机制首先是国家公园体制的基础制度，然后是国家公园范围内及周边的发展制度（保护前提下突破资源和"人、地约束"，实现国家公园多元共治的价值共创、生态产品价值的永续转化），还是国家公园范围内及周边的保护制度。为统一规范管理中国国家公园特许经营活动，在生态保护优先前提下，提高国家公园内自然资源资产的经营利用水平和公众体验质量，维护国家、公众和特许经营受让人合法权益，需要在系统梳理总结全球典型国家的国家公园及相关自然保护地特许经营管理现状与共性问题的基础上，结合中国国家公园经营管理的实践经验，提出基于决策者视角的具有可操作性和适应于中国的国家公园特许经营实施路径。本篇包括统筹理解"绿水青山就是金山银山"与"最严格的保护"、特许经营是国家公园实现两山转化的主要政策工具、建立中国特色国家公园特许经营制度三个部分。

第三篇以"国家公园统筹'最严格的保护'和两山转化的案例及相关措施的项目化方案"为主题。本篇选取三江源、广东南岭、大熊猫国家公园三个案例点，详细分析在某个国家公园层面统筹实现"最严格的保护"和两山转化的具体实践，与前面两篇的理论分析和制度构建方案互为支撑。三江源国家公园是中国第一个国家公园体制试点、第一批设立的国家公园之一，也是迄今中国面积最大的国家公园。三江源国家公园根据自身基础条件和特点，在特许经营方面依法依规率先探索，已初步探索出体现人与自然和谐共生的特许经营机制：将政府政治目标、社区发展目标和企业经济目标融为一体，初步实现了利益相关者统筹政治和经济两个利益维度后的总体受益。广东南岭国家公园是第二批国家公园之一，其以规范的特许经营制度统筹保护与发展的关系，既使之前旅游景区的开发乱象得到规范，又使保护、科研、教育、游憩等方面的服务得到填补和改善，还意图在国家公园产品品牌增值体系下重构国家公园管理机构与基层地方政府、社区的关系，从而形成"共抓大保护"的局面。大熊猫国家公园范围大、资源价值高，但保护与发展的关系最复杂。在其管理体制被初步理顺后，我们按照国家林业和草原局领导的指示，设计了其以特许经营项目试点的方式改造目前的业态、规范发展国家公园入口社区的方案。这样的方案对各国家公园乃至自然保护地在各方面政策法规仍有掣肘、各种既有利益相关者存在疑虑的情况下的借鉴意义可能最强，但具体的实施效果有待在第三本蓝皮书中呈现。

需要特别指出的是，本书第二篇中的两山转化仍然是从生态保护角度出发的，而大量产业界人士（包括农林旅游业和乡村振兴等领域）习惯于从产业要素的角度来看待绿色发展。因此，我们以最近两年完成的课题研究"关于进一步打造世界一流'绿色食品牌'、全链条重塑云南农业的建议"为基础，与国家公园和自然保护地的情况结合后，将云南绿色食品牌与自然保护地相关的工作作为本书附件3，以使读者也能从产业链的角度明晰产业发展技术路径、相关要素提升手段和政策障碍解决办法。

总之，本书希望读者能跟随中国国家公园体制建设的进程，不断深化对中国国家公园的了解，并将其作为伴随工作进程的"课外材料"——不是教材，也不是工具书，但总能告诉您在这个工作时间段相关的信息和更新的思路。为此，本套书作为周期性出版的丛书，后续相对已有的而言，一个重要的功能是更新。这种更新有从时间维度对相关信息的延续，如附件1（对国家公园建设中相关中央文件、重要事件和习近平总书记讲话的解读及国家相关工作动态），且其中不限于林草系统常规关注的信息，而是基于"从自然保护区到国家公园，是从基于要素的行业管理转向了基于国土空间的综合管理"这一判断，将与国土空间用途管制相关的文件和讲话进行了列举和分析（其中更新的 2021 年的 17 条信息中只有 3 条被列入林草系统 2021 年 10 件大事），这样能使读者从更开阔的视野和更底层的制度来了解国家公园管理。这种更新还包括跟踪性的研究，如在第一本蓝皮书专题报告第一章里，我们专门分析了中国国家公园的设立标准及其应用方式，就在过去的两年中，五项国家标准已经出台，算是将这个主题从研究转化为实践。但并非国家标准出台就是这项工作的终点：一方面，国家标准需要修订，因此标准研究的工作要继续；另一方面，《国家公园法》施行后，国家标准还需要依法修订甚至调整。后续图书还有一个重要的功能是深化。第一本蓝皮书的附件 5 用 155 页篇幅介绍了全球国家公园的发展历程与体制特点，但因为"篇幅所限"，没有对一些典型国家的类似制度进行比较分析。如其中分别介绍了美国的保护地役权和特许经营制度、日本的风景地保护协议和特许承租人制度，若对这两组制度进行比较分析，就会发现其原理和有些做法是相似的（如日本风景地保护协议的土地所有者将享受税收优惠待遇与美国保护地役权的供役人会获得多种税收减免类似），但因为国情和相关体制不同，在操作的方法和方式上有所区别。进行这种对比分析，就能了解在国际经验借鉴时如何"洋为中用"，即借鉴原理和一些做法，并从可行性角度对一些做法进行删改或整合。本书中有多处这样的深化分析，这能使已有的内容不断深入，从而更好地满足实践需要。

　　最后，需要说明一下本书的相关背景和参与人员，在第一本蓝皮书中列举过的就不在此重复，第一本蓝皮书的共同主编北京林业大学张玉钧教授和北京工商大学石金莲教授也仍然支持了本书的研究工作。本书的相关工作由国务院发展研究中心管理世界杂志社的团队、浙江工商大学张海霞教授团队与深圳大学美丽中国研究院何昉教授团队、湖北经济学院邓毅教授团队共同完成，中国科学院动物研究所解焱副研究员完成了第一篇中与国家公园机构设置有关的章节，玛多云享自然文旅有限公司王蕾和北京天恒可持续发展研究所万旭生的团队牵头完成了第三篇以及与特许经营有关的 3 个附件的相关调查和写作。本书的相关研究、写作和出版仍主要由国务院发展研究中心力拓基金项目提供经费支持，第一本蓝皮书前言中提到的多位专家和相关职能部门的官员对书稿进行了指正。本书各部分主要写作人员、相关调查参与人员及资料整理人员如下。

第一篇：苏杨、解焱、苏红巧、张引、黄缘也、高冰磊、方芳、黄文靖；

第二篇第一部分：张海霞、赵鑫蕊、孙业红、赵静、白海峰、宋昌素、程成、刘亚宁、李丹阳；

第二篇第二部分：何昉、张同升、张海霞、薛瑞、黄梦蝶、周寅、凌林、董啸天、彭奎、陈叙图、李月；

第二篇第三部分：邓毅、夏保国、高燕、国庆、俄项、田雅博、王莫菲、何霞、刘铭玉、李华宇、惠营；

第三篇：王蕾、周宇晶、陈叙图、董茜、白海峰、刘洁、刘亚宁、张春阳、蒋飞航、张猛、陈可；

附件：蔡晓梅、钟真、生吉萍、刘洁、张海霞、邓毅、万旭生、黄文靖；

统稿：苏杨、赵鑫蕊、王蕾、邓毅；

审稿：林家彬、程红光、张颖岚、汪昌极（Carl Wang）。

苏杨　张海霞

2022 年 10 月

目　录

第三部分　保障国家公园"最严格的保护"的体制机制

第二篇　国家公园实现两山转化的技术路线和体制机制

第一部分　统筹理解"绿水青山就是金山银山"与"最严格的保护"

第二部分　特许经营是国家公园实现两山转化的主要政策工具

第三部分 建立中国特色国家公园特许经营制度

第三篇 国家公园统筹"最严格的保护"和两山转化的案例及相关措施的项目化方案

第一部分 三江源国家公园特许经营实践评估与总结

第二部分 特许经营：有限有序竞争的南岭实践

第三部分 大熊猫国家公园特许经营试点操作方案

——以荥经片区泥巴山廊道特许经营项目为例

附　件

第一篇

国家公园"最严格的保护"的
科学含义、实现方式和体制机制

"最严格的保护"是 2017 年《建立国家公园体制总体方案》（以下简称《总体方案》）对国家公园的保护要求。但该文件并没有具体解释这一要求，而保护在不同的语境下有不同的含义，英语中也有含义不同的词分别表述。本书的研究成果明确："最严格的保护"是最严格地按照科学来保护。《自然保护区条例》中的部分地方（如"十个不准"要求①），实际是基于对自然生态保护的片面理解，其"十个不准"等管理措施在某些方面"误伤"过地方政府和社区，也使保护和发展的关系难以平衡。本篇从三个方面进行论述：①国家公园"最严格的保护"的科学含义，从国际上 protection 到 conservation 的理念转变，理解"保护即合理利用"的内涵；②国家公园"最严格的保护"的实现方式在管理、制度设计方面都应该有创新，承接第一本蓝皮书对"适应性管理""保护地役权"等的探讨，继续深挖这些创新背后的制度逻辑、应用前景以及亟待清除的落地障碍；③解决普遍问题要从制度成因入手，第三部分将当前国家公园建设中亟待解决的"跨界管理""综合执法改革""日常管理与生态环境监管的区别与部门分工"等问题作为重点，给出相应的解决方案，以使"最严格的保护"在多种情况下都得以实现——依托制度保障。

---

① 1994 年发布的《自然保护区条例》规定：禁止在自然保护区内进行砍伐、放牧、狩猎、捕捞、采药、开垦、烧荒、开矿、采石、挖沙等活动。这样的规定在 2022 年 8 月的《自然保护区条例（修订草案）（征求意见稿）》中被删去。

第一部分
国家公园"最严格的
保护"的科学含义

"最严格的保护"已经成为生态环境领域的高频词,但是否按照现有法规和相关文件严防死守就是"最严格的保护"?对自然保护地来说,应考虑生态系统与原住居民生产生活之间的关系并借鉴国内外经验,将"山水林田湖草人"作为一个生命共同体来统筹安排①,根据以科学研究为基础所形成的保护地各区域细化的保护需求,制定原住居民和地方政府行为的负面禁止清单(简称"黑名单")和产业发展的正面引导清单(简称"白名单")。既满足保护需求又通过配套的制度建设(如保护地役权、绿色品牌特许经营机制等②)形成绿色发展方式,使保护的成果惠及全民,这样才能形成"共抓大保护"的机制,才是合理性与可行性兼顾的最严格的保护——**最严格的保护是最严格地按照科学来保护。**

---

① 第一本蓝皮书在主题报告第三章 3.1.2.1 节专门阐释了这个观点,科学表述就是原住居民也是生态系统的要素,所以应将其与其他要素同等看待。

② 保护地役权在第一本蓝皮书专题报告及本篇第二部分有更详细介绍;特许经营制度作为国家公园体制的基本制度之一,在第一本蓝皮书的国家公园体制机制总体框架中做了介绍,本书进一步将特许经营作为"绿水青山就是金山银山"的制度保障,并在第二篇和附件中对特许经营的概念、发展、国内外经验和制度设计做系统分析。

第1章
"最严格的保护"是最严格地按照科学来保护

从中央层面来看，将"最严格"与生态环境的"保护"关联在一起，最早出现在 2013 年党的十八届三中全会的《中共中央关于全面深化改革若干重大问题的决定》中："建设生态文明，必须建立系统完整的生态文明制度体系，实行最严格的源头保护制度、损害赔偿制度、责任追究制度，完善环境治理和生态修复制度，用制度保护生态环境。"2017 年 5 月，在中共中央政治局第四十一次集体学习（主题是推动形成绿色发展方式和生活方式）时，习近平总书记强调："必须把生态文明建设摆在全局工作的突出地位……推动绿色发展，建设生态文明，重在建章立制，用最严格的制度、最严密的法治保护生态环境。"[1] 同年 9 月，《总体方案》中明确提出，"国家公园是我国自然保护地最重要类型之一，属于全国主体功能区规划中的禁止开发区域，纳入全国生态保护红线区域管控范围，实行最严格的保护"。这个"最严格"，是否就是严格按照现有法规的"严防死守"？这里面的"保护"究竟指的是什么？"实行最严格的保护"的自然保护地区域（全国主体功能区规划中的禁止开发区域）是否就基本等同于禁区[2]？国内外保护绩效显著的自然保护地是如何进行最严格的保护的？不解读这些概念、厘清这些问题，就无法真正落实中央要求的"最严格的保护"。

---

[1] 《习近平在中共中央政治局第四十一次集体学习时强调　推动形成绿色发展方式和生活方式　为人民群众创造良好生产生活环境》，共产党员网，2017 年 5 月 27 日，https://news.12371.cn/2017/05/27/ARTI1495877970701984.shtml。

[2] 第一本蓝皮书已经从社区发展角度入手，提出"一味地强调严格保护和依靠政府财政补贴反而不利于国家公园建设"的观点，本章则科学系统地分析"最严格的保护"的内涵，以正本清源，为现实管理提供理论依据。

1.1 准确解读"最严格的保护"

1.1.1 生态文明时代需要"最严格的保护"

自党的十八届三中全会提出"建立国家公园体制"以来,国家公园的地位经历了"自然保护地体系的**代表**"(《总体方案》)向"自然保护地体系的**主体**"(党的十九大报告)的转变,国家公园的保护要求从"实行**更严格保护**"(《生态文明体制改革总体方案》)变为"实行**最严格的保护**"(《总体方案》)。这些转变体现了中央"加快生态文明体制改革,建设美丽中国"的决心,表明未来自然保护地的管理要向国家公园体制看齐,尤其国家公园作为自然保护地的主体,要"实行最严格的保护",这也是中国国家公园与许多国家的国家公园在生态保护上的要求不同的地方。

从"更严格"到"最严格",这期间发生了什么?导致这个转变的原因有很多,对"**祁连山事件**"的处理是其中之一:大量违规审批、未批先建、手续不全的采矿探矿和水电开发活动,使祁连山自然保护区局部植被被破坏、水土流失、地表塌陷,下游河段出现减水甚至断流现象,水生态系统遭到严重破坏。习近平总书记多次批示要求抓紧整改、中央有关部门严格督促。在此情况下,一些干部被问责。自此之后,"最严格的保护"深入人心(尤其是政府部门相关的管理人员),环境保护方面的"党政同责、一岗双责、失职追责"真正落地。尽管如此,由于"以经济建设为中心"的传统发展观惯性强大,迄今仍有不少地方未形成"共抓大保护、不搞大开发"的合力,自然保护区破坏问题仍屡禁不止。这一方面说明,进入生态文明时代后,我们必须通过"最严格的保护"才能保住绿水青山;另一方面也说明,**目前操作的"最严格的保护"标准和做法似有不合理之处,许多地方可能难以实施若干法规字面上的"最严格的保护",即便实施这样的"最严格的保护",也有可能出现保护效果不理想的结果。**因此,从学术角度辨析"保护"和"最严格的保护"成为当务之急。

1.1.2 "**最严格的保护**"是最严格地按照科学来保护的概念辨析

"最严格的保护"提出了以国家公园为主体的自然保护地体系的管理要

求，这是否意味着自然保护地范围内就不能发展、一草一木皆不能动了呢？回答这个问题，首先需要探讨"保护"的含义。从自然保护地起源地（美、英、法等欧美国家）的保护历史看，"保护"一词对应的英文单词有 protection 和 conservation，相对应的拥护者被称为 protectionist 和 conservationist（见表 1-1）：前者强调的是"no use"，即严防死守、禁止一切利用的保护；后者则强调"legitimate use""wise use"，即寓保于用，在秉承保护第一理念的前提下，合理合法地进行资源利用，然后反哺于保护。自然保护地建立早期（1872～1960 年），protectionist 居主导地位，当时认为保护与发展不可兼顾（incompatible with each other）、完全对立。随着社会的发展、对自然认知水平的提高，人们发现保护与发展是可以相伴而生的（conservation and development are seen as two faces of the same coin），conservationist 开始逐渐增多，逐渐居主导地位，并一直持续至今。

表 1-1　保护之 protection 和 conservation 辨析

	英文释义	中文释义
protection	**no use**, any measure taken to **guard** a thing against damage caused by outside forces; **shield from** exposure, injury, damage, or destruction	严防死守的保护,强调"一刀切"地禁止资源利用
conservation	**legitimate use, wise use**(keep in a safe or sound state, to avoid wasteful or destructive use); conservation seeks the proper use of nature; conservation is **an ethic of resource use, allocation, and protection**	寓保于用,强调在自然资源有效保护的前提下,进行适度合理的利用,进而通过合理利用获取资源反哺于保护

自然保护地主流保护理念从 protection 向 conservation 的转变，可以从世界上规模最大的环保组织世界自然保护联盟（International Union for Conservation of Nature，IUCN）的发展史管窥。1948 年，世界自然保护联盟成立时，名称为 International Union for the Protection of Nature（IUPN）。在开展工作的过程中，世界自然保护联盟的自然生态学专家（多数是生物学专家）逐渐认识到要用系统的方法考虑生态系统中各要素相互之间的关系：孤立的、"防卫式"的对单一物种或区域的 protection 在现实中既不科学也不可行，取而代之的应是积极向上的、考虑有效保护和合理利用的 conservation。

该组织的发展目标也从单一的、严格的自然保护，转变为兼顾自然保护和人类福祉。由此，1956 年，IUPN 改名为 IUCN。1980 年，为了促使政府部门、自然保护专家（conservationist）、原住居民、社会发展实践者（如企业、行业协会等）等不同利益相关者形成保护合力，探寻更为聚焦生物资源（living resources）管理的方法，IUCN 发布《世界自然保护大纲》（World Conservation Strategy，WCS）。其三条准则是：①维护支撑人类生存和发展的关键生态过程和生命支撑系统（如营养物质循环、水质净化等）；②保护遗传多样性（自然界生物所蕴藏的基因物质），这是关键生态过程和生命支撑系统得以可持续的重要基础，例如遗传多样性保护可以为动植物的分类进化提供有益资料，为制定珍稀濒危物种保护方针和措施、动植物育种等奠定基础；③确保对物种和生态系统（尤其是鱼类和其他野生动物、森林和牧场）的可持续利用，这些物种和生态系统对广大乡村社区和多数工业活动具有重要的支撑作用。从 IUCN 的发展历程和 WCS 可以看出，**自然保护一方面需要集合各方力量，通过形成利益共同体，形成保护的合力；另一方面需要基于对自然生态系统结构、过程和功能的认识，采取科学的、动态的、适应性的保护措施，而非简单地严防死守。**

基于对"保护"的认识，可以明确《总体方案》中"最严格的保护"是指 conservation，而不是 protection。《总体方案》中的相关表述为：①"国家公园是指由国家批准设立……，实现自然资源科学保护和合理利用的特定陆地或海洋区域。建立国家公园体制……对于推进自然资源科学保护和合理利用，促进人与自然和谐共生，……具有极其重要的意义"；②国家公园"属于全国主体功能区规划中的禁止开发区域"①；③"建立社区共管机制。……，明确国家公园区域内居民的生产生活边界，……鼓励通过签订合作保护协议等方式，共同保护国家公园周边自然资源"。**从这些表述中可以看出，"最严格的保护"指的应该是最严格的 conservation，是"最严格地按照科学来保护"，需要基于对自然生态系统结构、过程和功能的认识，细化保护对象的保护需求，统筹考量以土地权属为代表的社会经济限制条件。对于未受过人类干扰的原始生态**

---

① 《全国主体功能区规划》中的"开发"特指大规模高强度工业化城镇化开发，禁止/限制开发区域并不是限制发展，而是为了更好地保护这类区域的农业生产力和生态产品生产力，实现科学发展。

系统（荒野区域）、濒危的种群，根据其保护需求严格管理；对于不濒危的种群，则坚持合理利用，实现生态效益、社会效益、经济效益的最大化。

1.2　国内自然保护地存在的管理弊端

中国自然保护地的管理普遍存在"人、地约束"（即内部有大量原住居民，土地权属大多不属于政府）。严格遵循《自然保护区条例》（以下简称《条例》），可能会形成对自然保护区进行严防死守的管理方法，与现代的自然保护地管理理念脱节，产生保护效果不理想、社会矛盾冲突严重等问题，因此亟待进行优化调整，相关法规也应从理念到条文进行根本性调整。

1.2.1　"一刀切"的管理方式限制了自然保护地的科学管理

自然保护区是中国建立国家公园体制之前的自然保护地主体类型。由于对自然生态系统结构、过程和功能的认知水平有限等原因，中国 1994 年发布、2017 年第二次修订的《条例》堪称最严苛（而非最严格），例如，"自然保护区内保存完好的天然状态的生态系统以及珍稀、濒危动植物的集中分布地，应当划为核心区，禁止任何单位和个人进入"，还有无差别的 10 项禁止："禁止在自然保护区内进行砍伐、放牧、狩猎、捕捞、采药、开垦、烧荒、开矿、采石、挖沙等活动。"这些规定既不合理也难以操作，忽视了**需要根据诸多野生动植物的保护需求人为调整栖息地，以及某些保护对象已经与原住居民适当的生产生活形成近似"共生"的关系**。以下举两个案例。

例如，浙江百山祖国家级自然保护区的重要保护对象之一是中国特有的子遗植物百山祖冷杉。洪水冲刷导致两株百山祖冷杉被毁，保护区管理人员针对这一问题，在冷杉附近区域修建了导流堤；为了促进与亮叶水青冈同域竞争不利的百山祖冷杉的繁殖，管理人员采取了多种人工干预措施。这些措施均基于监测和科研。乔木层优势树种亮叶水青冈与百山祖冷杉竞争激烈，冷杉被挤在林缘。在林中的原 3 号百山祖冷杉，胸径 20 厘米，而树冠冠幅不到 1 米，后因人工干预，林冠空间扩大，但仍在 1986 年因树干在亮叶水青冈枝杈间，风吹树杈磨损了树干一圈树皮而枯死；现存最小的一株百山祖冷杉 1963 年采过标本，由于亮叶水青冈林冠闭锁覆盖，30 多年生的植株仍高不过 2 米，经过人工培土和减少庇荫，才开始恢复生机。目前，保护区管理机构对所有百山祖冷杉成树下面的枯落叶进行了清理，并布设了遮阴网，以促进百山祖冷杉发芽生长。管理机构的这些适应性管理，使百山祖冷杉得到很好的保护。但这些保护行为都是在自然保护区的核心区进行的，按照《条例》来看，属于违规行为。

再如，全国唯一以保护野生梅花鹿及其栖息地为主的江西桃红岭国家级自然保护区。在建立保护区之前，桃红岭一带历史上常有山火，不适合乔木生长，植被类型主要是灌草丛，适宜梅花鹿栖息觅食。保护区成立之后，对森林资源管理采取的是较严格的封山育林措施，导致植被正向演替，保护区内的森林逐渐茂密。经过多年的"保护"，梅花鹿的栖息地缩小，活动空间被挤压，觅食困难，逐渐向保护区外围扩散，生存受到威胁。桃红岭保护区应当对梅花鹿的适宜栖息地开展科学研究和监测，对保护区进行基于梅花鹿及其栖息地保护需求的动态管理。而这些工作要"合法"，就需要对《条例》等相关法规进行修订。

1.2.2 "一刀切"的管理方式也给国家公园建设带来负面影响

《条例》中某些缺乏科学性的条文也给国家公园体制建设带来一定的阻力。中国国家公园体制试点与中央生态环保督察在时间上基本是同步的（均始于2015 年），后者对前者产生了深远的影响：因为中央生态环保督察大体以《条例》为依据，而《条例》中划禁区、"一刀切"的规定不仅在现实中难以严格执行，而且如果严格执行有可能有损于某些野生动物的保护①。严格来说，《条例》等法规是在 2017 年中央生态环保督察对自然保护区等严格督察后（祁连山事件后），才开始对自然保护区的所谓严格依法管理产生广泛的实质影响的②。在祁

---

① 《条例》将珍稀、濒危动植物集中分布地划入核心区，禁止任何单位和个人进入。这违背了科学保护原则和适应性管理理念，不仅难以妥善协调与周边社区的关系，甚至有可能带来负面的保护效果。

② 《条例》在颁布后并没有配套明确的体制建设，因此全国的自然保护区体制并不相同，即便同为国家级自然保护区，也在资金机制、国土空间管理权限和执法职能配备上大相径庭，大多数省级以下保护区形同虚设，一些地区对自然保护区的管理并未严格依法，全国基本上找不到能严格按照《条例》来管理的自然保护区。2017 年祁连山事件就是这种状况的一个缩影。

连山事件之后，一些政府部门和保护地的中央地方管理人员将"最严格的保护"片面地理解为保护地就是禁区。在现阶段的一些督察工作中，督察人员按照《条例》进行"最严格的保护"，"一刀切"地对自然保护区内的各项生产生活行为进行审查，而非根据实际情况灵活性地制定过渡阶段的管理办法。督察工作及后续的追责处理，对类似祁连山自然保护区违法开矿、卡拉麦里山自然保护区大规模工业开发等严重破坏生态环境的开发利用行为起到很好的警示作用，但也忽略了自然资源的可利用性、保护地面临的严重的人地矛盾和人工干预措施的合理性，未考虑资源科学利用的合理性和可行性。

《条例》中一些不合理的条文使一些地方对自然保护区乃至国家公园"敬而远之"，以致出现了在试点前期多个自然保护地不愿被纳入国家公园体制试点和本是合理利用的设施和业态被废退的情况。《条例》不合理条文对国家公园体制建设的影响依然存在，例如，2020年发布的《国家公园总体规划技术规范》（GB/T 39736-2020）在"6.2 管控分区"中仍然将管控区分为核心保护区和一般控制区，且仍然规定核心保护区原则上禁止人类活动，缺乏季节性、动态分区和动态管理的内容。生态环境部已经开始纠偏，在大气污染综合治理中，也强调"基于污染排放绩效水平实行差别化管理，更加强调科学施策、精准调控"。当前，相关部门对自然保护地的管理、监管、督察、追责等制度也需要及时调整，只有这样才能平衡好保护与利用的关系，才能科学地实现"最严格的保护"。

1.3 "最严格的保护"的科学理念和方法

半个多世纪以来，国际自然保护界历经隔离保护、交融互动、和谐共生等理念变迁，逐步形成完整的适应性管理方法，已通过协调社区发展、优化居民对自然资源的利用方法形成"共抓大保护"的生命共同体——这是达成全球共识的生物多样性保护方式①。国家公园体制建设应当被看作中国自然保护地保护管理理念、方法、措施现代化转型的重要契机。

---

① 相关的概念和国内探索在第一本蓝皮书中已经做了初步介绍。在本节，我们将其作为最严格地按照科学来保护的主要方式进行进一步分析，并在本篇第二部分进一步分析国内外的成功经验及在中国国家公园体制建设中的实现路径。

1.3.1　"共抓大保护"的生命共同体理念

最严格地按照科学来保护要注重长期的科研基础监测，根据保护对象的需求采取积极主动的适应性管理办法，在科学保护的前提下提倡合理适度的利用，将环境教育纳入国民教育体系，注重社会参与，使保护更科学、保护惠及全民的方式更多、参与保护的力量更大。在自然资源科学保护的前提下，进行合理的利用（wise use），不但可以产生一定的经济效益，而且严格地按照科学要求进行资源利用，是进行资源保护宣传教育的一个重要途径，有利于使不同的利益相关方形成利益共同体，进而集合各方力量形成保护的合力。

党的十八届三中全会审议通过《中共中央关于全面深化改革若干重大问题的决定》时，习近平总书记强调："生态文明体制改革一定要符合生态的系统性，即人与自然是一个生命共同体的理念。人的命脉在田，田的命脉在水，水的命脉在山，山的命脉在土，土的命脉在树。""坚持人与自然和谐共生"是习近平生态文明思想的六项原则之一，说明"人类只有遵循自然规律才能有效防止在开发利用自然上走弯路"。其中，"遵循自然规律"需要基于对自然生态系统长期的科学研究和监测。针对顶层设计《总体方案》提出的"最严格的保护"，需要基于科研监测调整保护措施，考虑生态系统与原住居民生产生活、游客行为之间的关系，将"山水林田湖草人"作为一个生命共同体来统筹安排，根据以生态学研究和可接受的改变极限（Limits of Acceptable Change，LAC）①等理论为基础形成的保护地各区域细化的保护需求，制定对原住居民、游客、政府、经营企业管理的黑名单和白名单，既满足保护需求又通过配套的制度建设（如保护地役权、绿色品牌特许经营机制等）形成绿色发展方式，使保护的成果惠及全民（首先惠及保护地内及周边社区居民），从而形成"共抓大保护"的机制，这才是合理性与可行性兼顾的"最严格的保护"。本书的第二、三篇即这种思路在制度和案例地上的体现。

---

① 相关内容见第一本蓝皮书的专栏4-1。此理念出自旅游领域的专业研究，与生态保护领域的适应性管理有异曲同工之妙。但林草部门对此概念的认同度不高，现有政策法规对此概念几无体现。

中国的自然保护地普遍存在"人、地约束"，这一问题在中国南方集体林占比较高的自然保护地中尤为突出。传统意义上的解决方案是通过土地赎买的方式降低集体土地占有比例，但是其资金需求量巨大①，会加重政府财政负担，损害原住居民对土地的使用权和收益权，带来生态移民和产业转移等后续问题，更重要的是忽视了长期存在的稳定的人与自然的共生关系，忽略了有些生境的存在或者物种的生存依赖适度的人为干预②。在这种背景下，保护地役权制度为我们提供了一个统筹解决这些问题的方案。

保护地役权是指在保持所有权、经营权不变的条件下，通过与土地权利人签订地役权合同的方式，基于自然资源的细化保护需求，限制其对资源的经营利用方式，从而达到资源保护的目的。引入保护地役权制度，可以对生态和景观中连续的土地资源因为权属不一而形成的破碎化进行再统筹。对环境资源的利用，以及为保持生态环境适宜于人类和生态系统、保护自然资源而提出的限制性要求等，均可作为保护地役权制度下的"土地利用"方式，即"不作为"亦可为一种"作为"。

1.3.2 适应性管理方法

适应性管理（adaptive management）主要根据需求信号的变化，不断调整保护方式和强度，以协调自然资源保护与利用的关系③。相对于封闭式、"一刀切"的"堡垒式保护"（fortress conservation），适应性管理能够应对不确定性强、复杂性较高的自然生态系统，并降低保护管理成本。适应性管理框架是一种基于学习决策的资源管理框架，主要包括界定问题、编制方案、执行方

---

① 以钱江源国家公园为例，依据开政发〔2014〕107号文件，仅对古田村平坑自然村划入古田山国家级自然保护区核心区范围的4177亩集体林一次性征收，就需要1.4亿元，如对核心区土地全部征收则需要资金约23.2亿元；生态移民搬迁安置成本初步估计为3.8亿元（421人搬迁，每人成本约90万元），资金合计约27亿元。

② 比如，三江源的高寒草甸生态系统与原住居民适当强度的游牧有接近共生的关系；朱鹮（*Nipponia nippon*）作为易与人类伴生的珍稀物种，与原住居民接近有机生产方式的稻田有接近共生的关系。

③ 第一本蓝皮书的专栏3-2介绍了适应性管理的基本概念，主题报告和专题报告分别谈到以保护地役权制度为基础的适应性管理框架和钱江源国家公园在适应性管理方面的探索。本书在承接第一本蓝皮书的基础上，进一步介绍适应性管理的国内外经验模式、理论基础及其对中国国家公园体制建设的借鉴作用（相关内容见本书第5章）。

案、检测、评估结果和改进管理。它广泛应用于森林等自然资源的管理。

20 世纪 60 年代，适应性管理最早出现在渔业管理领域。1978 年；Holling 在《适应性环境评估与管理》（*Adaptive Environmental Assessment and Management*）一书中提出了适应性管理的概念①。Walters 利用数学模型测度管理行为，从实证层面完善了该理念②。Bormann 等将其定义为"从管理结构中学习，以改进资源管理的系统迭代方法"③。Memarzadeh 等认为它是一种通过实践来学习，以反映新型观察结果的管理方法④。

在保护理念上，强调兼顾"生态保护第一"和"全民公益性"，更精准而非"一刀切"地调控人类活动，这种做法的科学基础是适应性管理⑤。自然保护的范式（paradigm）已经发生多次转变：从单一物种保护（single species conservation）、建立公园和保护地（park and protected areas）、综合社区保护和发展项目（integrated conservation and development programs），到生态系统管理（ecosystem management）、适应性管理（adaptive management）等。相关国际组织的名称、理念和保护战略、目标等的变化都体现了这些转变。可举两例说明。

——IUCN 发布的 WCS 三条准则（参见本书第 7 页）更准确地诠释了当代国际社会对于科学保护与利用的要求。

——1995 年，联合国教科文组织世界生物圈保护地网络（World Network of Biosphere Reserves）重新定义了其目标，不仅包括减少生物多样性下降，还包括改善社区生计，优化社会、经济和文化条件，提升环境的可持续性。随

---

① C. S. Holling, *Adaptive Environmental Assessment and Management* (Hoboken: John Wiley & Sons, 1978), pp. 7-8.

② 转引自冯漪、曹银贵、耿冰瑾、张振佳、刘施含、白中科《生态系统适应性管理：理论内涵与管理应用》，《农业资源与环境学报》2021 年第 4 期。

③ B. T. Bormann, R. W. Haynes, J. R. Martin, "Adaptive Management of Forest Ecosystems: Did Some Rubber Hit the Road?" *BioScience* 57 (2007): 186-191; H. Siurua, "Nature above People: Rolston and 'Fortress' Conservation in the South," *Ethics and the Environment* 11 (2006): 71-96.

④ M. Memarzadeh, C. Boettiger, "Adaptive Management of Ecological Systems under Partial Observability," *Biological Conservation* 224 (2018): 9-15.

⑤ 现代生态系统理论向复合生态系统发展，强调人类和整个生态系统之间的相互作用，采取一种全面的方法关联地看待生态系统物理、生物过程和人类过程，处理自然资源问题。通过基于对自然生态系统结构、过程和功能的认识，采取科学的、动态的、适应性的保护措施，而非简单的严防死守，这就是适应性管理。

后，IUCN 生态系统管理委员会提出，通过提供生态系统管理的技术等指导，改进居民对自然资源的利用方法，提高社区居民对气候变化的应对能力，在减少贫困的同时提高自然保护成效，促进可持续发展目标的实现。

从这些转变可以看出，自然保护的理念已经根据科学研究和现实需要发生很大的变化。然而，中国自然保护区管理的理念、方法和措施仍然没有改变：《条例》要求自然保护区采取笼统的三区法，其中核心区内禁止任何单位和个人进入，缓冲区只能从事科学研究活动，并对所有保护区执行无差别的"10 项禁止"。这些政策忽视了保护区内居民的利益和价值，也屏蔽了人类活动对生态系统的良性干预和积极作用。严格保护是必要的且需要通过各种主流化手段加强，但这种严格必须基于满足主要保护对象的保护需求而非严禁人类活动。屡屡出现的**依法保护很荒唐、违法保护很成功**的案例（如前述的百山祖冷杉保护和桃红岭梅花鹿保护），说明适应性管理、全面践行联合国《生物多样性公约》三大目标势在必行。

适应性管理在中国《条例》和《国家公园管理暂行办法》等相关法律法规和制度层面尚未予以确认，相关规章和文件仍是以"一刀切"规定为主。虽然部分文件中已经提出"细化管控要求"的要求①，但具体的操作管理办法、标准、规划中未予以体现。幸好各地在实践中未完全遵循这些法规和文件的要求，因此采用细化保护需求、适应性管理思路开展的保护行动有很多成功案例：2001 年国家确定的 13 类陆生动物数量实现恢复性增长②，其中最成功的就是朱鹮这样与日本个体数量起点基本相同的物种在中国起死回生而在日本却完全灭绝的个案。朱鹮保护 30 余年间，管理机构结合不同时期种群数量、生存现状和保护需求，灵活调整保护措施，实现了原住居民生产生活与朱鹮保护的和谐共生。而如果严格按照《条例》要求将自然保护区核心区管成严禁任何人进入的区域，朱鹮的最适生境将可能被破坏。1981 年，洋县姚家沟发

---

① 《自然资源部 国家林业和草原局关于做好自然保护区范围及功能分区优化调整前期有关工作的函》，其中第五点为"细化管控要求"，提出核心保护区要根据保护对象的不同实行差别化管控。

② 野生动植物保护及自然保护区建设工程是全国六大林业重点工程之一，其实施方案为 2001 年发布的《全国野生动植物保护及自然保护区建设工程总体规划》，其中确定了 15 个野生动植物拯救工程（大熊猫、朱鹮、虎、金丝猴、藏羚羊、扬子鳄、亚洲象、长臂猿、麝、普氏原羚、鹿类、鹤类、雉类、兰科植物、苏铁），这些物种中的绝大多数在过去 20 年实现了数量增长。

现中国仅存的 7 只野生朱鹮，但由于原住居民全部迁出，目前姚家沟已经没有朱鹮分布。而且国家公园相对自然保护区更加需要适应性管理：《总体方案》中明文规定了"国家重要自然生态系统原真性、完整性得到有效保护，……促进生态环境治理体系和治理能力现代化，……实现人与自然和谐共生"① 的目标，国家公园建设实施"一园一法"，这些均对准确理解生物多样性保护与居民发展的关系、科学制定管理策略提出更高的要求。

----

① 习近平总书记在 2019 年第 3 期《求是》杂志发表的《推动我国生态文明建设迈上新台阶》中科学概括了新时代推进生态文明建设必须坚持的"六项原则"：坚持人与自然和谐共生，绿水青山就是金山银山，良好生态环境是最普惠的民生福祉，山水林田湖草是生命共同体，用最严格制度最严密法治保护生态环境，共谋全球生态文明建设。

第2章
国家公园生态系统原真性、
完整性、连通性等概念的界定

《总体方案》提出"建立国家公园的目的是保护自然生态系统的原真性、完整性……"试点期间，各个国家公园体制试点区在编制试点方案，进行总体规划与功能区划时，也以保护生态系统原真性和完整性为首要任务。如果这样涉及广泛、影响深远的保护实践缺乏科学的理论指导，很可能带来不必要的人力、物力、财力损失，并可能在大量支出后保护效果不佳，使国家公园难以统筹生态保护与全民公益的目标。没有科学的理念和概念，就可能出现依法保护很荒唐的误区，这也是从过去自然保护区划定与管理中得到的教训。因此本章不仅分析生态系统原真性和完整性，也分析连通性，以及这些概念在管理中的体现，以使最严格地按照科学来保护有全面的科学概念基础。

2.1 生态系统原真性、完整性的概念

第一本蓝皮书已就生态系统原真性、完整性在国家公园设立、管理中的要求和意义进行了阐述。2020 年 12 月出台的《国家公园设立规范》（GB/T 39737-2020）也对相关概念进行了规范。但这些研究和规范多就实际管理问题进行规定，未对原真性、完整性这些概念的科学含义及认知演变进行讨论。根据《总体方案》，生态系统完整性要求国家公园的面积可以维持生态系统结构、过程、功能的完整性，但出于国家公园的实际地理位置、保护物种的特征（如迁徙范围）、区域生态保护与经济社会发展的平衡等多方面考虑，保证不同区块生态系统的连通性将是可行且必要的方式，因此本节也对生态系统的连通性概念进行阐述。

2.1.1　生态系统原真性（authenticity）概念及恢复生态学

在生态学上，原真性一般用于恢复（restoration）生态学领域的讨论。科学家提出了"自然原真性"（natural authenticity）与"历史原真性"（historical authenticity）的问题。"自然原真性"是指生态系统回到健康状态，但不考虑生态系统是否精确地反映出它的历史结构和组成；"历史原真性"是指生态恢复需要让恢复后的生态系统与一个历史参考状态相匹配。一般认为，经过恢复的生态系统可以拥有自然原真性。这样的生态系统有能力进行自我更新（self-renewal），通过自然过程进行自组织（autogenic）；一旦这个更新机制建立，恢复工作即告完成，在不受人为干扰的条件下，生态系统继续自行恢复。相对的，历史原真性其实是我们无法了然的。这是因为对于进入自组织阶段的生态系统，面对当下的自然条件，其实是难以预知其终点（endpoint）的。如果一定要以保护历史原真性为目标，那就必须确定一个参考生态系统（reference ecosystem）供比照，但找到一个原初的（original）、未受干扰的生态系统（predisturbance）是很困难的，更多时候需要选择历史上某个阶段的生态系统作为参考。所以，这种观点认为历史原真性在很多时候已经无法实现，应当着眼于自然原真性的恢复，即生态系统的自组织能力。因此，当前的国家公园保护实践对原真性的保护，可以着眼于在当下特定空间里保护一个健康的生态系统，不必纠结于恢复到过去某个时期的状态。不过，研究者认为对于人类而言，生态恢复的意义源自它与历史的联系，因此历史必须作为恢复实践的一部分，真正的（authentic）生态恢复的核心目标在于恢复生态完整性（integrity），它既强调生态系统的健康和整体性，又强调其历史保真度。因此，在原真性保护实践中，究竟是保护和恢复自然原真性，即保持或恢复生态系统自组织能力，还是恢复历史原真性，即力求让生态系统呈现作为参考系统的、被认为是未经人类干扰的历史某个时期的面貌，是国家公园保护中面临的一个问题。从理论层面的辩论来看，尽管对原真性的理解存在差异，但生态学家、生态恢复实践者以及其他研究人员大多认为上述同时恢复健康与保留历史真实的生态恢复是可能的。英国生态学家Dudley提出一个新的生态系统原真性的标准：具有原真性的生态系统是具有恢复力的生态系统，它的生物多样水平和生态相互作用的范围都可以通过结合一个特定位置上的历史、地理和气候条件被预测出来①。也就是说，原真性可以反映生态系统的自我调节能力和可被预测程度。这样看来，自然原真性与历史原真性本身并不矛盾。对于国家公园所承担的保护任务而言，如果说恢复生态学是将此时与历史进行比照，那么对现存生态系统原真性的保护就是将未来与此时进行比照，保障生态系统具有持续的自组织能力——恢复力，也保障在将来某个时间点上可以根据现在的情况（历史）、那时的气候条件与地理的变动来推测出生态系统特征，这样其实自然原真性与历史原真性都得到了体现。

2.1.2 完整性（integrity）概念核心与评估

较之原真性，完整性在生态学中得到广泛讨论。发展至今，可以对生态完整性进行如下定义：生态完整性是生态系统支持和维持一个生物群落的能力，该生物群落的物种组成、多样性和功能组织可与区域内的自然生境相媲美。当生态系统的主要生态特征（如组成、结构、功能和生态过程要素）体现在其自然变化范围内时，它就具有完整性，而且能够承受并从自然环境动态变化或人为干扰造成的大多数扰动中恢复②。此外，IUCN 提出，生态完整性是"维持生态系统的多样性和质量，加强它们适应于变化并供给未来需求的能力"。20 世纪 90 年代末以来，在保护生物学与群落生态学的科学基础上，人们在资源保护背景下针对生态完整性建立了切实可行和可测度的方法。根据生态完整性的概念，自组织能力是完整性的核心，拥有自组织能力的系统通过接受能量流而有能力在实时发生的过程中构建其结构和梯度，所以完整性评估不聚焦单

---

① "An authentic ecosystem is a resilient ecosystem with the level of biodiversity and range of ecological interactions that can be predicted as a result of the combination of historic, geographic and climatic conditions in a particular location." 引自 Nigel Dudley, *Authenticity in Nature-Making Choices about the Naturalness of Ecosystems* (Routledge Press, 2011)。

② "The ability of an ecological system to support and maintain a community of organisms that has species composition diversity, and functional organization comparable to those of natural habitats within a region. An ecological system has integrity when its dominant ecological characteristics (e. g., elements of composition, structure, function, and ecological processes) occur within their natural ranges of variation and can withstand and recover from most perturbations imposed by natural environmental dynamics or human disruptions." 引自 J. D. Parrish, D. P. Braun, R. S. Unnasch, "Are We Conserving What We Say We Are? Measuring Ecological Integrity within Protected Areas," *BioScience* 53 (2003): 851-860.

一物种或参数，而是关注过程和结构。物质和能量的循环与转化过程、特定生物结构的保存以及非生物组分的维持，是保障生态系统功能的前提。生态完整性评估指标必须反映这些过程和结构。此外，除了组成、结构和功能外，分析影响生态成分变化的生态驱动因素（如气候或地质因素）对于完整性分析也很有帮助。

为了整合上述多种信息，需要一套生态完整性评估方法，运用多个有效的指标描述生态系统的组成、结构和功能，使用数学方法综合形成指数来反映生态完整性。在理想状况下，用于评估的指标应提供对关键生态系统驱动因素和属性的现状与趋势的定量衡量，反映自然压力和人为压力的影响，并在不同层次的生态组织中确定环境变化的原因；用于监测的指标则是上述评估指标的子集，需要为人们理解生态完整性状态提供足够的信息，而且要可以测量、成本合理，为管理和决策提供具有足够统计效力的结果。在评估和衡量生态完整性时，利用基准或参考点将生态系统各组成部分的当前状态和变化范围与合意状态和变化范围做比较，便于评估人为或生物胁迫对关键生态系统属性的影响，并评估在实现生态恢复等管理目标方面的进展。随着对生态完整性丧失的关注和对生态保护的重视，生态完整性被认为是衡量资源管理者和公众在实现保护与恢复目标方面取得进展的适当框架，如生态完整性监测与评估在加拿大国家公园中的应用。鉴于生态完整性的科学性与自然保护地的管理实践需求，中国国家公园在衡量生态完整性时，有必要纳入科学模型与社会价值观，既需要使用生态系统概念模型来澄清关键生态系统组分的相互作用及可能用于对其评估的潜在指标，又需要由管理者确定管理目标并评估管理成效。

2.2　连通性（connectivity）的概念与连通性保护

随着国家公园体制建设对原真性、完整性保护的强调，一个相关概念在形成多类型保护地统筹和网络化管理中也被频繁提及，即连通性。生态系统完整性强调确保面积可以维持生态系统结构、过程、功能的完整性，却未强调区域之间是否相互联系。基于不同的现实情况，完整性必然有不同的实现形式，即依托连通性原理将不同区块整合起来，同样可以实现生态系统完整性的有效保护。基于连通性原理，能够使主要保护对象整个生命周期内所需要的栖息地连在一起形成有统筹的保护。在各飞地之间连通路线上采取必要的保护措施，这方面中国已有诸多成功实践①。因此，连通性的理念和实践亟须在相关法律法规和标准中体现。

生态学家界定了连通性的两个组成部分。一个是结构连通性（structural connectivity）或景观连通性（landscape connectivity），指景观中不同类型生境或生境斑块的空间安排，是通过分析景观格局来衡量的，没有明确提及生物体运动或进程的流量，可以通过设计各种空间统计数据衡量景观破碎度，并描述植被斑块的空间结构。另一个是功能连通性（functional connectivity），指的是具有空间依赖性的生物、生态和进化过程的变化，可以通过生境连通性（对一个物种而言是适宜生境的不同斑块间的连通性）与生态连通性（生态进程在多个尺度上的连通性）来衡量。景观的连通程度决定了斑块之间的扩散量，从而影响基因流动、当地适应、灭绝风险、定居概率以及生物在应对气候变化时迁移的可能性②。

除了连通性概念和景观尺度的量化分析，连通性在保护实践中的应用更为重要。国家公园和各类自然保护地的空间整合，以及更大范围内土地、水和其他自然资源的保护与可持续经营，需要建立在对自然空间区域及其连接区域的统一保护上，这种保护被称为"连通性保护"，是一种超越物种保护而考虑生态进程和景观格局的保护。这一理念的形成背景在于，栖息地的减少导致了剩余自然区域的破碎化，最终被割裂的小面积碎片化栖息地将因其小种群有限的

---

① 如对于三江源的藏羚羊迁徙，中国并没有把其经过的所有路线都划入三江源国家公园，而是强调划设廊道和对廊道的季节性动态保护。

② 本段文献来源：A. F. Bennett, Linkages in the Landscape. The Role of Corridors and Connectivity in Wildlife Conservation（second edition），IUCN, The World Conservation Union, Gland, 2003. L. Tischendorf, L. Fahrig, "On the Usage and Measurement of Landscape Connectivity," *Oikos* 90（2000）：7-19；D. B. Lindenmayer and J. Fischer, 2006, *Habitat Fragmentation and Landscape Change：An Ecological and Conservation Synthesis*（Washington：Island Press）；K. McGarigal, S. A. Cushman, M. C. Neel and E. Ene, 2002, "FRAGSTATS：Spatial Pattern Analysis Program for Categorical Maps," computer software program produced by the authors at the University of Massachusetts, Amherst, available at www. umass. edu/landeco/research/ fragstats/ fragstats. html；K. Crooks and M. A. Sanjayan, 2006, "Connectivity Conservation：Maintaining Connections for Nature," in K. Crooks and M. Sanjayan（eds），*Connectivity Conservation*（Cambridge：Cambridge University Press）.

基因库、缺乏与其他种群交流、存在自然过程的物理限制而不再具有可持续性。如果再丧失与其他自然栖息地的连通性，这些更小的孤立地区在人类不主动干涉的情况下，必将处于危机之中或者不可恢复地恶化下去。生态系统破碎化和退化导致的栖息地岛屿化本身就是连通性丧失的一种，连通性保护就是要使本地社区能够保持、恢复和重新连接（maintain，restore，reconnect）栖息地，目的是阻止物种灭绝和环境健康的迅速恶化，增强生态系统恢复力，使本地物种更好地应对各种程度的威胁。从这一层面看，连通性也是生态完整性的一部分。

　　世界保护地委员会（WCPA）认为，连通性保护是具有社会包容性（socially inclusive）的方法，社会各个部门都可以为人和自然的策略性保护做出贡献。它进一步指出，"维持和恢复生态系统完整性需要景观成规模的保护，可以通过成体系的核心保护区来实现，这些保护区在功能上相互联系、相互缓冲，以维持生态系统进程，并允许物种生存和迁移，从而确保种群能够生存，生态系统和人类能够适应土地转换和气候变化。这种积极的、整体的、长期的方法就是连通性保护"①。与生态完整性涵盖物种到景观的不同层级类似，基于集合种群理论，连通性保护实践也着眼于连续的时空尺度以保护自然生态与进化的连通性，强调超越孤立的保护飞地（enclave）或岛屿而采用"整体景观"（whole-of-landscape）视角来保护大面积相互关联的自然区域（陆地或海域）。从国际视角看，连通性保护可能涉及多个国家和地区开展跨区域协同管理，在跨区域到大陆的不同尺度的景观基质上开展保护。这时，对连通性的空间分析可以为政府和非政府组织投入保护提供依据，从而促进大范围内的生态连通性（ecological connectivity）。比如，典型的美国、加拿大黄石—育空保护倡议（the Yellowstone to Yukon Conservaton Initiative），其特点就是跨越行政界限甚至生态区（ecoregional）来整合和协调连通性保护行动。基于连通性概念和诸多实践经验，中国自然保护地体系建设也需要根据保护对象特征加强区域连通性，比如进行连通性保护工程建设。连通性保护工程一般是要在不同的保护地间和栖息地斑块间建立连接和廊道，提升物种的移动性和生境宽度，使其可以从一个保护斑块向另一个保护斑块移动。这样可以使它们在气候变化和栖息地破碎化的情况下更好地

① B. Mackey, J. Watson, G. L. Worboys, "Connectivity Conservation and the Great Eastern Ranges Corridor," Department of Environment, Climate Change and Water, NSW, 2010.

应对食物短缺，找到合适的栖息地和繁殖伴侣。其途径是通过结构连通性的建立和保持，达到功能连通。可见，恢复连通性对于自然保护地体系建设十分重要，特别是在保护工程中需要评估在空间上哪里进行连通性重建能够做到成本—效益最大。重建连通性最常涉及的概念是廊道（corridors），其涵盖的范围可能因不同学者和从业人员而有差异。总体而言，景观廊道（生物多样性、生物廊道）是描述连通性保护计划的主要地理组成部分，其要素包含扩散廊道（廊道网络、生境廊道）和生态廊道，它侧重于生态系统过程的景观渗透性。

以上三个概念及其在管理中的体现，实际上综合反映了"最严格的保护"的科学需求，相关法规和文件中的规定只有满足这些需求才是科学的保护。

第3章
中国国家公园建设中"最严格的保护"的体现及现存问题

　　《总体方案》提出要"实行最严格的保护",明确国家公园是"实现自然资源科学保护和合理利用的特定陆地或海洋区域","国家公园的首要功能是重要自然生态系统的原真性、完整性保护,同时兼具科研、教育、游憩等综合功能"。将《总体方案》对国家公园的定位和《国家公园管理暂行办法》的相关表述与《条例》打造的"禁区"相比,可以看出文件起草者对生态保护的理解多了些"科学"内涵。有的地方经历的环保督察在执行层面严格依据《自然保护区条例》的刚性和力度,这让部分地方政府对国家公园创建工作有了关联性误解甚至排斥。随着国家公园试点工作的逐步推进,以及对"绿水青山就是金山银山"的认识更为深刻①,一些地方政府对国家公园的态度从排斥转变为积极争取创建。从这一侧面可以看出,对"最严格的保护"的普遍认知已开始变化。但与此同时也应该清醒地认识到:"最严格的保护"的科学含义仍没有被管理者和地方政府充分认知,"人与自然和谐共生"的核心思想与"一刀切"的管理措施之间的"博弈"仍将存在一段时间。

3.1　国家公园建设中"最严格的保护"的体现

　　从 2013 年党的十八届三中全会提出"建立国家公园体制"到习近平主席在 2022 年世界经济论坛上正式提出"中国正在建设全世界最大的国家公园体系",到 2021 年 10 月国务院正式批准建立第一批 5 个国家公园,再到 2022 年《国家公园管理暂行办法》《国家公园空间布局方案》的逐个出台,中国国家公园建设正在迈入快车道。在体制方面,中国国家公园体制建设呈现标准化和

---

　　①　相关内容可见本书第二篇。

体系化发展格局。另外，随着越来越多的地区响应党中央号召开始国家公园创建工作，国家公园创建呈现"多点开花"的状态（参见附件1）。这些都能从侧面反映出"最严格的保护"的国家公园与地方发展之间的斥力在减弱。

3.1.1 科学研究在国家公园建设工作中日趋重要

在国家公园建设中，科技的支撑作用持续加强。2021年6月，国家林业和草原局与中国科学院共建的国家公园研究院揭牌成立。国家公园研究院汇聚了中国科学院系统、林草系统的多领域专家学者的智慧力量和科技资源，旨在建设国家公园领域最具权威性和公信力的研究机构，为国家公园的科学化、精准化、智慧化建设与管理提供科技支撑。各试点公园也建立或共建了20多个国家公园科研机构，汇聚了一批多学科领域专家，形成强大智力支持。部分最新科研成果已应用于国家公园的保护与管理工作，为国家公园监测、生物多样性保护、生态系统恢复提供了有力支撑。例如，东北虎豹国家公园"天地空"一体化监测系统在2019～2021年共拍摄视频超过700万条，其中东北虎豹视频超过2万条，识别出黄牛散放与虎豹活动高度重叠的8个区域，为科学管护以协调保护与发展的关系提供了大数据支撑[1]。

国家公园的日常管理逐渐转为科学导向，生态保护成果逐渐显现。各试点区通过综合科学考察或主要保护对象专项调查，大力提升了信息化、智能化水平，初步建立了全方位、立体式的监测巡护体系。

3.1.2 国家公园体制建设呈现体系化、标准化、规范化格局

2019年，《保护地意见》出台，青海省在全国率先提出建设"以国家公园为主体的自然保护地体系示范省"。随后，各省份相继出台了落实该意见的实施方案，标志着新的以国家公园为主体的自然保护地体系正式开始建立。国家层面相继出台的各个规划、标准使国家公园建设呈现体系化、标准化格局。

2022年3月，国家林业和草原局、国家发改委等部门联合发布《国家公园等自然保护地建设及野生动植物保护重大工程建设规划（2021—2035

---

[1] 数据源自国家林业和草原局东北虎豹监测与研究中心，时间截至2021年。

年）》。该规划内容涵盖国家公园建设、国家级自然保护区建设、国家级自然公园建设、野生动物保护、野生植物保护、野生动物疫源疫病监测防控、林草外来入侵物种防控7项工程，明确了推进自然保护地生态系统整体保护、提升国家重点物种保护水平、增强生态产品供给能力、维护生物安全和生态安全的主要思路和重点措施。该规划将成为统筹推进自然保护地生态系统稳定和质量提升、国家重点物种保护等工作的重要依据。2022年11月，《国家公园空间布局方案》正式发布，是国家公园创建的顶层规划，是在综合考虑自然地理格局、生态功能格局、生物多样性和典型景观分布特征基础上编制的，涵盖了如何科学布局国家公园、高质量推进国家公园建设等重要内容。该方案也体现了中国国家公园自上而下推动的空间依据，大体确定了未来将建立50个左右的国家公园（超过国土面积的10%，占自然保护地面积的一半以上），以真正体现国家公园在价值和体量上在自然保护地体系中的主体地位。

国家公园相关技术规范的颁布让国家公园建设的标准化程度得以提高。2020年12月，在国家市场监督管理总局、国家标准化管理委员会大力支持下，《国家公园总体规划技术规范》（GB/T 39736-2020）、《国家公园设立规范》（GB/T 39737-2020）①、《国家公园监测规范》（GB/T 39738-2020）、《国家公园考核评价规范》（GB/T 39739-2020）、《自然保护地勘界立标规范》（GB/T 39740-2020）5项国家标准正式发布，贯穿了国家公园设立、规划、勘界立标、监测和考核评价的全过程管理环节，明确了国家公园准入条件、设立规范和其余标准化流程，为地方筹备创建国家公园提供了指导。这些标准将"最严格的保护"细化到了操作层面，如《国家公园设立规范》（GB/T 39737-2020）提出国家公园的准入条件，是国家公园创建的最基本前提，包括国家代表性、生态重要性和管理可行性三个方面："国家代表性"包括生态系统代表性、生物物种代表性、自然景观独特性；"生态重要性"是指生态系统完整性、生态系统原真性、面积规模适宜性；"管理可行性"强调自然资源资产产权清晰，能够实现统一保护，同时具备良好的保护管理能力与全民共享潜力。

国家公园从创建到获得国务院批复的过程则体现出规范性。对于纳入

---

① 该技术标准于2020年12月发布，于2021年10月进行第一次修订。

《国家公园空间布局方案》的国家公园候选地，由所在地林草部门组织专业团队编制"两报告、一方案"，即《国家公园科学考察与符合性认定报告》《设立国家公园社会影响评估报告》《国家公园设立方案》，并以省（区、市）政府名义报国家林业和草原局①验收后报国务院审批。获得国务院批复后，地方继续编制《国家公园总体规划》，经国家林业和草原局审批后上报国务院。"两报告、一方案"和《国家公园总体规划》对各国家公园设立的生态学依据、管理体制机制和社会经济影响进行分析，有利于更加科学合理地创建国家公园。

3.1.3 地方政府积极推进国家公园创建工作

中国对"最严格的保护"的认知变化，除体现在体制机制转变与技术标准设立方面，还体现在地方政府的实际行动中。随着第一批国家公园的正式设立以及各国家公园试点区工作的推进，一些地方政府逐渐认识到国家公园"最严格的保护"的科学意义，不再排斥国家公园建设。虽然有些地方如安徽省已全面暂停黄山国家公园创建工作，但总体而言各地创建国家公园的积极性在提高，全国共有20余个地方向国家公园（自然保护地）发展中心提交了创建报告并获得批复同意，如四川若尔盖、新疆卡拉麦里山与昆仑山、贵州梵净山等（具体见附件1）。从各地创建国家公园的积极性可以看出，将"最严格的保护"理解为建禁区的传统认识的负面影响在减小。

国家公园的实际保护面积也在扩大，更好地体现了完整性保护。例如，第一本蓝皮书中提到"三江源国家公园在生态系统完整性上存在没有将长江源完全划入园区的问题"。对此，2021年在体制试点的基础上，长江正源格拉丹东和当曲区域、黄河源约古宗列区域被纳入正式设立的三江源国家公园范围，使其总面积由12.31万平方公里增加到19.07万平方公里，实现了对三江源的整体保护。再如，武夷山国家公园地处赣闽交界武夷山北段，在试点阶段仅整合了福建省内同一生态系统的自然保护地，忽略了江西武夷山保护区部分，降低了生态系统保护的完整性。2021年，武夷山国家公园正式设立，将江西省

---

① 具体工作由国家林业和草原局国家公园（自然保护地）发展中心负责。根据"三定方案"，其负责组织开展国家公园设立前期工作，协助开展国家公园管理机构设置、跨区域协调等工作。

上饶市铅山部分片区划入，扩大了保护面积，也加强了对当地生态系统原真性与完整性的保护。

3.2　国家公园建设中"最严格的保护"的现存问题

随着国家公园建设工作的推进，可以看出顶层设计和基层实践对"最严格地按照科学来保护"这一理念的认同，但仍存在三类问题。

第一，自然保护区的"禁区"思想仍有残余。2022年6月开始执行的《国家公园管理暂行办法》第17条规定："国家公园核心保护区原则上禁止人为活动。"这显然延续了《条例》的要求。虽然该条也提出"国家公园管理机构在确保主要保护对象和生态环境不受损害的情况下，可以按照有关法律法规政策，开展或者允许开展下列活动：……（二）暂时不能搬迁的原住居民，可以在不扩大现有规模的前提下，开展生活必要的种植、放牧、采集、捕捞、养殖等生产活动，修缮生产生活设施"，但这一条款仍能够反映出国家公园管理和决策者对适应性管理方法和恰当人类干预对生态系统产生积极作用的认识尚不到位。不过可喜的是，2022年8月先后公布的《国家公园法（草案）（征求意见稿）》和《自然保护区条例（修订草案）（征求意见稿）》已经在这方面有了较大改观（见表3-1）。在两个征求意见稿中，有关核心保护区的表述都改为"主要承担保护功能，最大程度限制人为活动"，并规定了包括管护巡护、维持原住居民必要的生产生活等在内的九种例外情形，对于一般控制区，则要求"在承担保护功能的基础上，兼顾科研、教育、游憩体验等公众服务功能，禁止开发性、生产性建设活动"，并规定了七种例外情形。

第二，少数地方政府对生态系统原真性与完整性认识不到位。"生态重要性"是国家公园设立的核心价值，包括生态系统完整性、生态系统原真性与面积规模适宜性。《国家公园设立规范》（GB/T 39737—2020）对这三项指标提出明确的衡量标准，然而在国家公园的具体实践中仍存在落实不到位或出现偏差的情况。例如，钱江源国家公园试点需要整合跨行政区的毗邻地区——安徽省休宁县岭南省级自然保护区和江西省婺源森林鸟类国家级自然保护区的部分区域。但是在实际操作过程中，浙江省的操作方案是整合原凤阳山—百山祖国家级自然保护区、庆元国家森林公园、庆元大鲵国家级水产种质资源保护区等

表3-1 现行《自然保护区条例》和《自然保护区条例（修订草案）》（征求意见稿）、《国家公园法（草案）（征求意见稿）》比较分析

	现行《自然保护区条例》（1994年发布，2011年第一次修订，2017年第二次修订）	《自然保护区条例（修订草案）（征求意见稿）》（2022年8月26日）	《国家公园法（草案）（征求意见稿）》（2022年8月19日）
内容	分为总则、自然保护区的建设、自然保护区的管理、法律责任、附则共五章四十四条内容。	分为总则、自然保护区的建设、自然保护区的管理、法律责任、附则共五章四十八条内容。	分为总则、规划设立、保护管理、社区发展、公众服务、资金保障、执法监督、法律责任、附则共九章七十七条内容
设立方式	国家级和地方级自然保护区分级申请、审批。	国家级和地方级自然保护区分级申请、审批。	省级人民政府申请，国务院林业草原主管部门审批
分区	核心区、缓冲区、实验区	核心保护区和一般控制区	核心保护区和一般控制区
管控措施	第二十六条 禁止在自然保护区内进行砍伐、放牧、狩猎、捕捞、采药、开垦、烧荒、开矿、采石、挖沙等活动；但是，法律、行政法规另有规定的除外。第二十七条 禁止任何人进入自然保护区的核心区。因科学研究的需要，必须进入核心区从事科学研究观测、调查活动的，应当事先向自然保护区管理机构提交申请和活动计划，并经自然保护区管理机构批准；……第二十八条 禁止在自然保护区的缓冲区开展旅游和生产经营活动。……第二十九条 在自然保护区的实验区内开展参观、旅游活动的，由自然保护区管理机构编制方案，方案应当符合自然保护区管理目标。	第二十九条 禁止在自然保护区内进行狩猎、开垦、开矿、采石、挖沙、围填海、开发区建设、房地产开发、高尔夫球场建设、风电和光伏开发等活动；但是，法律、行政法规另有规定的除外。第三十条 核心保护区主要承担保护功能，最大程度限制人为活动，并规定了包括管护巡护、维持原住居民必要的生产生活等在内的九种例外情形。第三十一条 一般控制区在承担保护功能的基础上，兼顾公众科研、教育、游憩体验等公众服务功能，禁止开发性、生产性建设活动，并规定了七种例外情形。	第二十七条 国家公园核心保护区主要承担保护功能，最大程度限制人为活动，并规定了包括管护巡护、维持原住居民必要的生产生活等在内的九种例外情形。第二十八条 国家公园一般控制区在承担保护功能、教育、游憩体验等公众服务功能，禁止开发性、生产性建设活动，并规定了七种例外情形。

续表

	现行《自然保护区条例》（1994 年发布，2011 年第一次修订，2017 年第二次修订）	《自然保护区条例（修订草案）（征求意见稿）》（2022 年 8 月 26 日）	《国家公园法（草案）（征求意见稿）》（2022 年 8 月 19 日）
自然资源确权登记方式和管理	无相关内容	作为独立的登记单元进行确权登记	作为独立自然资源登记单元统一进行确权登记。国家公园管理机构统一管理国家公园范围内全民所有自然资源资产，负责国家公园范围内自然资源经营管理和国土空间用途管制。国家公园范围内集体所有土地及其附属资源，按照依法、自愿、有偿的原则，通过租赁、置换、赎买、协议保护等方式，由国家公园管理机构实施统一管理
资金机制	由自然保护区所在地的县级以上地方人民政府安排。国家对国家级自然保护区的管理，给予适当的资金补助	纳入自然保护区所在地的县级以上地方人民政府的预算。国家对国家级自然保护区的管理，给予适当的资金补助	国家建立以财政投入为主的国家公园资金保障机制，中央和地方财政按照事权划分相应原则分别承担支出责任。国家设立国家公园专项资金，用于国家公园保护、管理、建设等相关活动
适应性管理	无相关内容	在确保主要保护对象安全和生态功能不受损害的前提下，自然保护区可以对以下情形实行差别化管控：相关要求在当在各自然保护区分区中明确	国家公园核心保护区内自然生态过程、保护对象安全和生态功能繁衍具有明显季节性的前提下，可以实行季节性差别化管控
社区发展和公共服务	无相关内容	无相关内容	单独两章规定相关内容，国家公园践行绿水青山就是金山银山理念，推动实现生态保护、绿色发展、民生改善相统一

自然保护地，按"一园两区"思路建设钱江源—百山祖国家公园。事实上，钱江源园区属怀玉山脉南段，而百山祖园区属武夷山系余脉，二者不是一个生态系统；同时，钱江源园区与百山祖园区是不同水系的发源地，前者为钱塘江的发源地之一，后者则是闽江（支流）和瓯江的源头。因此，将钱江源园区与百山祖园区整合虽扩大了保护面积，但于生态系统原真性与完整性的保护并无直接的贡献。

第三，部分创建中的国家公园存在资源价值代表性不足的现象。广东南岭国家公园处于创建阶段，其名称中的"南岭"是一个多元结构，由无数平行而彼此隔离的山系复合体组成，东段、中段、西段植被类型有所差异。然而，目前划定的约 2000 平方公里的广东南岭国家公园的范围只是一片位于南岭中段南部的区域，主要代表岭南丘陵常绿阔叶林生态地理区，对于整个南岭的代表性较难评估。

第二部分
国家公园"最严格的保护"的实现方式

在第一部分,我们探讨了国家公园"最严格的保护"的科学含义,从生态系统原真性、完整性、连通性、适应性管理几个概念出发,阐明了实现"最严格的保护"的科学要求。这些要求主要涉及三个方面的问题:一是国家公园管理机构的管理单位体制如何设计;二是适应性管理方法在具体管理措施中如何体现;三是"共抓大保护"的理念如何在国家公园落地,从而调和各利益相关方的矛盾。对于这三个问题,本部分将予以解答。

第4章
生态系统完整性在国家公园管理方面的体现

要实现"最严格的保护",需要统筹考虑生态系统原真性、完整性、连通性等科学概念的落实。从科学概念到现实管理,"最严格的保护"必须体现为具体的管理要求并有体制机制保障。由于中国正处于国家公园建设初期,所以划界并实行统一管理是当务之急,在目前的工作中应该优先考虑从完整性上落实保护要求。而且生态系统完整性与国土空间规划和管制最相关,也最容易受到实际体制机制(如跨省①体制差异)的影响。要想从管理层面体现生态系统完整性,需要突破原有的要素管理模式,把国家公园作为国土空间用途管制的独立单元,将"山水林田湖草"的管理统筹起来。然而,这种管理往往因为不同省份的不同"权、钱"制度引发的激励不相容而难以实现,尤其在国家公园跨省的情况下。第一批国家公园和第二批即将设立的国家公园中的大多数因为要完整保护生态系统而涉及跨省统一管理问题②。只有从体制层面对这种问题加以解决,才可能完整地在管理层面体现生态系统的完整性。

4.1 生态系统完整性在国家公园管理中的需求

中国国家公园体制建设从顶层设计开始,就强调了生态系统完整性对于国家公园的意义,并将生态系统完整性的重要性及其保护目标、方式等内容在相关文件和标准中体现。①《总体方案》提出国家公园建设"以加强自然生态系统原真性、完整性保护为基础",同时提出国家公园建设的主要目标是国家重要自然生态系统原真性、完整性得到有效保护,交叉重叠、多头管理的碎片

---

① 跨省指跨省级行政区,后文统一用简称。
② 第一批5个国家公园中的4个实质上需要跨省统一管理,其余的国家公园体制试点区与国家林业和草原局已经批准创建的国家公园中的多数也需要跨省统一管理。

化问题得到有效解决。②《保护地意见》明确提出要"加快建立以国家公园为主体的自然保护地体系","以保持生态系统完整性为原则","整合交叉重叠的自然保护地"。③2020年底发布的《国家公园总体规划技术规范》（GB/T 39736-2020）、《国家公园设立规范》（GB/T 39737-2020）、《国家公园监测规范》（GB/T 39738-2020）、《国家公园考核评价规范》（GB/T 39739-2020）4项国家标准明了生态系统完整性的相关概念及其如何在国家公园设立和日常管理中体现（见专栏1）。

专栏1　国家公园相关国家标准中与生态系统完整性相关的条款

（1）《国家公园总体规划技术规范》（GB/T 39736-2020）：将生态系统完整性作为资源价值现状评价的内容和边界划分的原则（对于重要的自然生态系统，应制定系统的保护措施，……注重生态系统过程的完整性），国家公园要开展生态系统优化，逐步优化生态系统的结构和功能。

（2）《国家公园设立规范》（GB/T 39737-2020）：给出生态系统完整性的定义和基本特征，并将生态系统完整性作为硬性准入条件（生态重要性）之一。

（3）《国家公园监测规范》（GB/T 39738-2020）：将自然资源（包括各类自然资源的面积等指标）和生态状况（包括生态系统综合植被盖度、植被型面积变化率、群系组面积变化率）作为国家公园的监测内容，明确了生态系统完整性的监测指标和方法。

（4）《国家公园考核评价规范》（GB/T 39739-2020）：生态系统完整性（结构、功能）、生态系统的碎片化程度作为国家公园现阶段评价的内容。

但严格而言，这些文件和标准中的完整性概念与国家公园规划和日常管理工作的需求相比仍然存在两方面脱节：**不够细化和忽略了体制影响。后者的影响是根本性的。**

不够细化是指这些规定没有根据生态系统或重要物种的保护需求进行分类并与管理行为相结合。可先根据生态系统的特点划定具体区域，再结合不同地理单元的具体情况细化其管理需求。具体的空间需求应该体现在技术规范中，即对不同的生态系统、不同的生物地理单元规定细化的生态系统完整性保护的空间需求。这些需求是国家公园的划界标准，更是规定日常管理行为的依据。

忽略了体制影响是指这些规定对国土空间宏观管理体制和管理机构的资金机制对实现统一完整的保护造成的根本性影响考虑不够。这些影响有部门间的，但主要是省际的。①在管理层面，体现生态系统完整性要突破原有的各部门按要素管理的模式，将"山水林田湖草"的管理统筹起来，将国家公园作为国土空间用途管制的独立单元。按此要求，国家公园管理机构应具有完整的国土空间用途管制权（"权"）。在国家公园体制试点过程中，部分国家公园的管理机构已经通过立法或权力划转的方式获得部分国土空间用途管制权①，但权力的划转并不全面②，且各省份的情况有明显差别。②除"权"外，国家公园必须有良好的资金机制（"钱"）来保障，否则不仅"生态保护第一、全民公益性"无法保证，也难以协调其与地方政府的关系。"权、钱"相关体制是国家公园体制的"根基"，是日常管理一致性（统一法律法规、统一规划和统一标准等）真正得到实现的保障。中国自然保护区的建设教训已经充分说明若无配套的"权、钱"制度，即便有统一的法律法规和标准，管理机构对自然保护区的管理也会"有心无力"③且会存在明显的省际差距④。

这种情况的现实影响从第一批国家公园和国家公园体制试点区以及正在积极创建的黄河口、秦岭、广东南岭国家公园等都可以看出：规划中的边界划分对生态系统完整性的科学概念体现不足，甚至难以符合国家标准要求，跨省的

---

① 《三江源国家公园条例（试行）》规定"三江源国家公园管理局统一履行自然资源资产管理和国土空间用途管制职责"，这使三江源国家公园成为唯一实现"两个统一行使"的国家公园；《湖南南山国家公园管理局行政权力清单（试行）》通过行政授权的方式，将发改、自然资源、交通运输、水利、林业、文物等部门的相关权责从省直相关部门划给南山国家公园管理局。

② 根据中央机构编制委员会发布的《关于统一规范国家公园管理机构设置的指导意见》（以下简称《机构设置指导意见》），国家公园管理机构需要履行的职责基本局限在自然资源和林草系统内，而生态环境、农业农村、水利等部门的管理责权并不在文件要求范围内。

③ 2017年，中共中央办公厅、国务院办公厅就甘肃祁连山国家级自然保护区生态环境问题发出通报，指出甘肃祁连山国家级自然保护区内违法违规开发矿产资源（涉及保护区核心区3宗、缓冲区4宗）、违规建设运行水电设施、违规偷排偷放等问题突出。虽然上有《条例》的要求，下有祁连山自然保护区总体规划和相关技术标准，但由于管理机构没有配套的"权、钱"制度，所以无法实现对自然保护区的有效管理。

④ 例如，福建省武夷山国家级自然保护区管理局在执法权、资金保障、人员工资标准等方面均明显有别于江西省武夷山国家级自然保护区管理局，这就是省际体制差异造成的，是仅有统一的《条例》和双方衔接后的规划难以弥补的。

国家公园的现实管理行为和力度也存在较大省际差别。这不仅是因为相关标准中的规定难以全面反映科学概念或规定不细致，更是由于现实中的边界划分必须更多地考虑行政区划、发展现状、土地权属、地方发展需求、管控可行性等因素。如此导致的结果体现在划界和管理上：①强调完整性的国家公园实际上难以在划界上全面体现完整性；②名义上生态系统较为完整的国家公园因为跨省的原因而难以实现统一管理①，实际上仍然不是统一完整的保护，这一点尤为普遍和明显。因此，从管理学角度讨论生态学概念中的生态系统完整性如何转化为空间管理需求并从体制机制层面将其实现显得尤为重要，对国家公园来说破解跨省统一管理难题更是当务之急。

4.2　跨省对国家公园生态系统完整性保护的影响

中国省界划分的特点是以"山川形便"为主，所以省界往往体现为江湖、山脊等。如果这些区域具有较高的生态价值，按前述生态系统完整性要求就会把省界两边划入同一个国家公园。因此，以完整保护大范围生态系统为特征的中国国家公园，跨省是常态而不跨省是少数②。然而，国土空间用途管制权主要在省级政府③，从行政管理角度一般只能由各省份的国家公园管理机构来管理④，这就造成以生态系统完整性为保护目标的国家公园难

---

① 如祁连山国家公园体制试点区横跨甘肃省和青海省，虽然在空间层面已经能够体现生态系统的完整性，但两省分别管理，并未相互衔接，且实际的管理方式和管理力度都不同，这也是祁连山国家公园体制试点区未入选第一批国家公园的原因之一。

② 在第一批设立的 5 个国家公园中，除海南热带雨林国家公园外，其他 4 个均涉及跨省统一管理的问题（三江源的长江源区包括由西藏实际管理的区域）。

③ 依据《中华人民共和国宪法》，中国的地方政府分省、县、乡三级。省级政府是地方政府的最高层级，具有较完备的国土空间用途管制权。跨省的行政管理可以大体分为两类，一类是基于国土空间的管理，另一类是基于经济社会事务的协作（如异地义务教育、医保衔接等，不依赖于国土空间）。现行法定空间规划往往基于行政层级，与跨行政区发展规划不衔接，导致空间治理依据不充分，加之协调管理机制不健全、省际合作缺乏法律依据等原因，跨行政区国土空间管理一直是区域整体治理的难题。

④ 目前只有东北虎豹国家公园试点了中央垂直管理体制。东北虎豹国家公园管理局由国家林业和草原局驻长春专员办加挂牌子，但这个机构的"权""钱"相关制度均未明确，也没有执法队伍，导致这种垂直管理被高度虚置，国土空间用途管制的多数权力实际仍由吉林省、黑龙江省的相关职能部门分别履行。

免由于行政区划的原因而被分散管理。而且，不同省份对生态保护的理解和区域功能定位存在差异，各省份的国家公园管理机构在"权、钱"制度上也存在明显不同，这就造成了国家公园统一管理的现实困境：一旦跨省，就很难实现国家公园的统一管理。即使国家公园有统一管理的政策法规、总体规划和管理计划并受到上级单位的行业监管和中央的督导，各省份分别按照名义上统一或标准一致的法规、规划管理仍然会出现问题。以下详述。

各省份在履行国土空间用途管制权时的"标尺"不同，在规划制定、执行、监管、考核等方面也存在差异，这导致跨省的国家公园不仅很难统一管理，而且很难实现一致性管理①。这种不统一实际上也造成了管理上的不完整。

具体而言，主要表现有两点。一是不同省份在操作层面上对国家公园生态系统管理目标和管理标准的细化执行存在差异。例如，在大熊猫国家公园试点中，四川、甘肃和陕西三省管理局对大熊猫国家公园优化整合工作的把握尺度差异很大②。二是管理机构间协同联动性欠缺造成管理目标无法实现，体现在科研监测（如候鸟与迁徙动物监测）、空间管理（如规划协调、跨区域联合执法等）上难以实现同步甚至难以执行同一标准，后者尤甚。例如，在科研监测方面，福建、江西武夷山保护区管理机构对黑麂（*Muntiacus crinifrons*）、黄腹角雉（*Tragopan caboti*）等国家一级重点保护野生动物的科研监测基本没有行政层面的常态化合作和信息共享，这也是仅靠统一的法规、标准、规划难以奏效的③。又如，在规划协调方面，祁连山国家公园已经编制了《祁连山国家公园总体规划（试行）》，区域内其他各类规划应与该规划充分衔接，但实际

---

① 指采用相同的国土空间管理制度、管理标准并有相同的执行力度，达成事实上的保护维度的统一管理。
② 如对矿山、水电等敏感问题的处理，非常容易引发一定的问题。特别是在开天窗的问题上，有的省份一度在整合优化方案中开天窗（这是表面上统一的整合优化文件难以定死的，主要取决于各省份的具体操作者对此事外部性的把握），数量达到1000余个，既不利于自然生态系统的整体性和完整性，也不利于国家公园的统一管理。
③ 如信息共享，如果没有专门的协调机制并明确信息共享平台管理中的责权利，那么这样的功能难以在日常工作中实现（候鸟同步调查等不属于日常工作）。在武夷山国家公园试点后，名义上福建和江西形成了协作机制，但因为信息管理的宏观体制存在省际壁垒，江西武夷山的相关监测数据无法动态报给福建省武夷山国家公园管理局的智慧管理平台。

中，青海和甘肃片区在生态移民、生态修复、特许经营、生态体验等方面仍各行其是。此外，在执法方面，福建省主导建立的武夷山国家公园管理局拥有相对完善的执法权和执法队伍，而江西武夷山国家级自然保护区管理机构的执法权和执法队伍并不完善。在非法穿越等违法行为的处理上，可能出现福建省管理机构有能力执法但因不属于其管辖范围而不能执法，江西省则因执法能力不足而无法执法的情况①，两边也难以常态化地协同执法②，这在统一的武夷山国家公园成立后仍无改观。

4.3　跨省管理问题的体制成因

跨省分割管理的根本原因是不同省份的相关体制不同导致的激励不相容③，对跨省国家公园管理而言，即指在各自利益驱动机制下各省份国家公园的管理与保护生态系统完整性的目标之间出现了偏差。只有管理机构的利益目标与生态系统完整性保护的目标趋同，且各省份管理机构的利益驱动机制相近时，才可能实现跨省工作的统一协调，才能实现跨省生态系统完整性保护。

考虑到国家公园等自然保护地管理机构与其所属的省级政府在利益驱动机制上同构化，可将管理机构的利益从政治和经济两个维度进行拆解④。政治利益维度可以具象为政绩目标和考核机制。由于行政隶属关系，相关负责人会根据考核要求和行政资源配置情况，将工作重心放在完成各自的主要任务上。而在强调经济效益的大背景下，生态方面的政绩往往被弱化甚至忽视。经济利益维度则是指国家公园管理机构的资金机制。经济实力

---

① 一些资深"驴友"深谙这些管理体制的差别，他们在违法进入国家公园核心区域（两省交界的黄岗山，属于原自然保护区的核心区）后，若遇到福建省管理机构执法人员，他们就会跑到江西省区域内。

② 根据协作机制仪式性地协同执法对这类违法行为一般无济于事。

③ 如果能有一种制度安排，使行为人追求个体利益的行为与利益相关者全体实现价值最大化的目标相吻合，那么这种制度安排就是激励相容。本书中的激励不相容指利益相关者责、权、利相关制度安排不同，导致个体的利益驱动方向与整体利益最大化不相吻合。

④ 考虑到全文流畅性，本章简要依据激励不相容原理并从两个利益维度进行拆解分析跨省管理问题的制度成因。对其中涉及的国家公园建设利益维度的变化，附件2做了更深入的探讨。

较弱或对生态保护重视不够的省份对自然保护地的财政投入较少，加之管理机构还可能承担着利用区域内资源创收的任务，所以因追求经济效益而损害生态保护的事件时有发生①。经济利益的差别还表现在工作人员工资标准的差异上，这可能导致不同省份同一个生态系统的保护管理水平出现明显差异。

以武夷山国家公园为例，福建和江西两省的管理机构在体制上有多处不同②，从管理学角度看，即在政治利益和经济利益维度上都存在明显差异：福建省武夷山国家公园管理局在资源保障方面好于江西省武夷山的管理机构。在国土空间用途管制权方面，在国家公园试点前，福建省武夷山国家级自然保护区管理局就已经有森林公安以及对破坏森林和野生动植物资源案件的刑事执法权；武夷山国家公园管理局正式组建成立后③，武夷山市在无经济考核压力的背景下将部分审批、执法等国家公园相关的国土空间用途管制权划转至武夷山国家公园管理局④。武夷山国家公园管理局作为福建省政府的派出机构，其政治利益诉求与福建省政府基本一致，即完成《国家生态文明试验区（福建）实施方案》中提出的"推进国家公园体制试点"的任务，以完成领导干部考核中的国家公园建设等考核目标为导向全力开展工作。而江西省虽然也是第一批生态文明试验区，但国家公园体制试点并非其任务，江西省和江西省武夷山所在的铅山县也没有把国土空间用途管制相关权力划转给其保护区

---

① 祁连山自然保护区事件就是典型案例。"绿盾2017"专项行动总结："自然保护区违法违规问题尚未得到根本解决，部分地方仍然存在政治站位不高、保护为发展让路、部门履职不到位、敷衍整改和假装整改等问题"，"绿盾2018"专项行动查出采石采砂、工矿企业、核心区缓冲区旅游设施和水电设施等问题2518个。

② 即使是同步开始试点的跨省国家公园，各省份管理机构的体制仍然存在差别，甚至省内各片区之间"权、钱"制度也不相同。例如，大熊猫国家公园各省级管理局基本沿袭了各省份林草局的行业管理体制，在划入试点区的各大熊猫栖息地基本没有形成基于国土空间、按照完整生态系统的跨市县综合管理；各保护地只是加挂了相关牌子，管理方式没有真正改变，该整合的管理机构也没有真正合并。

③ 武夷山国家公园体制试点是由福建省主导的，其试点实施方案于2016年获得国家发改委批复。同年8月，中共中央办公厅、国务院办公厅印发的《国家生态文明试验区（福建）实施方案》进一步明确了推进国家公园体制试点的重要任务，而同时印发的《国家生态文明试验区（江西）实施方案》并无相关内容。

④ 依据《武夷山国家公园资源环境管理相对集中行政处罚权执法依据》和《武夷山国家公园资源环境管理相对集中行政处罚权工作方案》。

管理机构。江西省武夷山管理机构至今未获得与福建省武夷山管理机构类似的国土空间用途管制权和森林公安队伍[1]。在资金机制方面，试点前，由于两省在经济发展水平、财政实力、环境意识等方面存在差异，福建省管理机构的日常管理经费（包括人员工资）和项目经费都明显高于江西省管理机构。试点期间，福建省片区在中央资金和省级资金方面获得较多的投入；而因中央层面尚未设立国家公园财政专门科目，新纳入的江西省片区尚未获得中央层面的资金支持，江西省级层面也未对武夷山国家公园进行专项资金扶持。从政治利益维度分析，江西省在没有中央任务的情况下没有必要为武夷山国家公园进行权力结构改革，且其体制上的欠账本来就多；从经济利益维度分析，福建省管理机构的资金保障程度始终高于江西省管理机构，而且两省管理机构工作人员的薪酬标准不同，江西武夷山所在的铅山县获得的相关转移支付明显少于福建武夷山市，很难全力支持保护区按照国家公园试点的标准来强化管理。如果一味按照中央要求强化统一管理，江西的基层政府和保护区管理机构在政治利益维度和经济利益维度上都无利可图，因此目前的体制机制形成的激励方向与生态系统统一完整管理的要求是相悖的，即便两省有协作机制也有名无实[2]。

4.4　体现生态系统完整性的跨省机构设置模式

要实现跨省管理体制的激励相容，各省份建立起满足生态管理需求且统一的"权、钱"制度是前提。在此基础上，还应建立体制机制或机构以形成能驱动不同省份管理机构统一行动的"权、钱"制度。

---

[1] 由于江西部分的总体规划仍在编制中，所以暂时仍由江西省武夷山国家级自然保护区管理局实际管理，该管理局是江西省林业局所属事业单位。参考中国其他国家公园的改革进展，江西省武夷山国家公园管理局未来能否获得相关国土空间用途管制权尚不能确定，且江西省未必会拿出编制为该管理局新建一支具有行政强制权的执法队伍。

[2] 双方成立了武夷山国家公园和江西武夷山国家级自然保护区闽赣两省联合保护委员会，由两省林业局局长共同担任主任，下设生态保护组、科研监测组、政策协调组，按照"一个目标、三个共同"的协作管理模式，联合开展生态系统保护、科研监测、森林防火和引导绿色发展等工作，以推动武夷山脉生态系统完整性保护。但实质上没有常态化协作，日常管理仍然是两个系统、两套机制，连常态化信息共享都未能实现。

根据《机构设置指导意见》，国家公园管理机构实行两种模式：一是园区内全民所有自然资源资产所有权由中央政府直接行使（中央垂直管理）；二是园区内全民所有自然资源资产所有权由中央委托省级政府代理行使（中央委托省级政府代管）。但从试点经验看，中国国家公园普遍存在较严重的人地矛盾，中央完全垂直管理对原有的权力结构、资金渠道都有较大的调整，也不利于在解决历史遗留问题（移民、厂矿退出）时充分调动省级政府的力量。因此，中央垂直管理的实现难度很大，现阶段跨省的国家公园管理理应以中央委托省级政府代管的模式为主流。在中央委托省级政府代管的模式下，各省份的国家公园管理机构仍隶属于各省份政府，国土空间用途管制权仍分属各省份，中央的职责在于"调停"和监督考核，国家公园运行的资金由中央和省级财政共同承担。这时，国家公园需要建立一套可以实现激励相容的体制机制，打破前述体制藩篱。

首先，要保证跨省的管理机构具有相同的"权、钱"制度。各省份的管理机构应按《总体方案》要求，建立相同的管理单位体制和资金机制。在现阶段国家公园法尚未出台、国家公园体制改革仍需深化的情况下，一方面要确保相关权力能够从地方政府划转到国家公园管理机构；另一方面要统一权力的行使"尺度"，尤其是要保证管理机构具有作为管理基础的规划权和体现强制力的执法权。应保证日常管理经费和项目经费的执行标准一致，尤其在机构级别、人员工资核算标准等方面保持一致，以实现跨省体制的激励相容。

其次，要建立恰当的跨省协调机制。就跨省协调的模式而言，可以有强、弱两种实现形式。①**强协调模式——建立跨省管理机构**。在强协调模式中，借鉴国资委管理中央企业的经验，建立跨省国家公园一级管理局（考虑到现实中编制数量等的约束，可采用在国家林业和草原局已有的专员办加挂牌子并增加处室的方式），以机构形式落实跨省国家公园的统一规划、统一标准、统一信息平台、统一考核评价要求，代表中央行使自然资源资产管理的职责并对各省局进行监督和考核。②**弱协调模式——建立跨省协调机制**。在弱协调模式中，国家公园不设跨省的一级局，由国家林业和草原局进行跨省协调并强化协调解决。在各个省局，加大协调机制的工作力度，相关省份的国家公园管理机构内设监管部门，在监督专员领导下负责具体工作。

　　强、弱两种协调模式都是在日常管理一致性的基础上实现激励相容的可行方案，各跨省国家公园的统一管理可以从协调机制开始，再随着改革的深入而逐步过渡到实体的跨省管理机构①。

---

　　① 强、弱两种协调模式的管理架构见本书第 7 章。

第5章
适应性管理的国际经验及其
在国家公园划界和管理中的体现

顺承第一篇"最严格地按照科学来保护"的理念和第一本蓝皮书主题报告第三章关于自然保护地相关法律法规缺乏系统性、适应性和精准性的内容，我们认为必须通过适应性管理才可能实现最严格的保护。适应性管理要求从生态系统完整性角度出发，在承认符合某些要求的人是生态系统重要组成部分的前提下，通过更准确和科学地理解保护对象与人的交互关系，形成具有弹性（resilient）的管理方式，以更容易地实现人与自然的和谐共生。本章进一步以野生动物适应性管理为例，介绍适应性管理的框架和操作模式，并就适应性管理在中国的实施路径进行分析，进一步探讨适应性管理如何在国家公园的划界和管理中得以体现。

适应性管理的目标可以是某个区域主要保护对象的保护目标，这些目标可以是整体生态系统的修复，也可以是重点保护物种种群的扩大，根据保护对象上一阶段的状态和（周期性）变化趋势及时调整保护策略。对多数珍稀、濒危野生动物的就地保护，不宜采用"禁区式"保护形式，而是应既满足保护对象的保护需求，又尽可能与人类活动相协调，因此最好采用适时、适地、适策的适应性管理。

5.1 野生动物适应性管理的理论基础

适应性管理是指针对生态系统需求信号的变化不断调整保护方式和强度，以协调自然资源保护与利用的关系。这类需求信号既可以是野生动物种群的变化，也可以是生态系统演替及其保护需求的变化，抑或人地关系的变化。在相关研究中，有关野生动物适应性管理的研究最为丰富、理论最为完整。因此，本节主要以野生动物适应性管理这一代表性类型为例，介绍其概念框架和主要模式。

5.1.1　野生动物适应性管理的概念框架

野生动物适应性管理是指依据野生动物的保护需求信号变化，通过试验、实践和学习，不断优化管理分区、措施和强度，以协调资源保护与人为活动的关系①。野生动物适应性管理的作用之一在于降低两个方面的不确定性带来的不利影响：①气候变化、人为干扰等外界环境变化导致的野生动物生境的改变；②野生动物生活史的变化会产生不同的保护需求，如迁徙、洄游等行为产生较大的空间流动性，进而对同一空间内不同时间段的资源状况有不同要求，若无特别措施则可能难以满足其较高要求。因此，开展野生动物适应性管理的意义在于：①不断适应外界环境和野生动物生活史的变化，提升栖息地的保护成效；②灵活调整栖息地保护措施，降低管理成本；③妥善协调野生动物与周边人类活动的关系，减少保护与利用的冲突，或利用共生关系提升保护效果②。

早在20世纪末，美国鱼类和野生动物管理局（FWS）就启动了绿头鸭（*Anas platyrhynchos*）适应性管理项目。21世纪以来，国际上对濒危野生动物适应性管理的呼声不断提高，美国、加拿大、澳大利亚、德国、斐济等多个国家都有相关项目，如澳大利亚黑头矿鸟（*Manorina melanocephala*）栖息地适应性修复和斐济库布劳地区海洋保护区社区适应性管理。

在操作层面，适应性管理有特定的方法和步骤。Murray等提出基于问题界定、方案设计、执行、监测、评估和改进六大要素的操作模型③。Silvy将野

---

① 仅就野生动物种群就地保护与人类活动关系而言，可认为保护需求是野生动物对栖息地中人类活动方式、强度、频率等的容忍程度或需要程度（当存在近似共生的关系时）。即便是同一块栖息地的同一种动物，随着其生活史的变化，保护需求也在变化，因此其需求信号也会产生变化，适应性管理即根据这种信号（当然，一般限于主要保护对象或关键种）动态调整国土空间用途管制方式和强度。

② 例如，朱鹮是一种易于与人类共生的涉禽，其在靠近村庄的高大乔木上营巢，并偏爱在稻田中觅食，因此禁猎、禁伐等是保护需求，有机化的水稻生产同样是保护需求。

③ C. Murray, D. R. Marmorek, "Adaptive Management: A Spoonful of Rigour Helps the Uncertainty Go Down," Proceedings of the 16th Annual Society for Ecological Restoration Conference, Victoria B. C., 2004.

生动物适应性管理的过程分解为场景分析、目标设定、模型构建、可行性识别与选择、监测、执行、评估与调整、迭代等步骤[①]。

5.1.2　野生动物适应性管理的三种主要模式

根据保护目标和管理对象的差异，可将野生动物适应性管理分为适应性资源管理、适应性捕猎管理和适应性影响管理三种模式（见表5-1）。

表5-1　野生动物适应性管理的三种主要模式

序号	类型	保护目标	管理对象	管理措施
1	适应性资源管理（Adaptive Resource Management）	生境优化	自然资源或生态系统	生态修复、再野化等
2	适应性捕猎管理（Adaptive Harvest Management）	种群优化	种群数量、结构或状态	再引入、捕猎等
3	适应性影响管理（Adaptive Impact Management）	协调保护与利用关系	人类活动、保护管理策略	分时段、分区域控制人类活动，社区共管等

1.适应性资源管理的调控对象是野生动物所依赖的自然资源或生态系统，目标是营造更适宜的栖息地

例如，美国勒木河（Lemhi Basin）流域下游的濒危物种强壮红点鲑（*Salvelinus confluentus*）出现了种群数量减少的现象，这主要是由于产卵点被水利工程阻断，其完整生命周期所需要的栖息地缺失[②]。Andrew等利用适应性管理框架提出四种可能假设，判断栖息地重连和恢复的最优季节与位点[③]。其中的需求信号是保护对象生活史的变化，适应性管理措施就是溪流连接措施。

2.适应性捕猎管理一般以调控种群数量、结构或状态为目标，通常以再引入、病虫害防治、捕猎为手段

例如，褐头燕八哥（*Molothrus ater*）会寄生在濒危动物科特兰林莺

---

① N. J. Silvy, *The Wildlife Techniques Manual*（7th edition）（Baltimore：Johns Hopkins University Press，2012）.

② Adaptive Management of Bull Trout Populations in the Lemhi Basin，2022 - 7 - 11，https：//pubs. er. usgs. gov/publication/70154836.

③ https：//pubs. er. usgs. gov/publication/70154836.

（*Setophaga kirtlandii*）巢穴之中，这显著降低了科特兰林莺幼鸟的存活率。Nathan 等在美国密西根下半岛短叶松林展开监测，逐年减少褐头燕八哥猎杀陷阱数量，最终停止褐头燕八哥控制计划，为其他项目腾挪管理资金。其中的需求信号是褐头燕八哥与科特兰林莺的数量关系，适应性管理措施是对褐头燕八哥的数量进行控制①。

3. 适应性影响管理主要调控野生动物栖息地与人类生产生活的关系，涉及科学家、管理者、社区等多方利益主体

例如，美国洪堡海湾国家野生动物保护区（Humboldt Bay National Wildlife Refuge）通过季节性禁牧措施，协调鸟类保护与牧民生产生活的关系——每年12月至翌年4月候鸟越冬期间禁止放牧，5~11月候鸟迁走后允许放牧。其中的需求信号是候鸟越冬需求与放牧的关系，适应性管理措施是对放牧区域进行动态管理（而非像《条例》一样只是静态分区）。

依据是否以学习为目标，野生动物适应性管理又可分为主动型（active）和被动型（passive）两大类。前者将学习作为管理目标的重要组成部分之一，后者则未将学习作为管理目标的重要组成部分。从操作流程上看，主动型一般会提出多种假设并依据需求信号进行检验，以达到充分认识系统的目标，管理成本较高、耗时较长；被动型通常只提出一种假设并试验，以解决问题为主，管理成本相对较低、耗时较短。

5.2 野生动物栖息地适应性管理的典型模式与案例

5.2.1 野生动物栖息地适应性管理的典型模式

栖息地是指某种生物或种群生存、繁衍的环境类型。野生动物栖息地适应性管理是一个集科研、监测、立法、政策、规划等多种手段于一体的系统性工程，是对适应性资源管理、捕猎管理和影响管理的综合应用，也是一种就地保护方式。在实际操作中，可分为保护地和非保护地两种模式：

---

① N. W. Cooper, C. S. Rushing, P. P. Marra, "Reducing the Conservation Reliance of the Endangered Kirtland's Warbler Through Adaptive Management," *Journal of Wildlife Management* 83（2019）：1297-1305.

前者的管理主体为自然保护地管理机构，保护边界清晰，措施弹性有限；后者可涉及政府、企业、私人等多种管理主体，保护边界不确定，措施弹性较大。

保护地模式是以划定边界、建立自然保护地为基本手段，动态保护珍稀、濒危野生动物栖息地的方式，广泛应用于美国、德国、日本等国家。FWS 将美国国家野生动物保护区（National Wildlife Refuge，NWR）划分为开放区域和封闭区域，其封闭区域禁止公众入内，但管理人员会采取湿地水位调控和森林计划性火烧（prescribed fire）等手段，依据保护对象需求进行区域环境干预。

非保护地模式是指在没有法定自然保护地的情况下，采用其他动态管理措施，达成野生动物栖息地保护目标。这种方式相对灵活、成本较低、时间较短，是保护地模式的有效补充。如英国 1869 年通过的《海鸟保护法》设置了禁猎期，不允许在此期间射击海鸟、搜集鸟蛋，以免威胁濒危鸟类的生存和繁衍。美国会将一些濒危物种栖息地设置为"关键栖息地"（Critical Habitat），采用与私有土地产权主体签署协议的方式切割使用权（本质上属于保护地役权），以实施保护。

1. 保护地模式——以美国国家野生动物保护区为例

NWR 是以保护地模式开展适应性管理的典范。在国家层面，FWS 与美国地质调查局（U.S. Geological Survey，USGS）合作，为 NWR 系统提供适应性管理方案，并匹配相应的资金机制。一方面，FWS 开展野生动物保护区合作研究项目（Refuge Cooperative Research Program，RCRP），着力于解决长期、大尺度、跨区域的自然保护问题，如北部平原本土草场管理等项目；另一方面，主要采用适应性管理咨询（Adaptive Management Consultancy，AMC）的方式，召开工作坊，解决短期、小尺度、单一物种或保护地的适应性问题，如水禽临时湿地管理、海鸟生境管理等项目。

在保护地层面，NWR 的相关工作主要包括适应性规划、分区和项目三个方面。以美国国家马鹿保护区（National Elk Refuge）为例。该保护区成立于 1911 年，主要目标是保护杰克逊霍尔市及附近地区的加拿大马鹿（*Cervus canadensis*）。首先，管理机构在制定《美国怀俄明州国家马鹿保护区综合保护规划》时采用了适应性规划框架，按照 8 个步骤执行（见图 5-1）。其次，由于加拿大马鹿和美洲野牛（*Bison bison*）的活动范围跨越了保护区边界，为跨区域协调管理，该规划联合周边的大提顿国家公园（Grand Teton National Park）和布里杰提顿国家森林（Bridger Teton National Forest），确立了春天/夏天/秋天、秋天/冬天/春天和整年三个季节性野牛栖息地，充分考虑了野生动物的季节性迁徙特征，体现了适应性分区理念（见图 5-2）。最后，为减弱野牛和马鹿对人工饲料的依赖性，管理机构采用了延迟喂养、狩猎调控等措施，通过监测、评估、调整等动态过程来实施（见图 5-3、图 5-4）。相关计划由政府、非政府组织和其他合作伙伴共同提供资金。美国NWR 适应性管理策略保留了有利于保护的人类活动，其 30 多年的实践说明①，这种方式协调了保护与生产生活的关系，降低了保护成本，提升了保护效果。

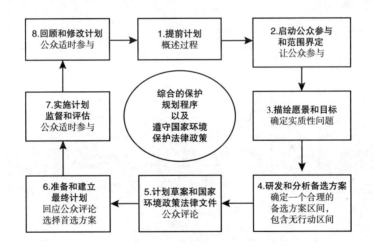

图 5-1 美国国家马鹿保护区适应性规划框架

资料来源：Comprehensive Conservation Plan National Elk Refuge，2022 - 7 - 18，https：//www.fws.gov/sites/default/files/documents/NER _ FinalCCP _ Book _ 2016 - 1110% 28 reduced%29.pdf，笔者进行了微调和翻译。

---

① 美国 NWR 系统的适应性管理自 1995 年开始，具体参见 https：//www.fws.gov/sites/default/files/documents/adaptive-harvest-management-hunting-season-report-2022.pdf。

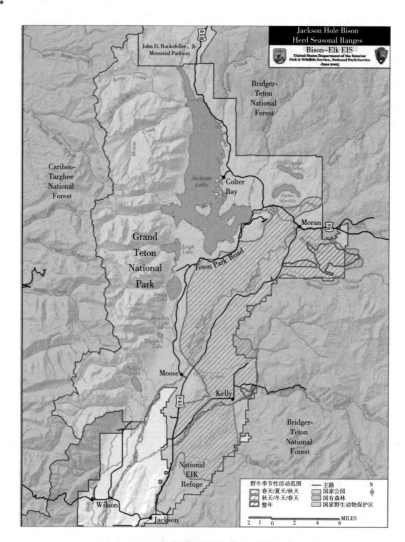

图5-2　跨自然保护地季节性野牛栖息地示意

注：本图较为清晰的彩色版参见书末的插图。

资料来源：Comprehensive Conservation Plan National Elk Refuge，2022－7－18，https：//www.fws.gov/sites/default/files/documents/NER_FinalCCP_Book_2016-1110%28reduced%29.pdf，笔者进行了微调和翻译。

2.非保护地模式——以北大西洋露脊鲸栖息地管理为例

自然保护地之外的野生动物适应性管理策略措施更为灵活。对中国来说，藏羚羊（*Pantholops hodgsonii*）等陆域迁徙物种、长江江豚（*Neophocaena asiaeorientalis*）

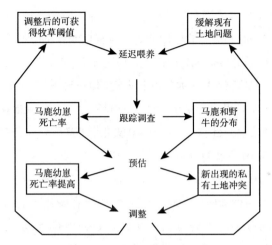

图5-3 延迟喂养管理策略

资料来源：Comprehensive Conservation Plan National Elk Refuge，2022-7-18，https：//www.fws.gov/sites/default/files/documents/NER_FinalCCP_Book_2016-1110%28reduced%29.pdf，笔者进行了微调和翻译。

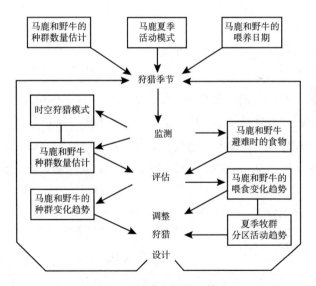

图5-4 狩猎调控管理策略

资料来源：Comprehensive Conservation Plan National Elk Refuge，2022-7-18，https：//www.fws.gov/sites/default/files/documents/NER_FinalCCP_Book_2016-1110%28reduced%29.pdf，笔者进行了微调和翻译。

等水域洄游物种以及候鸟等多种珍稀、濒危野生动物的活动范围肯定会跨越保护地边界，其保护管理必须借鉴非保护地适应性管理的先进经验①。北大西洋露脊鲸（*Eubalaena glacialis Borowski*）适应性管理的面积辽阔、管理复杂、策略多元且制度成型，借鉴价值大，本节以此为案例进行分析。

北大西洋露脊鲸是世界上最濒危的大型鲸种之一，面临商业捕鲸、船只撞击和渔具缠结等多种威胁。目前，只有约 400 头北大西洋露脊鲸分布在美国和加拿大东海岸，分别由美国国家海洋与大气管理局（National Oceanic and Atmospheric Administration，NOAA）和加拿大交通部（Transport Canada）进行保护管理②。

NOAA 采用了四种适应性策略对北大西洋露脊鲸进行管理③。①季节性分区。NOAA 渔业服务中心展开生活史研究，划分出觅食地、迁徙路线与繁殖地、繁殖与哺育场三片区域，在每年不同时间段进行强制性航速限制④。②动态管理分区。NOAA 渔业服务中心会收集有关北大西洋露脊鲸出现的视觉或听觉记录，在接下来 15 天之内鼓励航海员避开这些区域，或将航速降至 10 海里/小时及以下。③航道管理。为减少船舶撞击事件，NOAA 对往来船只进行航线管理，规定回避型、缩减型和推荐型航线。相应航线管理会显示在 NOAA 电子航行图表（NOAA Electronic Navigation Chart）中。④强制性轮船报告系统。超过 300 总吨的船只即将进入美国东北部和东南部北大西洋露脊鲸的两个核心栖息地时，必须向岸边基站报告船型、航线、航速等。

在加拿大，对北大西洋露脊鲸的保护管理集中在圣劳伦斯湾（Gulf of St. Lawrence）附近。2020 年 4~11 月，相关部门采用静态保护分区、临时限速航线、季节性管理分区等措施开展适应性管理。在实施监管方面，加拿大交通部利用加拿大海岸警卫队（Canadian Coast Guard）对往来船只进行监管，一旦发

---

① 大型水生动物的管理与水面经济活动（航运、渔业等）的关系也是河口、海洋类国家公园必须考虑的，此类案例对于正在建设的黄河口国家公园、长江口国家公园、长岛国家公园都有借鉴意义。

② 美国《改善法案》（*Improvement Act*）明确要求 NWR 开展适应性规划，加拿大交通部依据《加拿大航运法》对轮船进行限航和监管，以保障北大西洋露脊鲸的适应性管理。

③ 资料来源：https：//www. fisheries. noaa. gov/national/endangered-species-conservation/reducing-vessel-strikes-north-atlantic-right-whales#vessel-speed-restrictions。

④ 本小节对北大西洋露脊鲸适应性管理具体方案的叙述，共有 5 张图的说明，读者可以参阅刊发于《中国园林》2022 年第 9 期的《野生动物栖息地适应性管理的国际经验及对中国国家公园的启示》一文。

现长度超过 13 米的船只以超过 10 海里/小时的速度经过禁区，安全检查员就会审查资料、搜集信息以判断其是否违规。依据《加拿大航运法》，加拿大交通部对超速船主执行高达 25 万加元的罚款，或执行刑事处罚。船主有 30 天的时间缴纳罚款，或上诉要求重新审议违规事实①。

5.2.2 国际经验评述

分析 NWR 和北大西洋露脊鲸适应性管理经验，可发现前者是对适应性资源管理（调整生境质量）、适应性捕猎管理（调整种群数量）和适应性影响管理（协调牧场和周边人类活动）的综合应用，而后者主要针对船舶航行等人类活动的影响进行管理。这些案例经验在法律法规、资金机制、规划管理、监测与信号系统建设、多方主体合作等方面均有体现（见表 5-2）。

表 5-2 案例适应性管理模式对比与分析

案例		美国国家野生动物保护区	北大西洋露脊鲸保护
模式		保护地模式	非保护地模式
类型	适应性资源管理	√	
	适应性捕猎管理	√	
	适应性影响管理	√	√
国际经验	法律法规	美国《改善法案》明确要求 NWR 开展适应性规划	《加拿大航运法》要求对轮船进行限航和监管
	资金机制	RCRP 和 AMC 项目的资金配套	《加拿大航运法》规定对违法船主进行高额罚款
	规划管理	适应性规划框架和管理对策	季节性分区、动态分区和航道管理
	监测与信号系统建设	通过物种监测，调整管理对策	NOAA 进行物种监测和船舶监测
	多方主体合作	FWS、美国地质调查局与保护区管理机构合作	由海洋企业、非政府组织、学术机构和其他政府部门共同制定

① 资料来源：https://tc.canada.ca/en/marine-transportation/navigation-marine-conditions/protecting-north-atlantic-right-whales-collisions-vessels-gulf-st-lawrence。

5.3 适应性管理理念在中国国家
公园体制建设中的应用

中国已建和拟建国家公园大多地域辽阔，野生动物种类丰富，社会经济和交通条件复杂。在大熊猫、东北虎豹等国家公园，野生动物栖息地与居民生产生活区域有大量重合。三江源国家公园中的青藏铁路和公路与藏羚羊等珍稀动物生境和迁徙路线交叠；拟建黄河口、长江口、长岛等国家公园中有重要航道，会影响中华鲟（*Acipenser sinensis*）、斑海豹（*Phoca largha*）等野生动物的产卵与洄游。对于这样的区域，显然不能完全按照《条例》来管理，而 2022 年印发的《国家公园管理暂行办法》仍忽视了生态系统的动态保护需求。考虑到生态系统完整性，应尽量将野生动物重要活动区域纳入国家公园。但如果采用"一刀切"的静态管理措施，不仅难以得到地方政府和居民支持，还可能使基于这种管理规则确定的边界范围难以符合生态系统完整性要求。在这种情况下，对国家公园的不同空间范围采取适应性管理措施尤为重要。

本章从原则、对象、体系和路径四个方面提出中国国家公园野生动物栖息地适应性管理框架（见图 5-5）。

首先，适应性管理应当遵循科学性、系统性、适应性和参与性原则；其次，适应性管理的对象可以是自然资源及生态系统，野生动物种群数量、结构或状态，也可以是人类社会经济活动等。

从体系上看，中国国家公园野生动物栖息地适应性管理应当包含需求信号识别、适应性规划、适应性分区、适应性交通管制、适应性项目五项内容：①用以表达和传输的信号及信号系统是适应性管理的基础，如食物匮乏、气候干旱等环境变化，所以需求信号识别是适应性管理的基础性工作。②适应性规划包括协商、确立、实施、监测、评估和修订等过程，能根据系统内外变化灵活调整措施，避免重要决策损失。③适应性分区是指在国家公园范围内及周边设立动态分区，灵活调整保护策略。可参考美国、日本、德国国家公园以及北大西洋露脊鲸的动态分区管控方式。④适应性交通管制是指根据保护需求变化，对重要交通线路进行关键时间管理，适用于三江源、长江口等面积较大、

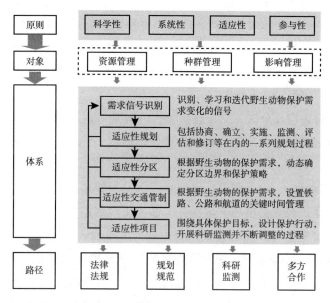

图 5-5 中国国家公园野生动物栖息地适应性管理框架

交通活动类型较多的国家公园。⑤适应性项目是指根据特定目标设计保护行动,开展科研监测并不断调整的过程,如美国国家马鹿保护区的延迟喂养和狩猎调控策略[①]。

在以国家公园为主体的自然保护地体系中建立野生动物栖息地适应性管理框架,需要从法律法规、规划规范、科研监测、多方合作四个方面着手。

第一,在《国家公园法》中体现适应性管理原则。应在法律法规层面规定,针对湿地、海洋、草原和森林等不同生态系统特征及珍稀、濒危野生动物的保护需求,对国家公园进行动态规划和管理。建议在《国家公园法》中明确:①对野生动物栖息地采用适应性管理策略,除规定性分区外,增设季节性分区、临时性分区等,根据物种保护需求灵活调整管控要求;②国家公园管理

---

① 根据 Meretsky 与 Fischman 对 2005~2011 年 185 个综合保护规划(Comprehensive Conservation Plan, CCP)方案的评估研究,61% 的 CCP 方案采用了适应性管理策略,在获得监测数据后进行了清晰的行动调整。参见 V. J. Meretsky, R. L. Fischman, "Learning from Conservation Planning for the U. S. National Wildlife Refuges," *Conservation Biology* 28(2015):1415-1427。

机构可与地方政府合作，对穿越国家公园及其他自然保护地的铁路、公路和重要航道进行关键时间和流量管理，以适应物种保护与可持续发展的变化需求；③通过管理措施和资金扶持（补贴等）、发展扶持（对生产方式有严格要求的国家公园品牌增值体系等），约束和引导国家公园周边居民的生产生活方式和强度，与物种的保护需求相适应。

第二，将适应性分区、交通管制和管理对策等内容纳入规划规范。制定国家公园规划是国家公园保护管理的重要手段之一，然而《国家公园总体规划技术规范》（GB/T 39736—2020）对适应性原则和方法的体现较弱，这具体体现在规划原则、规划期限、规划分区、交通管理和适应性管理项目5个方面，因此建议对其做出如下调整：①在4.4规划期限中明确，至少每5年根据保护需求变化进行规划调整；②在6.1.1中加入"适应性原则"，明确边界和分区可以根据生态系统和野生动物栖息地的需求变化进行动态调整；③在6.2.2功能区中加入"季节性分区""临时性分区"等，体现动态分区的适应性管理思想；④将"重要铁路、公路和航道关键时间管理"的内容添加到6.3，把现有6.3改为6.4；⑤增加"7.8野生动物适应性管理项目"，通过明确保护目标、实施监测研究、调整管理行为三个步骤，优化物种种群结构与状态。

第三，加强面向适应性管理的科研监测工作。适应性管理需要信号系统作为支撑，建立在对野生动物种群、栖息地和周边人类影响的实时科研监测基础上[1]。中国对野生动物尤其是中华鲟、江豚等可观测性较弱的水生野生动物的科研监测仍然不足。根据《国家公园监测规范》（GB/T 39738-2020），对于特定珍稀、濒危野生动物，应适应其生活史需要，以日、周、月或季度为频次开展科研监测工作，甚至进行实时科研监测。可以利用国家公园智慧平台进行动态管理，为适应性管理提供决策依据。

第四，提升多方主体对适应性管理的参与性。野生动物栖息地适应性管理的实施过程十分复杂，通常需要多方主体共同协作，因地制宜、因时制宜地制

---

[1] 在美国NWR体系的185个CCP方案中，62%的CCP方案在栖息地保护、入侵物种管理中制定了定性或定量监测目标；184个（99.5%）野生动物保护区进行了物种监测，平均涉及5.8个主题。

定管理策略①。各个国家公园管理机构应明确适应性管理的参与机制（可在各国家公园的"一园一法"中明确），使科研机构、非政府组织、社区、公众等都能依据明确规则参与适应性管理。

---

① 例如，针对北大西洋露脊鲸，NOAA 渔业服务中心和国家海洋哺乳动物搁浅联盟合作进行救助工作，加拿大交通部与海洋企业、非政府组织、学术机构和其他政府部门共同制定管理策略。

第6章
促进各类利益相关方"共抓大保护"的制度创新

——保护地役权

中国国家公园的"人、地约束"普遍存在：基本都有原住居民，土地权属复杂。根据《国家公园管理暂行办法》，国家公园核心保护区原则上禁止人类活动，一般控制区禁止开发性、生产性建设活动。按此办法，国家公园的生态移民势在必行，可是只需要原住居民"一移了之"吗？大规模生态移民将带来巨大的资金压力、生计替代压力、文化传承压力，甚至人与自然原本的平衡也可能会被打破。如何破解"人、地约束"？保护地役权制度可能是一种解决方案。

保护地役权制度是适应性管理理念的落地形式之一①，更是一种可以较低成本实现自然资源统一管理、使包括原住居民在内的多方有效参与生态保护并实现惠益共享的土地管理制度。该制度是指为了保护自然资源、野生动植物栖息地、文化资源以及开放空间等公共利益，政府或公益组织（需役者）与自然资源权利人（供役者）签订保护地役权合同，对不动产施加限制或积极义务，由供役地人履行该义务，由保护地役权人向其支付报酬（或体现为税收优惠、提供工作岗位、绿色发展方式引导等形式）的一种制度。本章分析了中国自然保护地探索保护地役权制度的现实需要（面临的"人、地约束"问题及成因），以及保护地役权与征收、租赁等其他土地管理方式的区别，重点介绍了国家公园体制试点背景下中国保护地役权的改革探索案例，提出系统构建保护地役权制度需要解决的问题和在中国现有法律体系下的构建模式。

---

① 第一本蓝皮书在专题报告第二章中介绍了钱江源国家公园的地役权实践创新经验。

6.1　中国自然保护地面临的
"人、地约束"及成因分析

6.1.1　中国自然保护地面临的"人、地约束"

自然保护地范围内人与自然之间的矛盾，具体体现在原住居民的资源利用与自然资源保护之间的矛盾。中国自然保护地大多面临严重的"人、地约束"问题：保护地内部有大量社区和原住居民，仅明确划定边界的自然保护区（约占总数的 2/3）中就有居民 1256 万人；土地资源权属复杂，大多包含集体所有土地，还有部分国有土地承包到户（如三江源国家公园和祁连山国家公园内的草场，虽然属于国有土地，但是都已承包到户；东北虎豹国家公园范围内的国有林场，也已经通过承包经营的方式，转化为当地居民的林场，供他们开展林下经营活动）。"人、地约束"导致自然保护地面临统一管理难、资金供给难和科学管控难等问题，而保护地役权制度可以在解决这三大难题中起到重要作用。

统一管理难。实现自然生态系统完整性有效保护的前提，是管理机构对自然保护地范围内的自然资源进行统一管理。但是，由于自然保护地范围内的土地权属复杂多样，统一管理较难实现。中国土地的所有权分为全民所有（国有）和集体所有，农村地区以土地集体所有为主。自然保护地中土地的所有权分为全部国有、全部集体所有、国有与集体所有混合存在、资源权属不清四种类型。相比较而言，在集体所有的土地上建立的自然保护地更难获得土地使用权。以林业系统的 1538 个自然保护区为例，具有土地权属信息的有 1233个，其中土地完全国有的为 290 个（24%），完全集体所有的为 115 个（9%），国有与集体所有混合存在的为 828 个（67%），即约有 76% 的自然保护区包含集体所有土地。在南方集体林区，集体所有土地的占比较大，一般在 60% 以上。由于土地使用权人可以是家庭、集体、国有林场等，而且土地使用权可以流转，所以自然保护地的土地使用权更为复杂。在林业系统的这 1538 个自然保护区中，管理机构获得全部土地使用权的只占 18%，80% 以上存在土地权属相关的管理问题（见图 6-1）。最新的国家级自然保护区管理工作评估发现，有71% 存在范围界限或土地权属不清的问题。

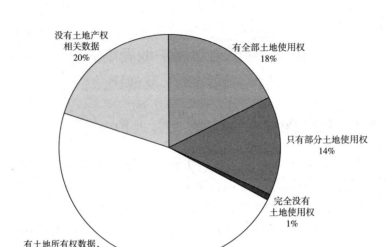

图6-1 中国林业系统自然保护区管理机构拥有的土地使用权情况

　　资金供给难。资金充足是自然保护地实现保护目标、协调与当地社区居民关系的基本保障。长期以来，中国自然保护地存在资金供给不足的问题，主要体现在财政投资不足和融资机制不健全两个方面。作为公益性社会事业的自然保护地建设和管理，资金来源一般有财政渠道、社会渠道和市场渠道。①财政渠道表现出财政投资不足的问题。目前，中国各级各类自然保护地（包括国家级自然保护地），基本上都采取属地管理的原则，资金的投入和管理都是以地方政府为主。由于财力的限制，再加上以经济建设为中心的发展导向，地方政府在自然保护地上的投入，以解决人头费为主，用于保护的资金聊胜于无，遑论对自然保护地周边社区居民进行补偿的费用。就自然保护区而言，很多位于经济欠发达地区，以至于目前仍有40%左右没有获得财政预算内资金，近30%没有固定的办公费。中央财政资金在自然保护地方面的投入，主要以基础设施建设费用补助、专项经费、专项基金等形式体现，但这些经费都是短期的投入，缺乏稳定性，而且仅能惠及部分国家级的自然保护地。②融资机制不健全：除财政渠道外，社会渠道可以说基本处于缺位状态，市场渠道则处于亟待规范阶段。具体而言，由于缺乏社会捐赠等的税收配套政策和社会组织参与自然保护地管理的制度安排，中国自然保护地社会渠道的资金大多来自国际组织的项目投入，国内社会资金的投入很少。许多自然保护地管理机构是差额拨款单位甚至是自收自支事业单位，市场渠道资金比例相对较高，这容易导致对资源的过度开发。市场渠道一方面需要构建类似特许经营机制的规范政策，另一方面应该探索生态产品价值实现机制和市场化的生态补偿机制等。当前，中国政府处于从全能政府向服务型政府转变的阶段，正在探索打造共建共治共享的社会治理格局，这为社会渠道和市场渠道筹资机制的完善提供了很好的制度背景。

科学管控难。生态系统管理的实质是管理人与自然的关系，重点关注生态系统的状态，目的在于保护生态系统的服务功能和生物多样性。适应性管理就是管理人与自然关系的新模式，而这需要以长期的科研监测以及对生态系统结构、过程和功能等的研究为基础。科学管控兼具必要性和可行性，但自然资源科学利用具有复杂性。《条例》那样简单规定"十个不准"的办法，既不可行也不合理。完全屏蔽人类活动也不一定有利于满足主要保护对象的保护需求。例如，三江源原住居民适当强度的游牧有利于草原生态系统的保护，秦岭地区的传统稻作有利于朱鹮保护，钱江源国家公园体制试点区原住居民种植的油茶林是保护对象白颈长尾雉的重要食物来源等。但主要保护对象的保护需求是什么、原住居民生产生活方式与主要保护对象之间是什么关系，都必须以监测和研究为基础。多数自然保护地位于经济欠发达、交通不便的区域，原住居民普遍存在"靠山吃山"的习惯，其生产生活资料依赖于对自然资源的开发。自然保护地中的生物资源，有很多是可更新资源。对于原住居民小范围内进行的薪柴采集、经济植物采摘等活动，如果根据植物生长规律和主要保护对象的活动规律，严格控制采集采摘活动范围和资源利用强度，那么有望实现双赢，但前提是要科学管控。没有监测、研究及与其关联的监管措施，就无法体现出严格保护前提下的管理适应性。

6.1.2 中国自然保护地"人、地约束"问题的成因分析

中国自然保护地"人、地约束"问题，客观上缘于早期抢救式保护下匆忙划定导致的土地权属不清、原住居民人口众多，主观上因为保护地管理理念和管理机制滞后。保护地役权制度为解决历史遗留问题提供了一种重要方式，而其实践探索本身是对自然保护地"隔离保护"理念的突破，有助于从源头上破解"人、地约束"问题。

1. 自然保护地早期的划定具有一定的盲目性

目前，中国已经形成包括自然保护区、风景名胜区、森林公园、地质公园等在内的多层级、多类型自然保护地体系，自然保护地数量过万，面积约占国土面积的1/5。但是现有的各类自然保护地，大多数是在"抢救式保护"的模式下，按照"早划多划、先划后建、抢救为主、逐步完善"的原则建立起来的。很多自然保护地在建立之初，缺乏对自然资源和环境本底的详细调查，未科学分析保护对象的保护需求，片面追求面积，有的将城镇、村庄和农田乃至已开发建成的旅游用地或建设项目划入其中，还有的甚至将这些划入自然保护区的核心区（《条例》规定"禁止任何人进入自然保护区的核心区"）。据2016年环境保护部对446个国家级自然保护区内人类活动的监测，在国家级自然保护区中，约86%的交通基础设施和62%的采石场建于自然保护区成立之前。这些历史遗留问题是导致"人、地约束"的重要原因之一。《保护地意见》已经提出要"分类有序解决历史遗留问题"，这成为保护地役权制度探索的现实需求。

2. 自然保护地管理工作对社区角色的认知存在滞后性

经过一个多世纪的发展，人们逐渐认识到建设自然保护地的主要目的是保护自然生态系统和生物多样性，但是要实现有效保护，必须保障自然保护地内及周边社区的利益。世界各国在管理自然保护地的社区上，历经隔离保护、交融互动、和谐共生等阶段，与之相对应的是，在自然保护地管理中原住居民社区经历了从隔离保护、社区参与到社区共管的不同角色变迁（见图6-2），自然保护地的管理由"一刀切"的隔离保护逐渐走向兼顾资源科学保护和合理利用、兼顾原住居民社区发展的综合管理，管理较好的自然保护地逐渐实现了人与自然从冲突到共生的转变（具体可参见本书附件2，其中有对中国国家公园体制试点中地方政府和原住居民社区这种转变的分析）。以法国国家公园为例，该公园在建立之初，一方面采取严格保护模式，未充分考虑其人口密度高和土地权属复杂的现实约束，忽视了原住居民社区在国家公园管理中的作用和价值，导致来自原住居民社区的抗议和破坏屡见不鲜；另一方面通过政策法规，将国家公园定位为绝对保护地，形成严格保护模式，忽略了人与自然长期共存的悠久历史。经过40多年的发展，法国国家公园的管理体制逐渐暴露出包括原住居民社区和国家公园管理机构对抗在内的各类问题。法国国家公园于

2006 年开始进行管理体制改革，目前已初步形成行之有效的多中心治理模式，主要包括以管理部门和社区居民共同参与制定的宪章为核心的多方治理和利益共享机制、以国家公园产品品牌增值体系为核心的绿色发展机制等，实现了自然生态系统保护和原住居民社区绿色发展的双重目标。美国国家公园管理体制也由最初迁移当地社区的管制模式，不断发展优化为社区参与、社区共管等模式，通过多种途径协调社区发展、保障原住居民权益。其中，保护地役权制度的探索，实现了在不改变土地权属的情况下，科学保护和合理利用资源的目的。

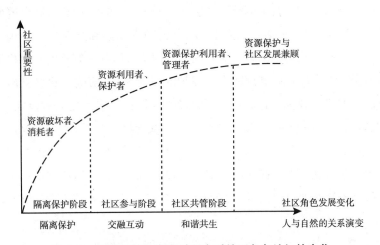

图 6-2　自然保护地发展过程中对社区角色认知的变化

　　中国多数自然保护地的建设和管理，仍处于以政府部门管理为主的隔离保护阶段，没有把原住居民社区看作保护地生态系统的组成要素，也鲜少关注相应区域的经济和社会发展。《条例》只是对自然保护区的建设、管理做了规定；《风景名胜区条例》提及风景名胜区的设立应当与土地权利人充分协商，但在规划、管理中，仍以政府部门为主，也未涉及社区的发展。在具体实践中，多数自然保护地实行封闭式管理，对包括放牧、打猎、采集薪柴等在内的各种资源利用加以严格的限制。这导致原住居民的生存空间和生产生活方式受到约束，进而对自然保护地产生敌对情绪，产生暗中破坏或恣意掠夺自然资源的行为，这加剧了资源保护与利用之间的冲突矛盾。事实上，自然保护地内原住居民的多数生产生活行为并不会对生态系统产生严重的损害，有一些反而有益于重点保护对象生存。以国家级自然保护区为例，核心区和缓冲区中的人类活动斑块类型主要是交通运输用地、农业生产用地和村镇建设用地，对生态环境破坏较大的工矿用地、采石场、旅游设施用地等则相对较少。因此，自然保护地管理只需要禁止对生态环境有明显破坏的规模化的工业化、城市化行为。对于原住居民的生产生活行为，可以基于对自然生态系统的科学调查，辨识保护对象的保护需求，形成保护一致性谱，构建能够保障这些措施落地并带动当地经济绿色发展的制度体系。

为统筹解决现有自然保护地体系的各类问题，中国开始探索国家公园体制建设，向人与自然和谐共生的社区共管阶段转变。《总体方案》提出遵循"国家主导、共同参与"的原则，指出"国家公园由国家确立并主导管理。建立健全政府、企业、社会组织和公众共同参与国家公园保护管理的长效机制，探索社会力量参与自然资源管理和生态保护的新模式"，明确"集体土地可通过合作协议等方式实现统一有效管理。探索协议保护等多元化保护模式"，要求"构建社区协调发展制度"，包括"建立社区共管机制""健全生态保护补偿制度""完善社会参与机制"。针对"人、地约束"问题，在目前正在探索国家公园体制改革的试点中，钱江源、南山、武夷山等国家公园体制试点区开始探索集体所有土地的地役权改革，而非"一刀切"地征收、租赁流转土地或生态移民。

6.2 保护地役权制度破解自然保护地"人、地约束"的原理和试点改革探索

在自然保护地的"人、地约束"问题处理过程中，土地的征收、租赁流转等方法和原住居民的搬迁，一方面加重了政府财政负担，剥夺了原住居民的土地使用权和收益权，带来生态移民和产业转移的后续问题；另一方面忽视了长期发展形成的人与自然稳定共生的关系，忽略了有的生境类型或物种必须在适度的人为干预下才能够更好地生存和发展。保护地役权制度是根据保护对象的需求，对土地的利用施加限制或积极义务，给予土地权利人（供役地人）补偿，在不改变土地所有权（和/或承包经营权）的情况下，实现土地资源统一管理以加强保护的低成本形式，可以兼顾资源保护与社区发

展，实现自然保护地范围内的人与自然和谐共生，可以有针对性地解决自然保护地管理中"人、地约束"带来的统一管理难、资金供给难和科学管控难问题。

6.2.1　保护地役权制度原理及其与土地征收、租赁的区别

要实现自然保护地范围内的人与自然和谐共生，需要在空间上辨识典型生态系统的保护需求，再根据保护需求采取差异化的管理方式和强度。具体而言，对不同等级的保护目标实施专门的保护行为并限制部分利用行为，需要结合现有的土地利用类型和土地权属情况，明确在具体的空间单元里究竟哪些行为需要实施，哪些行为必须禁止，尤其是负面清单上的哪些行为在特定的时间和空间里可以实施。如果现有土地利用存在负面清单上的行为，则对其进行土地利用范围、强度和形式等维度的限制并给予一定的补偿。基于细化保护需求的保护地役权制度是前述土地管理方式实现的一个制度化途径，其本质是地役权人对土地施加限制或积极义务的非占有性利益，其目的是满足具体的保护需求。在实践中，非占有性可以使土地所有权（和/或承包经营权）不变，并且为了达到保护目标，必须有针对性地限制具体的行为，尽量避免对其他利用行为的干扰。因此，保护地役权制度可以对生态和景观上连续的土地资源因为权属不一而形成的破碎化进行再统筹，确定具体的公共利益保护需求，明确供役地人（一般为自然保护地原住居民）可以继续享有的权利，建立补偿机制并测度补偿标准，将这些内容体现在地役权合同中。

与征收、租赁等土地管理方式相比，基于细化保护需求的保护地役权制度具有如下优势。一是充分考虑了保护对象的保护需求。在部分人与自然长期共存的生态系统中，特定的生境类型或者物种需要适度的人为干预。土地征收、租赁之后，要想满足保护对象的保护需求，需要额外投入人力、物力进行维护。保护地役权制度根据保护对象的保护需求，明确鼓励和限制行为清单，供役地人可以继续进行限制清单之外的土地利用，特定情况下还可以参与对保护有促进作用的活动。二是可以调动社会力量参与自然资源保护的积极主动性。当前中国自然资源保护的管理制度，主要是政府部门通过行政法规规定强制性的义务，如禁止乱砍滥伐、超载放牧等。这类制度缺乏激励作用，很难调动供役地人保护自然资源的积极性。而保护地役权制度可以通过限制供役地人的部

分行为，并对其承担的保护行为及由此产生的损失给予补偿，达到保护的目的。地役权人可以是政府部门，也可以是社会组织或者企业甚至个人，这为社会力量参与自然资源保护提供了一个很好的途径。三是可以减轻财政负担，减少社会矛盾，防止资源闲置。保护地役权是非占有性权力，土地资源可以由供役地人与地役权人共用，以实现生态效益、社会效益和经济效益的最大化。保护地役权的资金来源可以是财政资金拨款，也可以是社会捐赠，这为社会资本融入自然资源科学保护和合理利用提供了制度基础和实现平台。保护地役权模式并非一味地迁出原住居民，这种模式也减少了潜在的社会矛盾（见表6-1）。

表6-1 保护地役权与土地征收、租赁的区别

	保护地役权	征收	租赁
是否实现统一管理	是	是	是
是否改变所有权	否	是	否
是否改变使用权	部分限制,而非完全禁止	是	是
所需成本	较低	极高	较高
资金来源	财政资金拨款、社会捐赠	财政资金拨款	财政资金拨款
调动保护参与方	调动多方参与	政府为主	政府为主
是否考虑需要人为干预部分的保护需求	是	否	否
效益	生态效益、社会效益和经济效益最大化	生态效益、社会效益和经济效益较低	生态效益、社会效益和经济效益较低

6.2.2 中国保护地役权制度的试点改革探索

党的十九大报告指出，要"建立以国家公园为主体的自然保护地体系"。《保护地意见》明确提出，要"按照山水林田湖草是一个生命共同体的理念"，"创新自然保护地建设发展机制"，"形成以国家公园为主体、自然保护区为基础、各类自然公园为补充的自然保护地分类系统"。国家公园体制试点区率先开展自然保护地管理体制机制的改革探索，地役权改革是众多改革措施中的一个重要措施。目前，钱江源、南山、武夷山等国家公园体制试点区开展的地役权改革取得一定的成效，但与真正的保护地役权原理和完整的保护地役权制度还有一定的距离。其中，南山国家公园体制试点区和武夷山国家公园体制试点

区的地役权改革还停留在运用地役权理念的层面，目标是将集体土地管理权流转到管理局，与保护地役权制度的本质相差较大；钱江源国家公园体制试点区的地役权改革工作有了初步的实质性推进，下面进行详细介绍。

钱江源位于浙江省开化县，面积252平方公里，国有土地和集体所有土地占比分别为20.4%和79.6%。该试点区内的原住居民具有类似"封山节""敬鱼节"等良好的自然资源保护传统；原住居民种植的油茶林是重要保护对象之一白颈长尾雉的重要食物来源，形成了相对稳定的人地平衡关系。钱江源的地役权改革主要分两个部分：一是试点区范围内所有集体林地和部分耕地的地役权改革；二是将在试点区的长虹乡霞川村开展基于保护地役权的适应性管理①。

前一部分的改革范围为试点区范围内的所有集体林地和部分耕地。集体林地地役权改革补偿标准统一为48.2元/（亩·年），改革后原有的生态公益林补助不再重复发放。具体的实施方式是召开动员会、村民代表会、农户代表会等，由村民委托村委会作为代理人全权代理地役权改革相关事宜，再由村委会和钱江源国家公园管理局（以下简称"钱江源管理局"）签订地役权合同。对于原先由农户经营的毛竹、油茶、茶叶等经济林，允许农户按照国家公园建设要求科学合理地适度经营利用。为进一步加强监管，钱江源国家公园开发了"保护地役权登记系统"，将集体林地的使用权，林木的所有权、使用权与保护地役权证相关联，由钱江源管理局负责林地保护地役权确权登记，并颁发"集体林林地保护地役权证"，实现了保护地役权制度的线上监管，确保了集体林地相关权力的变更都能够经过钱江源管理局认可。在耕地地役权改革试点方面，钱江源管理局与以苏庄镇毛坦村股份经济合作社为代表的合作社和村民签订"钱江源国家公园农村承包土地地役权改革合同"，使约300亩农田正式享受地役权补偿机制。在遵守"禁止使用农药化肥、禁止焚烧秸秆、禁止引入植物外来物种、禁止干扰野生动物"等统一保护管理规定的前提下，村集体和村民每年享受每亩农田200元补贴，并且与开化县新农村建设投资集团签订合同，约定该集团以不低于11元/斤的价格收购该区域农田生产的稻谷。未来耕地地役权改革将推广到钱江源国家公园体制试点区范围内的1万多亩农

① 相关内容在第一本蓝皮书的专题报告中有详细介绍。

田。钱江源国家公园体制试点区这一改革的优点如下：允许农户按照要求继续适度经营利用林地、耕地而非完全禁止，这说明出现了保护地役权的萌芽；由村民委托村委会作为代理人与钱江源管理局签订地役权合同，符合中国大力推动乡村振兴、加强村组织自治的实际，是保护地役权制度在中国本土化过程中的一种创新模式；"保护地役权登记系统"的开发为后端监管提供了保障。不足之处在于：对所有集体林地和耕地分别采用统一的补偿标准，而非根据林地中具体的林木类型和收益进行价值评估，仍然存在一定的强制性，未体现不同地块的价值差异；地役权持有主体为国家公园管理局，缺乏社会力量的参与。

后一部分的改革设计了基于细化保护需求的保护地役权制度，通过列清单、监测、计分、奖惩等实现精细化管理，做到精准保护，并通过配套国家公园产品品牌增值体系等绿色发展方式构建利益共同体，构建"山水林田湖草人"生命共同体；通过引入非政府组织力量的方式，突破行政壁垒，解决同一生态系统跨行政区统一管理的难题：由国家公园管理局和非政府组织签订保护一致性框架协议，非政府组织按此协议和规划与跨界区域的供役地人签订地役权合同，以使跨界区域的保护行为和绿色发展具备与钱江源国家公园体制试点区的一致性，避免跨界可能带来的行政干预和政府行为龃龉。目前这一制度创新有待落地探索。这部分改革在地役权价值评估、登记等方面还比较欠缺。

6.3 中国自然保护地应用保护地役权制度的前景

中国推进国家公园体制建设，主要目标不是仅建立若干国家公园实体单元，而是要以此带动整个自然保护地体系管理体制的改革与创新。针对"人、地约束"问题，可以通过构建基于细化保护需求的保护地役权制度加以解决。一方面，对土地的利用方式和利用强度等进行管理，对原住居民的日常行为形成禁止、限制和鼓励的正负行为图谱，促进原住居民积极主动地参与自然资源保护；另一方面，基于社区调查和对利益相关方诉求的调查，借助有针对性的生态补偿措施，比如经济补偿、生态岗位补偿、优先获得生态产业扶持等方式，使原住居民社区与自然保护地利益一致化，解决土地资源保护与开发的矛盾，形成充分考虑人地关系的、动态的可持续发展模式。

6.3.1　中国建立保护地役权制度需要解决的问题

率先开展体制机制改革的国家公园体制试点区，已经开始探索构建保护地役权制度，但仍缺乏系统完整的成功案例。未来在以国家公园为主体的自然保护地体系管理体制改革过程中，这一制度会在更多的地方得到应用，需要在保护地役权"合法化"、价值评估、后期监督、社会力量（原住居民、非政府组织、企业等）参与以及相关补偿等配套措施方面继续探索完善。保护地役权"合法化"需要探索在中国现有法律体系下的构建模式，下文将详细阐述。在价值评估方面，在保护地役权采取有偿取得的方式时，地役权人需要给予供役地人一定的经济补偿，那么如何补偿和补偿多少，需要对保护地役权的价值进行评估，但是目前中国有关地役权价值评估的理论与方法还很少，这主要与中国农村土地市场不规范有关。后期监督主要是需要建立监督机制，根据合同，地役权人对供役地人的行为予以监督，而供役地人可以对地役权人的保护成效进行监督。在社会力量参与方面，多元参与是中国自然保护地体系管理体制改革的一个重要方向。《总体方案》提出要"探索社会力量参与自然资源管理和生态保护的新模式"。保护地役权制度为企业、社会组织和公众等参与自然资源保护提供了很好的途径，但是具体如何参与，需要建立配套的制度。原住居民可以通过履行地役权合同中的积极义务或消极义务参与保护，社会组织可以在前期合同商谈、合同签署、资金提供、后期监督等环节发挥作用，但是还需要相关法律制度的认可。在相关补偿等配套措施方面，由于中国保护地役权的应用区域多为农村集体土地，供役地人主要是村集体和农户，所以对其补偿的方式除了经济补偿，更重要的是引导该区域绿色产业发展和提供就业机会。

6.3.2　保护地役权制度在中国现有法律体系下的构建模式

中国2007年颁布的《物权法》[①]，首次明确了地役权的法律地位，指出地役权是指不动产权利人按照合同约定利用他人不动产以提高自己的不动产效益

[①]　2020年5月28日，十三届全国人大三次会议表决通过了《民法典》，自2021年1月1日起施行，《物权法》同时废止，其中的相关规定进入了《民法典》。

的权利。这属于传统的地役权。与传统的地役权相比，保护地役权具有以下特征。①设立目的具有公益性。传统地役权是为了方便私人利用土地以更好地发挥土地的经济价值，保护地役权的目的则是实现公共利益。②不以需役地存在为设立条件。传统地役权的设立要求以相邻的供役地与需役地存在为前提；保护地役权的设立不需要需役地的存在，主要是通过在供役地上设立义务和责任以担保土地的生态环境价值。③签订主体更加广泛。传统地役权的受役人往往是特定的人；保护地役权则由国家、地方政府或者其他非营利组织作为公众的委托人，与供役地人签订合同，限制其对土地进行可能对生态环境利益造成妨害或者损害的利用，并给予相应补偿。④供役地人可能承担积极的义务。在传统地役权的法律关系中，供役地人只承担容忍的义务或者不得从事某种特定行为的义务，并不承担积极的作为义务；在保护地役权的法律关系中，供役地人则可能承担积极的作为义务。

作为一种相对新颖的法律制度，保护地役权与传统地役权的诸多差异，决定了保护地役权制度的完整构建需要对现行的相关法律体系进行调整。在起源地美国，保护地役权是在传统地役权以"为需役地供利"为构成要件（美国判例法体系）的框架下发展起来的。但是经过十几年的发展，直到20世纪80年代，美国联邦政府和州政府才逐渐认识到传统地役权构成要件对保护地役权发展的限制，开始通过单独立法的方式推动建立保护地役权制度，对保护地役权进行了颠覆性的改造和认可，其中关键性的突破在于：①不以需役地存在为设立保护地役权的必要条件；②保护地役权的持有主体由政府机构拓展到私人的非营利组织，这极大地刺激了保护地役权数量的增长。中国的保护地役权制度，就立法模式而言，基于中国实行物权法定原则的法律背景，应该在上位法《民法典》的"地役权"一章中单设一节对保护地役权做出统领性的规定，包括其定义、设立条件、权利主体等；再在相关法（如《国家公园法》《森林法》《草原法》等）中就某种具体的保护地役权的主体权利义务、资金来源、购买价格等做出具体性规定。就取得方式而言，《民法典》中规定的地役权采取登记对抗主义，为了保证公共利益目标的实现，宜采用登记生效主义。另外，考虑到中国实行土地公有制，保护地役权需要做出适应性的调整：①供役地人主体应当从土地所有权人拓展到土地承包权人，相应的保护地役权期限不得超过土地承包经营权等用益物权的剩余期限；②承认基于使用权的地役权，允许国家事先在国有土地上设立保护地役权，然后再为他人设立其他用益物权或者使用权。例如，三江源国家公园范围内的土地虽然都归国家所有，但是大多数草场已经承包到户或联户。未来可以在新一轮的承包合同中预先设立保护地役权，以便更好地保护自然资源的生态利益。虽然《总体方案》《保护地意见》中均未明确保护地役权，但《国家公园管理暂行办法》中明确提出"探索通过租赁、合作、设立保护地役权等方式对国家公园内集体所有土地及其附属资源实施管理"，由此可见保护地役权正在逐渐被认知和实践。考虑到这项制度的形成需要联合多个法律，除了在正在制定、即将出台的《国家公园法》中专设一条外，还需要对《民法典》等相关条款进行修订。只有法律地位明确，保护地役权制度才能在各地顺利推动实施。

6.4 小结

中国自然保护地面临"人、地约束"问题，存在统一管理难、资金供给难和科学管控难等问题。这些问题的出现客观上因为自然保护地早期划定存在一定的盲目性，主观上因为保护地管理理念和管理机制具有滞后性。现代自然保护地管理已经由"一刀切"的隔离保护模式走向兼顾资源科学保护与合理利用、兼顾原住民社区发展的综合管理。保护地役权制度可以破解"人、地约束"难题，实现人与自然和谐共生。基于细化保护需求的保护地役权制度对土地的利用施加一定的限制或积极义务，开展适应性管理，配套绿色发展方式或税收优惠政策，可以调动各方积极性，以较低成本实现保护目标。在这一制度中，细化保护需求体现了自然生态系统的最严格保护，地役权合同中的保护一致性谱、地役权人的多元化和地役权补偿资金来源的多样性等，则体现了原住民和非政府组织等社会力量在自然保护地管理中共建共治共享的角色。

第三部分
保障国家公园"最严格的 保护"的体制机制

　　管理体制机制是国家公园实现管理目标的制度保障，其中又以管理单位体制和资源环境综合执法体制为核心。管理单位体制包括具体管理机构的权责范围、人员身份、资金机制等，由相应级别的机构编制委员会发布的"三定方案"确定。执法是国家公园管理机构实现管理目标的基本工具之一，统一的资源环境综合执法体制是中国国家公园管理体制改革中"统一管理"的重要方面。对国家公园生态环境保护的监督实质上是一种行政权力，即督政，是生态环境部门对国家公园管理部门的外部监督职能。本部分承接第一本蓝皮书关于国家公园事务的研究，结合本篇前两部分对于国家公园"最严格的保护"科学含义和实现方式的分析，聚焦跨界国家公园管理、资源环境综合执法制度、生态环境监管体制，研讨具体的制度内容，并根据经济学、管理学原理，分析制度构成和不同方案选择的原因。

第7章
国家公园管理单位体制
——国家公园管理机构的设置

　　管理单位体制的核心是管理机构的设置、责权利的分配以及各部门间的相互协调。组建国家公园统一管理机构是中国国家公园体制的操作基础和正式形成的标志。事权划分是决定国家公园统一管理机构职能配置的重要因素，职能配置则进一步决定国家公园统一管理机构的组织结构、影响范围与运行方式。

7.1　国家公园管理机构设置的要求和考虑因素

　　《总体方案》《保护地意见》《机构设置指导意见》构成了中国国家公园体制顶层设计框架，这三个文件一脉相承、逐步细化。通过对这三个文件的分析，可以看出中国国家公园管理机构设置的基本要求和具体设置时需要考虑的一些因素。

7.1.1　国家公园管理机构设置的要求

　　《机构设置指导意见》明确提出"坚持山水林田湖草是一个生命共同体""坚持优化协同高效""坚持统筹兼顾"这三个国家公园管理机构设置的基本原则。这些原则必须全面充分地体现在国家公园各级管理机构（包括其所属事业单位）及协调机制的构建中，才能达到"明晰功能定位，合理配置职能，理顺职责关系，统筹使用编制资源"的目标。在这三个基本原则的基础上，我们结合《机构设置指导意见》的具体要求，将国家公园管理机构设置的要求进行了细化。

　　分级管理，统筹协调。统筹考虑生态系统功能重要程度、生态系统效应外溢性、是否跨省级行政区以及管理效率等因素，将国家公园内全民所有自然资源资产所有权交由中央政府和省级政府分级行使。根据所有权行使主体不同，构建不同的国家公园管理模式。

独立管理机构设置。《机构设置指导意见》要求"一个国家公园一套管理机构"①。中央垂直管理的国家公园管理机构为国家林业和草原局派出机构，中央委托省级政府代管的国家公园管理机构为省级政府派出机构。

统筹整合。《机构设置指导意见》明确提出，要"整合园区内相关机构和人员编制组建国家公园管理机构，合理确定机构级别和管理层级，实行扁平化管理，科学核定人员编制，优化编制资源配置，人员力量向一线下沉"。统筹整合国家公园范围内既有机构和人员，以履行《总体方案》确定的国家公园管理机构六项职能②为主要目标，对这些机构和人员的工作方向、内容和身份进行统筹，不足部分或者特殊专业技术岗位再统一进行选聘调配。

政事分开。将行政职能与事业性公益服务职能分开，分别由内设行政部门和管理局下属的事业单位承担。这符合精简行政机构的新一轮机构改革要求。《机构设置指导意见》明确，国家公园管理机构原则上实行"管理局—管理分局"两级管理。管理局、管理分局主要承担规划计划、政策制定、监督管理等职责，明确为行政机构。统筹考虑管护面积、资源类型等因素，管理分局下设保护站，承担一线资源调查、管护巡护等事务性工作，可作为事业单位。面积较小的国家公园可不设管理分局，管理局直接下设保护站。

在管理局下设直属的公益一类事业单位——保护中心，负责国家公园日常的保护、监测、宣教和促进社区发展等持续性公益服务工作。保护中心的工作成果需要及时汇入国家公园管理体系，为国家公园管理决策提供信息支撑，为国家公园管理工作提供技术服务，并需集中精力围绕该国家公园的管理需求开展有针对性的研究、规划、指导、培训工作。保护中心是国家公园管理机构的有机组成部分，不宜由市场配置资源，需要完全服从管理局的规划和安排，并

---

① 在实际改革操作过程中，各地基本按照"国家公园管理局应为独立的机构，不能一套人马两块牌"的原则执行。例如，2019年4月，海南热带雨林国家公园管理局依托海南省林业局成立，2020年10月《机构设置指导意见》出台之后，海南热带雨林国家公园管理机构需要进一步深化改革。

② 履行国家公园范围内的生态保护、自然资源资产管理、特许经营管理、社会参与管理、宣传推介等职责，负责协调与当地政府及周边社区的关系。可根据实际需要，授权国家公园管理机构履行国家公园范围内必要的资源环境综合执法职责。

进行统一评估和监督。

保护站是事业单位,其中的事业编制人员应当纳入保护中心人事统一管理,建立技术性岗位的事业发展渠道,以加大对专业人才的吸引力。

以事定岗、以岗定责。《机构设置指导意见》在《总体方案》的基础上细化了国家公园管理机构职责:"负责国家公园及其接邻自然保护地全民所有自然资源资产管理,编制国家公园保护规划和年度计划,落实自然资源有偿使用制度,承担园区内自然资源资产调查、监测、评估工作,配合开展国家公园自然资源确权登记,编制国家公园自然资源资产负债表等。负责园区内生态保护修复工作,编制国家公园生态修复规划,组织实施有关生态修复重大工程。承担特许经营管理、社会参与管理、宣传推介等工作。国家公园管理机构依法履行自然资源、林业草原等领域相关执法职责;园区内生态环境综合执法可实行属地综合执法,或根据属地政府授权由国家公园管理机构承担,并相应接受生态环境部门指导和监督。"

上下贯通、力量下沉。保护站是国家公园高效管理的基本单元,需要全面覆盖国家公园范围,开展综合保护管理工作。只有建立管理局、管理分局和保护站工作之间的上下贯通机制,才能实现高效管理。因此,机构的设置须确保国家公园的规划、标准和政策能够下达到管理分局,管理分局制订工作计划后,保护站能够有效执行。保护站的工作成果和发现的问题必须及时向上级管理机构反馈,才可能随时调整计划和决策。同时,管理分局和保护站必须配备强大的技术团队才能完成管理局下发的各项任务。如果管理局不能有效指挥保护站,或者管理分局和保护站因能力不足而发挥不了效能,那么管理局和管理分局的大部分投入可能会被浪费。

统筹兼顾,充分发挥中央与地方的积极性。要充分发挥中央和地方的积极性,合理划分中央和地方事权,构建主体明确、责任清晰、相互配合的国家公园中央和地方协同管理机制。中央政府直接行使全民所有自然资源资产所有权的,地方政府根据需要配合国家公园管理机构做好生态保护工作;中央委托省级政府代理行使全民所有自然资源资产所有权的,中央政府履行应有事权,加大指导和支持力度。国家公园所在地政府行使辖区(包括国家公园)内经济社会发展综合协调、公共服务、社会管理、市场监管等职责。

7.1.2 国家公园管理机构设置的具体考虑因素

根据《机构设置指导意见》中"原则上实行'管理局—管理分局'两级管理，……统筹考虑管护面积、资源类型等因素，管理分局设立保护站"的要求，本书结合国家公园实际管护面积、资源情况、行政边界情况，从国家公园实际管理问题出发，以自下而上的角度梳理国家公园管理机构设置需要考虑的因素。

1. 国家公园管理局和管理分局部门与机构的设置

《机构设置指导意见》明确，国家公园管理机构原则上实行"管理局—管理分局"两级管理，管理分局（或管理局）设立保护站。该意见同时要求实行扁平化管理，人员力量向一线下沉，优化编制资源配置。管理局主要承担整个国家公园范围内及周边的规划编制、标准政策制定、监督管理等职责，管理分局主要承担执行层面的计划和监督等职能，保护站落实管理分局/管理局安排的具体活动。基于此，我们提出国家公园管理局和管理分局两个层面的机构设置原则。

基于标准保护站数量设置管理分局。为了指挥保护站高效开展工作，管理分局有效指挥必须控制在一定的空间范围内。由于大部分国家公园面积很大，受物理空间距离、管理幅度等因素影响，管理局直接管理保护站的效果会大打折扣，因此建议 8~15 个标准保护站设立 1 个管理分局，原则上 1 个国家公园的管理分局数量不能超过 7 个。对于面积较小的国家公园，建议标准保护站数量低于 15 个的，不设立管理分局，而是由管理局直接设立和管理保护站，以减少管理层级。管理分局的职责是将管理局的规划、政策标准转变为所辖各个保护站可以直接实施的计划和活动，组织保护站实施并对保护站的管理成效进行评估和监督，进而汇总成果和问题向管理局汇报。

行政职能与公益服务分开。将承担行政职能的部门与从事公益服务的部门分开，形成内设行政部门和管理局下属的事业单位。将承担行政职能的部门纳入内设行政部门。国家公园日常持续开展的保护、监测、宣教和促进社区发展等公益服务工作，是国家公园管理工作的重要有机组成部分，不宜由市场配置资源。因此，应在管理局下直接设立相关公益一类事业单位。这些事业单位需要围绕国家公园相关技术需求，开展研究、规划、指导、培训等相关工作，且工作成果需要及时汇入国家公园管理系统，以实现为管理决策提供信息支撑的目的。只有在投入产出相当或更高效率的情况下，才可通过购买服务的形式将部分公益服务型工作交给其他事业单位、企业或社会组织开展。

非常规性管理工作尽量外包。部门设置以常规性管理工作为主，非常规性管理工作具有不定期、不连续、短时期工作量大的特点，不宜单独建立部门。可以根据实际工作需要，成立临时工作专班，通过管理局内部人员统筹和协调其他社会力量来开展工作。可将非常规性工作的管理合并到项目部门，通过管理局统筹协调其他社会力量来具体实施，项目部门的工作内容和人员规模根据项目具体内容实时进行调整。

2. 国家公园保护站的设置

《机构设置指导意见》要求保护站按照管护面积、资源类型、站点布局等因素明确人员配备标准，管理岗位可使用事业编制，管护员等公益性岗位可向社会招聘。为落实文件精神，在分析借鉴原有各级各类自然保护地及国家公园体制试点基层管护站点设置经验的基础上，我们研究提出国家公园标准保护站管护面积（类似管护范围"当量"）测算方法、设置原则与人员配置建议。

综合考虑工作强度。生态系统复杂性、人类干扰强度、道路通达性、野外工作交通方式等因素决定了保护站工作强度。工作强度越大，保护站可承担的管护面积越小，或所需工作人员数量越多。可参照本章第2节国家公园标准保护站管护面积测算方法，明确一个国家公园标准保护站管护面积，再结合实际情况进行调整。

岗位合理配置。根据保护站常规性工作需要（不考虑非常规性工作需求），合理配置保护站人员岗位。可参照以往各类自然保护地基层管护站点设置经验进行配置，我们建议一个国家公园标准保护站设6个事业编：站长1名（总负责），副站长1名（负责技术），执法协调人员2名（负责执法工作），管理员2名（负责管护员管理）；另需配备编外专职管护员45名（全面覆盖保护站范围，开展综合性日常巡护、监测、保护等工作，其中部分可以2倍数量换为兼职管护员），再结合实际情况进行适当调整。

注重管理可行性。保护站边界划定应以便于日常管理为主要考量因素。由于山系、水系、历史、交通、行政边界等因素，保护站实际管护面积经常会偏离标准保护站管护面积，需要对保护站人员配备进行相应调整，对面积超出标准保护站管护上限的保护站按管护需求增加人数，反之则减少人数；难以到达的区域可适当减少人员；有些保护站有日常性特殊任务的（如大熊猫、海南热带雨林等国家公园需要监测和保护大熊猫、长臂猿等特殊重要或极度濒危物种），应适当增加专业工作人员数量。

坚持因地制宜。地处高原高寒偏远地区的保护站，可综合运用绩效考核、政策奖补等手段，吸引、培养和依靠原住居民参与生态管护，从而适当减少带编人员数量并集中到管理分局办公（如三江源国家公园需要依靠乡镇力量布设保护站，设置生态管护公益岗位，由园区牧民承担管护工作）。

3. 国家公园管理分局和保护站具体地址的布局

国家公园管理分局和保护站的布局与边界划定，应顺应自然地理条件和人类活动规律，以缩短管理工作交通时间并最大化提高工作效率为目标。我们提出以下国家公园管理分局和保护站布局原则。

办公地点靠近居民点。管理分局局址应当设置在其管辖区域所在的县（市）城区。保护站站址原则上设立在保护站管辖范围内，尽量在原自然保护地机构办公地点或者林场办公地点基础上建设；新建保护站办公地点的，应选择保护站管辖范围内居民最集中的地点。在特别偏远、人烟极为稀少、管护员主要是当地居民的情况下，保护站可不建立办公地点，管理人员集中到管理分局办公。

道路通达方便。了解目前国家公园范围内所有道路情况，根据管理分局局址和保护站站址到管辖范围的道路通达性划定管理分局范围和边界，确保一个管理分局内通往各个保护站的道路方便、保护站巡护方便。

保护站办公地点分散。相邻保护站（或管理分局）的办公地点应尽量选择在不同的居民聚集地，避免过于靠近，以均衡保护站在区域内的管理效能。

7.1.3　构建国家公园管理机构与地方政府协同管理机制

中国国家公园范围内普遍有较多的常住人口。应根据《总体方案》构建协同管理机制的要求，根据分级行使所有权的具体情况合理划分事权，由国家公园管理机构行使国家公园管理职责，由国家公园所在地方政府行使辖区（包括国家公园）内经济社会发展综合协调、公共服务、社会管理、市场监管等职责。但实际上，保护与发展是密不可分的，要更好地实现人与自然和谐共生，实现自然生态系统更好保护、当地人口更好发展，需要在国家公园管理机构与地方政府各司其职的同时，构建国家公园管理机构与地方政府协同管理机制，推动国家公园管理机构与地方政府之间的高效沟通。2022 年发布的《国家公园管理暂行办法》也明确提出，要建立国家公园管理机构与地方政府合作协商机制。其第 6 条规定，"国家林业和草原局（国家公园管理局）会同国家公园所在地省级人民政府建立局省联席会议机制，统筹协调国家公园保护管理工作。省级林业和草原主管部门和国家公园管理机构可以商国家公园所在地市、县级人民政府，建立国家公园日常工作协作机制"。《机构设置指导意见》明确提出，中国国家公园有中央委托省级政府代管、中央垂直管理两种管理模式。在中央文件和现行法律规定下，我们根据不同模式下国家公园管理机构与地方政府的不同关系，对相应的协同管理机制建设提出如下设想。

1. 中央委托省级政府代管的国家公园管理机构与地方政府协同管理机制

在试点过程中，部分国家公园体制试点区尝试让国家公园基层管理机构与地方政府人员交叉任职，即在地管理工作交给县领导、镇领导或者村领导，由他们负责其辖区内的管理工作。这是国家公园管理体制机制不到位情况下的合理选择，也取得良好的成效，但一些问题仍然存在：管理局、管理分局、保护站、管护员之间应实时进行的双向信息交互，可能因在地管理工作交给地方政府而无法实现，县领导、镇领导或者村领导既无能力也无足够的精力开展国家公园相关工作，更可能因区域经济发展因素而弱化生态保护工作①。将生态保护的职责过多地交给基层地方政府，很可能造成因为生态保护与经济发展职责混杂而激励不相容。即便个别地方可以较好地处理这二者关系，但普遍而言，激励不相容通常会导致地方政府尤其是基层地方政府偏离国家公园所要求的"生态保护第一"和"全民公益性"而更多注重短期经济利益。

随着国家公园体制建设的逐步推进，有必要厘清国家公园管理机构与地方政府的关系，建立国家公园管理机构与地方政府协同管理机制。为此，我们建议在国家公园管理局层面建立区域协调委员会，在管理分局层面建立社区共管委员会，以实现与地方政府的协同管理（见图 7-1）。

---

① 即出现激励不相容，相关分析见本书第 4 章与附件 2。

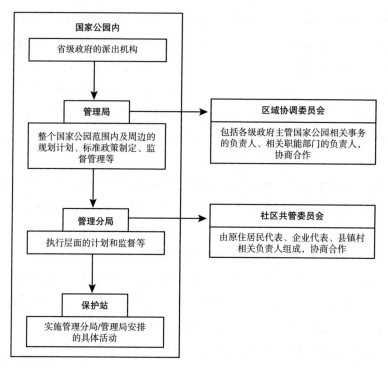

图7-1 中央委托省级政府代管的国家公园管理机构与地方政府协同管理机制

　　《机构设置指导意见》要求，国家公园所在地政府行使辖区（包括国家公园）内经济社会发展综合协调、公共服务、社会管理、市场监管等职责。然而，对大多数地方政府而言，经济建设是其中心任务，这又以行政辖区内年度性的GDP、财政收入和招商引资数额等为核心指标。而作为附加环境限制并需要技术和产业配套支撑的绿色发展，体现在这些指标上见效慢且小，且在相当程度上体现为空间外溢和造福后代的正外部性。从地方政府的利益格局来看，其激励方向肯定在诸多方面有悖于绿色发展的需求，因此由其主导国家公园范围内及周边的绿色发展必然会产生激励不相容。国家公园管理机构以"生态保护第一"和"全民公益性"为政绩原则，如果赋予其国土空间用途管制权和部分市场监管权，由其主导绿色发展，则既可在利益格局上形成激励相容，也可调整这个空间范围的产业发展方式。因此，就国家公园范围内及周边的重要节点（如国家公园小镇和门户社区）而言，在政府的五项职能中，经济调节、公共服务的全部事务应由地方政府承担，而市场监管、社会管理和生态环境保护中涉及绿色发展的，只要条件允许，最好由国家公园管理机构来承担或主导。因此，应当从达到国家公园范围内生态目标的角度，构建管理局指挥自如、信息上传下达通畅的国家公园管理机构；每个国家公园都应设定单独的管理目标，并为实现这个"与众不同"的目标而有针对性地调整管理机构设置方案，做到"一园一法一机构"。与当地政府之间的协调，即保护与民生和发展之间的协调，应通过构建相关的协同管理机制来实现（见图7-1）。

国家公园管理局应建立区域协调委员会，包括各级政府主管国家公园相关事务的负责人、相关职能部门的负责人，定期或不定期与国家公园管理局举办区域协调会议，协商理顺园地各类历史遗留问题、社会关系、经济关系、资源利用关系和生态服务关系，促进国家公园周边地区的协同发展。国家公园管理分局应建立社区共管委员会，包括国家公园基层利益相关方，即原住居民代表、企业代表、县镇村相关负责人等，定期或不定期与管理分局举办共管协调会议，协商当地各利益相关群体的需求、问题，共同制定解决方案，缓解保护与民生和发展之间的矛盾，积极争取当地社区与地方政府的支持和参与。社区共管委员会是促进形成在地各利益群体和谐、合作和共享利益的重要机制。

非常规性管理工作由国家公园管理局负责，许多具体工作应尽量外包给当地政府、企业和社区实施，为地方带来经济效益和民生改善效益。其他协调措施包括但不限于：①减少相关地方政府在经济方面的绩效指标，在政绩考核中将生态文明建设成果作为重要指标；②充分体现中央事权，对整体贫困地区地方事权管理所需的经费，由中央通过补差额的方式予以补助；③申请特许经营许可的企业，获得收入之后需要纳税，这些税收会进入地方财政；④通过政企合作（Public Private Partnership，PPP）项目，比如地方政府和企业共同投资，或者再加上中央政府，由三方共同投资，按照投资协议进行分成；地方也可通过建立国有企业来获得营收；⑤在保障当地居民的民生方面，中央对国家公园及周边贫困地区通过实施必要的财政支持政策、建立生态保护奖励政策、优先提供生态管护公益岗位和特许经营许可等措施，让原住居民共享生态保护成果，调动地方政府积极性。

同时，在中央委托省级政府代管的国家公园体制建设中，通过建立国家公园相关的发展规划与保护规划协同机制、项目监督管理机制、国家公园品牌监管机制、社会参与机制等，也能促进国家公园保护与当地发展的协同。

2.中央垂直管理国家公园管理机构与地方政府协同管理机制构建原则

由中央垂直管理的国家公园在试点过程中出现了很多问题，其根本原因是试点期间未建立合理完整的管理机构，"权、钱"体制配置不齐，经费机制不健全，管理局无钱无权，力不从心。因此，建立独立的国家公园管理机构，由其全面负责国家公园保护管理工作，同样适用于中央垂直管理的国家公园。不同的是，这类国家公园除了需要设立独立的管理机构以及区域协调委员会和社区共管委员会之外，还需要设立一个国家公园重大决策机制——领导委员会。该委员会由国家林业和草原局、相关省级政府主管负责人组成，每年召开有关该国家公园的重大决策会议，制定有关该国家公园的重大决策，再由国家公园管理局将这些决策纳入规划、政策，组织管理分局和保护站执行（见图7-2）。

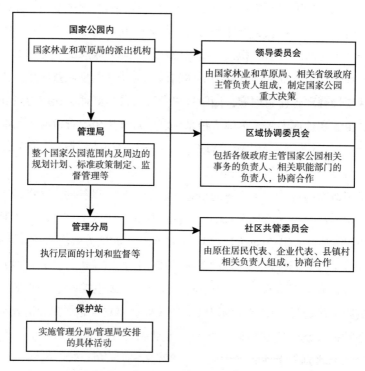

图7-2 中央垂直管理国家公园管理机构与地方政府协同管理机制

7.2　国家公园管理机构具体部门和人员配置的测算分析

本节主要聚焦国家公园管理机构的内设部门划分，以及有关国家公园标准保护站管护面积测算方法、人员配置建议和国家公园工作人员数量配置测算标准的研究。

7.2.1　国家公园管理机构的内设部门划分

遵循"以事定岗、以岗定责"的原则，本小节在国家公园央地事权初步划分的基础上，梳理国家公园管理事权清单及相关政府责任主体，依此提出国家公园管理机构内设部门划分方法，并给出具体的部门设置建议。

1.国家公园管理机构内设部门划分方法

国家公园的所有管理工作可分为七类，包括全民和集体所有自然资源统一管理、常规性保护管理、非常规性保护管理、特许经营管理、园内民生管理、园内突发事件管理、园区周边发展管理（见表7-1）。其中，全民和集体所有自然资源统一管理、常规性保护管理、非常规性保护管理方面的事权都应由国家公园管理局负责；与国家公园建设管理目标不发生矛盾的一般社会和民生事务，主要由地方政府管理，国家公园管理局配合（自然灾害或群体性事件的监测、预警和上报为共同事权）。

表7-1　国家公园所有管理工作的央地事权划分

序号	事务类型	具体内容
1	全民和集体所有自然资源统一管理	在不改变权属情况下,对全民和集体所有自然资源资产实施有效管理,对相关所有者的长期生态贡献进行补偿和管理
2	常规性保护管理	日常运作,如经常开展的日常管理、科研监测、巡护、执法、社区共管、宣教、特许监管、设施设备维修维护方面的工作
		常规性的保护基础设施建设,如管理机构办公室和办公设备、常规性监测设备、日常野外设施(车辆等)
3	非常规性保护管理	非常规性保护相关基础设施建设、非常规性的生态恢复、保护项目、科研监测、外来入侵物种清理等
		一次性(或分多次的)生态补偿、生态移民以及与民生相关的其他服务(如饮水安全工程、厕所改造等)

续表

序号	事务类型	具体内容
4	特许经营管理	特许经营活动的规划、审批和生态环境监管,由国家公园管理局负责
		特许经营视其内容的不同(参见本书第二篇第二部分),由国家公园管理机构与地方政府的市场监管、文化旅游等部门共同监管,双方职责分工视经营内容而定(如食品安全方面的以地方政府市场监管为主,国家公园品牌管理方面的则以国家公园管理机构为主)
5	园内民生管理	生产生活、教育、医疗卫生、就业等一般社会性事务,由地方政府部门负责管理
6	园内突发事件管理	自然灾害或群体性事件的监测、预警和上报
		自然灾害治理、组织灭火等
7	园区周边发展管理	特色小镇、入口社区、生态产品、旅游、文化产业等,主要由地方政府负责,国家公园管理部门协同

注：表中灰色部分为由国家公园管理局负责的事务。

表7-1中的灰色部分事权应由国家公园管理局负责，国家公园管理机构设置要充分覆盖这些事权。在实际工作中，需要进一步细化这些工作的权责清单。在试点过程中，各国家公园都自行拟定了清单。例如，南山国家公园管理局行政权力清单，是基于现有行政权力（行政许可、项目核准、审批等）归属编制的；海南热带雨林国家公园根据相关法律法规规定的事项，编制了管理局和管理分局的行政权力清单；武夷山国家公园编制了包括行政许可、行政监督检查和行政处罚在内的行政权力清单。国家公园除了有行政事务之外，还有大量的日常事务和技术性工作，这些工作都需要落实责任主体。因此，在试点工作经验和研究基础上，本书以海南热带雨林国家公园为例，汇总了国家公园各类需要管理的事务，并分为13大类49个详细事项。这些事项基本包含了国家公园的所有相关事务。国家公园管理是一个复杂系统，需要各级地方政府及相关部门的协作，应当建立包含所有相关机构的全面清单。本书将涉及以上所有相关事务的责任主体分为7大类，包括：①国务院国家公园主管部门（下称"主管部门"）；②海南省政府；③海南热带雨林国家公园管理局（下称"管理局"）；④海南热带雨林国家公园管理分局；⑤综合行政执法大队；⑥森林公安；⑦基层地方政府（县级及以下地方政府）①。在上述事权划分原则指导

---

① 其中各级政府的各类相关管理部门应按照常规的政府管理分工合作机制开展工作，这里不再做细分。

下，我们对国家公园13大类49个事项的权责进行了详细划分，形成了"国家公园管理事权清单及相关责任主体"（见表7-2）。

将表7-2中的49个事项，整理为只包含国家公园管理局和管理分局负责的事项清单，再将每个事项落实到具体部门来进行管理，最后由该部门对事项进行汇总，形成了国家公园管理局部门设置标准（见表7-3）和国家公园管理分局部门设置标准（见表7-4）。

国家公园管理局下可设立9~12个部门（括号中的部门可以考虑合并）：①内设行政部门（7~9个）：监督部门、对外协调部门、规划财务部门、人事部门、监管执法部门、政策标准部门、项目部门（基建部门）；②独立的事业部门（2~3个）：科研监测部门、社区发展部门、宣传部门。

国家公园管理分局下可设立7个部门（括号中的部门可以考虑合并）：①内设行政部门（4个）：综合部门（党务部门）、巡护执法部门、地方协调部门、计划财务部门；②事业部门（3个）：项目部门、社区宣教部门、科研监测部门。根据《机构设置指导意见》，国家公园管理分局应为行政机构，其下属的保护站为事业单位，其（特别是偏远、基础设施条件差的保护站）事业编制部分人员可以集中到管理分局办公，因此这些事业部门由各保护站的事业编制人员组成，受管理分局领导。

各个国家公园可以表7-1为基础，补充和修改各自所有管理工作详细事项，在此基础上考虑合理设置其管理机构的部门。平均可以8~15个保护站建立1个管理分局，保护站数量少于15个时，可不建立管理分局。

2. 国家公园管理机构内设部门的设置

（1）根据行政性事务类别，设置内设行政部门。结合《机构设置指导意见》明确的职能定位，梳理国家公园管理局层面和管理分局层面的行政管理职能，将同类（或相近的）工作放在一起，建立相应的部门。结合目前自然保护地管理机构的实际设置情况，建议管理局设6~8个内设行政部门，分别为综合办公部门、人力培训部门、规划财务部门、政策标准部门、自然资源资产管理部门、监管执法部门、协调协作部门、生态修复部门；建议管理分局设立4个内设行政部门，分别为综合办公部门、计划财务部门、执法监管部门、协调协作部门。

（2）根据事业性事务类别，设置保护中心事业部门。梳理国家公园管理局层面和管理分局层面的事业性公益服务工作，将同类（或相近的）工作放

表7-2 国家公园管理事权清单及相关责任主体（以海南热带雨林国家公园为例）

大项	权责事项	责任主体	详细事权内容
一、国家公园设立	申请	省政府	根据《国家公园空间布局方案》，由省政府向主管部门提出申请建立
	批准建立	主管部门	主管部门与省政府合作完成申请方案，提交国务院批准
	范围划定	省政府	省政府协调相关市县政府、省林草部门，相关保护地机构、林场、企业等，与当地社区沟通协商，划定国家公园边界及分区边界
	自然资源确权登记	管理局	自然资源主管部门作为承担自然资源统一确权登记工作的机构，会同管理局开展确权登记
	自然资源流转	省政府	省政府负责，同"十、生态补偿"责任分工内容
二、保障机制	法规保障	主管部门	制定和颁布全面、有力的与国家公园保护管理和可持续利用相关的国家层面的法规
	法规保障	省政府	制定和颁布全面、可操作性强的与具体国家公园保护管理和可持续利用相关的省级法规
	人事保障	省政府	保障具体国家公园各项工作有足够人力开展
	经费保障	主管部门	协调中央财政保障中央事权的支出责任
	经费保障	省政府	建立以财政为主的多元化财政保障机制，保障具体国家公园保护管理工作的经费需求
	经费保障	管理局	负责拟订具体国家公园资金保障政策，提出国家公园专项资金预算建议，编制部门预算并组织实施，指导、管理国家公园各类专项资金筹集、使用工作
	执法保障	省政府	协调相关部门和各级政府，确保森林公安和国家公园综合行政执法大队有足够人员、能力和效率开展具体国家公园执法工作
	标准、规范制定和监督	主管部门	制定和颁布国家层面的国家公园政策、标准、技术规范，并做示范和推行
	标准、规范制定和监督	省政府	制定和颁布具体国家公园可持续利用相关的标准和规范，并负责在批准后监督执行
	标准、规范制定和监督	管理局	制定和颁布国家公园可利用产品相关标准（包括国家公园增值体系中涉及全产业链的商品标准），并按标准进行商户和产品认证，对不符合标准的项目、企业或产品取消资格，对符合标准的项目、企业、产品进行推广

续表

大项	权责事项	责任主体	详细事权内容
二、保障机制	各级政府支持保障	主管部门	协调中央各部委的参与和支持
		省政府	协调省各职能部门及相关地方政府的参与和支持
		管理局	协调相关市县政府的参与和支持
	社会参与保障	主管部门	在中央层面建立和完善社会多方参与机制,推动社会治理、公益治理、社会捐助、志愿者参与等,包括建立国家指导委员会、国家科学委员会、国家公园基金会、国家公园合作伙伴登记和评估制度、志愿者服务机制;统一的国家公园及周边生态产品社会品牌(及其相关标准)和生态友好型发展的财政激励体系等,激励全社会参与
		管理局	建立具体国家公园管理局指导委员会,加强国家公园信息对外沟通宣传,将发展伙伴关系作为管理机构的重要内容纳入管理计划,积极鼓励公益组织参与国家公园管理,建立和发展具体国家公园品牌,推动周边友好发展,在国家公园基金会下建立具体国家公园基金等
三、管理成效监督	管理成效评估机制	主管部门	制定国家公园管理成效评估标准和评估办法
		省政府	制定具体国家公园利用管理成效评估标准和评估办法
		管理局	制定具体国家公园保护管理成效评估标准和评估办法
	成效评估和监督	主管部门	对国家公园管理局的管理成效实施评估和监督,及时对管理局提出整改要求,甚至必要时调整主要负责国家公园目标管理工作负责人,确保各个国家公园的生态功能、社区发展等管理工作为实现国家目标服务
		省政府	对管理局和相关地方政府管理成效实施评估和监督,及时对管理分局提出整改要求,甚至必要时调整主要负责人
		管理局	对管理分局的管理成效实施评估和监督,及时对管理分局提出整改要求,甚至必要时调整主要负责人
四、规划和计划	国家公园发展规划	主管部门	与科研机构共同编制发展规划,并征求省政府意见

续表

大项	权责事项	责任主体	详细事权内容
四、规划和计划	总体规划	主管部门	与省政府共同编制具体国家公园总体规划并监督实施
		省政府	省政府参与编制总体规划，制定空间管制规则，给各职能部门分派任务并要求其纳入各自的相关发展规划，代表省争取中央各部门支持，协调地方经济与国家公园保护协同发展
		管理局	实施具体国家公园总体规划
	专项规划	省政府	由省政府相关部门制定具体国家公园利用相关专项规划（如旅游规划、基础设施建设规划等），审批和监督实施保护管理专项规划
		管理局	制定具体国家公园保护管理专项规划，负责审批和监管与国家公园利用相关的专项规划中生态保护管理机制及风险管控机制的建立和实施
		主管部门	审批专项规划并监督实施
	详细规划	省政府相关部门	制定和实施具体国家公园利用相关专项规划的实施计划
		管理局	制定和实施具体国家公园保护管理专项规划的实施计划，监督管理具体国家公园利用相关专项规划的实施
	年度计划及预算	主管部门	批准专项规划的实施计划并监督实施
		管理局	制定和实施具体国家公园管理年度计划
		主管部门	批准年度实施计划并监督实施
五、人员能力建设	激励机制	主管部门	制定全国统一的国家公园工作人员岗位级别、能力标准和评估办法
	培训	主管部门	组织全国国家公园工作人员能力培训
		管理局	组织具体国家公园工作人员能力培训
	评估和调整	主管部门	对全国国家公园主要负责人能力进行评估
		省政府	负责选拔国家公园各分局各管理局主要负责人
		管理分局	对辖区内国家公园工作人员负责，管护人员、公益岗位、执法人员进行评估
	奖励	主管部门	对优秀国家公园工作人员能力进行奖励
		管理局	对优秀国家公园工作人员、社区代表、执法人员、科研人员、志愿者等进行奖励

续表

大项	权责事项	责任主体	详细事权内容
六、日常管理	适应性管理决策	主管部门	汇总和分析具体国家公园信息，若发现问题，及时向管理局反馈相关信息，并推进问题解决，适应性调整决策
		管理局	负责对具体国家公园内的自然资源相关事务进行集中、统一、综合管理，确保国家公园的完整性和原真性得到有效保护；组织各分局及时分析日常管理和科学研究中发现的问题，制定应对方案，及时对各分局日常工作计划进行调整
	巡护	管理分局	根据人类活动频率，开展具体国家公园范围内各个区域的巡护，向管理局上报巡护信息，确保对全范围人类活动及其影响状况进行了解，以便制定应对方案与措施
	日常监测	管理分局	确保对全范围常规监测的生态、水文、环境、物种等指标进行信息采集和分析，向管理局上报监测信息，以便确定国家公园的总体状况及需要关注的主要方面，及时发现问题，制定解决方案，适应性调整决策
	信息化管理	主管部门	构建和维护国家公园管理信息系统，为应对性管理提供服务
		管理局	构建和维护具体国家公园管理信息系统，为应对性管理提供服务
	社区宣教	管理分局	与地方政府和社区建立共管机制（委员会和交流机制），建立和实施社区共管工作；对国家公园范围内及周边社区开展日常宣教工作，确保岗位周边社区了解社区对国家公园重要性，与社区相关的主要威胁，共商应对措施，争取周边社区的参与和支持
		管理局	制定公益岗位和基础的社区帮扶计划与奖励计划
		管理分局	实施公益岗位和基础的社区帮扶计划，并评估实施效果
	保护管理基础设施	管理局	负责保护维护社会基础设施的管理和维护工作
	公众宣传推介	管理局	开通和维护社会宣传平台（微信、微博、网站等），提升国家公园的影响力，并公布管理成效、状况，推进公众参与、支持和监督
七、人类活动监督	重大特许活动	主管部门	审批
		省政府	初审
		管理局	初审和确保重大特许活动材料齐全（特别是环境影响评估报告）

续表

大项	权责事项	责任主体	详细事权内容
七、人类活动监管	非经营性活动特许	主管部门	对核心保护区内的活动许可进行审批
		管理局	对核心保护区内的活动许可进行监管，对一般控制区内的活动许可进行审批和监管
	特许经营活动（国家公园范围内及周边）	管理分局	建设国家公园品牌价值体系，审查和批准一般控制区的相关经营申请（参见特许经营目录），对产品价格进行规范，针对与自然资源相关的活动制定管理规则
		管理分局	对小型特许经营申请进行审查和批准，对所有特许经营者对生态的影响进行监管，确保经营符合国家相关法律法规
		地方政府	对特许经营者的食品卫生、市场管理等进行监管，确保经营符合国家相关法律法规
	周边发展	管理局	参与和监督人口社区规划制定与实施，推进周边友好发展
		管理分局	协调周边发展，开展日常监管
八、执法	说服教育	执法大队	开展巡护，对违法（规）者进行说服教育，协同执法大队和森林公安实施大行政处罚与刑事处罚
	行政处罚	森林公安	对违法（规）者实施行政处罚
	重大行政处罚	森林公安	对违法（规）者实施重大行政处罚
	刑事处罚	森林公安	对构成刑事犯罪的违法者实施刑事处罚
	生态恢复（包括植被恢复、物种恢复和外来物种控制等）	管理局	制定生态恢复项目和计划，统筹项目资金
		管理分局	组织实施项目，监管生态恢复项目
		地方政府/其他机构	实施生态恢复计划
九、非常规性保护项目	非常规科研监测项目（调查、监测、科研等）	管理局	制定非常规科研监测项目和计划，统筹项目资金；组织和协调开展具体国家公园科学研究工作
		管理分局	参与和监管非常规科研监测项目
		科研院所	实施非常规科研监测项目
	国家公园范围内基础设施建设	管理局	制定国家公园范围内基础设施建设项目和计划，统筹项目资金
		管理分局	监管国家公园范围内基础设施建设项目
		企业	实施国家公园范围内基础设施建设项目

续表

大项	权责事项	责任主体	详细事权内容
十、生态补偿	园内的集体自然资源长期补偿、产业退出、移民等	主管部门	协调中央各部委,制定生态补偿相关法律法规和标准
		省政府	协调省级职能部门,制定省级生态补偿相关规章和标准,制定生态补偿方案
		管理局	统筹生态补偿相关经费,评估和监督生态补偿实施效果
		地方政府	实施生态补偿方案
十一、待退出产业监管	商品林采伐	管理局	组织第三方评估商品林采伐的影响程度,影响严重的优先退出,实施补偿;没有条件马上退出的,制定相关采伐管理规定,颁发采伐许可证,以减少影响,分阶段逐步退出
		管理分局	加强对商品林采伐的监管
	水坝	管理局	组织第三方评估每个水坝利用的影响程度,影响严重的优先退出,实施补偿;没有条件马上退出的,制定相关生态水量管理规定,分阶段退出
		管理分局	加强对水坝利用的监管
	矿产开采	管理局	组织第三方评估每个矿区的影响程度,影响严重的优先退出,实施补偿;没有条件马上退出的,制定相关开采管理规定,分阶段逐步退出
		管理分局	加强对矿产开采的监管,以减少影响
十二、基本民生服务	居民生活	地方政府	相关职能部门对居民民生、教育、医疗卫生、就业、培训等方面进行管理
		管理局	居民生活边界划定
		管理分局	对居民生活边界进行巡护和自然资源方面的监管,协调与地方政府及周边社区关系,引导社区居民合理利用自然资源,争取多方支持
	居民生产	地方政府	相关职能部门对农林生产、养殖动物检疫等相关规范和需求进行管理和帮扶
		管理局	通过影响评估,划定居民生产边界,与居民协商达成生产品种、生产方式、管理方式的规定
		管理分局	对居民生产边界、生产规定进行巡护和监管,以减少影响
十三、突发事件管理	灾害防治	地方政府	由地方政府根据相关职责进行统筹管理
		管理局	制定自然灾害预警、火灾防治计划和应急处理预案
	救灾	管理分局	开展防火巡护、火源管理、防火设施建设,火情早期处理,对自然灾害进行预警
		地方政府	由地方政府根据相关职责进行统筹管理

资料来源:根据相关资料整理。

表 7-3　国家公园管理局部门设置标准

类型	部门	详细事权内容
一	筹备部门	自然资源主管部门作为承担自然资源统一确权登记工作的机构,会同管理局开展确权登记(正式设立前的部门,正式设立后,筹备部门撤销)
内设行政部门	监督部门	对管理分局的管理成效实施评估和监督,及时对管理分局提出整改要求,甚至必要时调整主要负责人
		监督管理具体国家公园利用相关专项规划的实施计划
	对外协调部门	协调相关市县政府的参与和支持
		建立具体国家公园管理局指导委员会,加强国家公园信息对外沟通宣传,将发展伙伴关系作为管理机构的重要内容纳入管理计划,积极鼓励公益组织参与国家公园管理,建立和发展具体国家公园品牌,推动周边友好发展,在国家公园基金会下建立具体国家公园基金等
		参与和监督入口社区规划制定与实施,推进周边友好发展
	规划财务部门	负责拟订具体国家公园资金管理政策,提出国家公园专项资金预算建议,编制部门预算并组织实施,指导、管理国家公园各类专项资金筹集、使用工作
		制定具体国家公园保护管理专项规划
		制定和实施具体国家公园保护管理专项规划的实施计划
		制定非常规科研监测项目和计划,统筹项目资金
		制定和实施具体国家公园管理年度计划
		制定国家公园范围内基础设施建设项目和计划,统筹项目资金
		制定生态恢复项目和计划,统筹项目资金
		组织第三方评估商品林采伐的影响程度,影响严重的优先退出,实施补偿;没有条件马上退出的,制定相关采伐管理规定,颁发采伐许可证,分阶段逐步退出
		组织第三方评估每个水坝的影响程度,影响严重的优先退出,实施补偿;没有条件马上退出的,制定相关生态水量管理规定,分阶段逐步退出
		组织第三方评估每个矿区的影响程度,影响严重的优先退出,实施补偿;没有条件马上退出的,制定相关开采管理规定,分阶段逐步退出
		制定自然灾害预警、火灾防治计划和应急处理预案
	人事部门	组织具体国家公园工作人员能力培训
		对具体国家公园各分局负责人能力进行评估,负责选拔、评估各管理分局主要负责人
		对优秀国家公园工作人员、社区代表、执法人员、科研人员、志愿者等进行奖励
	监管执法部门	对核心保护区内的活动许可进行监管,对一般控制区内的活动许可进行审批和监管
		负责审批和监管与国家公园利用相关的专项规划中生态保护管理机制及风险控制机制的建立和实施
		建立国家公园品牌增值体系,审查和批准一般控制区的相关经营申请(参见特许经营目录),对产品价格进行规范,针对与自然资源相关的活动制定管理规则
		初审和确保重大特许活动材料齐全(特别是环境影响评估报告)

类型	部门	详细事权内容
内设行政部门	政策标准部门	制定具体国家公园保护管理成效评估标准和评估办法
		制定和颁布国家公园保护与利用的相关标准(包括国家公园增值体系中涉及全产业链的商品标准),并按标准进行商户和产品认证,对不符合标准的项目、企业或产品取消资格,对符合标准的项目、企业、产品进行推广
	项目部门(基建部门)	制定生态恢复、基础设施建设、非常规科研监测等项目和计划,统筹项目资金、组织实施;负责保护管理基础设施的管理和维护工作(暂时放入项目部门)
事业部门	科研监测部门	负责对具体国家公园内的自然资源相关事务进行集中、统一、综合管理,确保具体国家公园的完整性和原真性得到有效保护。组织各分局及时分析日常管理和科学研究中发现的问题,制定应对方案,及时对各分局日常工作计划进行调整
		组织和协调开展具体国家公园科学研究工作
		构建和维护具体国家公园管理信息系统,为适应性管理提供服务
	社区发展部门	制定公益岗位和基础社区帮扶计划与奖励计划
		统筹生态补偿相关经费,评估和监督生态补偿实施效果
		居民生活边界划定
		通过影响评估,划定居民生产边界,与居民协商达成生产品种、生产方式、管理方式的规定
	宣传部门	开通和维护社会宣传平台(微信、微博、网站等),提升国家公园的影响力,并公布管理成效、状况,推进公众参与、支持和监督

资料来源:根据相关资料整理。

在一起,在保护中心设立相应的部门。建议保护中心内设6个事业部门,分别为综合部门、计划财务部门、科研监测部门、社区发展服务部门、教育宣传部门、救助救护部门。

(3)部门工作设置实行上下贯通机制。负责同类或相近的专业性工作内容的部门,就相关专业开展规划标准制定、指导实施、分析反馈信息、评估监督,这需要贯穿各个管理层级,行政工作通过管理局—管理分局指导综合性的保护站面上工作,事业性公益服务由保护中心为管理局、管理分局提供技术支撑,并指导保护站的相关工作。

(4)合并工作量少的事务类别。工作量少的部门可以整合到相关部门中,

表 7-4 国家公园管理分局部门设置标准

类型	部门	详细事权内容
内设行政部门	综合部门	对辖区内国家公园工作人员、管护员、公益岗位、执法人员能力进行评估
内设行政部门	巡护执法部门	根据人类活动频率，开展具体国家公园范围内各个区域的巡护，向管理局上报巡护信息，确保对全范围人类活动及其影响状况进行了解，以便制定和实施应对方案与措施
内设行政部门	巡护执法部门	开展巡护，对违法（规）者进行说服教育，协同执法大队和森林公安实施行政处罚和刑事处罚
内设行政部门	巡护执法部门	对违法（规）者实施行政处罚（可能通过与属地执法大队合作）
内设行政部门	巡护执法部门	对违法（规）者实施重大行政处罚（通过与森林公安合作）
内设行政部门	巡护执法部门	对构成刑事犯罪的违法者实施刑事处罚（通过与森林公安合作）
内设行政部门	地方协调部门	与地方政府和社区建立共管机制（委员会和交流机制），建立和实施社区共管机制
内设行政部门	地方协调部门	实施公益岗位和基础的社区帮扶计划，并评估和监督实施效果
内设行政部门	地方协调部门	协调周边发展，开展日常监管
内设行政部门	计划财务部门	—
事业部门	项目部门	组织实施、监管生态恢复项目
事业部门	项目部门	参与和监管非常规科研监测项目
事业部门	社区宣教部门	对国家公园范围内及周边社区开展日常宣教工作，确保周边社区了解国家公园重要性、与社区相关的主要威胁，共商应对措施，争取周边社区的参与和支持
事业部门	科研监测部门	确保对全范围常规监测的生态、水文、环境、物种等指标进行信息采集和分析，向管理局上报监测信息，以便确定国家公园的总体状况及需要关注的主要方面，及时发现问题，制定解决方案，适应性调整决策

资料来源：根据相关资料整理。

也可在其他部门挂牌。特别是比较小或偏远的国家公园，有些工作无法开展，相应部门在工作不饱和的情况下，应进行整合，也可在其他部门挂牌。

7.2.2 国家公园标准保护站管护面积测算方法、人员配置建议和国家公园工作人员数量配置测算标准

1. 国家公园标准保护站管护面积测算方法

基层保护站全面覆盖国家公园范围，实施综合性工作，是国家公园高效管理的根本。标准保护站管护面积的确定需要综合考虑生态系统复杂性、人类活动干扰强度、道路通达性、野外工作交通方式等因素（见表 7-5）。

表 7-5　国家公园标准保护站管护面积测算方法

标准保护站管护面积(SCSA):根据一个国家公园范围内各类影响管护工作强度的因素的总体状况,采用本测算方法得到的一个国家公园平均保护站的管护面积。用同样方法测算的不同国家公园的标准保护站管护面积虽然会有所不同,但理论上常规性的管护工作强度是一样的,因此,可以使用标准保护站概念与其他国家公园之间建立可比性。$SCSA = BPA \times CSAW \times (1 \pm 20\%)$

基础管护面积 (BPA)	是指影响管护工作强度的因素(生态系统复杂性、人类活动干扰强度、道路通达性、野外工作交通方式等)都要求最高管理投入时的保护站管护面积。参照以往各类自然保护地基层管护站点设置经验以及对国家公园试点的反复测试,较大的国家公园一般有无人区较多、地处较偏远、人类干扰活动较少等特点,因此基于国家公园面积大小,设置了 4 个档次的基础管护面积区间	国家公园面积小($\leqslant 800km^2$)	$BPA = 5 \sim 9km^2$
		国家公园面积中等($800km^2 <$国家公园面积$\leqslant 3000km^2$)	$BPA = 10 \sim 14km^2$
		国家公园面积中大($3000km^2 <$国家公园面积$\leqslant 10000km^2$)	$BPA = 15 \sim 29km^2$
		国家公园面积大($>10000km^2$)	$BPA = 30 \sim 40km^2$

保护站管护面积加权指数(CSAW):影响管护工作强度的因素(生态系统复杂性、人类活动干扰强度、道路通达性、野外工作交通方式等)在各个国家公园的情况不同,会导致保护站管护工作强度的不同。这里用权重来表示管护工作强度降低的程度,各项因素的权重之和就是保护站管护面积加权指数。
保护站管护总面积加权指数(TCSAW) $TCSAW = CSAW_{EC} + CSAW_{HID} + CSAW_{RA} + CSAW_{FTM}$

影响因素	影响方式	强度分类	CSAW
生态系统复杂性(EC)	不同生态系统的物种多样性程度不同。物种多样性程度越高,开展监测和研究的工作量越大,人类对资源的需求也往往越多、越复杂	森林为主	1
		湖泊/海岸为主	2
		草地为主	4
		高原草地/荒漠为主	6
		海洋为主	6
人类活动干扰强度(HID)	当地及周边人类活动对国家公园的干扰强度越大,需求的管理工作强度越大。人类活动干扰强度重点考虑的因素包括人口密度(包括当地居民和临时性进入的外来人)、当地自然资源利用对生态的危害程度等	人口密度>30 人/平方公里或破坏性资源利用方式超过 5 种,控制难度很大	1
		20 人/平方公里<人口密度≤30 人/平方公里或破坏性资源利用方式超过 2 种、控制难度较大	2
		10 人/平方公里<人口密度≤20 人/平方公里或资源利用方式单一、控制比较容易	3
		2 人/平方公里<人口密度≤10 人/平方公里或资源利用方式单一、控制非常容易	4
		人口密度≤2 人/平方公里	7

续表

影响因素	影响方式	强度分类	CSAW
道路通达性（RA）	道路通达程度不同，控制人类活动需要付出的投入会不同。比如只有一条道路可以进入与哪里都能够进入相比，需要的管理人力非常不一样	哪里都能够进入	1
		有5条以上道路可以进入	2
		有2～5道路可以进入	3
		只有1条道路可以进入	6
		无路可进	9
野外工作交通方式（FTM）	野外工作（巡护、监测、去社区等）时间覆盖的面积与交通方式有很大的关系，越是快速、省力的交通方式，覆盖范围越大	野外工作以爬山为主，海拔落差≥800m	1
		野外工作以爬山为主，400m≤海拔落差<800m	2
		野外工作以步行（或乘船等）为主，海拔落差<400m；或爬山和机动车时间各占一半左右	3
		野外工作以畜力（如骑马等）为主	4
		野外工作以机动车（汽车、摩托车等）为主	6

资料来源：根据相关资料整理。

2. 国家公园标准保护站人员配置建议

不同国家公园虽然标准保护站管护面积不同，但是都具有同等的常规性管护工作强度，应具有相同的人员配置。一个标准保护站，首先需要足够数量的管护员、管理这些管护员的管理员、推进执法工作的人员，以及保护站团队的领导。总结自然保护区管理的经验，一个标准保护站至少应有6个事业编（1名站长、1名副站长、2名执法协调人员、2名管理员）、45名编外专职管护员（专职管护员可以2倍数量换为兼职管护员）。实际保护站根据偏离标准保护站情况，对人员进行适当调整。具体测算依据分析如下。

专职管护员。通过模型测算，海南热带雨林国家公园标准保护站管护面积约为135km^2，根据海南等地有关办法，专职管护员人均管护面积为3000～5000亩（2～3.3km^2），如按人均管护4500亩（3km^2）计算，则需要45名专职管护员。三江源国家公园标准保护站管护面积为880km^2，同样按45名专职管护员计算，平均每名管护员管护19.6km^{2}左右。

兼职管护员。专职管护员可以2倍的数量转换为兼职管护员。在国家公园建立初期，可用兼职管护员的方法，惠及更多当地居民。例如，大熊猫国家公园平均每个保护站管护面积为 $288km^2$，人均管护 $2.1km^2$（目前生态公益岗位人均管护面积为 $0.3\sim0.6km^2$）；三江源国家公园平均每个保护站管护面积为 $880km^2$，人均管护 $9.7km^2$（目前聘用了 17211 位牧民，平均管护面积为 $7.15km^2$）。

管理员。45 名左右的专职管护员可分为 $4\sim5$ 组轮换开展工作，每组设 1 名小组长，因此一个标准保护站应有 $4\sim5$ 名小组长，组织安排各个小组管护员的相关工作。每个标准保护站至少需要 2 名懂相关技术的管理员，指导和汇总各个小组管护员的所有监测、监督、巡护、社区协调等工作。管理员管理管护员的数量平均为 1 人管理约 22 人，这在常规的"一个人的管理人数上限为 30"的管理幅度范围内。考虑到管护员工作虽然是重复性工作，但是仍然具有一定的复杂性，所以一名管理员管理的管护员数量不宜增加过多。

执法人员（或执法协调人员）。为了让执法工作与基层保护站的日常巡护和人类活动监管工作密切结合，每个基层保护站都应当配备资源环境综合执法人员。根据《行政处罚法》和《行政强制法》的规定，在行政执法过程中，执法人员不得少于 2 人，因此本研究设置的是每个保护站 2 名执法人员，他们在管护员的协助下，及时处理自然资源相关违法行为，并积极配合当地公安部门的执法队伍。暂时无法建立执法队伍的保护站，宜设立 2 名执法协调人员，就辖区内相关工作与属地综合执法大队和森林公安加强联络，调用管护员紧密配合执法工作。只有执法工作到位，国家公园的保护管理工作才可能高效实现。

副站长。每个标准保护站至少需要 1 名技术型副站长，负责保护站的技术相关工作：拟定实现保护站目标的技术方法；负责技术相关信息汇总和分析；为管理员、管护员提供技术指导和培训；组织并收集内部人员考评结果；等等。

站长。每个标准保护站至少需要 1 名站长，负责保护站的总体管理和协调工作：组织制定保护站目标；负责保护站人员分工、评价、激励；负责与上级、跨保护站、管辖范围内社区领导及外部的协调工作。

3. 国家公园工作人员数量配置测算标准

影响国家公园管理局工作人员数量的最大因素是标准保护站的数量，其次是管理分局的数量。

国家公园管理局工作人员数量与标准保护站数量密切相关。一个标准保护站建议配置 6 个事业编制和 45 名编外专职管护员。因此，随着标准保护站数量的增加，人员需求以相应倍数增长。

建议 8~15 个保护站设立 1 个管理分局，管理分局数量原则上不超过 7 个。1 个管理分局建议配置 4 个内设行政部门，每个管理分局平均需要 22 名工作人员。随着管理分局数量的增加，行政管理人员的需求量以相应倍数增长。

建议 1 个管理局配置 6~8 个内设行政部门和 3 个公益一类事业单位。随着国家公园面积的增加，行政人员和事业人员数量有所增加，但是增长幅度不大。

依据以上分析，我们为小型国家公园（以 10 个保护站为例）、中型国家公园（以 30 个保护站为例）、大型国家公园（以 60 个保护站为例）提供了管理机构工作人员配置参考数值建议（见图 7-3、表 7-6）。

①具体的某个国家公园根据表 7-5 测算标准保护站管护面积，获得应建立的标准保护站数量。②8~15 个保护站建立 1 个管理分局，即可获得应建立的管理分局数量，并初步估测该国家公园的人员需求。③对于管理局和管理分局内设行政部门，国家对领导职数设置有要求：处室 3 个编制的，核定 1 正；处室 4~7 个编制的，核定 1 正 1 副；处室 8 个以上编制的，核定 1 正 2 副或根据情况增减。④根据《关于规范事业单位领导职数管理的意见》，事业单位编制数在 15 个以下的，一般核定 1~2 个领导职位；事业单位编制数在 16~50 个的，核定 1~3 个领导职位。⑤编外专职管护员的数量参考目前各地护林员、巡护员的巡护面积设定。如果将保护站的一部分专职管护员换为兼职管护员，那么人数可根据兼职投入时间相应增加 2 倍左右，这可以成为国家公园公益管护员岗位数量的测算依据。⑥2 名管理员管理 45 名编外专职管护员，处于常规的"一个人的管理人数上限为 30"的管理幅度范围内。考虑到管护员工作虽然是重复性工作，但具有一定的复杂性，一名管理员管理的管护员数量不宜增加过多。可将管护员分为 4~5 组轮换开展工作，每组设 1 名小组长，以减轻管理员的工作压力。

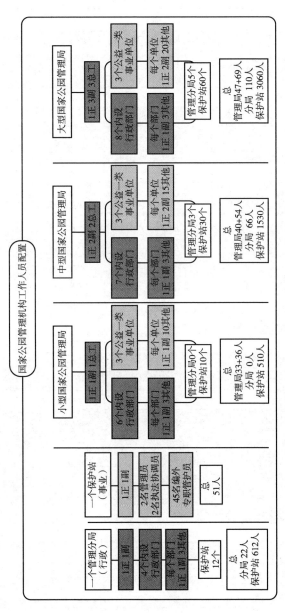

图 7-3　国家公园管理机构工作人员配置参考数值

注：深灰色为行政相关，浅灰色为事业相关。
资料来源：根据相关资料整理。

表 7-6　国家公园管理机构工作人员数量测算

单位：人

		编制类型	小型	中型	大型
局长		行政编	1	1	1
副局长		行政编	1	2	3
总工等		行政编	1	2	3
内设行政部门数			6	7	8
部门人员配置	负责人	行政编	1	1	1
	副领导	行政编	1	1	1
	其他人员	行政编	3	3	3
事业单位数			3	3	3
单位人员配置	负责人	事业编	1	1	1
	副领导	事业编	1	2	2
	其他人员	事业编	10	15	20
管理局人数		行政编	33	40	47
		行政领导职数	15	19	23
		事业编	36	54	69
		事业领导职数	6	9	9
		合计	69	94	116
管理分局的数量			0	3	5
管理分局负责人			0	3	5
管理分局副领导			0	3	5
管理分局的内设行政部门数			0	12	20
管理分局内设行政部门人员配置	负责人	行政编	0	1	1
	副领导	行政编	0	1	1
	其他人员	行政编	0	3	3
管理分局人数		行政编	0	66	110
		行政领导职数	0	30	50
		合计	0	66	110
保护站数量			10	30	60
保护站人员配置	站长	事业编	1	1	1
	副站长	事业编	1	1	1
	执法协调人员	事业编	2	2	2
	管理员	事业编	2	2	2
	全职管护员	编外	45	45	45

	编制类型	小型	中型	大型
保护站人数	事业编	60	180	360
	事业领导职数	20	60	120
	编外人员	450	1350	2700
	合计	510	1530	3060
国家公园管理机构工作人员合计	行政编	33	106	157
	行政领导职数	15	49	73
	事业编	96	234	429
	事业领导职数	26	69	129
	编外人员	450	1350	2700
	合计	579	1690	3286

注：**深灰色**为行政编，**浅灰色**为事业编。
资料来源：根据相关资料整理。

7.3　跨省国家公园管理机构设置的建议

在中国"山川形便为主、犬牙交错为辅"的行政边界划分原则下，国家公园跨省级行政区是常态。根据《国家公园空间布局方案》，跨省国家公园有14个，如果加上三江源国家公园（青海及西藏实际控制区），跨省国家公园面积将达到全部国家公园面积的37%。中央垂直管理和中央委托省级政府代管，是《总体方案》和《机构设置指导意见》明确的两种管理模式，但是这两种管理模式对于跨省国家公园在区域协调、生态系统完整性保护等方面都存在力不从心的问题。面对大量的跨省国家公园，必须建立有利于高效管理的管理模式。在国家公园体制试点过程中，"央地共管、局省共建"模式是一种自发探索出来的重要管理类型，如大熊猫国家公园、武夷山国家公园在试点阶段都采用这种管理模式，且这种模式在跨省国家公园的机构设置中更为普遍。从试点经验看，"央地共管、局省共建"这种模式能够统筹中央和地方两方面的力量，其要点在于：建立跨区域的国家公园管理局，并将其职责限定在跨省协调监督，各项具体管理工作则仍以各省份国家公园管理局为主体开展。建立与中央垂直管理模式类似的领导委员会，有望通过重大决策确保各省份利益，同时协作推动实现生态完整性保护目标①。基于此，本书提出跨省国家公园管理机构设置的三种模式，并分析其利弊。

7.3.1 中央垂直管理（不设省局的三级架构）模式

这个架构的特点是打破省级行政区划限制、减少层级并强化垂直管理，从国家林业和草原局到一级局（跨省局）和二级局（分局）均以垂直管理为主，属于《机构设置指导意见》中的中央垂直管理模式（见图7-4）。

应当依托现有机构，整合组建国家公园管理机构，不做行政区划调整，在国家公园管理机构统一领导下，打破行政区划界限，按照山系、邻近相似区域、自然边界和行政区划相结合原则，组建管理实体。即应当在国家公园管理局的统一领导下，打破省级行政区划界限，按照完整生态系统和既有行政区划相结合的原则组建管理分局，建立（跨省）**国家公园管理局—管理分局—保护站的三级架构**。在这个模式下，需要单独设立一级局并强化其代表中央行使的自然资源资产管理、国土空间用途管制和生态保护修复职责，需要精简管理分局并使其真正行政化，由其承担国土空间用途管制和特许经营等空间管理与市场监管的具体工作。以事业单位形式存在的保护站层次基本维持现有格局不变，但考虑到一线工作需要、目前编制分配情况等，保护站应以省属事业单位委托县级地方政府管理（二级分局配合）的形式设置，国家公园范围内原有的各级事业编制经过省级层面协调，转为省级编制后主要充实到保护站层级。

7.3.2 中央委托省级政府代管（弱协调）模式

这个架构不再设置跨省统一管理的一级局，而是由拟成立的国家林业和草原局协调司/局进行跨省协调并强化协调机制，不专设跨省的协调机构，即采取"弱协调模式"，属于《机构设置指导意见》中的中央委托省级政府代管模式（见图7-5）。其优点是易于充分调动省级政府的积极性，并与现有的宏观管理体制和政策法规更好地兼容，可以略微节省中央编制；缺点是难以实现改

---

① 目前阶段，在"央地共管、局省共建"模式下，各省份国家公园管理局因为直属于各省级政府而能够在人员、资金、执法权等方面得到省级政府的支持，而由国家林业和草原局相应专员办挂牌的国家公园管理局（一级局）却因无权无钱而权责不匹配、无力推动工作。因此需要进一步完善这类跨省国家公园的管理体制，提高其管理能力。

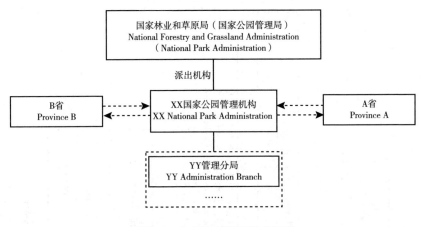

图 7-4 中央垂直管理模式示意

革初衷且仍然需要在各省份国家公园管理局内新设机构。

这个架构基本就是过去各省份林草局分别管理的形式，跨省事务通过协调机制来协调。根据《机构设置指导意见》，需要新设置专门的国家公园省级管理局，且需要在各省份国家公园管理局中新设置派驻监督机构和配合跨省协调机制日常工作的机构。省级国家公园管理局单独设置，即与各省份林草局脱离，以实现人员、职能、资金的独立，并方便从其他部门接收转移过来的国土空间用途管制权。

7.3.3 资产管理模式下的中央委托省级政府代管（强协调）模式

前两种架构都有弊端：前者改革幅度大，且需要增加较多中央编制；后者难以完成"解决跨地区跨部门的体制性问题"的改革任务，且试点期间的情况已经说明协调机制难以支撑统一管理。为此，综合前两种架构的优点、借鉴国资委管理企业的经验，可采用"强协调模式"，即类似国资委管理央企模式的中央委托省级政府代管模式（见图 7-6）。

这个架构的优点是改革难度小，仅规划、资金等方面由一级局统筹，一级局主要代表中央行使资产管理的职责并向省局派驻监督和考核队伍；缺点是难以全面实现改革初衷且要新设独立的一级局（与专员办脱钩，内部至少设资产管理监督处、计划财务处、考核评估处三个业务处），并向各省局派驻监督机构。这个架构大体维持试点期间的情况，且各层级的新增编制由各层级自行

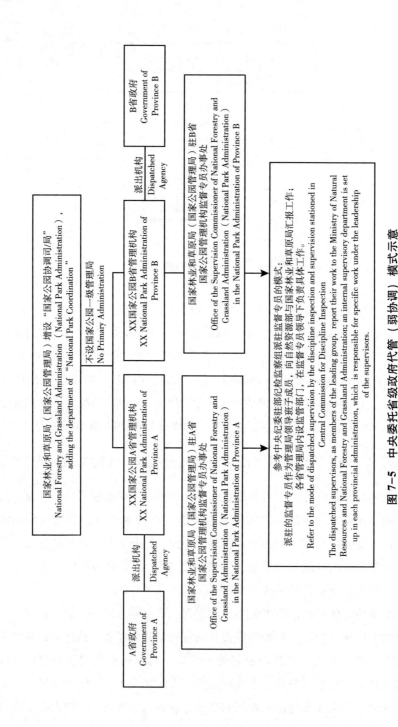

图7-5 中央委托省级政府代管（弱协调）模式示意

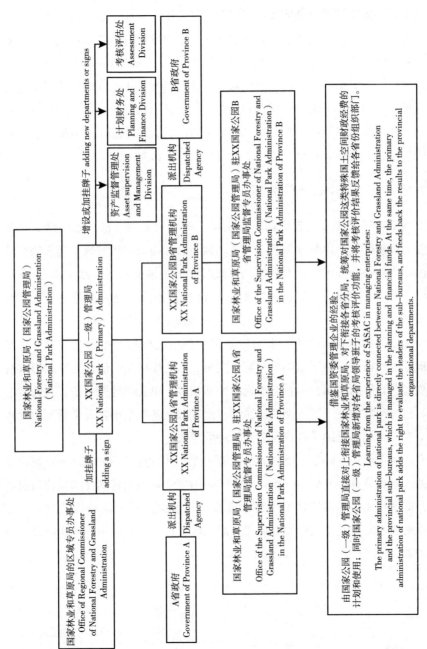

图7-6　资产管理模式下的中央委托省级政府代管（强协调）模式示意

解决，各层级的机构数量和形态、权责安排和编制性质进行优化的措施有三个。①作为一级局的国家公园管理局强化对资金渠道的统筹权，取消省级管理局的预算编制和经费下拨功能。该项改革试点在国家林业和草原局建立对国家公园的专项资金后，绕开各省份既有财政体系，由一级局直接对上衔接国家林业和草原局、对下衔接二级局，对国家公园这样特殊国土空间的财政经费进行统筹计划和使用。②一级局新增对省局领导班子的考核评价功能，考核评价结果反馈给各省份组织部门。③二级局的数量不动、人事管理关系不变，做实职能、优化存量，并将其资金方面的事务直接对接一级局。

7.3.4　三种模式比较分析

中央垂直管理（不设省局的三级架构）模式最有利，是国家公园管理机构设置的理想模式，也是远景管理模式。因为这种模式真正实现了跨省级行政区的国土空间综合管理，也充分利用县级政府的力量强化了一线工作。不过，这种模式对现有的权力结构、资金渠道都有较大的调整，也不利于在解决历史遗留问题（移民、厂矿退出）时充分调动省级政府的力量。

中央委托省级政府代管（弱协调）模式的三级架构改革起来较容易，易发挥地方的积极性，也不增加中央财政支出、不占用中央编制，但难以形成统一、规范、高效的体制，不仅会出现激励不相容，也会出现两省份各自为政的情况。在这种架构下，试点期间的协调机制看似完备但很难在日常管理中发挥作用，实际上大体延续了各省份分别管理的形式。

资产管理模式下的中央委托省级政府代管（强协调）模式能部分兼顾前两者的优点且改革幅度较小，大体上能统一国土空间用途管制并统筹使用财政资金，但这种模式不直接属于《机构设置指导意见》中的两种模式之一。要想真正形成方案，需要与中编办做更多的沟通工作，且需要中央和省级政府都新增编制。

第8章
国家公园资源环境综合执法制度

执法是国家公园管理机构实现管理目标的基本工具之一，统一执法是中国国家公园管理体制改革中"统一管理"的重要方面。**国家公园管理机构对"山水林田湖草"这一生命共同体进行统一管理，执法内容会涉及自然资源、林业和草原、生态环境、农业农村、水利等自然资源管理部门的执法事项。**在国家公园范围内，需要由国家公园管理机构统一履行自然资源和生态环境①综合执法权；对于游客和商户众多的国家公园，管理机构则需要拥有包括治安管理、市场监管在内的更广泛的执法权。

8.1　国家公园开展综合执法的必要性和可行性

8.1.1　国家公园开展综合执法的必要性

从福利经济学社会管理和公共服务的理论角度分析，由于国家公园等自然保护地生态空间管理的特殊性，国家公园管理机构有必要拥有综合执法权；另外，国家公园违法违规案件的特殊性以及中国60多年自然保护地管理和国家公园体制试点改革的经验教训表明，如果国家公园管理机构缺失综合执法权，将难以实现"统一、高效"的管理。

1. 基于经济学理论的必要性

福利经济学对于社会管理和公共服务的提供方式有明晰的理论指导。**自然保护地是否需要授予管理机构资源环境综合执法权，可以根据事权划分的外部性、激励相容、信息对称三个原则进行判断。**外部性又称溢出效应、外

---

① 此处的自然资源和生态环境是国家公园山水林田湖草生态综合体的统称，而非针对自然资源和生态环境部门的执法职责，涉及自然资源、林业和草原、生态环境、农业农村、水利等自然资源管理部门的执法事项。

部影响、外差效应、外部效应或外部经济，指一个人或一群人的行动和决策使另一个人或另一群人受损或受益的情况。外部性分为正外部性和负外部性。正外部性是指某经济行为个体的活动使他人或社会受益，而受益者无须付出代价；负外部性是指某经济行为个体的活动使他人或社会受损，而造成负外部性的个体没有为此承担成本。激励相容是指在存在道德风险的情况下，保证拥有信息优势的一方按照契约另一方的意愿行动，从而使双方都能趋向于效用最大化。对于自然保护地，如果正外部性很大，即保护好的受益范围远超某个地方政府范围，那么这方面的严格保护执法权就应当授予管理机构，而不能授予地方政府部门，否则会激励不相容。多数具有国家层面重要价值的地方存在这种情况：如果自然保护地管理机构没有执法权，那么地方政府可能会因利益驱动而进行旅游大开发或相关的房地产开发。信息对称是指在市场条件下，要实现公平交易，交易双方掌握的信息必须对称。依据信息对称的要求，自然保护地若位于偏远地区，存在通信不便、市镇执法下沉困难等问题，则需要其管理机构具备综合执法职能。

基于上述三个原则，可以对各自然保护地的资源环境综合执法队伍需求进行分析，详见表8-1。对于生态价值高、资源条件好、地处偏远的自然保护地（中国国家公园大多属于此类），其管理机构只有具有资源环境综合执法权才能管好；对于少部分面积小且靠近城镇的自然保护地，资源环境相关执法权在地方才不会引起管理乱局。

表8-1 自然保护地资源环境综合执法队伍需求分析

地理位置、可达性、地方政府执法部门、信息对称性 是否跨县级以上行政区、面积大小	地处偏远地区，地方政府执法部门可达性较差，信息不对称	靠近城乡，地方政府执法部门可达性强，信息对称
是，面积较大	需要（如三江源国家公园、海南热带雨林国家公园）	需要（如福建武夷山国家公园、黄山风景名胜区）
否，面积较小	需要（如广西木论国家级自然保护区、山西阳城蟒河猕猴国家级自然保护区）	不需要（如天津蓟县中、上元古界地层剖面国家级自然保护区）

根据《总体方案》，国家公园是指"由国家批准设立并主导管理，边界清晰，以保护具有国家代表性的大面积自然生态系统为主要目的，实现自然资源科学保护和合理利用的特定陆地或海洋区域"。从外部性、激励相容、信息对称三个原则来看，大面积的国家公园保护好的受益范围远超某个地方政府范围，可能涉及区域、国家乃至全球，如果将资源环境综合执法权授予地方政府部门，那么有可能会激励不相容。同时，国家公园的资源环境综合执法对执法深度和专业性都有较高的要求，需要专业监测网和专业执法队伍，否则信息不对称。

2. 国家公园执法的特殊性要求资源环境综合执法

国家公园执法具有专业性强、涉及面广的特点。与其他国土空间的自然资源综合执法和生态环境综合执法相比，在自然保护地这类特殊的生态空间（大多处于偏远地区且跨县级以上行政区）范围内，**资源环境综合执法是自成体系的**（见表8-2），**对信息来源、执法深度和专业性、现场处置的及时性都有较高的要求，需要专业监测网和专业执法队伍**。为了构建统一、规范、高效的自然保护地管理体制，自然保护地行政主管部门需要被授予这类生态空间范围内的资源环境综合执法权；生态环境行政主管部门可作为独立客观的外部监管机构，进行统一的生态环境监管。

然而，目前还没有形成广泛的共识。例如，生态环境系统的专家认为，按以下情况进行分工并与属地政府的生态环境保护综合执法队伍配合更符合中央改革精神。生态环境保护综合执法队伍负责国家公园生态环境保护综合执法工作（主要是针对非法开矿、修路、筑坝、建设造成生态破坏四项），并对国家公园管理机构根据授权承担的相关生态环境保护综合执法工作进行监督；国家公园管理机构依法履行国家公园范围内自然资源、林业草原等领域相关执法职责（主要是针对非法砍伐、放牧、狩猎、捕捞、破坏野生动物栖息地五项），并根据属地政府授权，承担或部分承担园区内生态环境保护综合执法工作，具体执法事项根据实际需要确定。国家公园管理机构和其他行业管理部门在日常管理工作中，若发现国家公园内环境污染和生态破坏行为，应当及时将案件线索移交生态环境保护综合执法队伍，由其依法立案查处。从现实来看，生态环境部门主管的四项行为在自然保护地内大概率与林草部门负责的"非法砍伐、破坏野生动物栖息地"行为交叉，这样可能会造成自然保护地内多头执法问题。

表 8-2　自然资源/生态环境保护相关的三大类综合执法

	自然保护地范围内的资源环境综合执法	自然保护地之外国土的自然资源综合执法	自然保护地之外国土的生态环境综合执法
主管部门	自然保护地行政主管部门	自然资源行政主管部门	生态环境行政主管部门
现阶段的主管部门	国家林业和草原局（国家公园管理局）	自然资源部	生态环境部
主要职能	查处自然保护地范围内任何对资源环境产生损害的行为，包括自然资源和生态环境违法违规案件	查处自然资源开发利用和国土空间规划及测绘重大违法违规案件	查处重大生态环境违法违规问题，包括污染防治执法和生态保护执法
存在问题	每个自然保护地都设置资源环境综合执法机构，从实际需求和人财物供给等方面看，不现实也没有必要 对于没有设置资源环境综合执法机构的自然保护地，还需要地方政府的自然资源综合执法和生态环境综合执法部门对自然保护地范围内的自然资源开发利用和生态环境违法违规问题进行执法 部分商户多、游客多的自然保护地，除了需要进行资源环境综合执法外，还需要探索管理机构统一行使治安管理和市场监管方面的综合执法权	在某些方面，自然资源开发利用与生态环境保护执法无法完全分开。例如非法占用林地采矿，从采矿角度而言，属于对自然资源的违法开发利用；从占用林地角度而言，属于破坏生态环境。对此类违法行为，可能需要多个部门联合执法，分别进行处罚	

资料来源：根据相关资料整理。

另外，国家公园等包含完整自然生态系统的自然保护地往往跨县级以上行政区，如果由属地的相关执法部门多头执法，不仅可能会因激励不相容、信息不对称而执法效果不佳，还可能因为违法违规事件空间界限难以明晰（违法违规人员大多具有移动性和违法违规事件本身难以定位）而执法虚化。

当然，客观而言，中国自然保护地类型、数量众多，面积、人地关系等差别较大，全部配备资源环境综合执法队伍既不合理也不可行。根据实际需要，可将自然保护地分为管理机构需要资源环境综合执法队伍和不需要资源环境综合执法队伍两大类：前者由管理机构统一行使资源环境综合执法权；后者委托属地的自然资源部门和生态环境部门分别履行自然资源综合执法职能和生态环境综合执法职能。**在地方的机构改革中，已有两类执法职能整合的探索，负责督办、查处辖区内自然资源和生态环境违法违规案件**，如深圳的大鹏新区生态资源环境综合执法局①、河南省南召县的自然资源综合执法大队②。

3. 从自然保护地发展经验看，缺失综合执法权会造成管理困难

第一，自然保护地管理机构在履行统一管理职责时需要执法权。中央生态环保督察发现的诸多自然保护区管理问题，暴露了中国自然保护地管理的共性问题：执法不力和无力。自然保护地范围内的违法违规行为（如乱采滥挖、乱砍滥伐、乱捕滥猎等）未能被及时制止，不仅与政策龃龉、监测漏洞有关，更与管理机构执法权缺失有关。自然保护地管理机构对其管辖范围内自然生态系统的保护负有主体责任，如果无权对其中发生的违法违规行为进行及时有效的查处，难免会因权责不对等而弱化管理。

第二，国家公园体制试点经验显示有必要由管理机构行使统一执法权。《总体方案》提出："可根据实际需要，授权国家公园管理机构履行国家公园范围内必要的资源环境综合执法职责。"资源环境综合执法权是国家公园管理机构及时处理国家公园范围内发生的资源环境损害事件、有效保护自然生态系统的基本权力需求。例如，三江源国家公园体制试点区的资源环境综合执法队伍整合了森林公安、国土执法、环境执法、草原监理、渔政执法等执法机构，强化纵向垂直合作综合执法，开展巡护、巡查和摸底等执法活动，有效保护了三江源国家公园的自然资源和生态环境。然而，三江源国家公园体制试点区的这种做法还不是主流，多数国家公园体制试点区在改革中未能统一执法。

第三，市场经营活动较为活跃（游客和商户众多）的自然保护地需要更广泛的执法权。中国还有很多黄山风景名胜区这类游客和商户众多的自然保护地，其改革历程和经验教训说明"有权则好保护、无权则管不住"，即除资源环境综合执法权，治安管理和市场监管方面的执法权也需要由自然保护地管理机构统一行使，只有这样才能通过对自然人和法人的强力管理确保自然保护地范围内的秩序，有效处理人与自然、人与人的矛盾。

---

① 《大鹏新区生态资源环境综合执法局举行新办公楼揭牌仪式》，http：//www.sz.gov.cn/dpxqzfzx/xxgk/xxgk/bmdt/201807/t20180710_13578378.htm。

② 《河南省南召县成立自然资源综合执法大队 负责督办、查处辖区内自然资源和生态环境违法违规案件》，http：//www.bjdc.mlr.gov.cn/dt/dfdt/201812/t20181218_2379795.html。

8.1.2　国家公园开展综合执法的可行性

中国行政执法体制改革、国家公园管理体制改革从不同层面体现了国家公园开展综合执法的可行性。

1. 精简执法队伍的导向是资源环境综合执法改革的依据

党的十八届四中全会通过的《中共中央关于全面推进依法治国若干重大问题的决定》指出，推进包括资源环境在内的 10 项重点领域的综合执法工作，"有条件的领域可以推行跨部门综合执法"，为国家公园资源环境综合执法改革指出更加明确的方向。

2018 年，中共中央印发的《深化党和国家机构改革方案》进一步明确，要"深化行政执法体制改革，统筹配置行政处罚职能和执法资源，相对集中行政处罚权，是深化机构改革的重要任务。根据不同层级政府的事权和职能，按照减少层次、整合队伍、提高效率的原则，大幅减少执法队伍种类，合理配置执法力量。一个部门设有多支执法队伍的，原则上整合为一支队伍。推动整合同一领域或相近领域执法队伍，实行综合设置。完善执法程序，严格执法责任，做到严格规范公正文明执法"。

党的十九届四中全会通过的《中共中央关于坚持和完善中国特色社会主义制度 推进国家治理体系和治理能力现代化若干重大问题的决定》进一步强调，要"深化行政执法体制改革，最大限度减少不必要的行政执法事项。**进一步整合行政执法队伍，继续探索实行跨领域跨部门综合执法，推动执法重心下移，提高行政执法能力水平**。落实行政执法责任制和责任追究制度"。

《机构设置指导意见》明确："国家公园管理机构依法履行自然资源、林业草原等领域相关执法职责；园区内生态环境综合执法可实行属地综合执法，或根据属地政府授权由国家公园管理机构承担，并相应接受生态环境部门指导和监督。"

2. 综合执法是国家公园管理体制顶层设计明确的改革方向

《总体方案》提出，"国家公园设立后整合组建统一的管理机构，履行国家公园范围内的生态保护、自然资源资产管理、特许经营管理、社会参与管理、宣传推介等职责，负责协调与当地政府及周边社区关系。可根据实际需要，授权国家公园管理机构履行国家公园范围内必要的资源环境综合执法职责"。《机构设置指导意见》再次明确，"建立包括相关部门在内的统一执法机制，在自然保护地范围内实行生态环境保护综合执法，制定自然保护地生态环境保护综合执法指导意见"。**两个顶层设计文件从法规政策层面确立了未来国家公园立法中执法权配置的总体方向，即必须通过法律规范确认国家公园统一管理机构的综合执法权责。**

8.1.3　国家公园资源环境综合执法改革面临的问题

国家公园实行统一的资源环境综合执法改革，这一大方向是明确的，但是在具体改革过程中，还需要与国家宏观层面的相关改革相衔接，其中关系最为紧密的就是生态环境保护综合行政执法改革与包括森林公安在内的行业公安机关管理体制改革。2018 年，中共中央办公厅、国务院办公厅印发《关于深化生态环境保护综合行政执法改革的指导意见》（以下简称《执法改革意见》）和《行业公安机关管理体制调整工作方案》（以下简称《行业公安工作方案》）。根据这两个文件实施的改革，在国家宏观层面初步显现成效，也在国家公园资源环境综合执法改革层面带来新的问题。

一是生态环境部门和林草部门分别行使部分行政执法权，会造成自然保护地内多头执法。《执法改革意见》要求：生态环境部门主导的"生态环境保护综合执法"整合"林业部门对自然保护地内进行非法开矿、修路、筑坝、建设造成生态破坏的执法权"（四项），林草部门不再保留"承担自然保护地生态环境保护执法职责的人员"。但事实上，林草部门保留了"非法砍伐、放牧、狩猎、捕捞、破坏野生动物栖息地"等森林和野生动物方面的生态破坏执法权（五项），这些职能原先主要由其主管的森林公安队伍依据授权履行。**如前所述**，生态环境部门主管的四项行为在自然保护地内大概率与林草部门负责的"非法砍伐、破坏野生动物栖息地"行为交叉，这样可能会造成自然保护地内**多头执法**问题。另外，国家公园等包含完整自然生态系统的自然保护地往往跨县级以上行政区，如果由属地的相关执法部门多头执法，不仅可能会因激励不相容、信息不对称而执法效果不佳，还可能因为违法违规事件空间界限难以明晰（违法违规人员大多具有移动性和违法违规事件本身难以定位）而**执法虚化**。

二是原先由森林公安履行相关行政执法和刑事司法职能的部分自然保

护地，可能出现执法力量空缺。根据《行业公安工作方案》，森林公安要划转至地方公安，这打破了既有的以森林公安为主的"统一执法"格局，而林草部门不仅需要重新组建行政执法队伍以履行查处五项生态破坏行为的职责，还需要重新建立自然保护地生态保护的行政执法和刑事司法衔接机制。调研发现，根据《行业公安工作方案》，海南省森林公安局划转至海南省公安厅，海南热带雨林国家公园体制试点区的重要组成部分（霸王岭、鹦哥岭、尖峰岭、五指山、吊罗山5个国家级自然保护区）原有的森林公安执法队伍划转至地方公安局，由此自然保护区管理局没有了执法队伍。在发现违法违规问题时，其需要向地方公安局或者地方政府的相关职能部门报案处理。这可能会造成执法者与管理者分离、执法者专业性与覆盖面和执法时效性都不足等尴尬局面，导致纵火和盗猎等违法违规行为难以被及时制止、违法者难以被当场控制，进而造成执法效能不足、效率降低和成本增加。

2022年6月出台的《国家公园管理暂行办法》对国家公园的执法权力进行了明确，第37条规定"国家公园管理机构可以按照所在地省级人民政府授权履行自然资源、林业草原等领域相关执法职责。支持公安机关、海警机构、生态环境综合执法机构等单位在国家公园设置派出机构，依法查处违法行为"，第38条规定"国家公园管理机构应当对破坏国家公园生态环境、自然资源和人文资源的违法违规行为予以制止。涉及重大违法违规活动的由国家林业和草原局（国家公园管理局）有关森林资源监督派出机构进行督办，涉及其他部门职责的，应当将问题线索及时移交相关部门"。2022年8月公布的《国家公园法（草案）（征求意见稿）》延续了前述提法，规定"国家公园管理机构履行国家公园范围内自然资源、林业草原等领域行政执法职责，实行统一执法。国家公园管理机构可以经国务院或者省级人民政府授权承担国家公园范围内生态环境等综合执法职责"。按照《国家公园管理暂行办法》和《国家公园法（草案）（征求意见稿）》，国家公园管理机构的执法权限定在自然资源和林业草原领域，其他相关领域的执法权仍归属原管理部门。这与统一的综合执法方向相违背，没有真正体现"山水林田湖草是生命共同体"。进一步考虑国家公园的地域特殊性后，也不难发现这种分散执法的体制难以实现激励相容。

8.2 中国国家公园体制试点区资源环境综合执法改革情况

截至 2022 年 7 月,三江源、东北虎豹、武夷山、大熊猫、海南热带雨林国家公园已经正式设立,祁连山、神农架、钱江源、南山、普达措等国家公园体制试点区的实施方案或试点方案均得到国家批复。各国家公园体制试点区均将资源环境综合执法作为改革内容,且多数试点区的改革进展和力度已经超过《国家公园管理暂行办法》的规定。各试点区在国家公园资源环境综合执法改革过程中面临不同的问题和约束,改革进展各有不同。

8.2.1 10个国家公园体制试点区资源环境综合执法改革进展

梳理 2019 年《国家公园体制试点工作会议材料汇编》① 中各试点区的资源环境综合执法改革工作情况(详见附件6),可将当时 10 个试点区的资源环境综合执法改革分为以下八类情况(见表8-3)。

1.改革最为彻底并创新生态公安的"三江源模式"

三江源国家公园体制试点区组建的资源环境综合执法队伍,整合了森林公安、国土执法、环境执法、草原监理、渔政执法等执法机构。其中对于森林公安队伍,为了顺应国家宏观层面"警是警,政是政,企是企"的改革方向,青海省将森林公安转为国家公园警察总队。**考虑到三江源国家公园管理的实际需要,青海省创新了森林公安管理模式:**三江源国家公园范围内的森林公安队伍建制上划归省公安厅,基本工资由公安系统支出,但在实际工作中,由三江源国家公园管理局对其进行实质性的业务指导(即其工作主要由国家公园管理局安排),这既符合宏观的改革方向,又保障了三江源国家公园范围内资源保护所必需的强力的执法队伍。此外,**在森林公安原有职责基础上,将其执法和案件查处权扩大到三江源国家公园和三江源自然保护区范围内自然资源、**

---

① 2019 年,中央安排自然资源部与国家林业和草原局对 10 个国家公园体制试点区进行了验收评估。这次评估既是对国家公园体制试点的经验总结,也是第一批国家公园确立的依据之一。本书利用该评估结果对资源环境综合执法改革的进展进行分析。在评估之后,各试点区的资源环境综合执法改革陆续推进,相关进展摘录在第一本蓝皮书及本书的附件 1 中。

表8-3 10个国家公园体制试点区资源环境综合执法改革情况分类

国家公园体制试点区	资源环境综合执法改革进展	优势与不足
三江源	整合森林公安、国土执法、环境执法、草原监理、渔政执法等执法机构,组建资源环境综合执法队伍。在顺应国家公安管理模式,并将其执法和案件查处权扩大到自然资源、生态环境、林草、农牧等资源环境刑事司法领域,形成事实上的"生态公安"	整合了地方政府的资源管理部门,也一并整合了三江源地,具有高度统一性。但其现实基础是三江源地广人稀,在其他人地关系更为复杂区域的可复制性不强,其可复制性较强的点是:森林公安转隶国家公安系统之后,在国家公园范围内仍由三江源国家公园管理局统一领导,并进行了扩权
南山	通过省、市、县三级分别授权的方式,国家公园管理局在试点区范围内统一行使涉及经济社会管理、行政许可和综合执法等的197项行政权力	实现了相对统一,但是国家公园管理机构属于事业单位,执法权未由改革法规明确,其改革属于试点过渡期间的处理方式,正式设立国家公园后需要将相关改革通过法律法规固化
神农架	整合原自然保护地执法队伍,并拓展执法内容——与林区生态环境局签订行政执法委托书,行使辖区内的生态环境行政执法权	实现了统一、有效执法
武夷山	整合原自然保护地执法队伍,并建立国家公检法司联合办案协作机制。南平市检察院在国家公园管理局设立驻国家公园检察官办公室	实现了统一、有效执法,并配套创新司法机制
祁连山（由大熊猫祁连山国家公园甘肃省管理局管理）	依托甘肃省森林公安局祁连山分局、盐池湾分局、白水江分局组建(挂牌)三个综合执法局,主要负责辖区内资源环境综合执法工作	森林公安转隶,三个综合执法局与大熊猫祁连山国家公园甘肃省管理局的关系如何协调,有待继续探索
钱江源	挂牌综合执法队,执法队伍组建处于初期阶段	相关机构已建立完成,但队伍组建尚需时日
海南热带雨林	建立国家公园执法派驻双重管理体制	未能实现统一执法;森林公安以省公安厅领导为主,不参与综合行政执法;综合行政执法队伍由市县授权国家公园各分局领导,职责范围不清
东北虎豹,大熊猫四川片区、陕西片区、祁连山青海片区,普达措	均未组建综合执法队伍,主要的执法形式是专项执法行动,地方政府执法机构参与综合执法	多属于临时性的执法,未形成执法常态机制

生态环境、林草、农牧等资源环境刑事司法领域，形成了事实上的"生态公安"。

2. 改革相对完整的"南山模式"

为确保南山国家公园管理局全面履行公共事务管理职能，2019 年 3 月 8 日，湖南省人民政府办公厅印发了《湖南南山国家公园管理局行政权力清单（试行）》，对涉及省直部门的 44 项行政权力进行集中授权，邵阳市政府、城步县政府也依照程序对所涉行政权力进行了集中授权。**通过省、市、县三级分别授权的方式，南山国家公园管理局在试点区范围内统一行使涉及经济社会管理、行政许可和综合执法等的 197 项行政权力**，进一步明晰了国家公园管理局履职范围和权责界限，并大幅提升了行政效能。但是南山国家公园管理机构属于事业单位，执法权未由法律法规明确，其改革属于试点过渡期间的处理方式，正式设立国家公园之后，需要将相关改革通过法律法规固化。

3. 整合原自然保护地执法队伍并在执法内容方面有所突破的"神农架模式"

神农架国家公园体制试点区组建了综合执法大队，制定了职责和权力清单，对国家公园内自然资源进行综合执法，授权或委托执法事项达到 172 项。神农架国家公园管理局与林区生态环境局签订行政执法委托书，林区生态环境局委托神农架国家公园管理局行使神农架林区木鱼镇、红坪镇、大九湖镇、下谷乡行政区域内的生态环境行政执法权，实现了自然资源综合执法与生态环境综合执法的统一。

4. 整合原自然保护地执法队伍并在司法方面有所突破的"武夷山模式"

一是根据福建省委编委印发的《关于武夷山国家公园管理局主要职责和机构编制等有关问题的通知》，组建由省政府垂直管理的武夷山国家公园管理局（正处级行政机构），在过渡期内依托省林业局开展工作。武夷山国家公园管理局下设直属单位执法支队（副处级参公单位）。武夷山国家公园执法支队，下设武夷山大队、建阳大队、光泽大队，事业编制 70 名。

二是公正司法，不断提升司法服务生态保护能力水平。建立公检法司联合执法办案协作机制，启动国家公园区域生态环境和资源保护检察监督专项行动。南平市检察院在国家公园管理局设立驻国家公园检察官办公室，加快推进自然资源和生态环境公益诉讼，开展破坏资源环境刑事案件现场公开审判，做到快立、快侦、快破、快诉、快审，形成资源保护高压态势，有效遏制各类破坏生态环境现象。

5. 依托森林公安局组建综合执法局，尚处于探索阶段的"大熊猫祁连山国家公园甘肃省管理局模式"

2020年4月，大熊猫祁连山国家公园甘肃省管理局张掖综合执法局、酒泉综合执法局、白水江片区综合执法局分别在甘肃省森林公安局祁连山分局、盐池湾分局、白水江分局挂牌成立。按照甘肃省委编委《关于设立大熊猫祁连山国家公园甘肃省管理局裕河分局及组建相关执法机构的通知》精神，新组建的大熊猫祁连山国家公园甘肃省管理局张掖综合执法局、酒泉综合执法局、白水江片区综合执法局主要负责本辖区内资源环境综合执法工作。4月30日，甘肃省森林公安局转隶省公安厅。未来，三个综合执法局与大熊猫祁连山国家公园甘肃省管理局的关系如何协调，有待继续探索。

6. 已经明确综合行政执法队伍编制，但队伍组建还处于初期的"钱江源试点区模式"

2019年4月，浙江省委编委调整了钱江源国家公园管理体制，整合中共钱江源国家公园工作委员会、钱江源国家公园管理委员会，组建钱江源国家公园管理局。该管理局为正处级行政机构，由省政府垂直管理，省林业局代管。钱江源国家公园生态资源保护中心调整为钱江源国家公园综合行政执法队，为钱江源国家公园管理局直属事业单位。相关机构已建立完成，但队伍组建尚需时日。

7. 国家公园执法派驻双重管理的"海南模式"

海南热带雨林国家公园管理局设置了执法监督处，牵头负责指导、监督、协调国家公园区域内综合行政执法工作。试点区内的森林公安继续承担涉林执法工作，实行省公安厅和省林业局双重管理体制，以省公安厅管理为主。国家公园区域内其余行政执法实行属地综合行政执法，由试点区涉及的9个市县综合行政执法局承担，单独设立国家公园执法大队，分别派驻到国家公园各分局，由各市县人民政府授权国家公园各分局指挥，统一负责国家公园区域内的综合行政执法。这在一定程度上实现了统一执法，但是森林公安仍以省公安厅领导为主，综合行政执法队伍由市县授权国家公园各分局领导，可能会对人员交流产生一定影响，导致激励不相容。

8. 综合执法改革进展缓慢，试点期间主要采用专项执法、地方政府相关部门联合执法形式开展执法工作的类型

东北虎豹试点区巡护总里程从试点前的0.7万公里增加到16.8万公里，

提高了 23 倍。在各项保护行动中，累计出动 5 万余人次，拆除围栏 5.6 万余米；清理收缴猎具 9800 余件，取缔非法加工场 4 处，查处盗猎案件 7 起，处理违法犯罪分子 23 人；关闭矿山 4 家，修复破碎化栖息地 252 公顷；设置补饲点 300 余处，救助放归野生动物 300 余头。

大熊猫试点区四川片区开展"绿剑 2018""绿盾 2019"专项行动，重点打击试点区非法占用林地、盗伐滥伐林木、非法猎捕、破坏珍稀濒危野生动植物资源等涉林违法犯罪行为。试点以来，四川省国家公园范围内未发生大的刑事案件。2020 年，四川片区在雅安管理分局开展资源环境综合执法试点，但由于相关法律法规尚未出台，雅安管理分局暂不具备独立执法条件。雅安管理分局形成了大熊猫国家公园雅安片区资源环境联合执法机制，以大熊猫国家公园范围内的盗猎、盗伐、滥伐、开垦、采石、采砂、采土、采种、采脂、违规用火等破坏自然资源和生态环境的问题为重点，建立了与市公安局、自然资源和规划局、生态环境局、林业局、水利局、农业和农村局等相关部门的联合执法机制，形成"信息共享、会议联商、联合执法、齐抓共管"的工作格局，以避免试点期间出现执法空白或真空期，或因无法与调查环节及时衔接而出现一些违法案件不能及时侦办等问题。

大熊猫试点区陕西片区。2016 年以来，陕西省先后开展了"中央环保督察反馈问题整改""绿盾""绿卫""森林督查""国有林场和森林公园专项检查""清山查套"等一系列专项行动。特别是为贯彻落实中央领导批示精神，陕西省委、省政府组织多部门联合开展了"秦岭北麓西安境内违规建别墅问题专项整治行动""打击整治破坏秦岭野生动物资源违法犯罪专项行动"，集中排查和整治各类破坏自然资源的违法违规问题，严厉打击各类破坏野生动植物资源的违法犯罪活动。

祁连山试点区青海片区联合自然资源、生态环境、公安、水利等执法力量加强综合执法，编制了《祁连山国家公园（青海片区）综合执法工作方案》，集中开展综合执法检查暨"绿盾"专项行动，切实强化开发建设管控和违法违规项目排查，停止所有探矿采矿行为。青海省、州、县三级森林公安联合开展巡护执法专项行动，青海、甘肃两省交界区域联防管控机制得到进一步加强。同时，两省均建立了执法工作台账，基本掌握了国家公园试点区内开发建设和人类活动等情况，保障了生态安全。

香格里拉普达措试点区在下一步工作计划中提到，要进一步理顺管理体制，健全国家公园管理机构。普达措国家公园管理局实行公务员和事业编相结合的编制形式，即国家公园管理局（局机关）管理层人员为公务员，下属的管护所、站、点人员为事业人员（含工勤人员），**同时赋予管理机构行政执法权**，增加相应人员编制。

8.2.2 10个国家公园体制试点区资源环境综合执法改革存在的问题

2019 年，由中科院生态环境研究中心与国家林业和草原局经济发展研究中心牵头完成的《国家公园体制试点评估报告》显示，在人类活动压力基本未减的情况下，国家公园体制试点区执法队伍力量和监测巡护力量普遍薄弱。

1. 执法队伍力量薄弱

国家公园体制试点区执法队伍力量普遍薄弱，部分试点区出现违法违规行为无法监管问题。在 10 个国家公园体制试点区中，仅三江源、武夷山、神农架、钱江源、南山 5 个试点区管理局下设了执法队伍。其中，三江源、武夷山、钱江源 3 个试点区管理局为行政单位，神农架和南山 2 个试点区管理局为事业单位。其余 5 个试点区没有直属的执法队伍，无法履行综合行政执法职能。

2. 监测巡护能力薄弱，人类活动压力未减

部分试点区监测巡护能力薄弱，人类活动对生态环境的压力并未缓解。在关闭碧塔海景区后，普达措试点区旅游人数虽然下降了 18%，但可游览景区面积减少近一半，旅游对生态环境的压力反而有所增大。东北虎豹、祁连山、大熊猫、三江源试点区面积较大，监测巡护任务繁重，野生动植物破坏案件仍有发生，特别是三江源试点区面积超过 12 万平方公里，但监测巡护设备比较落后，无法有效履行国家公园自然资源资产管理和保护职能。武夷山和南山 2 个试点区内仍未建立完善的监测巡护体系，武夷山试点区内大面积种植茶叶对土壤和水环境的影响、旅游业规模持续扩大对环境造成的压力仍没有客观科学的评估，南山试点区内的牧场有序管理、退化草地恢复等工作也缺乏监测巡护的保障。此外，海南热带雨林试点区由于建设时间短，尚未完成国家公园全域系统的本底调查，尚未建立完整的监测巡护体系。

8.3　中国国家公园资源环境综合执法制度构建建议

根据《总体方案》和《机构设置指导意见》，中国国家公园将由国家公园管理机构行使全民所有自然资源资产所有权和国土空间用途管制职责。美国和加拿大国家公园执法经验表明，资源管理和游客行为是执法活动涉及的主要方面（详见附件7）。《国家公园管理暂行办法》明确国家公园管理机构的执法权仅在自然资源和林业草原方面，生态环境、渔业等与国家公园资源高度配套的"伴生"执法权仍归口于生态环境部门和农业农村部门。《国家公园管理暂行办法》在资源环境综合执法权方面的规定甚至落后于试点区的探索成果。在体制试点阶段，中国国家公园重在关注"生态保护第一"，多个试点区专项执法行动针对的也都是资源环境违法行为。但是，武夷山、大熊猫等游客较多和旅游产业相对发达的试点区经验表明，客流量大带来的治安问题也不容忽视。**因此，需要在《国家公园法》中扩展《国家公园管理暂行办法》对执法权的规定，以山水林田湖草生命共同体系统管理为原则，赋予国家公园管理机构对资源环境综合行政执法的权力，进一步对治安管理和刑事司法等执法主体、执法内容、执法范围和执法机制等予以规定。结合中国宏观层面的相关改革和国家公园管理的实际需求，我们提出国家公园管理机构需要设立资源环境综合行政执法队伍；治安管理和资源环境刑事司法工作，在某些情况下也需要国家公园管理机构统一领导的专业化公安队伍。**

8.3.1　国家公园管理机构需要设立资源环境综合行政执法队伍

建议在《国家公园法》中明确规定：国务院国家公园主管部门在国务院批准设立的各国家公园成立派出机构，具体行使国家公园内自然资源和生态环境保护的综合监督管理职权。

1. 行政执法队伍构建

组建行政执法队伍的前提是拥有执法权。国家公园管理机构属于中央或省级政府的派出机构，其执法权应当获得法律的授权。目前一些地方性法规已经进行授权，但是其效力范围仅仅局限在该行政区域。未来需要在《国家公园法》中对国家公园管理机构的行政执法权进行授权。

在推动综合执法改革的过程中，执法主体的设置是一个关键问题。国家公园管理机构履行国家公园范围内必要的资源环境综合执法职责，即应作为国家公园内的资源环境综合行政执法机构。从法律主体地位看，中国各个国家公园的管理机构属于国家林业和草原局或者省级人民政府的派出机构。按照2018年中共中央印发的《深化党和国家机构改革方案》，国家林业和草原局由自然资源部管理，加挂国家公园管理局牌子，是目前的国务院国家公园主管部门，负责统一监督和管理国家公园的自然生态系统保护、自然资源资产管理和国土空间用途管制。**对于中央政府直接行使所有权的国家公园，国家林业和草原局设立分支机构，统一行使国家公园内自然资源和生态环境综合监督管理职权。**例如，根据国家林业和草原局发布的信息，国家林业和草原局驻西安森林资源监督专员办事处加挂祁连山国家公园管理局牌子，承担中央政府直接行使所有权的国家公园等自然保护地的自然资源资产管理和国土空间用途管制职责[1]；国家林业和草原局驻长春森林资源监督专员办事处加挂东北虎豹国家公园管理局牌子，承担中央政府直接行使所有权的国家公园等自然保护地的自然资源资产管理和国土空间用途管制职责[2]。据此，祁连山国家公园管理局、东北虎豹国家公园管理局均为国家林业和草原局的派出机构。**对于中央委托省级政府代理行使所有权的国家公园，由省级政府针对国家公园设立派出机构。**例如，根据2018年《三江源国家公园总体规划》，三江源国家公园自然资源资产所有权在试点期间委托青海省政府代行。三江源国家公园管理局为青海省政府派出机构，承担三江源国家公园体制试点区和青海省三江源国家级自然保护区范围内各类国有自然资源资产所有者管理职责。

从组建程序看，目前中国派出机构的设置条件与程序缺乏法律上的规制，可以由行政机关自行决定。执法队伍内部的人员设置、编制标准确定等组建工作，也属于行政机关的内部事务。例如，天津市人民政府发布《天津市街镇

① 《国家林业和草原局驻西安森林资源监督专员办事处（中华人民共和国濒危物种进出口管理办公室西安办事处、祁连山国家公园管理局）机构简介》，国家林业和草原局网站，http://www.forestry.gov.cn/main/5554/20190820/104854567334013.html。
② 《国家林业和草原局驻长春森林资源监督专员办事处（中华人民共和国濒危物种进出口管理办公室长春办事处、东北虎豹国家公园管理局）机构简介》，国家林业和草原局网站，http://www.forestry.gov.cn/main/5554/20190820/104115152958059.html。

综合执法队伍组建方案》，以规范该市街镇综合执法队伍的名称和编制等。

从实体执法权看，行政机构组建行政执法队伍的前提是必须拥有执法权。根据行政法定原则，行政主体的行政职权必须依法设定或依法授予[①]。根据《行政处罚法》第 17 条、第 19 条，行政处罚由具有行政处罚权的行政机关在法定职权范围内实施；法律、法规授权的具有管理公共事务职能的组织可以在法定授权范围内实施行政处罚。根据《行政强制法》第 17 条，行政强制措施由法律、法规规定的行政机关在法定职权范围内实施，行政强制措施权不得委托。**作为中央政府部门和省级政府的派出机构，国家公园管理机构的行政职权需要有法律法规的直接授权。**派出机构是政府（包括中央政府、地方政府）及其职能部门为了实现对某一行政事务或特定区域内行政事务的管理而设立的行政组织[②]。从机构性质和法律地位上讲，派出机构和政府职能部门的内设机构处于相同的地位，其本身并不具有行政法上的主体资格，但经过法律法规的明确授权，就能够取得行政主体资格[③]。根据行政组织法的一般原理，行政机关的内设机构、派出机构可以根据单行法律法规的授权而获得行政处罚权[④]。例如，《治安管理处罚法》第 91 条规定："治安管理处罚由县级以上人民政府公安机关决定；其中警告、五百元以下的罚款可以由公安派出所决定。"据此，公安派出所取得行政主体资格。再如，《税收征收管理法》第 74 条规定："本法规定的行政处罚，罚款额在二千元以下的，可以由税务所决定。"据此，税务所取得行政主体资格。各个国家公园的管理局并非独立的行政机关，只有在法律法规明确授权的情况下，才能取得行政主体资格，行使行政处罚权、行政强制权等相关的执法权力。

在缺乏法律明文规定的情况下，综合执法队伍的构建和实际运行将面临诸多争议与阻碍。例如，最早推进跨部门综合执法的领域是从 20 世纪 90 年代开始的城市管理相对集中行政处罚权改革[⑤]。然而，自城市管理制度诞生至今，

---

① 周佑勇：《行政法基本原则的反思与重构》，《中国法学》2003 年第 4 期。
② 袁明圣：《派出机构的若干问题》，《行政法学研究》2001 年第 3 期。
③ 应松年主编《行政法与行政诉讼法》第二版，中国政法大学出版社，2011，第 68 页。
④ 王敬波：《相对集中行政处罚权改革研究》，《中国法学》2015 年第 4 期。
⑤ 王敬波：《相对集中行政处罚权改革研究》，《中国法学》2015 年第 4 期。

城市管理综合执法队伍一直面临身份、执法合法性与合理性等争议①。其重要原因之一是城市管理制度缺乏完善的立法保障，执法人员身份与权限不明晰。在许多案例中，由于城市管理执法人员的身份、地位、执法保障、相关部门的执法协同与配合等没有以法律法规的形式确定下来，执法人员在执法过程中常常遭遇身份不明的困境，这直接影响了城市管理综合执法的成效②。从 24 个省份已经设立的省级城市管理监督机构和部分市县政府设置的城市管理综合执法机构名称来看，各地城市管理执法机构名称也不统一、不规范③。其主要原因在于城市管理执法缺乏一部全国性的上位法，统一机构名称和统一人员编制等方面尚缺乏上位法依据。城市管理综合执法队伍在建立过程中遇到的种种问题需要在未来的综合执法改革中得到妥善处理。**在缺乏法律法规明确授权的情况下，派出机构的执法主体地位也无法得到法院的认可。**

国家公园管理机构需要通过法律法规授权而获得行政执法权，其执法队伍的组建依据必须是相关的法律法规。目前，在一些由省级人大制定的地方性法规中，存在对国家公园管理机构的授权。例如，《三江源国家公园条例（试行）》中列举了国家公园管理机构综合执法的范围。其第 19 条规定："三江源国家公园设立资源环境综合执法机构，履行资源环境综合执法职责，承担县域园区内外林业、国土、环境、草原监理、渔政、水资源、水土保持、河道管理等执法工作。"《神农架国家公园保护条例》第 8 条第二款规定："国家公园管理机构在神农架国家公园范围内履行资源环境综合执法职责，依法集中行使行政处罚权。"《武夷山国家公园条例（试行）》第 15 条第一款规定："武夷山国家公园管理机构实行相对集中行使行政处罚权，履行国家公园范围内资源环境综合执法职责。"**上述地方性法规能够为国家公园管理机构行使执法权提供授权，但仅针对单个地区的管理机构，存在规定不全面、不统一的问题。在制定《国家公园法》时，应当明确对国家公园管理机构进行授权，规定"国**

---

① 刘素芬：《城市管理综合执法的困局与破解》，《福建师范大学学报》（哲学社会科学版）2016 年第 5 期。

② 刘素芬：《城市管理综合执法的困局与破解》，《福建师范大学学报》（哲学社会科学版）2016 年第 5 期。

③ 林华东、张长立、谢雨：《大部制改革背景下城管执法新困境与对策研究》，《城市发展研究》2018 年第 12 期。

家公园内的资源环境综合执法权由国家公园管理机构行使"。

2. 执法的内容与范围

明确、可操作的执法范围是国家公园内综合行政执法工作有效开展的前提条件。根据《总体方案》，中国国家公园管理机构可经授权而获得国家公园范围内必要的资源环境综合执法权。但《总体方案》并未明确界定资源环境综合执法权的内容和范围，需要进行具体分析。

资源环境综合执法权涉及"资源"与"环境"两个方面的执法权。《执法改革意见》将生态环境保护执法界定为污染防治执法和生态保护执法两大部分。同样，资源环境综合执法并非将"资源环境"视为一个密不可分的整体，而是将"资源"与"环境"作为并列的概念加以区分，这是建立在资源行政执法与环境行政执法两个部门执法现状的基础之上的①。资源行政执法以资源保护执法为中心，环境行政执法以污染防治执法为中心。国家公园是一个相对独立的生态系统，作为山水林田湖草生命共同体，是各种自然因素和人工因素组成的综合体。国家公园内的资源环境违法违规行为可能涉及资源破坏、环境污染等各个方面。从现行法律法规来看，涉及资源保护执法的有《环境保护法》《水法》《森林法》《草原法》《矿产资源法》《野生动物保护法》等，涉及污染防治执法的有《大气污染防治法》《水污染防治法》《土壤污染防治法》《固体废物污染环境防治法》等。《国家公园法》需要考虑与这些法律进行妥善衔接。例如，《森林法》第66条规定："县级以上人民政府林业主管部门依照本法规定，对森林资源的保护、修复、利用、更新等进行监督检查，依法查处破坏森林资源等违法行为。"《草原法》第56条规定："国务院草原行政主管部门和草原面积较大的省、自治区的县级以上地方人民政府草原行政主管部门设立草原监督管理机构，负责草原法律、法规执行情况的监督检查，对违反草原法律、法规的行为进行查处。"在综合执法体制下，国家公园内破坏森林资源、草原资源的行为，应当由国家公园管理机构依法进行查处，县级以上人民政府林业主管部门、草原监督管理部门等部门在相关区域内不再行使行政执法权。

---

① 邓小兵：《跨部门与跨区域环境资源行政执法机制的整合与协调》，《甘肃社会科学》2018年第2期。

资源环境综合执法权主要指向资源环境领域的行政检查权、行政处罚权和行政强制权。对资源环境违法违规行为实施现场检查、行政处罚、行政强制，是遏制环境污染、保障环境质量的主要行政手段之一，是政府履行环境责任的重要措施①。《执法改革意见》提出："整合后，生态环境保护综合执法队伍以本级生态环境部门的名义，依法统一行使污染防治、生态保护、核与辐射安全的行政处罚权以及与行政处罚相关的行政检查、行政强制权等执法职能。"据此，**资源环境综合执法权的内容应当具体包括国家公园内资源保护和污染防治领域的行政检查权、行政处罚权、行政强制权等执法职能。**

8.3.2 国家公园治安管理和资源环境刑事司法工作需要专业的公安队伍

建议在《国家公园法》中进一步规定：国务院公安部门在国家公园内设立公安派出机构，统一行使国家公园内治安管理职权和涉及生态环境、野生动植物保护的刑事侦查职权，参与国家公园管理机构资源环境综合执法巡护工作。

与其他国土空间的管理相比，在自然保护地这类特殊的生态空间（大多处于偏远地区且跨县级以上行政区）范围内进行的执法活动具有专业性强、涉及面广的特点，对信息来源、执法深度和专业性、现场处置的及时性都有较高的要求，需要专业监测网和专业执法队伍。国家公园资源环境综合行政执法队伍的组建，可以在一定程度上解决没有执法力量的问题。但是，治安管理、刑事司法等执法权的缺失，会成为国家公园及时、有效管理的一大隐患，如"驴友"违法穿越，自然人纵火、盗猎等违法行为难以被及时制止，违法者难以被当场控制，导致执法的效能不足、效率降低和成本增加。

针对这一问题，顺应中国宏观层面的体制改革，可以借鉴三江源国家公园体制试点区的模式进行处理。**考虑到三江源国家公园管理的实际需要，创新森林公安的管理模式**，具体参见8.2.2。

---

① 陈海嵩：《生态文明体制改革的环境法思考》，《中国地质大学学报》（社会科学版）2018年第2期。

8.3.3 加强与地方政府相关部门的合作

建议在《国家公园法》中明确：国家公园管理机构与地方政府建立广泛的合作机制，签订相关合作协议，明确合作的部门、内容、机制等。**主要合作内容包括以下三个方面。**

第一，治安管理和资源环境刑事司法工作，如前所述的三江源模式，也是国家公园管理机构与地方政府的合作模式。对刑事案件的处理，需要建立行政执法与刑事司法衔接机制。

第二，对国家公园范围内发生的违法违规事件的处理，可能会涉及与地方政府相关行政管理部门、公检法等司法部门的合作。

第三，与地方政府建立针对国家公园周边的双向合作协调机制。例如，如果在国家公园边界发生违法行为，该违法行为若出了边界（如武夷山的福建与江西交界处），则允许国家公园管理机构执法人员有一定的执法权；若地方政府管辖范围内的案件延伸到国家公园范围，则可以依托这个合作协调机制，允许地方公检法和其他综合执法人员进入国家公园范围执法。

第9章
国家公园生态环境监管制度

党的十八届三中全会通过的《中共中央关于全面深化改革若干重大问题的决定》提出，要"优化政府组织结构。……优化政府机构设置、职能配置、工作流程，**完善决策权、执行权、监督权既相互制约又相互协调的行政运行机制**"。**在公权力的配置改革中，三权分开和统一管理是并举的：**三权分开指决策权、执行权、监督权分开，以形成相互制衡、各司其职的局面；统一管理指某一方面的权力集中交由一个部门行使，如某方面事务的执行权由一个部门统一行使，而监督部门对执行部门实行统一监督。例如，生态保护红线的划定属于决策，在多部门参与后由国务院公布；生态保护红线的日常管理在不同的区域由不同的部门负责，自然保护地范围内由自然保护地管理机构负责；生态保护红线的管理是否符合国家的规划、是否符合《环境保护法》的要求，相关监管则由生态环境行政管理机构负责。

根据 2018 年《深化党和国家机构改革方案》，由自然资源部"统一行使全民所有自然资源资产所有者职责，统一行使所有国土空间用途管制和生态保护修复职责"，由生态环境部"统一行使生态和城乡各类污染排放监管与行政执法职责""统一负责生态环境监测和执法工作"，由自然资源部管理的国家林业和草原局（加挂国家公园管理局牌子）"……管理国家公园等各类自然保护地等"。**这基本实现了自然保护地管理的执行者（国家林业和草原局，日常管理）和监管者（生态环境部，生态环境监管）相分离。**但是，改革是"一分部署，九分落实"，机构建立之后，各部门职能的转变落实仍面临很多挑战。**自然资源和生态环境保护都存在于自然生态系统这一整体的空间范围内，生态环境部和自然资源部/国家林业和草原局在生态系统保护方面存在潜在冲突，尤其是各部门在自然保护地范围内生态系统保护与生态环境监管之间的职责边界仍然模糊。**

国家公园是中国自然保护地最重要的类型，属于《全国主体功能区规划》

中的禁止开发区域，被纳入全国生态保护红线区域管控范围，实行最严格的保护。界定国家公园生态环境监管的内涵和外延，厘清国家公园管理部门（国家林业和草原局及具体的国家公园管理机构）和生态环境监管部门（不同层级的生态环境部门）在国家公园生态系统保护中的职责边界、不同层级的国家公园生态环境监管部门及其内部部门的职责边界，是构建统一、规范、高效的中国特色国家公园体制的重要基础，可以为其他自然保护地和其他重点生态功能区的生态环境保护监管工作提供借鉴。

9.1　国家公园生态环境监管的概念界定

生态环境部的"三定方案"明确指出，生态环境部负责"组织制定各类自然保护地生态环境监管制度并监督执法"。要界定国家公园生态环境监管的内涵和外延，首先需要厘清"监管"与"监督"的基本概念。

9.1.1　"监管"与"监督"概念辨析

"监管"一词，对应英文中的"regulation"，可以理解为政府行政机构为保护社会公众利益，**根据国家的宪法和相关法律，制定相应的规章制度、标准规范，并依此对特定的组织或个人及其开展的相关活动进行的监督、检查、控制与指导活动**。概言之，监管是指政府行政机构根据法律，制定并执行规章的行为[①]。监管主体是政府行政机构，监管对象多元。

"监督"一词，对应英文中的"supervision"，意思为察看并督促。在《中华法学大辞典·法理学卷》中，"监督"的定义是"依法享有监督权的主体（包括机关、团体、组织和个人），**按照法律规定，对国家机关及其工作人员在国家管理活动中，是否正确执行国家的方针、政策和法律所进行的监察、督促、纠正的行为**"。监督主体多元，监督对象则是国家机关及其工作人员。根据主体的不同，监督可以分为行政监督、司法监督、社会监督、舆论监督等。

比较"监管"和"监督"的含义，可以看出二者既有交叉，又有所区别。从执行过程来看，"监管"的范畴略大于"监督"，包括相关政策法规的制定

---

① 马英娟：《监管的概念：国际视野与中国话语》，《浙江学刊》2018 年第 4 期。

以及依此开展的察看督促、执法行为；"监督"则主要是依据法律规定所开展的察看督促行为。

9.1.2 国家公园生态环境监管的内涵和外延

从前文词义辨析可以看出，生态环境行政主管部门的定位应当是自然生态监管机构，应当履行独立客观的外部生态环境监管职能，而不仅仅是监督机构。

国家公园生态环境监管的内涵可以界定为生态环境行政主管部门（监管主体）为保护社会公众利益、保障国家生态安全，根据国家的宪法和相关法律，制定相应的规章制度、标准规范，并依此对国家公园管理部门以及有关地方政府（监管对象/责任主体①）进行的监督、检查、评价、纠正和执法活动。换言之，**国家公园生态环境监管是指生态环境部门制定相关监管制度，并依此对国家公园管理部门以及有关地方政府开展的行政监督和执法活动②**。国家公园生态环境监管的**监管主体**是自然生态监管机构，即生态环境部门；**监管对象/责任主体**是国家公园管理机构和可能承担国家公园相关生态保护工作的地方政府，即宏观层面的国家林业和草原局（国家公园管理局）与微观层面具体的国家公园管理机构及相关的地方政府。

国家公园生态环境监管的外延紧扣"自然生态系统原真性和完整性保护"这一监管目标，包括对国家公园的新建调整、规划合规性和实施情况、生态环境监测程序合规性、管理和保护成效等方面进行监管。**监管范围（监管什么）主要包括四个方面**：规划合规性、监测程序合规性、生态环境质量状况（生态系统服务功能、生物多样性保护、环境质量）、重大生态环境破坏事件。**监管方式（如何监管）**则包括制定标准规范、综合监督检查、个案督查执法。**制定标准规范**指组织制定生态环境标准，制定生态环境基准和技术规范，制定生态环境监测制度和规范并拟定相关标准，加以监督实施。**综合监督检查**主要针对生态环境质量状况，开展综合监督检查，即以监测评估为主要手段，开展常态化定期监督检查。**个案督查执法**主要针对重大生态环境破坏情况，

---

① 《总体方案》中明确，要"强化国家公园管理机构的自然生态系统保护主体责任"。
② 针对相关地方政府的执法活动，主要是基于生态环境保护方面地方政府落实"党政同责"的要求。

以及中央领导批示指示和党中央国务院部署、媒体曝光、群众举报或日常工作（如遥感监测）中发现的涉嫌重大生态环境违法违规事件，开展个案督查，并予以依法查处。

国家公园生态环境监管需注重事前监管、事中监管、事后监管并重，从源头、过程到后果的全过程，按照"源头严防、过程严管、后果严惩"的思路，做到事前加强规范、事中注重监控、事后强化问责，**实现对国家公园生态环境保护的全过程监管**（见图9-1）。**事前监管**主要是指对国家公园发展规划、总体规划等进行监督检查，**督促其与全国生态环境保护规划、生态功能区划、生态保护红线等相一致**，满足国家生态安全保障需求。**事中监管**主要是指对国家公园生态环境质量状况开展常态化定期监督检查，对重大生态环境破坏事件开展个案督查和中央生态环境保护督察。**事后监管**主要是指监管主体（生态环境部门）将国家公园生态环境保护监督检查结果进行公开通报、对存在的问题进行督促整改，以及按有关规定进行移交移送。国家公园管理和保护成效评估结果移交组织部门，作为国家公园和有关地方政府领导干部综合考核评价、奖惩任免的重要依据；监督检查执法中发现的生态环境问题和管理部门失职失责情况，按照有关权限、程序和要求移交纪检监察部门或组织部门；涉嫌违法犯罪的，按有关规定移送监察机关或司法机关依法处理。

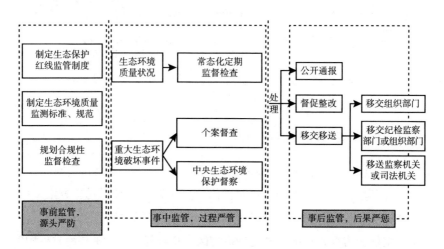

图9-1　国家公园生态环境监管的全过程

9.2 国家公园日常管理部门和生态环境
监管部门的职责划分

要明确国家公园生态环境监管部门的职责边界，就需要同时界定国家公园日常管理部门的职责界限。生态环境部与国家林业和草原局在国家公园生态环境保护工作中的职能定位分别为监管者和执行者（见图 9-2）。虽然二者的定位明确，但是在具体落实时，它们的工作可能会有一定程度的重叠。厘清国家公园日常管理部门和生态环境监管部门的职责边界，是各部门明确分工、履行职责的基本前提，只有这样才能协调各相关部门，共同做好国家公园保护工作，有效防止权力的滥用或不作为等问题的出现。

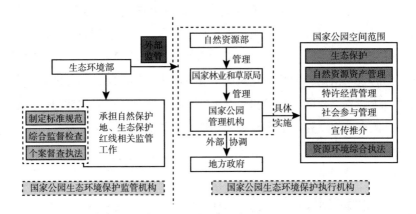

图 9-2 国家公园生态环境保护监管部门与执行部门职责划分

9.2.1 宏观层面的职责划分

在宏观层面，国家公园生态环境保护执行者（国家林业和草原局）和监管者（生态环境部）的职责可以通过部门"三定方案"和《总体方案》明确。

国家林业和草原局的"三定方案"指出，国家林业和草原局负责切实加大生态系统保护力度，实施重要生态系统保护和修复工程，加快建立以国家公园为主体的自然保护地体系，统一推进各类自然保护地的清理规范和归并整合，构建统一、规范、高效的中国特色国家公园体制。**与国家公园生态环境保**

护执行相关的具体职责包括"负责监督管理各类自然保护地。拟定各类自然保护地规划和相关国家标准。**负责国家公园设立、规划、建设和特许经营等工作**，……负责生物多样性保护相关工作"。《总体方案》提出的"确定国家公园空间布局。制定国家公园设立标准，……明确国家公园准入条件，……研究提出国家公园空间布局，明确国家公园建设数量、规模"等国家公园建立的宏观规划性工作，属于日常管理性质的内容，应当由国家林业和草原局负责。

生态环境部的"三定方案"指出，由生态环境部贯彻落实党中央关于生态环境保护工作的方针政策和决策部署，统一行使生态和城乡各类污染排放监管与行政执法职责，切实履行监管责任。与国家公园生态环境监管相关的职责主要包括以下几个方面。①负责建立健全生态环境基本制度，**组织拟订生态环境标准，制定生态环境基准和技术规范**。②负责重大生态环境问题的统筹协调和监督管理，牵头协调重特大环境污染事故和生态破坏事件的调查处理。③指导协调和监督生态保护修复工作，**组织编制生态保护规划**，监督对生态环境有影响的自然资源开发利用活动、重要生态环境建设和生态破坏恢复工作。**组织制定各类自然保护地生态环境监管制度并监督执法**。组织协调生物多样性保护工作，参与生态保护补偿工作。④负责生态环境监测工作。**制定生态环境监测制度和规范，拟订相关标准并监督实施**。组织对生态环境质量状况进行调查评价、预警预测，组织建设和管理国家生态环境监测网和全国生态环境信息网。⑤统一负责生态环境监督执法。组织开展全国生态环境保护执法检查活动。**查处重大生态环境违法问题**。由自然生态保护司**组织起草生态保护规划**，开展全国生态状况评估，指导生态示范创建；**承担自然保护地、生态保护红线相关监管工作**；组织开展生物多样性保护、生物遗传资源保护、生物安全管理工作。《总体方案》提出的"建立健全监管机制。相关部门依法对国家公园进行指导和管理。……强化对国家公园生态保护等工作情况的监管"工作应由生态环境部负责。

9.2.2　微观层面的职责划分

在微观层面，各具体的国家公园由其国家公园管理机构负责其空间范围内日常的监督管理，生态环境部门对国家公园管理机构在生态环境保护工作方面的行政行为进行监管。

《总体方案》明确指出，国家公园要"分级行使所有权。……国家公园内全民所有自然资源资产所有权由中央政府和省级政府分级行使"。国家林业和草原局"三定方案"指出，由国家林业和草原局跨地区设置的森林资源监督专员办事处"承担中央政府直接行使所有权的国家公园等自然保护地的自然资源资产管理和国土空间用途管制职责"。《总体方案》提出，国家公园空间范围内日常的监督管理主要包括六个方面："生态保护、自然资源资产管理、特许经营管理、社会参与管理、宣传推介等职责"，另外还"可根据实际需要，授权国家公园管理机构履行国家公园范围内必要的资源环境综合执法职责"，其中与生态环境保护联系最为紧密的是生态保护、自然资源资产管理和资源环境综合执法三个方面。

生态环境部门对国家公园管理机构行政行为的监管内容，即前文提及的发展规划和总体规划合规性、生态状况和环境质量监测程序的合规性、针对生态环境质量状况开展的常态化定期监督检查、针对重大生态环境破坏事件开展的个案督查，以及中央生态环境保护督察（见表9-1）。

表9-1 国家公园生态环境保护日常管理工作和生态环境监管工作

	日常管理工作	生态环境监管工作
主管部门	国家林业和草原局(国家公园管理局)	生态环境部
部门定位	生态环境保护执行机构	生态环境保护监管机构
主要工作内容	监督管理各类自然保护地。拟定各类自然保护地规划和相关国家标准。负责国家公园设立、规划、建设和特许经营等工作	建立健全监管机制,对国家公园生态环境保护等工作情况进行监管
具体工作举例	制定日常管理各项工作制度规范	制定生态环境监管制度规范
	全国国家公园发展规划、国家公园审批流程、规划编制规程	规划合规性检查(国家公园发展规划、总体规划的编制和实施是否与全国生态环境保护规划、生态功能区划、生态保护红线相一致)
	国土空间用途管制	生态环境保护工作外部监管
	在生态保护红线生态监测和环境监测标准规范的基础上,补充完善形成国家公园范围内的监测标准规范("规定动作"+"自选动作")	制定生态保护红线区域生态监测和环境监测标准规范("规定动作")
	自然生态系统常规监测和保护成效监测评估(科学保护和自评估的依据)	生态环境保护成效监测评估(外部监管评估的依据)
	资源环境综合执法(执法对象是国家公园范围内任何破坏资源环境的组织和个人)	重大生态环境破坏事件执法(执法对象是国家公园管理机构,主要是督政)

9.2.3　重点领域的职责划分——以生态环境质量监测评估为例

生态环境质量监测评估是自然生态系统保护工作的重要内容，也是生态环境监管的主要手段，用以监督国家公园生态环境保护成效。生态环境质量监测包括环境监测和生态监测两个方面：环境监测主要是指对空气环境、水环境、土壤环境、声环境等环境要素质量状况进行监测；生态监测是指对特定区域范围内生态环境中的各个要素、生物与环境之间的相互关系、生态系统结构和功能进行监测。由于自然生态系统及其生态过程的复杂性，生态监测具有综合性、长期性、复杂性等特点。

生态环境部"负责生态环境监测工作。制定生态环境监测制度和规范、拟订相关标准并监督实施"（"三定方案"），即需要统一制定包括国家公园在内的生态保护红线区域内生态环境质量监测基础性的制度、规范、技术规程等（即生态环境质量监测的"规定动作"）。在此基础上，一方面对监测实施单位的监测程序合规性等进行指导监督；另一方面通过无人机、遥感等手段对自然生态系统保护效果（生态系统格局、质量和功能等）开展面上监测评估，并将此作为独立客观的外部监管依据。

国家公园管理机构是国家公园范围内生态监测和环境监测的责任主体。国家公园管理机构应当在生态环境部制定的生态监测和环境监测基础性规范基础上，根据每个国家公园具体的特点，进一步完善监测的内容（即在"规定动作"基础上，增加"自选动作"）。监测的内容包括：①主要通过地面监测手段，监测自然生态系统的结构、过程和功能，为更好地实施科学保护提供依据；②监测自然生态系统的保护效果，将其作为自评估的依据；③监测环境质量，监控各类人为活动可能产生的污染。

9.3　不同层级生态环境部门及其内部不同部门的国家公园生态环境监管职责划分

应以优化、协同、高效为原则，厘清不同层级生态环境部门及其内部不同部门之间的职责划分，明确各部门的监管责任。

9.3.1 不同层级生态环境部门的职责划分

根据《总体方案》，国家公园要"分级行使所有权"：中央政府直接行使全民所有自然资源资产所有权的，中央拥有事权，中央出资；省级政府代理行使全民所有自然资源资产所有权的，中央和省级政府根据事权划分，分别出资保障。

以权责对等为原则，由生态环境部与省级生态环境厅（局）分别对不同国家公园进行监管。按照国家公园的隶属关系，由相应层级的生态环境部门进行监管。中央政府直接行使全民所有自然资源资产所有权的国家公园（如三江源国家公园），由生态环境部直接进行监管；省级政府代理行使全民所有自然资源资产所有权的国家公园（如钱江源国家公园），由对应的省级生态环境厅（局）（如浙江省生态环境厅）进行监管。

建立上下联动的协同监管机制。生态环境部统筹全国的国家公园监管工作，并对直接行使监管职责的省级生态环境厅（局）进行业务指导和监督手段方面的支持。各省级生态环境厅（局）要配合生态环境部的监管工作并做好相应的保障工作。各市级生态环境部门要起到"线人"作用，及时上报日常工作中发现的国家公园内的生态环境问题，并在执法过程中提供人力支持。

9.3.2 生态环境部门内部不同部门的职责划分

生态环境部门作为监管者，也需要内部不同部门的合作。本节以生态环境部为例进行说明，省级生态环境厅（局）内设部门的职责与生态环境部相应部门对应。

根据"三定方案"，生态环境部与国家公园生态环境监管相关的司局有7个，具体职责见表9-2。

表9-2　生态环境部与国家公园生态环境监管相关的内设机构

内设机构	职责
综合司	组织起草生态环境政策、规划，协调和审核生态环境专项规划。实施生态环境保护目标责任制，拟订生态环境保护年度目标和考核计划
行政体制与人事司	指导生态环境保护系统机构改革与人事管理工作。协助开展地方党政领导班子生态环境保护政绩考核工作

内设机构	职责
中央生态环境保护督察办公室	监督生态环境保护党政同责、一岗双责落实情况
自然生态保护司	组织起草生态保护规划。承担自然保护地、生态保护红线相关监管工作。监督野生动植物保护、湿地生态环境保护、荒漠化防治等工作。组织开展生物多样性保护、生物物种资源(含生物遗传资源)保护、生物安全管理工作
环境影响评价与排放管理司	组织开展区域空间生态环境影响评价
生态环境监测司	负责生态环境监测管理和环境质量。组织开展生态环境监测,调查评估全国生态环境质量状况并进行预测预警,承担国家生态环境监测网建设和管理工作
生态环境执法局	监督生态环境政策、规划、法规、标准的执行,组织拟订重特大突发生态环境事件和生态破坏事件的应急预案,指导协调调查处理工作。组织开展全国生态环境保护执法检查活动

资料来源：生态环境部官方网站对各职能部门职责的介绍，https://www.mee.gov.cn/zjhb/。

根据生态环境监管外延涉及的具体监管任务，各个内设机构具体职责分工见表9-3。不同的监管工作由牵头部门组织具体实施，其他部门进行协助配合。

表9-3　生态环境部门内部不同部门的职责划分

监管工作	具体事项	牵头部门
新建调整	国家公园的设立、范围和功能区调整是否符合有关规定	自然生态保护司
规划检查	根据国家制定的生态环境保护目标和有关规划政策等,检查国家公园发展规划、总体规划的编制和实施,督促与全国生态环境保护规划、生态功能区划、生态保护红线相一致	自然生态保护司
生态监测	制定国家公园生态环境监测基础指标,结合国家公园管理部门上报的生态环境监测数据,建立全国国家公园生态环境监测大数据云平台,及时掌握国家公园生态系统、保护对象、环境质量等生态监测数据,以及人类活动方面的监测数据	生态环境监测司
政策落实情况	国家公园内中央重大决策部署的落实情况,法律法规、政策制度、标准规范、规划计划的执行和落实情况,国家公园管理机构和部门是否按照总体规划要求进行有效管理	自然生态保护司
成效评估	组织实施或委托第三方对国家公园管理和保护成效开展评估	自然生态保护司
生态执法	检查是否存在造成生态环境破坏的违法违规问题,对生态环境举报事件进行核查,对重大生态环境事件进行执法	生态环境执法局或中央生态环境保护督察办公室

资料来源：笔者根据相关材料自行编制。

9.4 国家公园生态环境监管职能落实面临的挑战

国家公园生态环境监管职能的落实还面临诸多挑战，主要包括以下三个方面。

第一，生态环境行政主管部门由环境保护部转为生态环境部，增加了"生态"二字，部门的职能也从原先的"侧重污染防治"向"污染防治与生态保护并重"转变。在自然保护地管理领域，生态环境行政主管部门的职责由"自然保护区综合管理"转向"承担自然保护地、生态保护红线相关监管工作"。随着部门结构和角色定位的改变，部门制度设计、行政资源配置等方面需要进行相应的结构性调整。

第二，相较于国家公园的日常管理，生态环境监管应属于前置性、上位性的制度。国家公园管理执行者（国家林业和草原局）和监督者（生态环境部）的定位和相互关系，需要在制度构建过程中进行完善。例如，对于宏观层面的国家公园总体规划相关的合规性检查工作，生态环境部目前尚无具体的抓手，即"合什么规"尚不明确，这个"规"是由生态环境部门出台，还是由自然资源部或国家林业和草原局出台，需要继续探讨，生态环境部门只是监管其落实情况。2020年以来，生态环境部先后印发《自然保护地生态环境监管工作暂行办法》《关于加强生态环境保护监管工作的意见》《自然保护区生态环境保护成效评估标准（试行）》《"十四五"生态保护监管规划》等一系列政策法规文件，为生态环境监管提供了制度保障。但是其中的部分内容，仍然存在日常管理与生态环境监管范围不明确的问题。如《自然保护地生态环境监管工作暂行办法》第6条将自然保护地的设立、晋（降）级、调整、整合和退出作为生态环境监管的内容，但是这些工作应该属于日常管理范畴。

第三，《条例》和《风景名胜区条例》对日常管理和生态环境监管的职责划分无明确规定，这与其产生时的体制大背景有关，当时中国政府尚无独立的生态环境监管部门。未来出台的《国家公园法》如果能够对国家公园日常管理和生态环境监管的职责进行明确，将对其他类型自然保护地法律法规的制定、修订有指导意义。

第二篇
国家公园实现两山转化的技术路线和体制机制

根据《国家公园设立规范》（GB/T 39737-2020），国家公园是指"由国家批准设立并主导管理，边界清晰，以保护具有国家代表性的自然生态系统为主要目的，实现自然资源科学保护和合理利用的特定陆域或海洋区域"。由此可见，自然资源的合理利用是国家公园建构的主要目的之一。2022 年的《国家公园法（草案）（征求意见稿）》更明确提出，"国家公园践行绿水青山就是金山银山理念，……实现生态保护、绿色发展、民生改善相统一"。在生态保护第一的前提下，国家公园肩负着实现绿色发展和民生改善目标的责任。这个逻辑链决定了中国国家公园必然需要经营活动，但需要遵循"最严格的保护"原则。

细言之，第一，中国国家公园资源禀赋的"四最"特征意味着中国国家公园有绿色发展的资源基础；第二，中国国家公园内有复杂的"人、地约束"，必然离不开生产活动；第三，唯有通过市场竞争机制，才能提高效率、优化服务，向公众提供更高质量的服务，实现全民公益性；第四，正是因为复杂的"人、地约束"和最严格的生态保护要求，必须对国家公园内的经营活动进行最严格的管理，即特许经营管理。

因此，延续第一本蓝皮书，我们在本篇用三个部分指出以下要点。第一，国家公园不是发展的禁区，在国家公园内可以统筹实现"最严格的保护"与"绿水青山就是金山银山"。第二，特许经营制度规范后的绿色发展是统筹实现"最严格的保护"和

"绿水青山就是金山银山"的主要手段①，能在"生态保护第一"的前提下确保"全民公益性"并发挥市场在资源配置中的高效作用。当然要统筹实现"最严格的保护""绿水青山就是金山银山""全民公益性"并不容易，这从《国家公园法（草案）（征求意见稿）》内容的庞杂中可见一斑。第三，考虑到中国国家公园的特殊情况，政府特许经营和商业特许经营（品牌特许经营）两种形式相结合能实现"两山转化"目标，后者还能起到以市场力量进行生态补偿的作用。因此，特许经营机制首先是国家公园体制的基础制度，然后是国家公园范围内及周边的发展制度，还是国家公园范围内及周边形成"共抓大保护"的治理制度。

---

① 《总体方案》明确提出，"建立社区共管机制"，"完善社会参与机制。……鼓励当地居民或其举办的企业参与国家公园内特许经营项目"；《保护地意见》明确提出，"扶持和规范原住居民从事环境友好型经营活动"，"建立健全特许经营制度，鼓励原住居民参与特许经营活动，探索自然资源所有者参与特许经营收益分配机制"。

第一部分
统筹理解"绿水青山就是金山银山"与"最严格的保护" ▷

鉴于 2017 年中央生态环保督察开始关注自然保护地，以及环境保护部等 7 部委开始开展一年一度的"绿盾"行动①后，部分地方领导误将国家公园和自然保护区理解为发展禁区，本部分在第一篇已科学解释"最严格的保护"

---

① 为贯彻落实《中共中央办公厅　国务院办公厅关于甘肃祁连山国家级自然保护区生态环境问题督察处理情况及其教训的通报》精神（祁连山事件参见第一本蓝皮书主题报告第一章），全面强化对全国自然保护区的监管，2017 年环境保护部、国土资源部、水利部、农业部、国家林业局、中国科学院、国家海洋局 7 部门联合组织开展了"绿盾 2017"国家级自然保护区监督检查专项行动。这是 7 个自然保护区主管部门首次在全国联合开展国家级自然保护区监督检查专项行动，首次实现了对 446 个国家级自然保护区的全覆盖，是中国自然保护区建立以来检查范围最广、查处问题最多、追查问责最严、整改力度最大的一次专项行动。"绿盾"行动重点查处了自然保护区内采矿、采石，以及工矿企业和核心区、缓冲区内的旅游与水电开发等对生态环境影响较大的问题，对 1100 多人进行追责问责，其中处理厅级干部 60 人、处级干部 240 多人。各地共废止与上位法不一致的地方性法规 12 部，修订 51 部，新制定颁布 20 多部，同时清理了一批部门政策文件（参见《七部门印发"绿盾"专项行动实施方案 排查一个不漏，整改一抓到底，问责一律从严》，《中国环境报》2018 年 3 月 22 日）。迄今，"绿盾"行动已经开展 6 年。在第一批国家公园设立以后，对国家公园就不能再以《条例》为依据进行监督检查，因此国家林业和草原局在 2022 年制定了《国家公园管理暂行办法》，该办法应该会适用到《国家公园法》出台。

概念基础上，基于习近平生态文明思想，分析"绿水青山就是金山银山"与"最严格的保护"的关系，以及二者在国家公园内结合的方式、所需要的制度保障。之所以从习近平生态文明思想分析出发，是因为只有完整、准确、全面地领会这一思想，才能在"算大账、算长远账、算整体账、算综合账"① 中知道"绿水青山就是金山银山"与"最严格的保护"并不矛盾。

---

① 2015 年 1 月，习近平总书记在云南考察工作时强调，"在生态环境保护上一定要算大账、算长远账、算整体账、算综合账"（参见《习近平论社会主义生态文明建设（2015 年）》，学习强国，2022 年 9 月 5 日，https：//www.xuexi.cn/lgpage/detail/index.html？id＝113328 9429695822482）。本书的附件 2 就是以武夷山国家公园为例，分析了各利益相关者是怎样在国家公园建设中通过算这"四个账"（理论化为政治利益维度和经济利益维度）形成总体得利并达成均衡的。

第10章
认识论:"绿水青山就是金山银山"是习近平生态文明思想的基石

10.1 习近平生态文明思想的内涵和制度体系

党的十八大以来,以习近平同志为核心的党中央深刻把握生态文明建设在新时代中国特色社会主义事业中的重要地位和战略意义,大力推动生态文明理论创新、实践创新、制度创新,创造性提出一系列新理念、新思想、新战略,形成了习近平生态文明思想①,并以中共中央全会工作报告、党章、宪法的形式体现:2012年,党的十八大首次提出"经济建设、政治建设、文化建设、社会建设、生态文明建设"五位一体总体布局;2017年,党的十九大将"实行最严格的生态环境保护制度""增强绿水青山就是金山银山的意识""建设成为富强民主文明和谐美丽的社会主义现代化强国"等内容写进党章;2018年,第十三届全国人民代表大会一次会议第三次全体会议将生态文明写入《宪法》,真正使生态文明建设法治化。

10.1.1 生态文明的内涵

习近平总书记科学地概括了生态文明建设需要遵循的"六项原则"(见图10-1),完整、全面地体现了人与自然和谐共生的科学自然观、坚持绿水青山就是金山银山的绿色发展观、良好生态环境是最普惠的民生福祉的基本民生观、山水林田湖草系统治理的整体系统观、用最严格制度最严密法治保护生态环境的严密法治观、世界携手共谋全球生态文明建设的共赢全球观。"六项原则"形成了一个科学严密的逻辑体系,构成了习近平生态文明思想的理论内核,是新时代推进生态文明建设的根本遵循。

---

① 中共中央宣传部、中华人民共和国生态环境部:《习近平生态文明思想学习纲要》,学习出版社、人民出版社,2022。

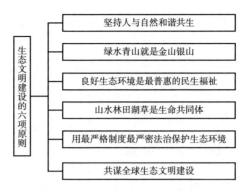

图 10-1 生态文明建设的六项原则

10.1.2 生态文明五大体系

生态文明体系包括五个方面（见图10-2），即加快建立健全以产业生态化和生态产业化为主体的生态经济体系，以治理体系和治理能力现代化为保障的生态文明制度体系，以生态价值观念为准则的生态文化体系，以改善生态环境

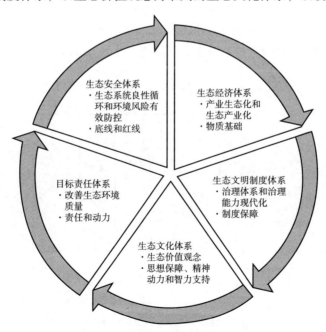

图 10-2 生态文明五大体系

质量为核心的目标责任体系，以生态系统良性循环和环境风险有效防控为重点的生态安全体系。"五大体系"首次系统界定了生态文明的基本框架，其中**生态经济体系提供物质基础，生态文明制度体系提供制度保障，生态文化体系提供思想保障、精神动力和智力支持，目标责任体系和生态安全体系分别是生态文明建设的责任和动力、底线和红线。**

10.1.3 生态文明的制度框架

在生态文明建设和改革的总体部署方面，2015 年，中共中央、国务院联合发布了《关于加快推进生态文明建设的意见》《生态文明体制改革总体方案》，中共中央办公厅、国务院办公厅发布了《党政领导干部生态环境损害责任追究办法（试行）》等基本的改革文件，初步形成了中国生态文明建设和改革的顶层设计，勾画了一幅比较完整的美丽中国体制蓝图。

其中，《生态文明体制改革总体方案》提出生态文明八项基础制度（"四梁八柱"），包括健全自然资源资产产权制度、建立国土空间开发保护制度、建立空间规划体系、完善资源总量管理和全面节约制度、健全资源有偿使用和生态补偿制度、建立健全环境治理体系、健全环境治理和生态保护市场体系、完善生态文明绩效评价考核和责任追究制度（见图 10-3）。

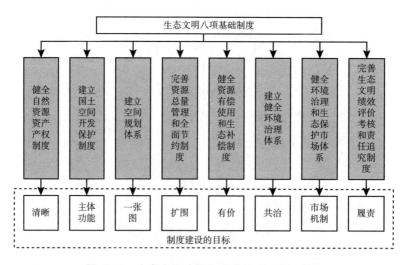

图 10-3　生态文明建设和改革的"四梁八柱"

10.2　"绿水青山就是金山银山"的思想内涵

2005 年 8 月，时任浙江省委书记习近平在浙江安吉首次提出"绿水青山就是金山银山"的重要思想（以下简称"两山论"）。2017 年，党的十九大报告中首次纳入"必须树立和践行绿水青山就是金山银山的理念"，且该表述与"坚持节约资源和保护环境的基本国策"一并成为新时代中国特色社会主义生态文明建设的思想和基本方略。同时，党的十九大通过的《中国共产党章程（修正案）》，强化和凸显了"增强绿水青山就是金山银山的意识"这一表述（见图 10-4）。

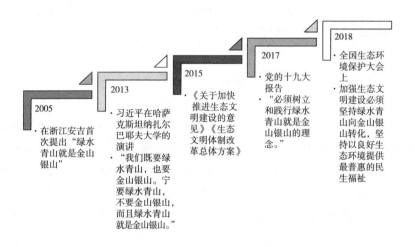

图 10-4　"绿水青山就是金山银山"理念的提出过程

"绿水青山就是金山银山"的理念符合人类社会发展规律，顺应人民群众对美好生活的期盼。正如习近平总书记所指出的，"绿水青山和金山银山决不是对立的，关键在人，关键在思路"[①]。坚持生态优先、绿色发展，久久为功，就一定能把绿水青山变成金山银山。"绿水青山就是金山银山"包括三个层次的内涵（见图 10-5）。

[①]　中共中央宣传部、中华人民共和国生态环境部：《习近平生态文明思想学习纲要》，学习出版社、人民出版社，2022。

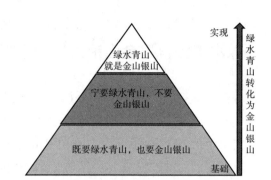

图 10-5   "绿水青山就是金山银山"的科学内涵

一是既要绿水青山，也要金山银山。生态环境要保护，经济要发展。牢固树立保护生态环境就是保护生产力、改善生态环境就是发展生产力的理念，更加自觉地推动绿色发展、循环发展、低碳发展，绝不以牺牲环境为代价去换取一时的经济增长。

二是宁要绿水青山，不要金山银山。经济要发展，但不能以破坏生态环境为代价。必须清醒地认识到，作为金山银山的根本来源，绿水青山是人类可持续生存发展的基础，必须守护，必须坚守底线和环境保护不动摇。**一旦经济发展与生态保护发生冲突矛盾，必须毫不犹豫地把保护生态放在首位，**绝不可再走用绿水青山去换金山银山的老路。习近平总书记深刻指出："在生态环境保护问题上，就是要不能越雷池一步，否则就应该受到惩罚。"①

三是绿水青山就是金山银山。把生态文明建设融入经济、政治、文化和社会建设的全过程。经济发展和生态环境保护并非背道而驰，必须通过绿色发展方式的转型，实现绿水青山向金山银山的转化。努力把绿水青山所蕴含的生态产品价值转化为金山银山，让良好生态环境成为人民生活的增长点，成为经济社会持续健康发展的支撑点，成为中国良好形象的发力点。

10.3 "两山论"是生态文明的基础和最高标准

以"绿水青山就是金山银山"重要理念为基础，习近平生态文明思想的理

---

① 《习言道 | "在生态环境保护问题上，不能越雷池一步"》，人民网，2022 年 7 月 14 日，http://politics.people.com.cn/n1/2022/0714/c1001-32475870.html。

论体系在不断丰富和发展的进程中形成。"绿水青山就是金山银山"是习近平生态文明思想的六项原则之一，**更是习近平生态文明思想的原创性核心理念**，是实现生态文明的根本途径。"两山论"揭示了保护生态环境就是保护生产力、改善生态环境就是发展生产力的道理，指明了实现保护与发展协同共生的新路径。

"两山论"是保护与发展之间协同共生的根本途径。 绿水青山的本质属性是生产力，保护绿水青山就是保护生产力，改善生态环境就是发展生产力。绿水青山转化为金山银山的绿色动能，是经济社会发展的重要动力。绿水青山和金山银山都是经济社会发展不可或缺的因素，两者之间不存在对立关系。绿水青山是金山银山的物质基础，保护绿水青山是挣得金山银山的根本前提。必须在保护绿水青山的基础上发展经济，实现保护与发展的协同共生。

绿水青山是最公平的公共产品和最普惠的民生福祉，是生态文明建设的终极价值取向。 绿水青山是人类健康生存和持续发展的重要基础，生态文明建设的终极价值在于为人们提供优良的生态环境，也就是让绿水青山永续地保存下去，造福人类。实现"绿水青山就是金山银山"，就是在生态文明建设中实现根本突破。"两山论"讲清了经济建设与生态环境保护之间的辩证关系和价值取舍。只有实现"绿水青山就是金山银山"，人与自然才能实现和谐共生，全体人民才能享受良好生态环境这一最普惠的民生福祉。同时，在实现"绿水青山就是金山银山"的过程中培育的新动能可以源源不断地为生态文明建设提供动力，全社会将自觉自愿地践行生态文明理念、共享生态文明成果。

10.4 "两山论"的核心——生态产品价值实现

"绿水青山"泛指良好的自然生态环境。 自然资源具有经济属性和生态属性。**经济属性表现为自然资源的使用功能，通过人类经济活动产生资源产品价值**，如水资源开发利用后作为生产生活资料，参与生产和消费的经济活动，具有较大的经济利用价值。**生态属性表现为自然资源能够提供生态产品与服务**，包括调蓄洪水、调节气候、保护土壤、循环养分、净化环境、维持生物多样性等，这些都是人类生存与发展的基础。

在 2018 年的全国生态环境保护大会上，习近平总书记对"两山论"做出进一步的阐释："绿水青山就是金山银山，阐述了经济发展和生态环境保护的

147

关系……绿水青山既是自然财富、生态财富，又是社会财富、经济财富。保护生态环境就是保护自然价值和增值自然资本，就是保护经济社会发展的后劲，使绿水青山持续发挥生态效益和经济社会效益……加快形成节约资源和保护环境的空间格局、产业结构、生产方式、生活方式，把经济活动、人的行为限制在自然资源和生态环境能够承受的限度内，给自然生态留下休养生息的时间和空间。"[①] **"两山论"的核心是绿水青山能可持续地转化为金山银山，这个转变从本质上讲是生态产品价值实现的过程，即从生态资源中发掘生态产品，将资源优势转化为产品品质优势，进而通过市场推动价值实现。**

10.5　绿水青山转化为金山银山的实践机制

优质的生态环境和自然资源（即"绿水青山"）的价值很难通过市场直接兑现。由于缺少具体的技术路线和制度保障，市场条件下难以将这些价值可持续地、成规模地变现并转化为居民收入和地方经济的增长。这种情况与当前中国经济发展的特点有关，既要考虑绿色发展的目标，又要通过创新发展寻求经济增长新动能，**转化的核心是要探索生态产品可持续、高附加值（增值）的方式，将资源环境优势在不同的要素组合下进行市场化后变现。**

10.5.1　通过生态产品价值实现绿水青山向金山银山的转化

1. 生态产品的定义

从狭义角度理解，生态产品是重点生态功能区提供的水源涵养、固碳释氧、气候调节、水质净化、保持水土等调节功能，即生态系统调节服务，以区别于服务产品、农产品、工业产品（《全国主体功能区规划》）。从广义角度理解，生态产品是对自然生态系统友好的生态有机产品、生态系统调节服务、生态系统文化服务。从不同角度对生态产品的分析，可以反映出人们对生态产品认识的深化过程（见图10-6）。

生态产品有多种属性。①自然属性。与服务产品、农产品、工业产品一样，生态也是一种产品。它体现了人类在物质文化需求以外，对良好自然生态

[①]　习近平:《推动我国生态文明建设迈上新台阶》，《求是》2019年第3期。

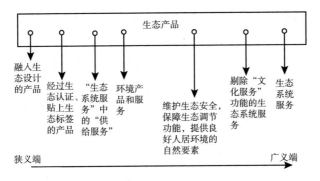

图 10-6　由狭义到广义的生态产品概念

的一种需求。**②公共属性。**基本的环境质量是一种公共产品，是政府应当提供的公共服务。生态产品是最普惠的民生福祉，是全人类的必需品，关系到当代人的利益和代际公平，关系到全人类的根本利益。**③价值属性。**生态产品是自然系统产出的资产，是生态产业输出的商品，是宝贵的资源，是有价的产品，既有生态效益，又有经济价值。当它呈现价值属性时，可以运用价格杠杆和市场化机制进行运作，促进生态资产的保值、增值。

2. 生态产品的产权划分

可交易的、清晰的产权制度是生态产品价值实现的基石。清晰界定自然资源资产产权，提高产权对资源配置效率的影响程度，促进资源开发收益在相关主体间的合理分配，仍是今后自然资源资产产权工作的主要任务。中国自然资源资产的产权类型大致有四类：国家所有、国家直接行使所有权，国家所有、地方政府代行所有权，集体所有、集体行使所有权，集体所有、个人行使承包权。当前，中国自然资源资产的所有者不够明晰，所有权、使用权、承包权等各种权利的边界尚未厘清。因此，相关的政策法规需要丰富自然资源资产使用权类型，合理界定出让、转让、出租、抵押、入股等权责归属，依托自然资源统一确权登记制度，明确生态产品权责归属①。

3. 生态产品价值评价和估算

在绿水青山转化为金山银山的过程中，需要通过评价和估算生态产品价值，

---

① 中共中央宣传部、中华人民共和国生态环境部：《习近平生态文明思想学习纲要》，学习出版社、人民出版社，2022。

量化绿水青山的价值。由于生态产品具有非市场物品的特性，因此对其进行评估时不能简单使用市场价格，应进行多方面的参考。依据市场化程度，生态产品可以分为三类，即已市场化的产品、准市场化的产品以及未市场化的产品。已市场化的产品可以采用直接市场法，准市场化的产品可以采用替代市场法，未市场化的产品则可以采用意愿调查法，具体评估技术和方法可以分为三类（见表10-1）。

表10-1　生态产品价值评估方法

方法名称	评估方法	条件	缺点	优点	可信度
直接市场法	直接采取市场交易价格	生态产品具有可交易性	市场不提供的产品无法评估	结果真实可靠	高
替代市场法	挖掘生态产品价格的市场信号，通过有价的替代品间接衡量	找到有市场价格的替代物	市场不提供的产品、没有替代品的产品无法评估	结果较真实，应用范围较广，兼顾其他两种方法	中
意愿调查法	被调查者提供详细情况	向消费者提供一个假想市场，假设可以在市场上购买该产品或服务	存在争议	应用范围广，不受真实市场的限制	低

4. 生态产品价值实现的方式

2005年，时任浙江省委书记习近平在《浙江日报》发表评论文章《绿水青山也是金山银山》，指出"如果能够把这些生态环境优势转化为生态农业、生态工业、生态旅游等生态经济的优势，那么绿水青山也就变成了金山银山"①。这一论断给出**两山转化思路，即依据生态产品的产权、资源环境特色、产业基础和消费市场情况等，设计生态产品的转化路线**。

第一，具有公共属性的生态产品。具有公共属性的生态产品包括自然生态系统提供的调节服务和文化服务。这类生态产品可以通过构建纵向/横向生态

---

① 《绿水青山美如画 金山银山富万家》，人民网、中国共产党新闻网，2022年10月19日，http://cpc.people.com.cn/20th/n1/2022/1019/c448340-32547920.html。

补偿机制、生态产品交易市场机制（碳权交易、水权交易等）、文化功能价值实现机制（生态文化产业、生态旅游业等），实现价值市场化转换。

第二，具有私人属性的生态产品。具有私人属性的生态产品包括自然生态系统提供的物质产品（生态有机产品），其价值实现方式是将资源环境的优势（"绿水青山"）转化为产品品质的优势，并通过品牌平台固化推广体现为单位产品价格和销量的提升，最终在环境友好①和社区参与②的情况下兑现价值（"金山银山"）。这种转化最易依托于资源环境优势明显的自然保护地实现。这条技术路线具有较高的适用性，范围涉及一、二、三产业③，且在中国已经有雏形：位于福建武夷山国家公园内的桐木村，在茶叶产业上进行了资源—产品、产品—商品的两次升级，使"绿水青山"的市场价值初步得到实现（见图 10-7）④。

10.5.2　生态产品价值实现的技术路线和配套制度保障

在"两山论"的核心环节（生态产品价值实现）中，生态保护是前提，即要始终将山水林田湖草作为一个生命共同体统一保护，守住绿水青山之本。在这个前提下，绿水青山要想持续地、增值地转变为金山银山，还需技术路线创新和配套制度保障（见图 10-8）。

第一，生态资源利用边界和方式评估。要以生态保护为前提，就要首先开展生态资源的本底评估，把核心的、珍贵的、敏感的、脆弱的生态资源作为利用的底线，以不过度、不损害、低影响、可持续的方式进行合理利用，这是两山转化的前提。

第二，生态产业化及其在市场条件下稳定运行的引导和扶持。两山转化并非简单粗放的资源开采和加工，而是在产业分析和定位的基础上，**培育具备地**

---

① "环境友好"有两方面指向：生产方式的环境友好，指所涉及的生产方式是环境友好型的；环境管理水平较高，能够监测相关生产对环境的影响并采取有效的反馈行为。

② "社区参与"指建立本地人优先参与的机制，充分考虑与社区的互动互利，即鼓励社区参与并保障品牌收益回馈于当地居民。

③ 第一产业主要指农副产业，第二产业主要指农副产业后续的加工业和有文化、资源特色的工艺品业等，第三产业主要包括住宿（农家乐等）、餐饮、旅游服务和演艺等服务业。

④ 参见 2016 年 6 月十二届全国人大常委会第二十一次会议审议的《国务院关于自然保护区建设和管理工作情况的报告》。

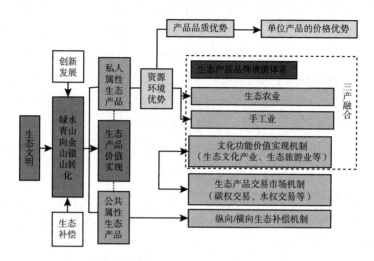

图 10-7　绿水青山向金山银山转化的技术路线

资料来源：笔者自制。

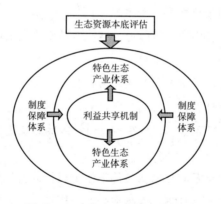

图 10-8　生态产品价值实现体系

方特色和生态品质的高附加值产品。该过程需要技术的扶持和财税、金融制度的支持，以将资源环境优势转化为产品品质优势，使保护和恢复生态的价值在市场上稳定地、增值地变现。

第三，利益共享机制。"两山论"需要"共抓大保护"来支撑，需要建立由利益共同体向生命共同体转化的灵活高效的共享机制，通过共享使群众有公平的机会从这种转化中受益，从而将生态环境保护的要求转化为高质量产业发展的内源动力，形成构建生命共同体、"共抓大保护"的内生力量。

第四，制度保障体系建设。要制定生态产品价值实现的系列制度，需要涵盖生态保护、市场交易、多元融资、社会治理、绩效评估等方面，为生态产品的价值实现、保护和发展的平衡提供充分的外部保障。

10.5.3　生态产品价值实现机制是重点生态功能区的绿色发展机制

生态产品价值实现机制是贯彻落实主体功能区战略、推动重点生态功能区绿色发展的重要着力点（见表10-2），旨在通过科学评价生态产品价值，培育生态产品市场，创新绿色金融工具，不断提升生态产品价值和质量，发展绿色生态经济。生态产品价值实现机制，可以理解为重点生态功能区的绿色发展机制。

表10-2　重点生态功能区中生态产品价值实现的要求

发布时间及主体	名称	具体内容
2016年8月，中共中央办公厅、国务院办公厅	《国家生态文明试验区（福建）实施方案》	**生态产品价值实现的先行区。**积极推动建立自然资源资产产权制度，推行生态产品市场化改革，建立完善多元化的生态保护补偿机制，加快构建更多体现生态产品价值、运用经济杠杆进行环境治理和生态保护的制度体系
2016年4月，国务院办公厅	《关于健全生态保护补偿机制的意见》	**完善生态产品价格形成机制，使保护者通过生态产品的交易获得收益，**发挥市场机制促进生态保护的积极作用。根据各领域、不同类型地区特点，以生态产品产出能力为基础，完善测算方法，分别制定补偿标准
2017年10月，中共中央、国务院	《关于完善主体功能区战略和制度的若干意见》	**建立健全生态产品价值实现机制，挖掘生态产品市场价值；**在重点生态功能区，对地方政府重点考核生态空间规模质量、生态产品价值等方面指标

10.5.4　通过产业生态化和生态产业化实现生态产品价值

产业生态化与生态产业化是不可分割的两个方面：**产业生态化是生态产业**

化的基础，生态产业化是巩固、扩大和转化产业生态化成果的保证。2018年5月，习近平同志在全国生态环境保护大会上提出，"加快建立健全以产业生态化和生态产业化为主体的生态经济体系"①。从理论角度看，生态环境作为经济社会发展的内在要素和内生动力，通过提供更多优质生态产品，发展生态产业、绿色经济，让土地、劳动力、资产、自然风光等要素活起来，让资源变资产、资金变股金、农民变股东，让绿水青山变金山银山。从战略角度看，绿色产业是形成"山水林田湖草人"生命共同体的重要基础，是"绿水青山就是金山银山"理念的重要实践。从现实角度看，绿色产业发展是真正在市场化条件下实现"绿水青山就是金山银山"的途径，唯有如此才能将生态资本持续变成经济资本，使人民群众从保护中获得经济收益，成为"共抓大保护"的利益共同体。

1. 产业生态化

经济发展要求必须从新发展理念的高度出发，把经济发展从传统工业化转向环境友好的可持续发展道路。产业生态化是指对传统产业进行生态化改造，培育发展高新技术和循环环保产业，包括（大气、水和土壤）污染物减排与治理产业、生态环境保护与修复产业、绿色基础设施和公共服务的推进（低碳能源、低碳交通、低碳建筑，垃圾、污水处理），以及绿色产业的发展（低碳、循环经济）。从"两山论"角度看，产业生态化主要是尽量减少环境污染，对绿水青山进行修复、保护，发展环保产业、生态修复产业。

2. 生态产业化

生态产业化是指打通"绿水青山就是金山银山"的转化通道，立足生态优势进行生态经济开发，将生态资源产业化。在生态环境本底较好的地区，如重点生态功能区等，可以通过建立政府间横向/纵向的生态补偿政策，实现生态价值转化。例如，湖北省鄂州市探索生态权益的市场交易机制，对自然资源资产进行核算、确权和估价，直接利用市场实现其生态价值；通过建立横向生态补偿制度，将好山好水从无价转为有价，从"净资产"变为"活资金"②。生态产业化意味着提高生态产品产出效率，发展以生态农林牧渔、生态修复等为主的绿色农业，以绿色旅游业、绿色餐饮业、绿色文化产业等为主的绿色服

---

① 《加快构建生态文明体系》，中国共产党新闻网，2018年7月2日，http：//theory. people. com. cn/n1/2018/0702/c40531-30099784. html。

② 王立：《生态价值实现的鄂州实践》，《环境保护》2017年第10期。

务业,让绿水青山创造有经济价值的生态服务功能。

生态产品是生态文明建设的一个关键概念,落实"两山论"的关键环节在于"绿水青山"向"金山银山"的转化,它的核心是生态产品价值实现。生态产品主要指利用优质自然资源及相关文化资源转化的特色产品和服务。"靠水吃水""靠山吃山"的绿水青山是不长久的,绿水青山必须先有金山银山的品牌,才能青山常在、金山换来,即生态产品必须依靠品牌才能清除生产成本高、见效时间长的价值实现障碍。**而生态产品品牌的打造,实质是要借助技术路线和体制机制创新将资源环境优势(即"绿水青山")转化为产品品质优势,并利用品牌平台在市场上持续地、增值地变现,最终促进单位产品价格和销量的提升(即"金山银山")。**

第11章
方法论:"实施最严格的保护"是
中国特色国家公园治理方式的创新

11.1 问题导向下的共生、集成与协同治理

11.1.1 重申"人"的问题(BEING)——人与自然和谐共生的治理起点

中国是拥有超级人口规模、超大经济总量的发展中国家,"建设全世界最大的国家公园体系"表达了中国深度参与全球可持续发展的重大决心。但不可否认的是,随着自然保护地体系的不断发展,中国面临的"人、地约束"和制度约束会越来越显著。

尽管国家公园模式的全球实践证实了其对自然生态系统整体保护的积极作用①,但是国家公园治理的哲学基础受到生态整体主义的影响。有人主张把自然生态系统整体利益视为最高价值和根本尺度,将人及人类活动视为国家公园的干扰性因素②。北美洲和非洲的许多国家公园一度禁止原住居民进入,欧洲的国家公园也存在乡村居民和原住居民被边缘化的问题③。中国国家公园在体制试点期间,也出现了将原住居民相对聚居和资源利用相对密集的区域划出国家公园范围的"天窗现象"④。无论是禁区式、迁移式,还是天窗式,都是

---

① 虞虎、钟林生、樊杰:《青藏高原国家公园群地域功能与结构研究》,《生态学报》2021年第3期。

② D. Martinez, "Protected Area, Indigenous Peoples and the Western Idea of Nature," *Ecological Restoration* 4 (2003): 247-250.

③ A. Dahlberg, R. Rohde, K. Sandell, "National Park and Environmental Justice: Comparing Access Rights and Ideological Legacies in Three Countries," *Conservation & Society* 8 (2010): 209-224.

④ 张海霞、苏杨:《特许经营:"最严格保护"下的科学发展方式》,《光明日报》2021年8月7日,第9版。

"堡垒式保护"（fortress conservation）方法的结果。过度强调所谓自然状态而罔顾人也是自然生态系统的要素，不仅会造成原住居民利益被剥夺，也不利于原住居民及原住居民组织履行"大自然代理人"的身份。无视原住居民的自然权利，本质上属于一种环境不正义。

从理论上解释，大自然权利理论、游憩权利理论、生态系统理论等为人类的自然保护地空间建构提供了理论支持，演化并成为西方国家生态正义的理论支点。然而，国内需要高度警惕西方国家自然保护地实践中出现的两极化问题：一是主张"自然是一切尺度"的生态中心主义，这是导致人与自然相割裂和人的自然权利被剥夺的理论根源；二是主张"人是一切尺度"的人类中心主义，表现为资本逻辑下的功利主义和消费主义，将自然保护空间视为自然消费空间，滋生各种自然道德风险。中国人口众多、人地关系复杂，简单的"人是一切尺度"或"自然是一切尺度"都无法破解当前自然保护地面临的关键问题，不管走向上述哪一个方向，都会付出极大的社会代价。从客观上看，中国自然保护地要走出困境，突破现有理论的局限性，需要实践一种全民族生态友好的集体理性激发过程。将人与自然归结为资源管理与配置的技术性话语，已无法从真正意义上推动这场集体行动，迫切需要学界积极参与探索更加适合中国国情、彰显中国理念的促进人与自然和谐共生的理论支持体系。

11.1.2　重构"保护"的问题（TO）——提高治理有效性的集成手段

未来，中国的国家公园将成为更大体量、更多类型、更广泛影响的复杂巨系统。仅强调以客观技术性指标为指导的自然保护地体系的治理，势必在工具理性下忽视人的存在（人是自然之存在）、忽视人的作用（自然是人之存在），必然最终引起人与自然的对立、激化人地矛盾、加剧人兽冲突等，这是与习近平生态文明思想相违背的。

1. 保护是"以人民为中心的保护"

国家公园管理的基本取向仍是"以人民为中心"，这不仅在于国家公园理念的产生源自人类对人地关系的反思与积极重构，是人民的自觉行为，也与国家公园建设的初衷（构建和谐人地关系、促进人民群众美好生活的目标愿景实现）有关。从这个意义看，国家公园要面向人民提供得到更好保护的自然生态系统，提供具有全民公益性的产品与服务。人民既是国家公园生态保护的主体，也是保护的对象，更是保护的目标。**"以人民为中心的保护"应是国家公园建设的基本伦理价值取向。**

2. 保护是"具有多重语义的集成保护"

"最严格的保护"具有多重语义，既有"以保护为手段"的工具意义，也有"以保护为目标"的愿景意义。从狭义的工具意义看，国家公园是保护重要自然生态系统与其他遗产资源，实现生态完整性、生态原真性的空间治理手段；从广义的愿景意义看，凡有利于国家公园自然生态系统与其他遗产资源保护的行为，都是国家公园的"保护"管理范畴。简言之，"最严格的保护"本质是科学意义上的最严格保护，是基于科学逻辑，指向"保护有效性"的一种管理工具，是集成保护的概念。

然而，在"最严格的保护"话语动员和扩散过程中，**中国的国家公园被部分人界定为"发展的禁区"，他们将"保护"单纯等同于工具意义上的保护，狭义化了中国国家公园之于生态文明、美丽中国的目标愿景意义，忽视了"保护"概念的多重语义**①。"最严格的保护"是国家公园建设方法论的重要组成部分，关系着中国国家公园建设的内涵与外延，也是中国国家公园体制建设中治理方式的重要创新。

11.1.3 重解发展的问题（FOR）——培育保护共同体的协同目标

中国国家公园内人口众多、人地关系复杂，需要高度关注制度设置所产生的外部性，将国家公园体制改革提升为建设具有先进性的自然—社会复杂巨系统的社会性工程，在生态保护前提下实现资源利用、社区发展、自然教育、科研发展等多重目标、多重意义和多重功能，实现中国国家公园的内涵式发展，从而达到国家公园目标、意义与功能的真正统一。

国家公园自创建之初即被誉为"人类文明疾病的避难所"和"人类精神

---

① 张海霞、苏杨：《特许经营："最严格保护"下的科学发展方式》，《光明日报》2021年8月7日，第9版。中国国家公园对生态文明的意义，详见本书附件2。

的重生地"①。美国以国家公园为载体推进风景民族主义的文化建构，加拿大以国家公园为载体促进国民与自然联结能力的提升……越来越多的国家在国家公园制度实践中选择了从"壁垒式保护"走向"社区保护"，更加重视原住居民、企业、政府、国家公园管理机构、非政府组织等利益主体对国家公园的情感认同。因此，国家公园的功能价值不应仅限于通过域内的生态保护为国家提供安全屏障、恢复生物多样性。国家公园也是一个国家最典型、最具代表性的旅游吸引物，还可以为公众联结自然提供更具安全感和自由感的场域。在中国，要全面实现以国家公园为载体的人与自然和谐共生，就必须立足人与自然和谐共生的共同价值取向，以问题为导向进行体制机制改革创新，破解当前资金机制不足且不稳定、科普教育机制有限惠及、监督监管机制不平衡发展、经营机制面临规制失灵风险等问题，科学处理复杂的人地关系，培育人与人、人与自然共同体（参见本书附件 2 中提到的马克思主义"两个和解"理论）。

综上，实施"最严格的保护"是基于问题导向的国家公园治理方法论。它在起点维度重申了人之于国家公园的意义，既反对"人是一切尺度"的人类中心主义，也反对"自然是一切尺度"的自然中心主义，**坚定不移地以"人与自然和谐共生"为制度基点**。它在手段维度重构了国家公园"保护"的逻辑体系，**将保护视为提高国家公园治理有效性的一种集成性手段**，针对中国国家公园人地关系复杂等特殊情况，从人民中心性和集成保护性两个方面确认了保护不仅包括生态系统的保护工程，**一切促进生态系统保护的过程（包括促进保护的利用活动）都是有效实现"最严格的保护"的手段**。它在目标维度重解了国家公园面临的"发展"问题，承认国家公园多主体利益关系也是"最严格的保护"的问题域，从系统性治理的视角提出走向**多主体协同的保护共同体培育是"最严格的保护"的真正旨归**。从"BEING"（是什么），到"TO"（做什么），再到"FOR"（为什么），构成了具有中国特色的国家公园治理方法论（见图 11-1）。

---

① J. Muir, *Our National Parks*（Madison: The University of Wisconsin Press, 1981）, pp. 269-331.

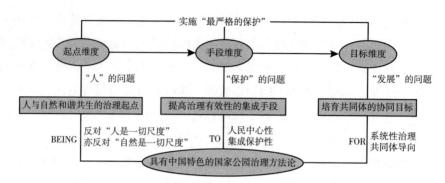

图11-1　具有中国特色的国家公园治理方法论

11.2　兼顾公平与效率的微观公共规制

11.2.1　公共规制理论

1. 规制的公共利益理论

公共规制是实现某种公共政策目标，对微观主体进行规范与制约的过程①。规制的公共利益理论以市场失灵和福利经济学为基础，是政府对公共需求的反应，其目的是弥补市场失灵、提高资源配置效率、实现社会福利最大化②。1974年，理查德·波斯纳（Richard Allen Posner）在其论文《经济管制的理论》中提出，政府可以通过对自然垄断产业的价格管制和进入管制来提高社会福利③。规制存在的必要性是纠正市场失灵和实践中存在的不公平行为，反映公众的利益需求。

从主体上看，规制包括私人规制和公共规制④，前者如私人约束私人的行为，后者如政府对私人行为的约束。由于多数学者以政府为规制主体进行研究，

---

① 张海霞：《国家公园的旅游规制研究》，中国旅游出版社，2012。

② 张红凤、杨慧：《规制经济学沿革的内在逻辑及发展方向》，《中国社会科学》2011年第6期。

③ Richard A. Posner, "Theories of Economic Regulation," *Bell Journal of Economics and Management Science* 5 (1974): 335-358.

④ 植草益（Masu Uekusa）：《微观规制经济学》，朱绍文、胡欣欣等译校，中国发展出版社，1992。

所以规制一般是"公共规制"（public regulation）或"政府规制"（government regulation）的简称。从内容上看，规制包括经济性规制、社会性规制（见表11-1）。经济性规制主要对定价、收费、经营者利润进行规制；**社会性规制主要对规制对象造成的社会影响进行规制，这些影响包括环境、安全、卫生等方面的影响（用经济学术语表示即在这些方面的负外部性）。**一般而言，经济性规制的目标偏重于效率，社会性规制的目标偏重于公共利益，更加关注公平和正义。

表 11-1　规制的类型、主要手段与基本特点

类型	主要手段	基本特点
经济性规制	价格规制 进入规制 产权规制	规制对象主要是具有自然垄断、信息不对称等特征的行业，规制目的是防止资源配置低效率、确保使用者的公平使用，规制手段主要是行业准入限制、产权门槛和价格调控手段，规制依据主要是经济方面的因素
社会性规制	数量与质量规制 环境规制 教育规制 安全规制	规制对象较为广泛，但很少针对特定产业，而是针对具体行为；规制目的是减少规制对象对各方造成的负外部性影响；规制手段多样，但大多是为了减少信息不对称而采取的限制性规定；规制依据有经济方面的因素，但更多的是非经济方面的因素，如安全、公民福利等

说明：根据规制经济学相关理论整理；其中经济性规制与社会性规制并无明显边界，部分环境规制属于经济性规制，而信息规制既是经济性规制，又是社会性规制。

2. 规制俘获理论

公共选择学派将政府视为市场失灵的解救者，认为政府规制可以提高整个社会的福利水平。这一观点以"政府是全体公众利益的代表"为前提。事实上，政府自身也有利益倾向，因此公共利益代表者仅是一个相对概念。当社会福利函数低于社会生产可能性曲线，即社会福利函数中的公共政策导致市场效率和社会福利降低时，会出现"政府失灵"，亦可称之为"规制俘获"。1971年，斯蒂格勒（Stigler）在《经济规制论》中提出规制俘获理论，认为政府规制是为满足产业对规制的需要而产生的，即立法者被产业"俘虏"，而规制机构最终被产业控制[①]。该理论后来经由佩尔兹曼（Pelzman）和伯恩斯坦

---

① G. Stigler, "The Theory of Economic Regulation," *The Bell Journal of Economics and Management* (1971): 3-21.

（Bernstein）进一步充实①。按照规制俘获理论的观点，规制俘获的结果是规制失灵。规制俘获理论彻底批判了规制理论立足的公共利益理论，重新阐释了政府实施规制的目的，分析了利益集团行为与政府规制者的反应，尝试设计一系列规制俘获发生的组织机制②，也有人称其为对规制者的规制。

3. 放松规制理论

由于规制失灵日益明显以及与规制有关的理论研究不断深入，20世纪50~60年代反对规制的呼声日益高涨。20世纪70年代，西方发达资本主义国家出现了"放松规制"或称"规制缓和"的浪潮，放松规制理论也获得可竞争市场理论和效率理论等的支持。1982年，美国著名新福利经济学家威廉·鲍莫尔（William Baumol）、西北大学教授潘扎尔（Panzar）和普林斯顿大学教授威利格（Willing）共同出版《可竞争市场与产业结构理论》一书，提出"可竞争市场理论"，认为即使是自然垄断产业，只要市场是可竞争的，政府规制就没有存在的必要，规制机构的功能应是创造可竞争的市场环境③。可竞争市场理论为放松规制提供了一个全新的理论支持。X效率理论最早见于1966年6月哈维·莱宾斯坦（Harvey Leibenstein）在《美国经济评论》上发表的一篇论文。莱宾斯坦认为规制者会利用报酬率规制使低效率的企业留在行业内，从而削弱创新和对效率的激励④。20世纪80年代以来，全球出现"放松规制"（deregulation）和"加强规制"（reregulation）并存的现象，但基本趋势是经济性规制趋于放松，社会性规制趋于加强。新冠肺炎疫情发生后，放松经济性规制的呼声更是有所加强⑤。

---

① S. Pelzman, "Toward a More General Theory of Regulation," *Journal of Law and Economics* 19 (1976): 211-240; M. H. Bernstein, *Regulating Business by Independent Commission* (Princeton Legacy Library, 1955).
② 倪子靖、史晋川：《规制俘获理论述评》，《浙江社会科学》2009年第5期。
③ William J. Baumol, John C. Panzar and Robert D. Willing. *Contestable Markets and the Theory of Industry Structure* (New York: Harcourt Brace Jovanovich Ltd, 1982).
④ H. Leibenstein, "Allocative Efficiency vs. X-efficiency," *American Economic Review* 5 (1966): 392-415.
⑤ 徐虹、于海波：《大健康时代旅游康养福祉与旅游康养产业创新》，《旅游学刊》2022年第3期。

11.2.2 国家公园规制的本质

1. 国家公园规制是保护性规制与竞争性规制的组合

国家公园的公共规制是保护性规制与竞争性规制的组合。"保护性规制"指通过设立一系列条件，控制私人利益、保护公共利益的政策；"竞争性规制"指政府机构对特许权和服务权的分配。国家公园的设立初衷是保障生态完整性、生态原真性、全民公益性，体现国家的社会福利价值取向，主要属于保护性规制。控制与规范园区内的私人营利行为也是国家公园管理的内容，因此竞争性规制也是不可或缺的。

2. 国家公园规制是强调政府积极作用的直接规制

"直接规制"指由政府职能部门直接实施的对特征明显的公共产品供给和市场经济主体严重影响社会公益（即存在明显的负外部性）的经济活动的直接约束和管制；"间接规制"指在维护市场经济主体自由决策的前提下，对某些阻碍市场机制发挥作用的行为加以管制。国家公园的直接规制手段包括规划中的功能分区和前置审批、制定和实施管制各类主体的规章制度等，间接规制手段包括信息引导、宣传教育等。间接规制手段曾经在国家公园的访客行为管理上发挥着主导作用，但其对访客行为约束效果并不明显，很多是暂时性的。直接规制在防止对国家公园自然资源的过度利用、缓解利用者冲突和制止破坏行为等方面效果明显。

3. 国家公园规制是以社会性规制为主的综合性规制

从规制对象看，国家公园规制包括以企业为对象的经济性规制和服务公民安全与福利的社会性规制：通过价格规制、进入规制、产权规制等经济性规制手段，限制与约束国家公园经营者行为；通过数量与质量规制、环境规制、教育规制、安全规制等社会性规制手段，实现公民在国家公园的综合福利。相对而言，国家公园规制侧重于社会性规制，因为保护是国家公园的首要目标。

4. 国家公园规制是规制加强而非规制放松

规制不是万能的。在宏观制度存在缺陷，尤其是监管缺位，政府公信力和执行力较弱的情况下，规制就会失灵。例如，企业化管理或名义的政府管理实质的企业化管理，会导致自然保护地的管理绩效低下。国家公园的公共产品属性、经营过程中出现的外部性及信息不对称等特征，说明应当对国家公园进行规制。不能因出现规制失灵问题而否定规制的必要性，应该从政策法规层面强化规制的依据并明确工作目标。

第二部分
特许经营是国家公园实现
两山转化的主要政策工具 ▷▷

中国国家公园以保护具有国家代表性的大面积自然生态系统为主要目的。"大面积"可以更好地保护自然生态系统的原真性和完整性，但是在中国这样人口密度很大且土地权属相对复杂的国家，这也意味着国家公园不可能建在无人区，其中必然存在原住居民和集体土地。国家公园建设必须创新机制，才能妥善处理"最严格的保护"（保护"绿水青山"）与当地社区发展（转化为"金山银山"）之间的关系。新时代中国国家公园体制，基于"绿水青山就是金山银山"的认识论，在生态文明建设总体框架下，对人与自然关系的集体反思和理性价值重构，提出"最严格的保护"基本方法论。践行"绿水青山就是金山银山"、落实"最严格的保护"，最重要的是扭转生态保护中人地割裂、功利主义的价值偏离倾向，实现能兼顾公平与效率的保护。为避免国家公园运行中的政府失灵、市场失灵，实现有序有效纠偏，有必要针对每个国家公园引入微观公共规制[1]。在公共规制政策"工具箱"中，针对国家公园的准公共物品性质[2]，实施特许经营机制[3]（见图1）。

---

[1] 张海霞：《国家公园的旅游规制研究》，中国旅游出版社，2012。

[2] 孙琨：《国家公园公共服务在公民意愿中的义利特征》，《旅游学刊》2021 年第 6 期。

[3] 张海霞：《中国国家公园特许经营机制研究》，中国环境出版集团，2018。

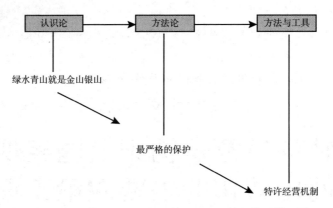

图1 特许经营机制是国家公园实现两山转化的政策工具

第12章
理论基础与基本概念

12.1 政府特许经营的理论基础

政府特许经营既要遵循特许经营的一般规则，研究采取特许经营方式如何提高经济效益；也要遵循政府规制的理论，强调对特许经营的监督和管理。因而特许经营的发展有较为深刻的理论基础，涉及经济学、新公共管理学、法学等诸多学科。

12.1.1 委托代理理论

委托代理理论是制度经济学契约理论的主要内容之一，由美国经济学家伯利和米恩斯于20世纪30年代提出，其核心思想是经营权和所有权的分离。根据委托代理理论，公共服务市场化下的特许经营，其实就建立在委托代理的基础之上。通过市场化形式改革公共服务的供给和运营，政府成为代表公共利益的委托者，而加入市场的企业和社会组织成为代理者，二者之间形成一种委托代理关系。但这种委托代理关系又存在冲突，比如：企业和社会组织既要追求私人经济利益，又要承担公共服务供给和运营的义务；政府作为委托者，其目标的多重性与代理者目标的单一性存在冲突。

委托代理理论运用于自然保护地特许经营领域，保护地管理机构是委托者，特许经营者是代理者。一方面，自然保护区管理机构作为委托者要考虑与特许经营者双方利益同向，使代理者追求利益的行为与委托者的目标相吻合，达到"激励相容"。在特许经营合同中，委托者应考虑代理者可持续发展需要，保证特许经营者的长续收益。具体到特许经营费的收取，既不能高，影响特许经营者的经营和发展动力；也不能低，影响保护地特许经营目标的实现。另一方面，委托者应建立日常性的信息监管机制，对代理者的价格和服务质量持续进行监控和管理，以解决信息不对称问题，保证拥有信息优势的代理者能够按照委托者的意愿行动，使委托者和代理者的多重目标达成一致，双方都能趋向效用最大化。

12.1.2　可竞争市场理论

可竞争市场理论认为：在可竞争的市场上，不会存在超额利润，超额利润会吸引其他社会资本进入并争夺市场份额。由于有潜在新进入企业的压力，原有企业为了防止其他资本的进入与竞争，会以如同产业当中有众多企业的完全竞争条件来运营，放弃对垄断利润的追求，不会采取减产或价格歧视等垄断企业运营方式。可竞争市场理论的指导可使自然保护地特许经营打破垄断经营的局面，特许经营者只会取得资本正常收益而没有垄断利润，价格也倾向与边际成本相等。

依据可竞争市场理论，有效的市场竞争还可以提高资源配置效率，增进社会福利。只要自然保护地管理机构准许符合条件的社会资本进入自然保护地特许经营领域，潜在的竞争威胁就会使原有特许经营者不断提高运营效率，提升产品和服务质量。

可竞争市场理论的目标是在规模经济与有效竞争之间求得某种平衡。在自然保护地某个特许经营领域，如果企业只有一家或数量有限，容易形成垄断；但如果进入的企业过多，虽可实现有效竞争，也容易形成竞争过度的问题。

12.1.3　政府规制与激励性规制理论

政府规制是政府利用国家强制权包括法律与行政权等直接干预市场配置机制或间接影响企业或消费者供需决策，克服市场失灵、优化整体福利的行为政策集合。政府规制理论的形成主要为了解决市场机制本身存在的自然垄断、信息不对称、外部性等市场失灵问题，而这些问题是市场经济体制自身难以有效解决的，因此要凭借公共利益的代表（即政府）利用政策工具来实现资源优化配置和社会福利最大化。政府特许经营不同于商业特许经营，它强调政府对特许经营者活动的监督管理和限制，政府有权对任何不按合同规定开展经营活动的特许经营者进行处罚，甚至收回特许经营权。

政府规制理论为政府通过何种手段和方法来实施公共资源的配置，特别是为政府重点管制产品价格、生产数量、行业进入和退出条件的限制等方面提供了新的思路。同时，政府规制理论还从维护社会公共利益的角度出发，对环境、公共健康、安全等方面加以限制和监管。就自然保护地特许经营而言，自然保护地管理机构是公共利益的代表，其对特许经营者要兼负经济性规制和社会性规制的职责，经济性规制主要体现为控制特许经营者的进入、定价、退出等来确保资源优化配置和社会福利的实现；社会性规制主要体现为对自然保护区自然资源开发和保护的规制。

激励性规制理论在规制途径上，改变了以往规制以惩罚为主的导向，转向以正面引导和激励为主，这样一方面能够降低被规制企业的抵触，另一方面也能够激发被规制企业的积极性。激励性规制理论较为适用于政府特许经营的管制行为。就自然保护地特许经营来讲，激励性规制政策主要有四种方式：①最高价格限制，即自然保护地管理机构通过规定服务或产品价格的上限来激励参与公共服务运营的企业调整利润与降低成本，从而在提高服务供给效率的前提下保障公众的利益；②社会契约管制，即自然保护地管理机构与特许经营者签订合同，就与服务和产品价格成本有关的一系列指标做出约定，并视企业执行情况由保护地管理机构采取相应的奖励和惩罚措施；③特许投标管制，强调在特许权授予中引进竞争机制，在达到保护地特许经营目标的前提下，通过竞标的形式，提供最低报价和最优服务的企业取得特许经营权；④区域间比较竞争，将经营条件、经济水平相近的同类企业进行比较，以效率最高的企业为参照系，使其他地区的企业在高效率企业的刺激下不断提高自己内部生产效率和服务质量。

12.1.4　公私法双阶理论

作为公法与私法融合产物的双阶理论，1951 年由德国行政法学者易普森提出。在公共资源配置中，双阶理论的影响和作用尤为明显，这是由于"前阶公法+后阶私法"的法律关系模型较好地解释了"公有私用"的情形。双阶理论运用于基础设施和公用事业特许经营活动，将其经营活动虚拟为两个阶段，将政府与私人主体的法律关系切割为前期的特许权"是否"授予以及后期特许经营合同"如何"履行两部分。

具体到基础设施和公用事业特许经营，对于第一阶段的特许权授予而言，政府须提出特许经营项目、公告相关事项、设置评审委员会、明确审查标准、通过招标竞争性谈判等方式选择特许经营者、授予兴建营运的特许权。由一系列程序达成的特许权授予是执行公权力的行为，属于行政许可，是具体行政行为的一种。第一阶段受公法一般原理原则约束。

将特许权许可给特定的私人主体后，政府仍需与其缔约且监督履行，此为第二阶段的契约行为。在特许经营合同的缔结环节，政府不再以单方命令、强制性方式行使权力形成协议，而是与特许经营者在相互协商的基础上达成统一，完成特许经营合同的签订。第二阶段受私法规范约束。

谈及自然保护地特许经营，双阶理论为保护地公共资源配置的制度设定提供了一种新思路，在公共资源和服务特许中，公法制度与私法制度相辅相成。以特许权使用和处分为例，特许权的使用、处分（包括变更或转让）要受公法的制约，但对特许人与受许人而言，其行为应当符合物权法、合同法的规则。这其中既有公法行为，又有私法行为；既有公权力，又有私权力。双阶理论将特许经营活动分为公法行为与私法行为两个阶段，这两个阶段相应可以获得公法及私法救济，既能保障特许经营者的诉讼权及信赖感，也使保护地管理机构拥有使用私法较具弹性之手段，这对于明确保护地管理机构的职能定位、规范公共资源的配置管理、确立科学的司法救济途径是十分必要的。

12.1.5　"国家担保责任"理论

"国家担保责任"理论，是指国家或地方自治团体确保公共任务能够由社会组织和企业顺利执行，或是特定公共福祉能够由社会组织和企业顺利实现的公法义务。它是行政任务民营化后的担保国家承担的一种新型的国家责任。其主要内涵表现在两个方面：一是国家担保私人主体及其他竞争者能够在一个公平、开放的市场中进行有序竞争；二是担保公民能够获得普适的、便宜的给付产品和给付服务。

国家担保责任可分为国家管制责任、国家监督责任和国家接管责任等三种类型。国家管制责任主要包含两个方面：一方面，国家要制定由社会组织和企业提供的公共产品和服务的质量标准，以保护公共利益不受损；另一方面，国家要限制在公共领域内的行业垄断，杜绝相关部门攫取垄断利润。国家监督责任主要指监督社会组织和企业使用国家补贴费用的合法性和合目的性，监督社会组织和企业按时、充分且准确地披露影响消费者利益的各种信息，并监督其避免展开不正当竞争行为。国家接管责任,是指社会组织和企业在执行行政任务的过程中,国家原则上不参与、介入和干预日常的经营运作,但一旦在执行行政任务中存在各种缺陷和障碍,不能持续、稳定地执行行政任务,国家就应该接手,以保证该项行政任务能够被继续履行。三种国家担保责任的最终目的都是保证竞争秩序的达成以及确保给付产品和给付服务的良好获得。

具体到自然保护地特许经营,作为保护地的国家代表,保护地管理机构首先应有促进公平竞争秩序的担保责任,例如通过招标、竞争性谈判等竞争方式来选择特许经营者;公平择优选择具有相应管理经验、专业能力、融资实力以及信用状况良好的法人或者其他组织作为特许经营者。同时,保护地管理机构应保护特许经营者的合法权益,不干涉特许经营者的合法经营活动,并通过简化和缩短办事流程和期限、鼓励金融机构提供金融服务、设立基础设施和公用事业特许经营引导基金以及政府的投资补助、补贴和贷款贴息等方法和途径促进特许经营项目的建设与运营。

对于给付产品和给付服务的政府担保责任,保护地管理机构应有突发事件发生后的应急预案,确保不可抗力发生时的政府接管以及当事人之间发生争议时公共产品的提供和公共服务的继续履行,其目的是保证公共产品或公共服务的持续性和稳定性。特许经营项目价格或收费应当依据相关法律、行政法规规定和特许经营协议约定予以确定,不得随意调整。

12.2 国家公园特许经营的概念

12.2.1 什么是政府特许经营

“特许经营”是经营活动的一种许可机制。特许经营概念缘起于“契约精神”的发展和现代企业加盟制。根据国际特许经营协会(International Franchise Association)的定义:“特许经营是特许人和受许人之间的合同关系。在这种关系中,特许人愿意或有义务对受许人的经营在诸如专有技术和培训等方面给予持续的关注;同时,受许人在由特许人所拥有或控制的统一的商号、经营模式和(或)方法下经营,并且受许人已经或将要利用自有资金对自己的经营进行实质性投资。”从 1851 年美国 Singger 公司以经销权设置加盟店开始,在经济全球化深入的过程中,特许经营模式在**集中控制、规模扩张、效率提高等方面的机制优势**不断被证实,成为现代企业品牌化、规模化进程中常见的运营机制。

1968年,Harold首次提出"政府特许经营"的概念,主张用特许竞标权的方式,通过竞争机制,让企业参与公用事业相关领域。理论上看,政府特许经营是政府代表公共利益进行干预以推进效率和福利最大化的规制过程。当公共产品具有独特性、唯一性时,政府通过优化市场配置机制等规制手段,可以提高产品质量和服务水平,有效解决完全市场化供给或完全垄断性经营造成的产品质量下滑、社会福利水平下降等规制失灵问题。譬如基础交通、通信、供水、供电、自然资源资产经营利用等领域普遍采用政府特许经营模式。2000年以来,英国、日本、法国、西班牙等越来越多的国家通过特许经营立法来规范公共服务特许经营管理。

2015年,中国颁布《基础设施和公用事业特许经营管理办法》,将政府特许经营定义为"政府采用竞争方式依法授权中华人民共和国境内外的法人或者其他组织,通过协议明确权利义务和风险分担,约定其在一定期限和范围内投资建设运营基础设施和公用事业并获得收益,提供公共产品或者公共服务",对公共产品和服务过程的责权关系、基本原则、授权机制、合同机制做了明确规定。

迄今,特许经营基本分三大类:商业领域的特许经营、自然领域的特许经营、基础设施和公用事业领域的特许经营。三者在权益结构、特许人、受许人、产品或服务属性等方面各有不同。其中,政府在自然领域及基础设施和公用事业领域通过竞争方式授权市场主体提供公共产品和服务的手段,被统称为政府特许经营。理解政府特许经营,必须厘清以下几组关系①。

(1)政府特许与商业特许不同。根据前述定义,商业特许(franchise)所涉及的主要是与商业活动密切相关的特许,是指一种营销商品和服务的方式。从法律关系上看,商业特许经营属于私法领域,是民商法调整的范围;而政府特许经营属于公法领域,是行政调整的范围。两者在特许目标、地域范围、特许人、受许人、权利与义务等方面有诸多不同。

(2)政府特许与政府购买服务不同。政府购买服务的主要实现形式是"合同外包"(**Contract-out**),由政府使用财政性资金付费,不具有经营性,不存在消

---

① 张海霞:《中国国家公园特许经营机制研究》,中国环境出版集团,2018。

费者支付问题。政府特许经营中有使用者付费,具有经营性,并由此产生"排他性"(即只允许特许经营者而不允许其他机构向使用者收费),而且是政府"描述产出要求",与受许人签订长期采购合同,受许人按合同生产本该由政府生产、提供的产品(服务),主要承担财务与市场风险,通常特许经营项目的交易结构安排比合同外包更为复杂。

(3)政府特许与一般行政许可不同。根据《行政许可法》第12条,行政许可是指"有限自然资源开发利用、公共资源配置以及直接关系公共利益的特定行业的市场准入等,需要赋予特定权利的事项",按照此定义,"政府特许经营"是行政许可的其中一种形式。但因政府特许经营具有垄断性和排他性,在受许人、特许产品和服务的增效机制、调控方式等方面又区别于一般行政许可。

(4)政府特许与PPP模式不同。PPP模式指公共部门与私营部门在投资项目中以平等合伙关系进行经营的模式,公共部门与私营部门在权利、义务、风险担当、获益等方面地位平等、各尽其责和各有所长。早期的PPP更强调政府在项目公司中占有股份,以加强对项目的控制,保障公众利益;今日语境下的PPP一般是"政府与私营企业合作"(政府与社会资本合作)提供公共产品各种模式的统称,PPP家族谱系日渐庞大,包括BOT(Build-operate-transfer)、PFI(Private-finance-initiative)及其各种演变形式。从经营模式上看,PPP可以分为使用者付费特许经营、政府购买服务两种模式。政府特许经营作为PPP的一种模式,适用于准公共品+使用者付费的情况。

12.2.2　国家公园特许经营概念

综上,国家公园特许经营属于政府特许经营,但不同于其他政府特许经营,而是以生态和自然资源保护为前提,为提高公众认识、亲近自然、利用自然的总体水平,政府授权受许人在规定期限、规定地点,依托自然资源资产开展规定经营行为的过程。为此,本书中"国家公园特许经营"是指根据国家公园保护管理目标,由国家公园管理机构通过竞争性程序优选受让人,依法授权其在政府监管下开展规定期限、规定性质、规定范围和规定规模的可持续自然资源经营利用活动,提供高质量生态产品或服务的管理过程。

12.2.3　国家公园特许经营的本质与特点

中国的国家公园从资源而言有"四最"特征——"自然生态系统最重要、自然景观最独特、自然遗产最精华、生物多样性最富集"。这"四最"特征在设定最多发展限制的同时，也可能会为某些产业（如生态旅游）提供最优质的资源。但中国国家公园的人地关系复杂，自然保护区核心区内仍有上百万的原住居民，且存在长期发展中已经形成的稳定的人与自然和谐共生关系。从权属角度看，集体土地占比高，武夷山、钱江源、南山等试点区集体土地比例均超过50%，甚至达到80%。在这种"人、地约束"情况下，国家公园内必然存在生产活动。国家公园三大理念之一的全民公益性，以及通过市场竞争才能以价格信号提高效率、优化服务的基本规律，共同使以商品形式面向公众的生产活动必须体现为市场经营活动。但从另一个角度看，同样因为"人、地约束"和最严格的保护要求，这种经营活动必须进行最严格的管理：如果不对生产活动进行绿色升级或拓展生态产业化方式，不针对面向公众的产业活动引入市场机制，不严格导引市场竞争使其在生态保护第一和社区利益优先的前提下有限有序，就会冲击生态保护第一和全民公益性。从这两个方面看，国家公园以商品形式面向公众的生产活动，只能以特许经营的方式来开展。

特许经营是国家公园范围内及周边的发展制度，能在"生态保护第一"的前提下确保"全民公益性"并发挥市场在资源配置中的高效作用。国家公园在既有产业与"最严格的保护"存在冲突的背景下，统筹"最严格的保护"和"绿水青山就是金山银山"，这是国家公园能真正建成、生态文明能真正形成的关键，也是特许经营的最终目标。特许经营能够实现保护与发展的内在统一，尤其是将自然资源资产特许经营与品牌特许经营相结合，既包括国家公园内的非基本公共服务/产品，也包括国家公园内外品牌授权（许可）[①]。自然资源特许经营是以生态和自然资源保护为前提，为提高公众认识、亲近自然、利用自然的总体水平，政府授权受许人在规定期限、规定地点，依托自然资源资产开展规定经营行为的方式；品牌特许经营则是以契约方式允许国家公园内的

---

① 张海霞、黄梦蝶：《特许经营：一种生态旅游高质量发展的商业模式》，《旅游学刊》2021年第9期。

经营者（既包括特许经营企业，也包括国家公园内的原住居民）在一定时期和地域范围内，在符合品牌标准的基础上使用国家公园品牌（商标）进行经营的方式。因此，科学的特许经营制度能有效破解国家公园及相关自然保护地因资源垄断性经营、外部不经济性及信息不对称而导致的产品与服务质量低等问题，更可以通过市场竞争机制的引入，发现优质经营者、培育特色品牌，形成中国特色的国家公园特许经营制度。

特许经营从本质上说是一种促进"共抓大保护"的保护制度，是在保护前提下突破资源和人地关系约束，实现国家公园多元共治的价值共创、生态产品价值的永续转化的制度保障。《保护地意见》提出要"鼓励原住居民参与特许经营活动，探索自然资源所有者参与特许经营收益分配机制"，使特许经营成为构建多元共治体制机制的有效途径，能够推动形成"生态保护、民生改善、绿色发展、社会稳定和谐"的利益共同体。国家公园的特许经营可以扩大保护主体。商业特许经营形式的品牌体系，可以把国家公园的保护要求扩展到国家公园周边，使绿色发展产生的保护效应扩大到园区外。特许经营更是市场化生态补偿手段。市场资本的参与丰富了国家公园建设的资金渠道，不仅可以调整国家公园范围内及周边社区的经济结构，拓宽原住居民的增收渠道；还可以通过"惠益共享"机制，使原住居民多劳多得、优劳优得。除生态旅游外，国家公园品牌体系的其他产品（农副产品）也能得到明显增值，从而对原住居民生态保护的间接成本予以补偿。

第13章
特许经营机制统筹保护
与利用的必要性

国家公园特许经营能在"生态保护第一"的前提下确保"全民公益性"并发挥市场在资源配置中的高效作用，这可从以下四方面体现。

13.1 防止市场失灵，促进公平与效率

大部分国家选择了国家公园由政府供给的方式，主要原因在于国家公园这样的高价值土地如果交由市场经济主体管理，势必会产生市场失灵，造成严重的生态与环境破坏。但也必须认识到，一方面，政府难以确保公共服务能被高效提供（政府失灵的表现）；另一方面，这些可以用来经营的公共服务如果采取完全竞争的方式向社会资本开放，则无法保障社区利益和地方发展权利，会衍生新的不对等的竞争关系①。如果采取特许竞标的形式，则根据不完全竞争规则，特许过程需要综合考虑社区利益、地方发展、环境影响和经济效益等因素。因此，针对不同项目建立区别化的经营主体优选秩序成为国家公园经营利用活动需要破解的一大难题。此外，国家公园经营活动的开展应以不违背公益性导向为前提，但兼顾公平与效率，平衡公益导向与竞争激励的关系，需要设置科学的兼顾公平与效率的项目优选规则，实施特许经营机制。

13.2 减少外部不经济性，提高保护管理水平

国家公园具有不可移动性、不可复制性和稀缺性，因而许多国家公园发展

---

① 本书主张的"不对等"包括两层含义，一是完全竞争下相对社区发展造成的不对等关系，二是社区优先发展造成的不完全竞争。因此，如何平衡两者关系，优选规则的设计十分重要。

成为著名的旅游目的地。就访客而言，不加限制的国家公园进入模式，会导致空间拥挤，造成外部不经济性，不仅影响体验质量，也会造成国家公园生态系统的破坏、资源资产的自然损耗，增加生态保护与环境维护成本。就国家公园经营者而言，如果缺乏限制和监督，经营者的"经济人"冲动会带来国家公园内遗产资源的过度开发，从而导致资源、环境与生态等方面不可恢复的严重后果。因此，为了限制国家公园经营活动产生的外部不经济性，应当由政府代表公众利益采取相应的规制措施，发放有限经营许可，规范访客和经营者的行为，通过特许经营机制控制外部不经济性，设置竞争性规则，通过进入规制、产权规制等手段，选择环境友好型经营企业参与国家公园经营活动，提高保护管理水平。

13.3　减轻替代效应与交叉补贴，促进业态升级

一方面，国家公园是一种珍贵的自然资产，它的"独一无二性"、稀缺性和集中性导致了无法形成有效竞争；另一方面，国家公园有"不可移动性""不可分割性""不可逆性"，由此产生了一种范围经济和规模经济①。因此，**如果国家公园进入充分竞争的市场，园内的遗产资源被少数经营企业所掌握，很容易出现国家公园的经营者利用垄断性的经营地位，哄抬国家公园进入费或门票价格，从而损害"公民利益（全面观赏权）"的情况。**这是"经济人"理性的必然结果，也会引起生态环境被破坏，出现旅游经济发展以牺牲生态环境质量为代价的替代效应。为减少这种替代效应，应当**引入政府规制，通过特许经营的方式，限制和控制国家公园经营者的行为，推动国家公园经营业态升级，发展生态旅游，提高生态产品供给能力。**

不可忽视的是，政府介入国家公园的经营，可能会有"垄断业务和可竞争业务的交叉补贴"的风险。也就是说，当经营权与管理权界限不清时，门票等典型的垄断性业务获取的收益会补贴给住宿、餐饮、购物等可竞争业务，造成垄断性收入"不足"，保护费用难以到位。而可竞争业务则利用交叉补贴降低价格，限制外来竞争者进入，使国家公园为公众提供的产品与服务被锁定

---

① 范围经济指国家公园内常是多业融合发展，如林游合一、牧游合一、渔游合一等。规模经济指国家公园为保证生态系统完整性，面积一般较大，资源要素组合度一般较高，发展生态旅游或生态农业等产业时易于取得规模效益。

在传统观光、日用品售卖等低端业态，超额垄断利润使获得经营权的经营者的产品创新性动力不足，最终使全民公益性受损。为避免国家公园内保护项目和经营项目、经营项目之间交叉补贴现象，只能建立完整的特许经营制度，实施严格的经营者资格规制，明确经营活动的业务范围。

13.4　消除信息不对称，提高监管规制能力

如果没有外来力量的干预，任何利益主体都倾向于屏蔽部分真实的产品信息，以保障主动权，实现自身利益最大化。国家公园管理机构、经营者也是如此，在无规制的情况下，其也会受自身利益驱使，提供不真实信息、伪造虚假现象，诱导访客消费。由于时空阻隔和信息成本，现实中的访客与经营者之间的信息不对称普遍存在，这不仅包括供给者的信息垄断，还包括供给者往往不能真实了解访客的行为偏好和心理预期，**供给与需求不符导致低质服务产品出现，从而出现"逆向选择"**[①]。如果访客接受了国家公园管理机构提供的不完全信息，或者由于知识有限无法准确判断国家公园的真实情况，很容易做出错误的行为决策。专家们尽管可以对国家公园的真实情况做出相对准确的评价，但由于制度或条件的约束，也无法广而告之，并不能消除这种信息不对称。

此外，信息不对称会滋生机会主义，引致"道德风险"[②]。譬如，国家公园中的原住居民是重要的利益相关者。为平衡国家公园的发展与原住居民利益，一般原住居民和国家公园管理机构会签订合同。但原住居民由于受自身文化、语言等因素的限制，无法完全了解合同背景，很容易在信息不对称的情况下被诱导签订不公平合同，使自身利益遭受损失。为改善国家公园环境质量、提高访客体验质量、保障原住居民利益，政府应当采取措施建立起国家公园管理机构、经营者、原住居民等利益群体之间畅通的信息交流机制，国家公园管理机构与经营者签订特许经营合同，以合同的方式规范信息交流、共享机制是必要的。

---

① "逆向选择"是指在信息不对称的情况下，劣质品会超过优质品获得市场认同，使产品质量整体下降。
② "道德风险"的概念最早在19世纪末出现，当时多含贬义，20世纪60年代被经济学家更新，用来描述当风险被取代时的无效率，而不是团体的道德。

第14章
特许经营制度设计的关键问题

国家公园能否在保护地中率先统筹实现"最严格的保护"和"两山的转化"？若延续过去的管理思路，那么困难是显而易见的："一刀切"的保护措施既不合理也难以操作，存在如大规模的生态移民和集体土地收购成本过高等问题。基于适应性管理和国家公园产品品牌增值体系，可以统筹"最严格的保护"与"绿水青山就是金山银山"的机制创新思路出现。

国际经验表明，失衡、不确定的契约关系和有限、不稳定的资金保障是国家公园内经营性项目泛化，催生"纸上公园"的根源。针对中国国家公园经营活动可能面临的契约与资金约束，探索构建长效的经营管理机制，必须清晰地认识到中国"人、地约束"复杂、国民绿色消费方式尚未形成等现实，首先回答在国家公园内开展经营活动**由谁来做、做什么、怎么做等关键问题，在此基础上明确特许经营的外延范围**，探讨什么是中国特色国家公园特许经营制度，开拓这条国家公园资源利用的永续之道。因此，**在中国国家公园内开展经营利用活动应在 WHO（多元共治）、WHAT（点绿成金）、HOW（全域共享）三个维度的制度设计中体现创新性的发展性机制**。

14.1 多元共治：从复杂"人、地约束"到多元价值共创

特许经营机制是国家公园引入社会和市场力量参与生态保护、落实"管经分离"、建立资金保障长效机制的重要方式。《总体方案》中明确提出，"鼓励当地居民或其举办的企业参与国家公园内特许经营项目"。《保护地意见》进一步深化特许经营机制的要求，提出要"制定自然保护地控制区经营性项目特许经营管理办法，建立健全特许经营制度，鼓励原住居民参与特许经营活动，探索自然资源所有者参与特许经营收益分配机制"。通过国家公园体制建设，探索导入科学的多利益主体博弈机制，破解中国国家公园制度建设的

"人、地约束"、资金约束等关键问题，推动实现"生态保护、民生改善、绿色发展、社会稳定和谐"利益共同体的形成，亟须构建价值共创型的国家公园特许经营发展性制度。

多元共治逻辑下的国家公园特许经营，依法通过契约关系对利益相关者行为进行规制，不再限于由特许人和受许人为消费者创造价值，同时也动员消费者从体验产品或服务中创造自己的价值的联动机制，从而实现公共服务产品或服务的价值最大化。除必须向公众通过购买服务或直接供给的方式提供的公共服务外（见图 14-1），**国家公园辖域内的面向访客的行、游、住、吃、购、娱等非基本公共服务，科普产业化等生态环境层面的非基本公共服务，都应当通过政府特许经营机制向社会提供，吸纳社会资本参与自然资源资产经营利用，从而实现多元共治的新格局。**

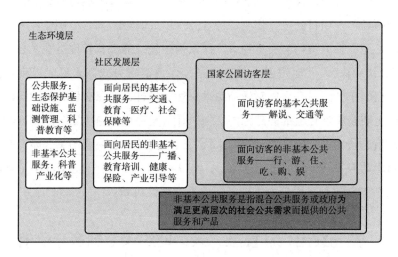

图 14-1　国家公园内自然资源资产特许经营的供给指向

同时，**国家公园特许经营应科学处理业务垄断问题。**一方面，政府介入自然资源资产的经营环节时，理论上易出现"垄断业务和可竞争业务的交叉补贴"的现象，从而造成门票的垄断性业务收益补贴给住宿、餐饮、生态体验等可竞争业务，造成垄断性收入"不足"。另一方面，经营者的可竞争业务利用交叉补贴降低价格，限制外来竞争者进入，从而使国家公园或自然保护地陷入"囚徒困境"。此类历史经验不断证实，**国家公园特许经营要严格禁止门**

票、公共交通、公益解说等资源垄断性业务的特许，禁止在生态保护、生态服务产品内容和质量上无明显价值的项目特许。

14.2 点绿成金：精准协调生态保护和发展矛盾

构建基于细化保护需求的保护地役权制度，精准协调保护和发展的矛盾。"最严格的保护"是"最严格地按照科学来保护"，"最严格地按照科学来保护"需要注重长期的科研基础监测、根据保护对象的保护需求采取积极主动的适应性管理办法、科学保护的前提下提倡合理适度的利用。《总体方案》中："集体土地在充分征求其所有权人、承包权人意见基础上，优先通过租赁、置换等方式规范流转，由国家公园管理机构统一管理……集体土地可通过合作协议等方式实现统一有效管理。探索协议保护等多元化保护模式。""最严格地按照科学来保护"可以通过协议保护的方式，通过基于适应性管理方法的保护地役权制度来实现，即通过签订保护地役权协议，实现国家公园管理机构统一管理下的精准保护。其技术路线通常是：明确主要保护对象，细化其在各细分空间上的保护需求，确定保护需求和原住居民的生产、生活行为之间的关系，形成管理原住居民行为的正负清单并配套不同的激励方式（如以特许经营的方式赋予其国家公园品牌的使用权，《总体方案》也提出"鼓励当地居民或其举办的企业参与国家公园内特许经营项目"）。

14.3 全域共享：国家公园品牌增值与全面绿色转型

2018年机构改革之后，国家林业和草原局（国家公园管理局）负责国家公园设立、规划、建设和特许经营等工作，负责中央政府直接行使所有权的国家公园等自然保护地的自然资源资产管理和国土空间用途管制。"特许经营"是国家公园管理局负责的工作之一，但特许经营范围到底是什么，国家层面尚没有明确规定。

构建国家公园产品品牌增值体系，实现"两山的转化"，让国家公园范围内及周边社区居民受益于保护并成为保护的重要力量。《保护地意见》提出要

"探索全民共享机制"，在保护的前提下，在自然保护地控制区内划定适当区域开展生态教育、自然体验、生态旅游等活动，构建高品质、多样化的生态产品体系。国家公园品牌增值体系的构建，是国家公园范围及其周边区域生态产品价值机制的重要方面，可以实现资源环境的优势转化为产品品质的优势，并通过品牌平台固化推广体现为价格优势和销量优势，最终在环境友好和社区参与的情况下实现单位产品的价值明显提升，意即实现"绿水青山"向"金山银山"的转化。这一体系主要包括产品和产业发展指导体系、产品质量标准体系、产品认证体系、品牌管理和推广体系等，其空间基础则是国家公园特色小镇。《总体方案》指出，要"引导当地政府在国家公园周边合理规划建设特色小镇"。经过筛选的第一、二、三产业的产品按照品牌体系的要求进行加工生产，在特色小镇的旅游产业中进行综合，即通过旅游带动三产整合，达到旅游业态丰富、区域发展带动作用强、经济效益好的效果，实现绿水青山向金山银山的转化。

14.4 统筹保障：实现国土空间开发保护新理念新格局

特许经营制度要在国家公园的空间和管理制度的基础上构建。国家公园区域构建基于细化保护需求的保护地役权制度和国家公园产品品牌增值体系，需要坚持空间统筹（统筹国家公园范围内的不同功能分区）、内外统筹（统筹国家公园范围内区域和周边区域）、主体统筹（统筹国家公园管理机构、地方政府、原住居民社区、社会组织等不同主体），促进实现高质量发展的国土空间开发保护新格局。

14.4.1 空间统筹——统筹国家公园范围内的不同功能分区

《总体方案》明确，国家公园要"按照自然资源特征和管理目标，合理划定功能分区，实行差别化保护管理"。基于细化保护需求的保护地役权制度，"细化保护需求"也就是明确"自然资源特征和管理目标"；不同功能分区的差别化保护管理则体现在保护地役权合同中的正负行为清单中，也体现在国家公园产品品牌增值体系的认证要求中。

14.4.2　内外统筹——统筹国家公园范围内及周边区域

囿于中国行政区常根据河道、分水岭等自然界限划分的传统，保护对象尤其是动物完整的活动范围较难确定等限制条件，国家公园范围的划定，往往无法包含完整的生态系统①。要有效保护国家公园内自然生态系统，统筹保护与发展，还需要统筹国家公园范围内及周边区域：通过保护地役权制度实现跨界一致性管理；以国家公园范围内的社区聚居地和其周边的特色小镇②作为国家公园产品品牌增值体系的空间基础。

14.4.3　主体统筹——统筹国家公园管理机构、地方政府、原住居民社区、社会组织等不同主体

保护地役权制度和国家公园产品品牌增值体系的建立，都需要调动各方力量的积极性、主动性、创造性，推动各方同心同向行动。保护地役权制度的建立，需要由国家公园管理机构主导、地方政府动员当地原住居民配合、社会组织提供资金或者技术支持；国家公园产品品牌增值体系，涉及品牌准入、市场监管等多个环节，需要在国家公园管理机构主导的基础上，建立多方共治的治理结构，如可借鉴法国国家公园的做法，建立管理机构、地方政府、社区、行业协会、公益组织等各利益相关方参与的董事会或理事会制度，形成有话语权和获利渠道的利益共同体，各尽所长，"共抓大保护"，共同将保护好的"绿水青山"可持续地转化为"金山银山"。

坚持空间、内外、主体三方面的统筹，通过机制创新，国家公园统筹"最严格的保护"和"绿水青山就是金山银山"，在科学保护自然生态系统的前提下进行合理的利用（wise use），不但可以产生一定的经济效益，而且严格

---

① 如钱江源国家公园体制试点区与安徽省、江西省的交界区域，属于同一生态系统，但并未被划入国家公园范围；又如以存在垂直迁徙现象的羚牛为主要保护对象时，其活动范围过大，冬季在低海拔区域、其他季节在高海拔区域，且低海拔区域人口密度比较高，无法全部划作保护区域。

② 虽然《总体方案》提的是"引导当地政府在国家公园周边合理规划建设入口社区和特色小镇"，但是在国家公园范围内，还存在数量不少的建制乡镇建成区和行政村，同样具有建立国家公园特色小镇的必要性和可行性。

地按照科学要求进行资源利用的过程，也是进行资源保护宣传教育的过程，有利于使不同的利益相关方形成利益共同体，进而集合各方力量形成"共抓大保护"的合力，建立山、水、林、田、湖、草、人的生命共同体，实现生态、社会、经济效益的最大化。

第15章
特许经营实践中的误区
——风景名胜区的历史经验与教训

我国的风景名胜区在对外交流中长期被冠以 National Park of China 之名，其资源状况与国家公园有类似处，以风景名胜区历史经验教训可以预窥国家公园经营情况。国家公园体制建立前，风景名胜区是主要的保护地类型之一，其自然景观和人文景观能够反映重要自然变化过程和重大历史文化发展过程，基本处于自然状态或者保持历史原貌、具有国家代表性的区域。自 1982 年起，国务院总共公布了 9 批共 244 处国家级风景名胜区，建立了由国家级、省级、市县级风景名胜区构成的风景名胜区体系。经过几十年的发展，中国风景名胜区相关经营中有以下问题值得关注。

15.1 公益性价值扭曲引起消费主义

缺乏稳定持续的财政资金，导致旅游经济依赖。中国风景名胜区资金主要来自建设部拨款、地方政府财政收入和风景名胜区经营筹资，多数风景名胜区是自负盈亏单位。因中央财政投入有限，地方政府又面临 GDP 考核压力，风景名胜区属地政府集体追求风景名胜区旅游经济价值的现象出现。资金匮乏，拨款无法满足资源保护和基础设施维护需求，监管和约束缺失，经营收入也无法投入风景资源保护之中，导致 2000 年初风景名胜区普遍陷入严重的人工化、商业化、城市化。

门票涨价违背公益性，交叉补贴影响业态升级。2004 年以来，国内旅游市场刮起了"门票涨价"风，风景名胜区普遍涨价（见表 15-1）。门票不应当被视为风景名胜区公共物品价值的表达，它应具有公益性、调节性和非成本性。但中国风景名胜区和世界遗产的门票相对人均 GDP 为 0.9%，美国为 0.05%，加拿大为 0.01%，中国百姓为享受"公共资源"的支出比其他国家高很多，这与中国的经济发展水平和人民生活水平极不相符①。甚至一些私有企业主导景区的门票价格水平要低于地方政府主导的景区，表明有些地方政府在产品供给上有强烈经济利益导向。在《风景名胜区条例》（2006 年）未出台前，门票收入多计入经营公司营收中。门票收入对落后业态的经营性项目实行交叉补贴，影响了业态升级。虽然设置听证机制来确保门票价格调整的科学性，但往往是逢听证必涨，与风景名胜区法定的公益性渐行渐远②。

表 15-1　代表性国家级风景名胜区门票价格变化

单位：元

名称	批次（审批日期）	1990 年	1995 年	2000 年	2005 年	2010 年	2015 年	2020 年
八达岭-十三陵	第一批（1982.11.8）	0.5	15	35	40	45	45	45
五台山	第一批（1982.11.8）	—	—	90	168	145	135	
防川	第四批（2002.5.17）	—	—	20	20	80	70	
五大连池	第一批（1982.11.8）	—	—	—	135	190	240	240
杭州西湖	第一批（1982.11.8）	—	—	171	0	0	0	0
普陀山	第一批（1982.11.8）	6.2	35	119	130	160	160	160
黄山	第一批（1982.11.8）	40	60	80	200	230	230	190
武夷山	第一批（1982.11.8）	—	—	111	110	140	140	140
庐山	第一批（1982.11.8）	—	—	51	135	180	180	160
三清山	第二批（1988.8.1）	—	—	40	100	150	150	120
泰山	第一批（1982.11.8）	—	—	62	100	125	125	115
洛阳龙门	第一批（1982.11.8）	—	—	45	80	120	120	90
武当山	第一批（1982.11.8）	—	—	70	110	110	140	130
武陵源	第二批（1988.8.1）	—	—	160	245	245	245	225
丹霞山	第二批（1988.8.1）	—	—	65	100	100	150	100
桂林漓江	第一批（1982.11.8）	—	—	150	210	210	210	215
峨眉山	第一批（1982.11.8）	2	20	60	120	150	185	160
黄果树	第一批（1982.11.8）	—	—	—	150	180	160	160
华山	第一批（1982.11.8）	—	—	60	100	100	180	180
麦积山	第一批（1982.11.8）	—	—	—	70	70	120	80
天山天池	第一批（1982.11.8）	—	—	—	60	100	125	155
青海湖	第三批（1994.1.10）	—	—	20	50	100	100	90

资料来源：根据各风景名胜区官网、省市级统计公报及期刊等公开资料整理。

① 陈朋、张朝枝：《国家公园门票定价：国际比较与分析》，《资源科学》2018 年第 12 期。
② 陈耀华、陈康琳：《国家公园的公益性内涵及中国风景名胜区的公益性提升对策研究》，《中国园林》2018 年第 7 期。

　　资源保护与旅游发展位序扭曲，滋生景区消费主义。各级政府在风景名胜区管理中普遍出现"重盈利，轻保护"的价值取向，甚至在风景名胜区申报时也表现出"忽略保护，突出普遍价值的核心内容"，"过分看重地区经济发展和社会效益的追求"的动机。有学者指出，这与政府对遗产保护与利用的认识水平不断变化有关，21世纪初，中国风景名胜区出现的情况与美国国家公园20世纪50~60年代面临的问题类似①，旅游基础设施快速增长、旅游消费设施与项目盲目上马、体验质量下滑。本应当"山上游，山下住"的游程设计，在消费主义改造下，变成了"山上游、山上住"，风景名胜区消费主义盛行。当服务访客的多样化、炫耀式消费需求成为风景名胜区的项目靶向时，社会公德等价值秩序自然下移，国民认同感和自豪感的培育任重而道远。加上一些风景名胜区过于注重旅游营销，忽视公益科普宣传，导致全社会对风景名胜区的性质和作用缺乏全面客观认识。事实上，西湖模式的出现对风景名胜区旅游发展的启示是，"高门票高回报"并非遗产地的必需之路，回归公益性价值、业态升级、国民价值观培育才是正确道路②。

15.2　国家所有权虚置引致多重失序和不当经营

　　国家所有权与属地管理模式下的代理人合法性问题。中国实施了国家级—省级—县级构成的分级管理体系。所在县市具有属地管理权，有利于激发地方参与遗产地建设的积极性。由于科层管理体系，当地政府以国有资产全权代理人的身份行使国家所有权时，缺乏明确法律赋权和监督控制机制保障，往往会出现代理人在县市政府与省政府之间的不稳定转移。国家所有权虚置，导致管理主体在各级政府、企业、居民等多主体利益关系中缺乏公平治理能力，不利于所有权人（国家）对国有自然资源资产的有效管理，更不利于国有自然资源资产的保值增值。

---

① 周年兴、黄震方在研究中指出，美国在20世纪50~60年代经历了国内旅游大规模增长的阶段，修建了大规模的游憩设施，严重破坏了国家公园内的视觉完整性和自然原野状态，这一情况在70年代后环保运动兴起、原野法和环境保护法颁布后才得到遏制。

② 徐嵩龄、刘宇、钱薏红、汪利菊：《西湖模式的意义及其对中国遗产地经济学的启示》，《旅游学刊》2013年第2期。

　　营利性经营的资源权益公平性问题。国有风景资源权益本质上是所有权、经营权、收益权、享用权的配置关系。理论上，如果国有风景资源选择非营利性管理，则不存在收益权问题。但实际上，为提高风景资源经营效率、吸引社会资本参与，政府更多采用营利性经营，故而容易出现以下问题：一是全民享用权难以得到首要保障，全民享用权现状与风景资源的公益性不匹配；二是由于自然资源资产国家所有权的虚置和监管机制的缺乏，地方政府实施的经营权委托或许可过程缺乏合法性、公平性，最终造成政府、经营者、居民等多主体利益受损，尤其是国家所有和集体所有等多种产权形式并存的风景名胜区居民生计转化问题一直未受到关注；三是经营权与收益权分配缺乏法律依据，对社会资本缺乏有效激励，譬如政府裁量的有偿使用费用远远低于资源本身的价值，开发商付出的成本在短时间内即可收回，甚至是在无偿利用资源，因而丧失了在经济上对经营者的内在激励。

　　风景名胜区出让潮与上市风导致的国有资产流失问题。自20世纪90年代开始"风景区股票上市"，大量风景名胜区在市场化运营后，出现门票价格攀升、环境质量下降等问题。国家级风景名胜区作为遗产资源，属于全民族、国家乃至全人类，任何部门都无权把治辖范围内的这部分财富仅仅当作本地区、本部门的资产，套用企业或商业经营的模式、管理方式去处理，这将会偏离正确方向，一旦蔓延，将会造成无可挽回的损失。风景名胜区出让潮有导致其成为人工化、商业化和城市化的野外游乐园和"吃喝玩乐综合体"的危险，不仅严重破坏了世界遗产的真实性和完整性，而且违背了风景区的社会公益性质。因此，国家级风景名胜区参与"上市"经营既不是开发和利用风景资源的必然途径，也不是一种好的方式，它隐含着对公权的剥夺和经营风险。

15.3　经营机制不完善妨碍业态升级

　　中国一般风景名胜区内同时存在几类赋权状态的资源，当不同资源利用方式冲突时，会出现以下问题：一是将遗产地整体转让经营，"一刀切"将公产、私产均纳入许可经营范畴，产生垄断经营；二是由特许经营者向公众征收进入费（公众自由使用），如门票特许本质是通过门票市场化对公众自由使用权（享有权）的剥夺；三是试图转让原住居民传统利用权（公众习惯使用）。

以上自然资源公产使用权的市场化行为，一定程度上都是对公众基本权利的损害，也变相扩大了自然资源特许经营的范畴。

体制机制障碍：偏离公正—效率目标。**一是特许经营中的政府"合法性危机"。**由于追求经济发展的逐利动机，地方政府作为风景名胜区经营性项目许可的合法主体，易导致风景名胜区经营性项目泛滥。**二是维持社会正义性上的政府相对缺位。**风景名胜区资源经营权整体转让、垄断性经营后，经营主体往往对自然资源资产形成圈占，从而导致风景名胜区管理机构和地方政府在续约谈判中能力下降，这与美国国家公园管理局在 4 家大公司形成类似垄断性经营局面（但严格说来这是长期竞争后形成的）后面临的谈判能力下降的情况类似，最终表现的结果是政府在维护居民、访客等社会群体权益的社会功能上出现缺位。**三是资金机制未实现公平、公开。**目前风景名胜区特许经营补贴政策、收支情况等信息公开程度低，特许经营费定价规则不确定，服务和产品定价规则不清晰等，导致特许经营机制存在偏离公正—效率目标的情况。

法律关系不清晰：利益相关者权益缺保障。中国《行政诉讼法》将特许经营协议的履行、变更、解除纠纷划入行政诉讼受案范围，而财政部《政府和社会资本合作模式操作指南（试行）》则规定政府和社会投资人是平等的民事法律关系。同为公私合作，行政赔偿与民事诉讼、仲裁中的违约损害赔偿原则和结果大相径庭。中国风景名胜区特许经营合同常见为 20~30 年的长期合同，且存在回避退出机制、风险保障不明确等问题，对政府、企业及社区居民等利益相关者的权益保障不足。

业态更新动力不足：经营性项目缺乏创新。中国风景名胜区依托高质量风景名胜区资源开展了低投入的成长模式，实现了较好的资本积累，虽有 40 年的发展经验，但经营性项目仍停留在观光体验、住宿、交通等初级产品开发阶段，**经营性项目类型高度集中且高度雷同，**附加值较高的教育科普类、生态体验类、文化创意类等业态却发展缓慢，产品和服务质量较低。

15.4　问题归因：理念偏差和基础制度缺失导致的公共规制失灵

中国风景名胜区出现以上问题的根源在于公共规制失灵：一方面，**公共产**

权不清晰叠加多头分割管理，所有权、管理权、经营权、收益权、享有权关系
更加复杂难解，引致所有权主体虚置、经营权许可不规范、收益权无法可依、
公众享有权被选择性遗漏等，产权规制失灵隐藏着潜在的社会风险①。另一方
面，风景名胜区建设的伦理价值偏移，公益性价值目标及其实现路径不清，缺
失面向公众的教育规制措施，缺乏强制性价格规制措施（见表15-2），且存在
标签化的经营与产品质量规制，宣誓性环境规制操作困难②，管理体制不利于
激励，等等。风景名胜区存在系统性的规制失灵。一言以蔽之，风景名胜区的
经营乃至所谓的特许经营均在理念上忽视了"生态保护第一"和"全民公益
性"，在体制上缺少生态文明八项基础制度那样的公共规制基础性制度，以致
各类主体不想也无力做好体现全民公益性的规范经营。

表15-2　中国风景名胜区价格规制的历程

	集中定价阶段	分制定价阶段	政府定价阶段
时间	20世纪80年代前	20世纪80年代至90年代中后期	20世纪90年代末至今
特征	普遍低价；内外宾区别定价，面向外宾采取高价政策	国家级特殊游览参观点由国家物价局会同有关部门定价，一般游览景点由地方管理；甲乙门票制	遗产类景区采取政府定价；省级政府定价权经历快速膨胀与有限限制的阶段；更加关注遗产类景区的公益性、资源保护和地方补偿等价值
出台法规	多以行政命令为主，相关法规相对比较欠缺	《关于调整1991年度特殊游览参观点和甲种门票价格的通知》（1990）	《游览参观点门票价格管理办法》（1999），《关于对特殊游览参观点门票价格管理的意见》（2000），《关于整顿和规范游览参观点门票价格的通知》（2008）

说明：2000年后，我国逐渐认识到风景区的公益属性，但是条件所限，2006年实施的《风景名胜区条例》落实公益性质的条款相对较少，价格规制的效力有限，强制性条款较少，其中涉及公共利益的部分多以"可以""按规定""一定比例"等词语表述，缺乏强制性词语，维护公益性的执行效力弱。

---

① 徐嵩龄、刘宇、钱薏红、汪秋菊：《西湖模式的意义及其对中国遗产地经济学的启示》，《旅游学刊》2013年第2期。
② 如《风景名胜区条例》中的"商业广告""大型游乐活动""自然状态""其他活动"这些词语均有一定模糊性，难以在操作中准确界定。

第三部分
建立中国特色国家公园
特许经营制度

根据《国家公园法（草案）（征求意见稿）》，国家公园践行"绿水青山就是金山银山理念，实现生态保护、绿色发展、民生改善相统一"。在国家公园践行绿水青山就是金山银山的管理工具中，全口径下的特许经营①是理论和国外经验都证明最优的管理工具，是"最严格地按照科学来保护"前提下充分调动市场力量和社区力量加强保护的手段。甚至可以说，只有这个手段才能实现"生态保护、绿色发展、民生改善相统一"。

综观全球，多数国家在国家公园内的经营活动实施特许经营机制，特许经营是国家公园绿色发展的主要形式和制度（见附件8）。2022年8月，《国家公园法（草案）》开始征集意见，第四十五条即为特许经营专条，明确提出国家公园内经营服务类活动实施特许经营，并对原住居民参与、招投标机制、合同机制、监督机制、管理办法五个方面进行了规定，是对国家公园特许经营

---

① 特许经营制度是《总体方案》规定的国家公园基本制度之一，在第一本蓝皮书中已经从特许经营的资金机制、项目设置、管理方式等角度分别做了论述，但相关内容散落于各章节、缺乏系统性。因此，在本书中，我们围绕年度主题，系统阐释国家公园特许经营的概念、现状、管理办法。

制度作为生态文明建设积极政策工具价值的极大肯定，也为建立中国特色国家公园特许经营制度提供了可能的法律依据。与法条相衔接，本部分给出国家公园特许经营的理论依据，解析中国特许经营政策环境和主要问题，提出建立中国特色的国家公园特许经营制度的主要思路和步骤。

第16章
中国国家公园特许经营发展现状

16.1 中国自然保护地特许经营的政策环境

中国 20 世纪 80 年代中期在公共事业领域出现项目融资模式，但包括特许经营在内的 PPP 模式的发展还是在 90 年代后才逐渐开始。从时间脉络上看，中国特许经营制度经历了顶层设计缺失、操作缺乏规范性的外资融资主导期（90 年代中后期），由以国有企业为主体的公用事业市场化格局的国企主导期（2000~2014 年），逐渐走向规范化管理的社会资本主导期（2015 年以来），2015 年，《关于在公共服务领域推广政府和社会资本合作模式的指导意见》和《基础设施和公用事业特许经营管理办法》出台，特许经营进入社会资本参与公用基础设施建设的新时期。明确了特许经营是指"政府采用竞争方式依法授权中国境内外的法人或者其他组织，通过协议明确权利义务和风险分担，约定其在一定期限和范围内投资建设运营或运营基础设施和公用事业并获得收益，提供公共产品或者公共服务"。确定了能源、交通运输、水利、环境保护、农业、林牧业、科技、保障性安居工程、医疗、卫生、养老、教育、文化等 13 个政府特许经营领域。中国关于特许经营的主要指导性文件见表 16-1。

根据 2015 年 4 月 25 日国家发改委、财政部、住建部、交通部、水利部和人民银行发布的《基础设施和公共事业特许经营管理办法》（第 25 号），特许经营的事业范围包括中国境内的能源、交通运输、水利、环保、市政工程和公用事业领域；经营时限为一定期限的（最长不超过 30 年）、投资建设运营并获得收益；特许经营分建设+移交（BT）、建设+拥有+运营+移交（BOOT）、建设+授权运营+移交（BOT）三种形式。该文件详细规定了国务院各部门和县级以上政府的职能，列出特许经营项目的 7 个步骤：提出方案、委托评估、审查方案、授权实施、选择经营者、履行特许经营、终止特许经营。

随着国家公园体制试点工作推进，国内学者也开展了对国家公园特许经营制度的变迁、制度构建策略等方面的研究。

表 16-1 中国关于特许经营的主要指导性文件

年份	颁布部委	文件名称
1994	交通部	《关于转让公路经营权有关问题的通知》
1995	外经贸部	《关于以 BOT 方式吸引外商投资有关问题的通知》
2002	建设部	《关于加快市政公用行业市场化进程的意见》
2003	全国人大常委会	《中华人民共和国行政许可法》
2004	国务院	《国务院关于投资体制改革的决定》
2004	建设部	《市政公用事业特许经营管理办法》
2007	国务院	《商业特许经营管理条例》
2014	财政部	《关于推广运用政府和社会资本合作模式有关问题的通知》
2014	财政部	《政府和社会资本合作模式操作指南（试行）》
2014	国家发改委	《关于开展政府和社会资本合作的指导意见》
2014	国家发改委	《政府和社会资本合作项目通用合同指南（2014 版）》
2014	国务院	《国务院关于创新重点领域投融资机制鼓励社会投资的指导意见》
2015	国家发改委	《基础设施和公用事业特许经营管理办法》
2015	财政部	《关于规范政府和社会资本合作合同管理工作的通知》
2015	财政部	《PPP 项目合同指南》
2015	国务院	《关于在公共服务领域推广政府和社会资本合作模式的指导意见》
2015	国家发改委、财政部、住建部、交通部、水利部和中国人民银行	《基础设施和公共事业特许经营管理办法》
2016	国家发改委、财政部	《关于进一步共同做好政府和社会资本合作（PPP）有关工作的通知》
2016	财政部	《政府和社会资本合作项目财政管理暂行办法》
2017	国务院	《基础设施和公共服务项目引入社会资本条例》
2018	国务院	公布《必须招标的工程项目规定》，废止《工程建设项目招标范围和规模标准规定》
2018	文化和旅游部、财政部	《关于在旅游领域推广政府和社会资本合作模式的指导意见》
2019	中共中央办公厅、国务院办公厅	《关于统筹推进自然资源资产产权制度改革的指导意见》

20世纪90年代，中国风景名胜区等自然保护地出现了经营权出让现象，这可以看作特许经营在自然保护地领域的萌芽。风景名胜区特许经营项目因招商门槛低、经营时间长、退出机制不健全等出现了诸多问题，尤其是基于空间的全业态垄断和经营者部分替代管理，主要体现在：出让风景名胜资源的范围过大，包括经营管理权、门票收益权、监督管理职能等；产权关系不清，弱化了国家权力的主体地位，难以实现价值；管理失位、错位，职责不清，监督不力，混淆了资产权力权和开发经营权。

根据经营权市场化出现在自然保护区、森林公园、地质公园、湿地公园等类型的不同，有三种经营权转让模式[①]：内部转让、整体转让和部分转让，后两种转让属于外部转让（见表16-2）。

表16-2　中国自然保护地特许经营的主要模式

主要不同点		特许经营模式		
		内部转让经营权	整体转让经营权	部分转让经营权
所有权代表		地方政府	地方政府	地方政府
经营权代表		景区管委会/国有景区企业	受许企业/股份制公司	国有控股(上市)公司
公益性保障	资源保护优先性	√		√
	公平性	√		
经营管理效率	经营效率		√	√
	营利性		√	√
	社区发展			√

从保障公益性和提高经营效率两个目标维度看，三种转让模式都存在不足。内部转让经营权，是地方政府把经营权授予由自己建立的景区管委会或国有景区企业，地方政府与景区管委会或企业之间关系密切。这种转让模式具有保障公益性的相对优势，但存在审批程序复杂、影响经营效率等问题。

整体转让经营权，指地方政府把自然保护地全部经营权授予外部企业，这种转让模式具有整体性和长期性特点，但在完全经济人冲动下，受许企业容易

---

① 张海霞：《中国国家公园特许经营机制研究》，中国环境科学出版集团，2018。

出现过度开发（如黄山索道）和公益性下降（门票上涨），产生资源消耗性项目，导致环境破坏、遗产资源价值损耗等新的管理问题。

部分转让经营权，指地方政府将自然保护地部分经营权转让给通过吸引外部资组建的（国有）企业，并以正式的合同约定资源保护的优先性，同时兼顾经营效率。政府的第三方角色有利于协调企业与社区居民关系，但此模式容易出现门票价格持续上涨的情况。

16.2 中国国家公园体制试点区特许经营制度探索

特许经营的制度化作为"最严格的保护"的区域协调保护与利用矛盾的主要依托，一直是相关法律法规的"必备动作"：《国家公园法（草案）（征求意见稿）》（2022年）、《国家公园管理暂行办法》（2022年）、《海南热带雨林国家公园条例（试行）》（2020年）、《神农架国家公园保护条例》（2018年）、《三江源国家公园条例（试行）》（2017年）、《武夷山国家公园条例（试行）》（2017年）、《云南省国家公园管理条例》（2015年）等对特许经营相关内容进行了规定，确立了国家公园特许经营制度的合法性。这些内容围绕特许经营实施范围、原住居民优待原则、招投标机制、合同机制、监督价值、资金机制、管理机制等进行了主要制度要素的设计。但是，由于特许经营管理事项的复杂性，以及特许经营制度顶层设计在目标原则上未有明确，多数制度设计还存在不完备性，与以特许经营统筹实现"最严格保护"和"绿水青山就是金山银山"的制度目标尚有距离，详见表16-3。

同时，中国各个国家公园体制试点在特许经营专门的制度建设上取得了一些成果，在实践中也进行了多样化的探索。一是推动了特许经营管理办法和规划编制，中国10个国家公园体制试点区均编制完成了特许经营管理办法（见表16-4），三江源、海南热带雨林等国家公园体制试点区已编制或正编制特许经营规划；二是开展了国家公园试点区内自然资源资产利用的规范治理工作，如普达措国家公园体制试点区关闭了碧塔海内的游船项目、餐厅等与生态保护目标相悖的经营性项目，钱江源国家公园体制试点区通过地方财政资金赎回了湖北卓越集团的枫楼景区经营权等；三是启动了基于中国特色与国际经验的制度创新，钱江源国家公园体制试点区以地役权改革为抓手尝试探索突破传统产

表16-3　中国国家公园相关法律法规中对特许经营的规定比较

相关法律法规	相关条款	特许经营实施范围	原住居民优待原则	招投标机制	合同机制	监督机制	资金机制	管理体制	评价
《国家公园法（草案）（征求意见稿）》（2022年）	第四十条　国家公园范围内经营服务类活动实行特许经营。国家公园管理机构或者其主办的企业参与国家公园范围内特许经营项目。国家公园管理机构应当以招标、竞争性谈判等方式选择特许经营者，因生态安全或者公共利益等特殊情况，不适宜通过市场竞争机制确定特许经营者的情形除外。国家公园管理机构应当与特许经营者签订特许经营协议，对特许经营活动进行监督	◇	◇	◇	◇	◇			优点：对特许经营管理的核心制度进行了规定，特别是明确了国家林草局作为特许经营业务主体，明确了收支两条线的资金机制 可能的问题：招投标管理、监督管理权限等操作制度下放到各省国家公园管理局，易滋生项目泛化、垄断经营，价格失序等问题，建议也由国家定
	第四十八条　国家公园门票、特许经营等收入实行收支两条线，按照财政预算管理						◇	◇	
《国家公园管理暂行办法》（2022年）	第三十五条　国家公园一般控制区内非资源消耗型公共服务类经营活动应当实行特许经营。国家公园管理机构应当根据特许经营项目的特点和有关法律法规规定，制定经营管理办法，并向社会公布	◇					◇	◇	优点：明确了特许经营这种形式和哪些经营必须以特许的方式来进行，也引导了经营业态是环境友好型 可能的问题：经营范围过死，品牌特许经营仅在一般控制区的规定会出现死区可能是在国家公园周边，生态体验以线路形式在控制环境影响的情况下也可能部分涉及核心区
	第三十六条　国家公园管理机构应当引导和规范原住居民从事环境友好型经营活动，践行公民生态环境行为规范，支持和传承传统文化及人地和谐的生态产业模式		◇						

197

续表

相关法律法规	相关条款	规定事项							评价
		特许经营实施范围	原住居民优待原则	招投标机制	合同机制	监督机制	资金机制	管理体制	
《海南热带雨林国家公园条例（试行）》（2020年）	第三十九条 国家公园管理机构应当会同所在地市、县、自治县人民政府组织和引导当地居民或者其举办的企业按照国家公园规划要求发展旅游服务业,开发具有当地特色的绿色产品 第四十条 海南热带雨林国家公园一般控制区内的经营性项目实行特许经营制度。具体管理办法另行制定	◇	◇						优点:明确了特许经营这种形式并给出范围和原住居民引导政策可能的问题;基本概念有误,对特许经营的范围和地方政府的角色没有清晰的规定
《神农架国家公园保护条例》（2018年）	第四十二条 神农架国家公园游憩展示区内生态体验、交通、住宿、餐饮、商店及文化产业等经营项目实行特许经营。公益性项目一般不纳入特许经营范围,不得以特许经营名义将公益性项目整体转让、垄断经营。特许经营办法由省人民政府制定……特许经营的目录、期限、费用、监督管理等。涉及能源、交通运输、水利、环境保护、市政工程等基础设施和公用事业的特许经营依据国家有关规定执行	◇						◇	优点:对特许经营范围、项目类型、监督机制、资金机制制定了规定。明确了省级政府在制定特许经营项目实施和监督等方面的主体地位,且清晰地界定了特许经营项目的业务范围,并把属于国家公园特许经营的范围进行了分割 可能的问题:未考虑品牌特许经营,对招投标机制、合同机制的责权主体未做规定,在优待原住民方面未做原则性规定

续表

相关法律法规	相关条款	规定事项							评价
		特许经营实施范围	原住居民优待原则	招投标机制	合同机制	监督机制	资金机制	管理体制	
《神农架国家公园保护条例》(2018年)	第四十三条　国家公园管理机构应当依法对特许经营规模、经营质量、价格水平等进行监督管理。发现特许经营者未履行保护职责,可能损害生态系统、自然资源和人文资源的,应当终止特许经营合同,并要求经营者承担相应责任。省人民政府应当组织对特许经营实施情况和监督管理情况进行定期审查和评估					◇			
	第四十四条　神农架国家公园实行收支两条线管理,依托自然资源设立的景区门票收入、特许经营收入等各项收入等应当上缴财政,纳入预算专项管理,统筹用于资源保护、生态保护补偿以及扶持神农架国家公园和毗邻保护区居民的发展等						◇	◇	
《三江源国家公园条例(试行)》(2017年)	第四十九条　三江源国家公园建立特许经营制度,明确特许经营内容和项目,国家公园管理机构的特许经营收入仅限用于生态保护和民生改善。三江源国家公园涉及的能源、交通运输、水利、环境保护、市政工程等基础设施和公用事业的特许经营依据国家有关规定执行	◇					◇		**优点**:对特许经营实施范围、优待原住居民、资金机制和管理体制进行了规定 **可能的问题**:对招投标机制、资金机制、监督机制主体未做明确规定,合同中权责主体未明确实现,不利于实现许可过程的公平性和效率性。在已有相关工作基础上的情况下(即

续表

相关法律法规	相关条款	规定事项							评价
		特许经营实施范围	原住居民优待原则	招投标机制	合同机制	监督机制	资金机制	管理体制	
《三江源国家公园条例（试行）》（2017年）	第五十条　国家公园管理机构不得从事营利性的经营活动，不得将能委托给企业或者个人行使。国家公园管理职能委托给企业或者个人，不得使从事三江源国家公园内的经营活动 第五十二条　国家公园管理机构应当合同所在地人民政府组织和引导园区内居民发展乡村旅游服务业、民族传统手工业等特色产业，开发具有当地特色的绿色产品，实现居民收入持续增长		◇					◇	已试点开展，未明确品牌特许经营的法律地位和具体形式
《武夷山国家公园条例（试行）》（2017年）	第十六条　武夷山国家公园实行特许经营制度。国家公园管理机构对涉及资源环境利用的营利性项目行使特许经营权。管理与利用的营利性项目如医疗、通讯、绿化、环境卫生、保安和基础设施维护等公共服务类项目不纳入国家公园特许经营范围。禁止以特许经营名义将公益性项目和经营项目整体转让、垄断经营 第四十六条　武夷山国家公园内的九曲溪竹筏游览、环保观光车、漂流等营利性服务项目实行特许经营制度。特许经营的具体管理办法由省人民政府制定。特许经营项目目录由武夷山国家公园管理机构研究确定后监定期向社会公布	◇						◇	**优点：**对特许经营范围、项目类型做了规定。明确了省级政府在制定管理办法上的主体地位，且明确了不得延续过去景区由一个企业全业态垄断经营的模式 **可能的问题：**缺乏对招投标机制、合同机制、监督机制相关规定以及优待原住居民的相关规定，不利于实现许可过程的公平性和效率性

相关法律法规	相关条款	规定事项							评价
		特许经营实施范围	原住居民优待原则	招投标机制	合同机制	监督机制	资金机制	管理体制	
《云南省国家公园管理条例》(2015年)	**第七条** 国家公园管理机构(三)对国家公园的经营利用活动实行统一管理;(五)实施本条例赋予的特许经营权和行政处罚权							◇	**优点**:对特许经营实施范围、招投标机制、资金机制、管理体制等要素进行了制度安排 **可能的问题**:以国家公园管理机构为招投标管理、合同管理主体,由省林业行政主管部门指导业务并监督的责权关系,将特许经营收入纳入地方财政等规定模糊规定,不利于科学处理国家公园科学保护与地方发展的关系
	第三十一条 游憩展示区可以开展与国家公园保护目标相协调的旅游活动。传统利用区可以开展游憩服务和传统生产经营活动	◇							
	第三十八条 国家公园内的经营性项目实行特许经营制度。由中国家公园管理机构依照有关法律、法规和总体规划,采用招投标等公平竞争的方式确定经营者,签订特许经营合同,实行资源有偿使用制度。禁止擅自转让国家公园资源特许经营权。擅自转让的,由中国家公园管理机构无偿收回经营权			◇	◇				
	第三十九条 国家公园的特许经营收入应当纳入财政管理,专项用于国家公园的保护及补偿、基础设施建设、运行及管理,支持国家公园范围内原住居民的发展						◇		

权约束并兼顾社区发展的经营利用之路，三江源国家公园体制试点区黄河源园区吸收了国内外先进理念，基本建立了完整的特许经营制度并运行良好，只是规模还太小且社区层面由于没有法规依托，难以保证基层政府和原住居民规范参与。

表 16-4　国家公园特许经营管理进展

名称	时间
《三江源国家公园经营性项目特许经营管理办法(试行)》	2017 年 10 月
《南山国家公园特许经营管理办法》	2020 年 5 月
《武夷山国家公园营利性项目特许经营管理办法》	2020 年 6 月
《香格里拉普达措国家公园特许经营项目管理办法(试行)》	2020 年 7 月
《祁连山国家公园特许经营管理暂行办法》	2020 年 8 月
《神农架国家公园特许经营管理办法(试行)》	2020 年 8 月
《钱江源国家公园特许经营管理办法》	2020 年 9 月
《大熊猫国家公园特许经营管理办法(草案)(征求意见稿)》	2020 年 11 月
《海南热带雨林国家公园特许经营管理办法》	2020 年 12 月
《东北虎豹公园经营性项目特许经营管理办法》	2020 年

16.3　中国国家公园体制试点区特许经营面临的主要问题

　　中国国家公园体制试点在特许经营工作上虽然取得了一定成效，但从面上来看，大多数国家公园体制试点区的特许经营基本没有科学规范的制度建设和新业态的落地。有些国家公园在试点期间的特许经营基本是"新瓶装旧酒"，只是把原来的旅游经营换了个"包装"；个别国家公园的管理办法等概念不清且停留在纸面上，与现实管理基本脱钩；个别国家公园在有些方面更是歪曲了特许经营的本意，将不需要市场竞争介入的业态以提高效率、改善服务美其名曰特许经营。而且，国家公园由谁特许（体制层面）、如何特许（机制层面）、为谁特许（理念层面）这几个关键问题始终未得到解决。

因此，第一批设立的 5 个国家公园，仍基本未实现"最严格的保护"和"绿水青山就是金山银山"的统筹，特许经营没有发挥其在国家公园中可以起到的作用①。

16.3.1　由谁特许仍于法无据，自然资源资产的国家所有者权益虚置化

一是管理机构权力存在虚化困局。中国国家公园体制试点区的管理机构当前仍不具备完整的自然资源所有权和国土空间用途管制权。如神农架国家公园体制试点区内的经营活动，部分是由神农架林区政府开展委托经营；普达措香格里拉体制试点区内的经营活动又是由迪庆州政府开展委托经营。国家公园管理机构仅有从原保护地转来的入园许可权、建设许可权，不具有全面开展经营利用项目所需的审批、定价、质量监督等许可权。有限不完备的所有权人身份使国家公园自然资源资产利用经营收益易固化为部门和地区利益。二是原有经营项目存在转置困局。如武夷山国家公园体制试点区内三个主体游览项目——九曲溪竹筏、观光车、漂流，在体制试点前已以垄断承包的方式分别给武夷山旅游发展股份有限公司和武夷山青龙景区旅游公司经营，与武夷山市政府签署了为期 50 年的经营合同，漂流项目合同 2051 年才到期。长期以来，武夷山市高度依赖大众观光旅游业，加上大安源景区、武夷源生态旅游区、玉龙泉景区、青龙瀑布景区、利川景区、森林公园景区、十八寨景区等景区也与原管理机构、乡镇村政府签署了经营协议，这些项目如由国家公园管理机构统一赎回面临的赔偿谈判十分复杂、经济代价非常高昂，但不赎回则国家所有者权益虚置问题难以破冰、"最严格的保护"难以体现。三是特许经营的边界存在权力放任困局。由于缺乏国家公园特许经营制度顶层设计，目前各国家公园体制试点区特许经营管理办法主要参考住建部出台的《基础设施与公用事业特许经营管理办法》，自然资源与基础设施本质不同、管理原则不同，交通基础设施、市政设施等非营利性项目被纳入特许经营范畴后，政府特许经营与政府购买支付边界出现混淆。还有一些体制试点区将特许经营与社区发展相混淆，将

---

① 张海霞、苏杨：《建设中国特色国家公园特许经营制度，实现"最严格的保护"和"绿水青山就是金山银山"的统一》，国务院发展研究中心调研报告，2021。

传统生产甚至门票也纳入特许经营范畴。事事特许、盲目扩大特许经营边界，是管理者的权力放任乃至违法违规（如将门票纳入特许经营），反而容易引发其他矛盾。

16.3.2　如何特许：仍于规未定，国家公园特许经营管理程序亟待规范化

各国家公园体制试点区尚未形成能兼顾公平与效率的特许经营机制设计，一是对特许管理主体的能力规定不明确，仍以管理能力参差不齐的试点区管理机构为招评标主体，难以保证招评标过程的专业性、权威性。二是对应标主体的身份规定含糊，仍以"企业、组织或个人"为应标人的范围规定不能适用于中国国家公园人地关系复杂、集体土地占比高、社区发展问题突出的特殊国情，难以兼顾社区公平与经营效率。三是对防范垄断的约束性规定缺失，国家公园管理机构无法掌握经营性收入实际情况且监管能力受限。对国有自然资源资产权益受侵害和流失风险，新出台的各项制度仍普遍缺失对禁止垄断的约束性规定，招评标模型设计与执行规则不清晰，更无配套激励、评估、退出等机制设计，特许经营制度安排的激励性不足。

16.3.3　为谁特许：仍于民不公，特许经营的全民公益性缺乏系统保障

一是"重市场化、轻公益性"，存在消费主义风险。调查发现，由于缺乏稳定持续的资金保障机制，各国家公园体制试点区仍难以摆脱门票经济依赖，商业服务存在高度市场化和高价趋利风险。如海南热带雨林国家公园体制试点区将特许经营工作重点放在生态旅游、休闲康养、生态体验等产品开发，东北虎豹国家公园体制试点区存在旅游项目化倾向，三江源国家公园体制试点区存在以高端自然体验产品替代基本公益性服务的现象。商业服务公益性的不足易致特许经营者利用资源垄断地位向公众输出"低质、高价"的产品和服务，以"公共福祉"之名行"破坏公共福祉"之实，最终滋生消费主义。二是"重超利、轻创新"，业态升级有困境。目前各国家公园体制试点区尚未能利用创建国家公园的重大契机达到经营业态升级的目标，仍被锁定在由传统观光、日用品售卖、园区交通、住宿、餐饮等构成的相对单一的低端业态，超额

垄断利润使产品创新积极性不足，特许经营制度安排甚至发展规划更缺乏对业态升级的引导，公众享受更高质量生态产品与服务的国家公园管理目标难以实现。三是"重划界治理、轻共同体发展"，"天窗现象"难破局。目前各国家公园体制试点区仍停留在空间划界的形态之治阶段，从禁区式、迁移式到天窗式本质都是以"生态保护"之名，将原住居民视为与自然对立的干扰因素，特别是"天窗现象"在生态红线调整的背景下愈演愈烈。将生态治理与社会治理简单直接剥离未能有效地解决原住居民生计问题，未能形成国家公园惠益共享机制，异化了国家公园制度之于生态文明、共同富裕、美丽中国的标志性意义。

16.4　解决中国国家公园特许经营面临问题的路径思考

16.4.1　国家利益主导，落实最严格保护与全民公益性的统一

一是坚持立法先行，保护国家所有者权益。尽快推进国家公园特许经营制度顶层设计，在《国家公园法》等相关立法中增设特许经营专条，成立全国自然资源资产所有权人委员会，建立"最严格的保护"下的国家公园特许经营制度体系，明确代表国家统一行使全民所有自然资源资产所有者职责，严禁对国有自然资源资产过度利用，对违法违规行为加大处罚力度。

二是落实资金保障，建立稳定、持续的财政投入机制。保障中央、地方各级财政投入，建立由财政保障的国家公园内道路、生态解说、科普服务等基本公共服务与设施的高质量供给机制，由社会资本投入供给必要的非基本公共服务与设施的特许经营机制，避免因资金缺乏出现项目泛化、景区化等问题，降低国家公园门票价格，建立稳定的社会捐赠机制，树立全民公益性的国家公园形象。

三是实施规划调控，严防自然资源资产过度利用和消费主义倾向。依法编制国家公园特许经营规划，严禁以旅游规划、特色小镇规划等发展类规划替代特许经营规划。国家公园内的经营利用活动应严格规定先定位"必须且适当的"，以不降低体验质量为前提，提高公众对国家公园的利用率和认同度，维

系自然与文化遗产的原有价值。加强规划实施的动态监测，建立定期评估制度，加大违规查处力度。

四是加强国民认同感培育，健全公益教育机制。推进国家公园公益宣传，提高全社会对国家公园的认识、理解与支持，使国家公园成为中国培养国民认同感和自豪感，促进民族认同，建设生态文明和美丽中国的标志性成果。

16.4.2　坚持生态为民，建设中国特色特许经营制度

一是以民为先，创新国家公园特许经营类型体系。针对中国国情，在国际较为通用的一般许可、活动许可基础上，探索更有利于惠益公众的国家公园特许经营机制。建议纳入品牌授权，形成由一般许可、活动许可、品牌许可构成的国家公园特许经营类型体系。编制出台国家公园特许经营分类操作指南，明确品牌授权管理办法，推动建立中国特色国家公园品牌增值体系，形成国家公园与周边社区惠益共享机制，绘就全民共筑"绿水青山就是金山银山"美丽中国景象。

二是周边友好，探索建设国家公园发展共同体。加快树立国家公园有形资产、无形资产的系统管理理念，摸清"家底"，建立国家公园品牌资产管理制度，以特许经营为抓手，摒弃"一刀切"的"禁区式""搬迁式"规划理念和杜绝逃避社会责任的"天窗现象"，推动国家公园与周边区域生态产品品牌共建，推动国家公园发展共同体的形成，推动生态产品国际互认，以国家公园为载体展示"绿水青山就是金山银山"的中国智慧。

16.4.3　兼顾公平效率，有效控制垄断性经营

一是科学设置与市场相适应的特许经营招投标规则，依法建立明确的招投标程序、评标机制，吸引社会资本通过公平的竞争优选程序为公众提供更高质量的国家公园商业服务。

二是依法禁止滥用市场支配地位的垄断经营行为。依法明确垄断经营行为的认定与管理办法，推动信息公开。同等条件下，特别法人、解决国家公园原住居民和周边居民就业有突出贡献的营利法人、非营利法人及其组成的伙伴关系享有优先权。同等条件下，原有特许经营受让人履约情况良好的，享有优先续约权。

16.4.4　人与自然和谐，促进新生态商业发展

一是建立生态友好型商业模式激励机制。推行国家公园商业服务白名单制度，限制或淘汰落后商业业态，引导国家公园经营利用活动生态化、多样化，促进业态升级。

二是建设精准有序的特许经营管理体系。加强立法，严格实施国家公园特许经营项目数量控制、进入（退出）规制、价格规制、合同规制、环境规制、教育规制，推动国家公园特许经营的统一高效规范管理。

三是推进国家公园第三方动态评估机制。建设全国国家公园特许经营信息管理平台。鼓励第三方机构研究构建国家公园发展指数，以"指数"（晴雨表）实时、动态化地引导国家公园科学发展。建立更广泛、常态化的国家公园特许经营监督机制，推动年报制度、信息公开机制、举报制度和权益保障机制，全面提升国家公园商业服务的质量。

第17章
中国特色国家公园特许
经营制度的基本要素

17.1 特许经营的目标

国家公园需依法向公众提供必需、必要的生态服务或产品，禁止开展非必要、与国家公园管理目标相矛盾的商业活动。国家公园授权开展商业活动，旨在使公众获得更佳享受、使园内经营服务更加高效、对环境的保护能力得到提升①。

17.1.1 公众获得更佳享受

（1）国家公园内所有获得特许经营许可的商业服务，应对体现国家公园全民公益性②和享受是必要且适当的。

（2）国家公园内所有获得特许经营许可的商业服务，应以不降低体验质量为前提，能提高公众对国家公园的设施利用率和国民认同度，并维系自然与文化遗产的原有价值。

17.1.2 经营服务更加高效

（1）科学设置与市场相适应的竞争规则，吸引有竞争力、有创新力、有社会责任感的企业、组织或个人，为公众提供更高质量的商业服务。禁止国家公园内出现滥用市场支配地位的垄断经营行为。

（2）坚持科学规划，确保所有特许经营设施与服务的科学性、稳定性和可

---

① 张海霞：《中国国家公园特许经营机制研究》，中国环境科学出版集团，2018。

② "全民公益性"指全民共享、共有、共建，服务国家公园内的访客和社区居民。国家公园的国家意义决定了国家公园的社区福祉并不仅限于"原住居民"，还具有促进社区共同体形成的建构功能。以生态移民的公众"身份"为例，生态移民所引起的原住居民生计空间变化具有复杂性，如多数国家公园生态移民移出后，新生计空间与原生计空间无关，但武夷山国家公园的茶农生态移民，移出后仍继续种植国家公园内的茶园。

持续性，加强质量、卫生监督管理和调控机制，保障商业服务的质量和水平。

（3）实施业态引导，扶持发展对生态产品价值转化、国家公园品牌增值有积极意义的经营业态，优先选择生态小微企业，向原住居民参与经营或就业的经营主体倾斜。

17.1.3 保护能力得到提升

（1）坚持生态示范原则，所有特许经营活动应具有突出的生态示范效益和提高公众生态保护意识等积极作用。

（2）建立有效激励机制，推动国家公园生态保护能力，使国家公园管理机构能力同步提升。

17.2 特许经营的原则

国家公园内开展特许经营活动，应严格遵循四个基本原则。

17.2.1 生态保护第一，有限特许

坚持生态保护第一，积极鼓励生态友好型特许经营项目示范，但要实施严格的数量控制、范围控制，实施白名单制度，严禁对国家公园生态环境和遗产资源可能造成破坏的业态，严禁将一个国家公园整体或某个片区交给一个企业进行全业态独家经营。

17.2.2 坚持全民公益，社区受益

特许经营活动应具有明确的公益性，确保国家公园特许经营活动不断满足人民群众对优美生态环境、优良生态产品、优质生态服务的需要，保障原住居民的生存，促进其发展。

17.2.3 坚持规范高效，精细化管理

科学编制特许经营项目计划，依法明确特许经营相关主体的权责关系，针对不同产权关系有序开展分类分项目转让，禁止整体转让，实施依法有效的项目合同管理、价格管理、监督管理，推动社会共治和治理现代化。

17.2.4　坚持生态为民，周边友好

特许经营项目应服务国家公园发展以生态产业化和产业生态化为主体的生态经济体系，应有明确的传统产业升级和生态产品价值转化路径，生态惠民、生态利民意义突出；应能促进周边友好，推动区域生态产品品牌的建设，推动生态产品国际互认，促进中国国家公园品牌增值，共筑国家公园共同体。

17.3　特许经营许可方式与范围

国家公园内利用自然资源资产开展商业经营活动的法人或组织，需获得特许经营资格，依法办理许可手续、缴纳特许经营权使用费后方可从事经营活动。禁止国家公园内一切未经授权的经营活动。

国家公园特许经营方式分为一般经营许可、活动许可、品牌许可三类①。

17.3.1　一般经营许可

一般经营许可是指依法授权法人或组织在国家公园内开展指定的商业活动，包括：①投资、建设、运营服务设施的；②销售商品、租赁场地或设施设备的；③提供餐饮、住宿、交通接待服务的；④提供特色导览解说②、生态体验或者户外活动服务的；⑤其他利用自然资源资产从事商业服务活动的。

17.3.2　活动许可

在国家公园内法人或其他组织面向社会公众举办的活动，需经由国家公园管理机构批准，依法获得活动许可。包括：①开展体育比赛活动的；②开展文艺演出等活动的；③举办展览、会议等活动的；④开展拍摄、商业广告等活动的；⑤其他国家公园内举办的非日常商业活动。

---

① 全球环境基金、天恒可持续发展研究所：《中国国家公园特许经营研究》，2021。
② 国家公园有义务为人民群众提供基本自然解说与导览服务。为提高公众自然体验质量，可通过特许经营的方式，适度开发专业性的特色导览与解说项目。

17.3.3　品牌许可

国家公园的商标、名称、吉祥物、口号等公用标识、公用品牌及其他依法享有的知识产权，需经国家公园管理机构或相关委托机构授权许可后，方可使用。

国家公园品牌许可包括以下四种形式。①国家公园公用标识的商品授权：公用标识用于商品设计开发。②国家公园公用标识的促销授权：公用标识用于各类活动赠品。③国家公园公用标识的主题授权：公用标识用于策划并经营相关主题的项目。④国家公园公用品牌的授权：依托自然资源资产的生态产品与服务品牌，由国家公园管理机构依法委托相关机构组织品牌认证。依法获得委托机构认证后，方可在商品授权、促销授权、主题授权中使用载有国家公园品牌质量等级的标识。品牌许可不限定为国家公园域内经营者使用。

第三篇

国家公园统筹"最严格的保护"和两山转化的案例及相关措施的项目化方案

许多地方在积极参与国家公园体制试点和创建的过程中，就统筹"最严格的保护"和两山转化形成了自成体系的思路和因地制宜的方案。本篇选取了三个有代表性的国家公园作为案例，介绍其设计方案、制度文件并评价其实施效果：①三江源国家公园是中国第一批正式确立的国家公园，各项工作均走在国家最前列，自2019年就开始特许经营试点，目前已在三个园区启动了五个项目，这些项目均已落地运行且从业态而言均体现了真正的生态特色，从管理制度而言均体现了创新并落实为具体的管理文件，只是规模还太小且受疫情影响，三年仍成长缓慢。②广东南岭国家公园脱胎于广东粤北特别生态保护区，自2020年开始广东省全力推进广东南岭国家公园建设，基于广东省的市场经济优势，南岭尝试将产业规划、品牌建设和社区发展相结合，形成了较为完整、覆盖全域的方案和制度设计，只是还未落地。③大熊猫国家公园地跨三省，涉及范围广泛、情况复杂。其中四川省在2022年基本理顺了体制，因此根据国家林草局的建议，选择一两处试点以形成示范，我们给出荥经片区的项目试点方案，如果试点效果好再扩大为覆盖全域的方案和制度设计。

第一部分
三江源国家公园特许
经营实践评估与总结

　　三江源是中国首批正式设立的国家公园之一①。2019 年开始，三江源国家公园中的澜沧江源园区管委会和黄河源园区管委会分别陆续授权昂赛乡年都村合作社（由非政府组织山水自然保护中心等公益组织引导社区开展特许经营）、玛多云享自然文旅有限公司（简称"云享自然"）等在辖区内开展了特许经营活动。自然保护地特许经营作为一种保护的手段，是否发挥了促进自然保护和社区协调发展的作用？国家公园各个利益相关者的权益如何得到有效保障？目前已建立的特许经营机制是否合理并运行良好？本部分在对三江源国家公园特许经营试点评估的基础上，回答了以上问题，也为其他国家公园开展这方面的工作提供了可借鉴的材料。

　　协调政府的政治目标、企业的经济目标和社区的发展目标是中国国家公园特许经营机制创新的关键。在三大目标协同上，有别于侧重于竞争、管控、制

---

　　① 特许经营是三江源国家公园的制度创新之一，相关内容见第一本蓝皮书专题报告二第一章。三江源的特许经营在国家林草局 2020 年组织的国家公园体制试点验收中也内部排名第一，是 10 个国家公园体制试点区中唯一真正以符合国际惯例的政府特许经营制度履行了程序、开展了产业活动并基本建立了各项管理制度的。

衡的紧张均衡模式，三江源国家公园在特许经营试点过程中逐步探索出共生性整体发展目标的特许经营机制。该机制不仅仅是传统的竞争、管控、制约关系，更是一种新型的相互依赖、相互支持和相互补充的人地和谐关系。这种关系建构了新型的政府、生态、社区、产业等多方的依存结构，是一种高于自然演化的人地和谐发展的新常态关系，以下基于对其两个项目的特许经营试点的评估和机制分析来描述这种关系，以让大家了解在操作层面上如何统筹"最严格的保护"和两山转化。

第18章
三江源国家公园特许经营评估

18.1　三江源国家公园自然地理特征

三江源国家公园总面积为 19.07 万平方公里（试点区 12.31 万平方公里），地域涉及青海玉树藏族自治州杂多县、曲麻莱县、治多县和果洛藏族自治州玛多县（其中部分区域为西藏自治区实际管辖）。园区以长江、黄河、澜沧江源头代表区域为基础，整合可可西里国家级自然保护区、三江源国家级自然保护区中扎陵湖—鄂陵湖、星星海、索加曲麻河、果宗木查和昂赛的五个保护分区，形成了黄河源、长江源、澜沧江源"一园三区"格局。其中长江源园区位于玉树藏族自治州治多县、曲麻莱县，面积 14.69 万平方公里，涉及索加乡、扎河乡、曲麻河乡和叶格乡，共 15 个行政村。黄河源园区位于果洛州玛多县，面积 3.17 万平方公里，涵盖黄河乡、扎陵湖乡和玛查理镇，共 19 个行政村。澜沧江源园区位于玉树藏族自治州杂多县，面积 1.21 万平方公里，涵盖莫云乡、查旦乡、扎青乡、阿多乡和昂赛乡，共 19 个行政村。

三江源国家公园是我国重要的水源地，同时该区域有着世界级和国家级地理标志的独特地质地貌和高寒地区典型的生物多样性。鉴于其巨大的生态价值，三江源国家公园成为第一个由中央深改组会议通过试点方案的试点区（2015 年 12 月），三江源的各项体制改革进展也基本最快，特许经营制度试点就是其中之一。

18.2　三江源国家公园特许经营基本情况

截至 2022 年 9 月，三江源国家公园管理局审批通过的特许经营项目共有 5 个，覆盖了澜沧江源、黄河源、长江源三个园区。澜沧江源园区的工作起步最早（2019 年），黄河源园区的制度建设较为完善，但都是以项目试点方式进行的：由于三江源国家公园正式设立后总体规划和管理局的"三定方案"均还未获得国务院批准，《国家公园法》也未正式出台，依据《三江源国家公园条例》开展的这些特许经营工作仍然只能是试行。

18.2.1 澜沧江源园区特许经营项目试点情况

1.特许经营项目授权情况

澜沧江源园区的特许经营工作起步最早。山水自然保护中心昂赛工作站、"漂流中国"等有关公益组织和商业机构在澜沧江源园区的昂赛大峡谷在国家公园体制试点前已经开展一些工作，如结合自然观察开展的当地牧民培训、生态巡护、监测和"自然观察节""公民科学家"等活动。2019年1月，三江源国家公园管理局研究制定了《昂赛大峡谷自然体验特许经营试点工作方案》。2019年3月，三江源国家公园管理局接受了昂赛年都村合作社和"漂流中国"两个经营主体递交的特许经营申请。经审查，三江源国家公园管理局批复并授权澜沧江源园区管委会与经营主体签订特许经营合同并监督特许经营试点的开展。

2019年3月，杂多县昂赛乡年都村扶贫生态旅游合作社与澜沧江源园区管委会签订昂赛自然观察项目特许经营合同，合同期为2年。特许经营内容包括雪豹寻踪、观鸟之旅、徒步探秘、牧民生活体验、幽谷观星等项目。山水自然保护中心在此项目中起到引导社区发展的作用，不参与利益分享，其工作大体如下：建立大猫谷网站，帮助社区对接客源。协助社区选拔22户牧民作为接待家庭。利用跟踪雪豹研究多年的科研优势，对自然观察向导进行培训。对接待家庭进行自然观察项目接待服务培训，以提升访客生态体验质量。待社区自身经营条件成熟后，山水自然保护中心将逐步退出自然观察项目的运营。

2019年3月，北京川源自然户外运动有限公司（简称"川源自然"，实际由美国人文大川负责）与澜沧江源园区管委会签订特许经营协议，被授权在杂多格桑小镇——囊谦觉拉乡澜沧江江段与两岸部分陆地区域开展漂流活动和近岸生态体验活动，以漂流的方式进行深度的自然体验。特许经营内容包括知游江河、营地部落、徒步探秘、知行藏文化、自然科普讲堂。2019年7月，川源自然组织了两次漂流活动，有14名访客参与活动。其还为杂多昂赛当地的藏族漂流学院组织了三场培训活动。2020年和2021年夏季，受新冠肺炎疫情影响，人文大川难以入境开展工作，漂流项目转由当地船长带头人扎西燃丁成立的"漂流杂多"公司运营。

18.2.2 黄河源园区特许经营项目试点情况

2020 年 1 月，由特许经营企业申请，三江源国家公园管理局经过专家审查会和党组会，批复了两个特许经营试点项目。

一是按照黄河源园区管委会的申请，以北京而立道和科技有限公司在青海省玛多县注册设立的"玛多云享自然文旅有限公司"为经营主体，依托其云享自然创始团队在世界自然基金会（WWF）十余年的自然保护国际经验和对黄河源生物多样性保护、环境教育工作的前期科研和科普工作成果，引进其创始团队的资金、专业化的博士和硕士人才队伍、相关技术及销售资源，按照三江源国家公园体制试点和管理局开展特许经营试点的相关要求，授予其在黄河源园区与牧民合作社开展商业合作。

2020 年 7 月，云享自然与黄河源园区管委会签订特许经营合同，被授权在黄河源园区开展自然体验活动，销售玛多县畜牧业产品和其他生态产品，以及在生态体验活动市场推广和三江源国家公园示范村藏羊经销中使用三江源国家公园品牌。合同期限为 5 年。2020 年 8 月，云享自然在三江源国家公园黄河源园区的生态体验项目正式启动，同年，开始开发三江源国家公园的牛羊肉等生态畜牧业产品，2021 年 9 月开始尝试小批量销售。夏季为黄河源园区参观的旺季，受疫情、玛多县地震等影响，2020 年和 2021 年旺季期间未大规模接待访客，项目仍处于小规模、低频次的试运行阶段。2022 年云享自然公司改变了销售模式，预售情况良好，预期接客规模本可以比 2021 年提高 10 倍以上，但因为 7 月以后青海又受疫情影响，因此实际接待规模只是略增。

18.2.3 长江源园区特许经营项目试点情况

2021 年 10 月，长江源（可可西里）园区国家公园管理委员会和青海吉云达旅游开发有限责任公司签署了《三江源国家公园长江源园区生态体验及环境教育特许经营项目》协议。长江源园区管委会与青海吉云达旅游开发有限责任公司合作开展的特许经营项目，是在生态保护优先前提下，探索三江源国家公园生态体验和环境教育规划的技术方法，总结提炼可复制、可推广的经验；也为三江源国家公园开展生态体验和环境教育明确基本原则，提供政策框架，确立基本要求，形成整体安排。长江源园区特许经营项目定位为高端定制化体验项目，以"大道可可西里，三江源国家公园——天上的长江源"为生态环境体验的线路主题。项目在 2022 年开始运营，主要依托四川泸州老窖公司的会员俱乐部提供客源，也是受疫情影响，接待规模不大，小于黄河源园区。

18.2.4 品牌特许经营试点情况

2020 年 1 月，三江源国家公园管理局与波普自然（北京）文化传播有限公司在三江源兔狲、藏狐毛绒玩偶及其销售中特许其使用三江源国家公园品牌标识，并附加部分销售收入对三江源自然保护反哺的要求。2020 年试点启动，但是由于疫情影响生产和销售，目前尚未取得经济效益，只是做出系列样品。

18.3 国家公园特许经营评估框架构建

国家公园特许经营项目涉及国家公园管理机构（管理局）、特许经营企业、地方政府、环保 NGO、研究机构、社区、访客等众多利益相关者。在生态保护的前提下，兼顾利益相关方的诉求，构建国家公园特许经营评估框架，见表 18-1。

表 18-1 国家公园特许经营评估框架

准则	指标	含义
有利于生态保护	自然生态系统	生物多样性丰富
	人文生态系统	传统文化传承、青年人数占比
特许经营机制健全（管理机构）	法律法规	国家公园条例（"一园一法"）、特许经营管理办法
	规范性文件	国家公园总体规划、特许经营相关的专项规划
	制度体系	特许经营项目设计：特许经营项目考虑区域平衡，冷热点搭配，捆绑招标
		长效激励机制：保障特许经营企业的利益。如果固定资产投资多，经营环境恶劣或不成熟，应设置免特许经营费的合同期限，或延长合同期限
		平等协商机制：建立公园管理局、特许经营企业、当地政府的平等协商机制

准则	指标	含义
特许经营机制健全（管理机构）	制度体系	风险分担机制。①经营风险由特许经营者自己承担。②政策风险：如果是国家公园决策能力范围内的风险，由国家公园管理局承担；如果是中央、省出台的政策风险，由特许经营者承担。③对于大型的投资项目，特许经营者投资具有风险。为了保障特许经营顺利进行，可以设计结构化的产品，由多个特许经营商共同承包，按照特许经营商自身的财力、偏好、承担风险的能力，选择适合自己的子项目。遵照高风险、高回报，低风险、低回报的原则分配特许经营收益
特许经营者受益	赢利	在国家公园相关政策框架中持续赢利
	声誉	获得社会赞誉
	其他	如科研和保护的需要
社区受益	收入与物质需求	家庭年收入、对收入的满意度、家庭耐用品种类及数量
	选择和行动自由	非农劳动时间、收入多样性
	和谐关系	社区与保护地的关系，社区自然保护的自觉性、主动性和积极性
	可替代生计能力	从事生态体验接待、绿色农牧业生产等绿色产业的能力
访客受益	自然教育情况	有科研支撑；全程科学领队陪同，解说环境保护理念、动植物知识、生态系统知识；倡导环境责任行为
	传统文化体验	当地传统文化的体验
	接待服务满意度	对住宿、交通、餐饮、讲解等服务以及线路安排的满意度
	访客管理	访客遴选、预约，访客预期管理、限量进入，访客行为管理等
地方政府受益	产业成熟度	国家公园社区绿色产业可持续发展，绿色经济逐渐占 GDP 主导地位

18.4　三江源国家公园特许经营评估

因为没有相关法律法规和标准作为主体依据，对三江源国家公园目前的特许经营项目试点进行评估，只能自定原则。根据《总体方案》等中央文件的要求，暂定以有利于生态保护、特许经营机制健全、特许经营者受益、社区受益、访客受益、地方政府受益为标准。考虑到长江源园区的特许经营迄今运行时间不长，波普自然（北京）文化传播有限公司尚未对特许经营产品进行规模化销售，因此主要评价黄河源园区和澜沧江源园区特许经营情况。再考虑到这种评价并无官方标准，而上述两个主体（黄河源园区的云享自然和澜沧江源园区的山水自然保护中心）均参加了相关评奖活动，因此也列出了2021年福特汽车环保奖的评价作为比对。

18.4.1　是否有利于生态保护

自然生态系统与人文生态系统在三江源国家公园已经深度融合，不可割裂。特许经营不是开发，更应被看作一种保护手段。让社区享受到生态保护带来的利益，可以同化社区的生态保护理念，从而遵守"最严格的保护"制度，协同生态保护与社区发展。青年占社区总人口的比例增加，有利于传统文化的传承。牧民在长期的生活生产实践中已经形成与自然和谐相处的朴素自然生态观，并作为一种传统文化传承下来。牧民已经成为高原草地生态系统的关键环节，这有利于生态系统的平衡。所以实施特许经营不仅要维持生物多样性，还需要促进传统文化的传承，这样才更有利于生态保护。

三江源国家公园目前已开展的特许经营项目是有利于生态保护的，主要表现在以下四个方面。

首先，特许空间和线路是谨慎选择的，所有线路都是从《三江源国家公园生态体验和环境教育专项规划》中选择的。国家公园对特许经营项目的定位是被授权在特定空间、特许路线、以可持续方式开展国家公园内的访客接待项目，实现社区赋能和反哺。这类规范性文件不会违背生态保护的前提。

其次，特许经营不违背生态原则的监管在合同中明确提出。黄河源园区生态访客接待数限定在2000人以内，访客人数控制在10～12人每团，全程科学领队陪同，对访客行为进行管理。澜沧江源园区的自然观察访客接待人数限定在400人以内。当地向导全程陪同，对访客行为起到规范作用。同时，在昂赛自然体验项目和黄河源园区云享自然特许经营项目的合同中，明确管理机构，县人民政府委托第三方机构评估自然体验项目对于野生动物种群的影响，一旦监测到可能的干扰，将迅速做出调整。

再次，社区赋能和反哺吸引年轻人加入特许经营。抛开故土情结和藏族文化传统，年轻人由于思想更开放，语言能力和学习能力强，更适合做生态访客接待。年轻人通过访客接待，在家就能兼顾外界交流和养家糊口，所以当地年轻人留乡居多，有利于传统文化的传承。

最后，藏族传统文化已经被设计到国家公园生态体验特许经营项目的内容中，强化了牧民的文化自豪感和自信心。这种自觉传承还有利于藏族传统文化的活化。

18.4.2　特许经营机制是否健全

国家公园管理局的职能是"订章建制"和评价考核、监督检查。特许经营机制的健全不仅是投资者考虑是否进入国家公园特许经营项目的依据，也是后期特许经营项目管理和可持续运营的基础。

目前，三江源国家公园特许经营相关的法律法规以及规范性文件已经很完备，如表18-2所示。特许经营有法可依，有规可循，这是吸引投资者参与三江源国家公园建设的基础。

表18-2　三江源国家公园特许经营相关的法规文件

法规文件类型	法规文件
法规和文件	《三江源国家公园体制试点方案》
	《三江源国家公园总体规划》
	《三江源国家公园条例(试行)》
	《三江源国家公园环境教育管理办法(试行)》
	《三江源国家公园经营性项目特许经营管理办法(试行)》
规划	《三江源国家公园管理规划》
	《三江源国家公园生态保护专项规划》
	《三江源国家公园生态体验和环境教育专项规划》
	《三江源国家公园产业发展和特许经营专项规划》
	《三江源国家公园社区发展和基础设施建设专项规划》

根据报告构建的特许经营评估框架，国家公园管理局除了关注法律法规和规范性文件之外，还应重点关注以下制度机制的设计。

特许经营项目的设计。三江源国家公园特许经营主要采取某个园区生态旅游的某条线路特许的形式。如黄河源园区符合《三江源国家公园生态体验和环境教育专项规划》的三条线路的自然体验项目开发（另外还包括销售使用国家公园品牌标志的藏羊肉产品等）特许给云享自然。在特许经营试点之初，考虑到主流投资者的意愿和消费市场尚未形成，这种模式的特许经营有优势，但在条件成熟之后，仍有必要采取更加开放的竞争模式。目前，云享自然也在澜沧江源园区开发了一条生态体验线路，其与昂赛年都村合作社的项目有业态竞争关系但不是同质产品，这就从项目设计上实现了有限有序的市场竞争，显著区别于旅游景区的全业态空间垄断。

长效激励机制。在授权特许经营企业的过程中，考虑到三江源国家公园有生态特别脆弱、配套基础设施特别差、社区特许经营环境特别薄弱（牧民语言、生活习惯、经营意识、服务能力不足以支撑社区参与特许经营）的特殊性以及市场培育的时效性，合同期内免收特许经营费，这是激励投资者的一种方式。即使在这种情况下，云享自然仍然未能实现自给自足，甚至亏损经营。除了免征特许经营费，国家公园还应探索其他的金融机制和长效激励机制，以促进特许经营的可持续发展。深入了解特许经营企业的经营难点，如地方政府或管理局应在企业与社区之间充当沟通的桥梁，引导社区生态体验及藏牛羊产品生产经销合作社成立等，提升社区可替代生计能力，完善交通等配套基础设施建设，减轻特许经营企业负担，营造良好的特许经营环境。

平等协商机制。建立公园管理局、特许经营企业、当地政府、牧户代表平等的协商机制，让所有的特许经营利益相关者能推心置腹、平等顺畅地交流，这样才能及时发现问题，解决问题。但目前，三江源国家公园还没有这样这一种定期进行的沟通协商会议机制。例如，目前云享自然在与牧户的沟通中存在很多障碍，特许合同要求企业与社区合作社开展商业合作，但是玛多县目前特许经营涉及的花石峡镇社区、扎陵湖乡社区和黄河乡社区中没有一个成熟的合作社与云享自然进行对接，社区接待活动缺乏组织性。政府有责任引导当地社区成立生态体验合作社，为投资者营造良好的经营环境。如果有多方的平等协商机制，就可以及时解决这个问题。

风险分担机制。国家公园管理局应具备鉴别风险的能力，不同的风险类型应界定其承担主体，并在特许经营合同中予以固定。这样不仅可以消除特许经营企业的顾虑，而且有利于甄选有能力、有担当的投资者共同参与国家公园建设事业。从三江源国家公园特许经营合同及执行情况来看，非不可抗力引发的经营风险由特许经营企业自己承担，但对于疫情这类不可抗力因素引起的经营风险，国家公园尚未给予扶持；政策风险在黄河源园区特许经营合同中被界定为不可抗力，但未能明确哪些是国家公园决策能力范围之内的政策风险，哪些是省级和中央政府决策的政策风险，实际上，前者风险应由国家公园管理局承担，后者风险应由经营企业承担；对于大型的、涉及固定资产投资项目的风险，可以设计结构化的特许经营项目去招标，由多个特许经营商共同承包，遵照高风险、高回报，低风险、低回报的原则分配特许经营收益。目前，三江源国家公园还未涉及此类项目。

18.4.3 特许经营者是否受益

三江源国家公园目前授权的特许经营者有两大类：一类是企业，黄河源园区特许经营者是云享自然，具有营利性；一类是公益组织，澜沧江源园区昂赛峡谷自然观察的特许经营的引导者是山水自然保护中心。特许经营者性质不同，特许经营模式也会不同。目前，根据特许经营者的性质，三江源国家公园有两种特许经营模式：企业主导型和 NGO 引导型。这两类特许经营者有不同的诉求，受益点也不一样。

根据特许经营评估框架，云享自然在玛多县注册成立，核心业务是自然保护政策示范和倡导、环境教育、扶持当地社区。通过提供人与自然链接的生态体验以及探索和示范国家公园产品品牌增值体系，促进社区共同发展。具体经营产品包括：黄河源园区内的生态体验，藏羊等原生态农牧产品及文创产品。生态体验项目的主要客源来自高知高端市场，有广阔的市场前景。云享自然打造并试运营了高端"两湖一碑"—冬给措纳湖—黄河乡生态体验经典 5 日、7 日产品，标准 3 日和 2 日产品，开发了并测试了低端"两湖一碑"单日生态体验产品，形成了多元化的销售模式，但迄今未实现赢利。

山水自然保护中心作为昂赛自然体验合作社的监事和技术支持机构，协助昂赛自然观察特许经营项目的实施。该项目采取社区自主管理和运营的模式，山水自然保护中心主要是通过"大猫谷"网站接收访客预约，然后将客源对接给社区，此外，还承担了社区接待能力和讲解能力培训的工作。访客参与自然观察项目的收益全部返回给社区，山水自然保护中心不参与收益分配。

综上所述，目前三江源国家公园特许经营企业除了获得生态体验的经营经验，对生态体验市场有一定程度的挖掘，摸索出适宜的与社区合作的模式之外，还尚未实现赢利。原因是综合性的：首先，特许经营的基础差，缺乏交通、住宿、餐饮等基本的配套设施。如国家公园给每户接待家庭建了用于访客接待的小木屋和生态厕所，云享自然组织的团队游客虽然未住宿在牧民家，由社区统一安排食宿，但木屋的卫生、热水供应等服务仍由分散的牧民家庭提供，木屋也未配置统一化的内部装饰和家具，难以提供标准化、统一化的接待服务。其次，园内现有的配套设施，如旱厕等，难以满足外地访客对于高品质体验的诉求。此外，接待牧民此前从未开展过食宿等接待服务，服务意识欠缺、服务水平参差不齐、语言障碍等都是生态体验接待的短板。最后，疫情和地震等自然灾害也是非常重要的影响因素，因此目前对企业的评价并不代表这种经营和公司经营的常态。

18.4.4 社区是否受益

特许经营者通过与当地政府、保护机构和合作社建立利益共享机制，协助当地社区参与国家公园访客预约、服务和当地特色产品产销，以三产带动一产、二产，促进各方协同建立国家公园产品品牌增值体系，示范和探索国家公园农牧民社区以保持传统自然资源可持续利用方式为基础的绿色乡村发展模式。

三江源国家公园范围内有12个乡镇，6.4万人居住，其中包括贫困人口2.4万人。云享自然和山水自然保护中心不直接对接牧民，而是对接村合作社。其中，云享自然的特许经营涉及三个乡镇社区：花石峡镇社区、扎陵湖乡社区和黄河乡社区。其通过与吉日迈村、擦泽村等合作社签订合作协议，开展商业合作。2020年云享自然的生态体验项目试运行，在食、宿、行等基础服务方面实现了社区完全采购。2021年，生态体验项目优化调整，增加了外部带入中餐，住宿与交通仍采购社区服务。

山水自然保护中心在接收到预约之后，就与社区自然观察接待管理小组对接，管理小组以抽签顺序决定接待家庭。村民管理小组由自然观察涉及的三个村的代表组成，负责收取费用、安排访客接待家庭、收入的二次分配。山水自然保护中心是昂赛乡自然观察项目对外的一个窗口和渠道。2018年，山水自然保护中心联合杂多县人民政府、澜沧江源园区管委会等机构联合发起"2018昂赛国际自然观察节"，邀请全球自然爱好者以公民科学家的形式对昂赛乡开展为期4天的自然观察活动，并由此打响昂赛自然观察项目的知名度，带来大量客源。通过山水自然保护中心建立的渠道，社区与外界进行交流和接触，家庭经营模式有了较为显著的改变。

自2019年实施特许经营以来，特许经营活动的开展不仅给社区带来经济收益，特许经营者还对藏族牧民进行各项职能和角色的分工与培训，整合并赋能本地各类社会和服务资源。根据评估框架，社区参与特许经营机制让社区在以下四个方面受益。

社区牧户收入增加。云享自然 2020 年生态体验项目收入的 86%，将近 30 万元，以采购服务的方式返回玛多牧民的钱包（一次分红）为当地 GDP 做出了贡献。在云享自然社区收益分配模式设计中，一次分红占总收入的六七成，还可以通过二次分红的形式将部分收益返给生态体验合作社，但限于目前的盈利能力，这部分收益还未实现。昂赛乡自然观察项目对个体家庭和乡镇村落都产生了经济效益。从 2018 年至今，自然观察收入共计 248 万。其中，45% 直接分配给接待家庭，45% 交给合作社，10% 作为保护基金。生态体验项目通过二次分配机制在提高接待家庭收入的同时，也给社区带来了整体收益，确保了本地居民部分参与、集体受益。这种模式可以扩大生态体验项目的社区参与范围，有效推动接待家庭与其他牧户之间建立起有效的合作模式。二次分配机制还可促使非接待家庭通过向自然体验向导提供野生动物活动信息、协助监管外来人进入等方式，为自然体验项目的顺利开展提供保障。

可替代生计能力培训。特许经营活动参与作为自然资源严格空间管制下社区的可替代生计，特许经营企业也承担了可替代生计能力培训的任务。2018 年试运营阶段，昂赛乡自然体验项目在全乡范围内选拔 22 户示范家庭，进行向导培训、烹饪技能、接待服务、医疗常识等入户培训。云享自然在黄河源园区向 40 名司机提供自然导赏培训，此外不定期对接待家庭进行安全、住宿接待等服务意识方面的培训，帮助社区实现对车队的管理，设定生态访客团队用车、餐饮标准，帮助牧户改良餐饮服务、住宿条件、接待流程等。以上可替代生计能力培训不仅可以确保生态体验服务质量，还提升了牧民兼容保护的生计能力。

选择和行动自由。三江源国家公园目前开展的特许经营项目增加了牧户的非农劳动时间，提高了牧户收入的多样性，给予牧户更多的自由时间和收入选择。当前，黄河源园区牧民收入主要来自畜牧。澜沧江源园区牧户主要的收入来自虫草，但虫草价格随市场需求的变化波动较大。生态体验接待作为一种补充，可以缓解收入降低带来的生计压力。

和谐关系。特许经营活动的开展缓解了生态保护带来的社区发展压力，提升了社区自然保护的自觉性、主动性和积极性，缓解了自然保护地的管理压力。当地牧户有机会到城市生活，但多数人更倾向于住在这片热爱的故土草原，所以并不赞成生态移民和控制游牧。

18.4.5　访客是否受益

由于三江源国家公园特许经营项目以生态体验为主，访客对特许经营活动的体验和感受是关注的重点。根据特许经营评估框架，访客参与生态体验需要关注其获得的自然教育情况、传统文化体验以及对接待服务的满意度。

优质的生态体验。访客希望能全息沉浸，用心用情感受原生态自然生态环境的生命冲击。特许经营者如何提供良好的生态体验呢？首先，扎实的科研基础是生态体验产品或线路内容设计和得以实现的保障。在什么空间、季节/昼夜/时段，能看到什么动植物或自然景象，该区域可以承载多少访客，活动中怎么减少生态干扰，有哪些负面行为清单需要借助科研工具解决。其次，专业的环境解说能将晦涩的专业术语转化成通俗语言传递给访客，环境解说的内容全面。山水自然保护中心在昂赛设置了昂赛工作站，长期对雪豹等关键物种进行观察和研究，并对社区自然观察向导进行培训。黄河源生态体验项目建立了科学领队认证体系，有一支从事生态体验活动的专业队伍，领队培训上岗，全程由科学领队陪同，解说环境保护理念、动植物知识、生态系统知识，倡导环境责任行为。此外，黄河源园区生态体验项目还设置了涉及野生兽类观赏、藏族文化、宗教、历史、水文等知识的课程体系，确保环境解说内容的全面专业；编制了《黄河源生态体验和自然教育手册（试行版）》，对访客行为进行干预和引导。以上措施保证了访客生态体验之旅的质量。生态体验行程结束后，访客将获得一张生态访客证书。这可以提高访客对生态体验的获得感。

深度的藏文化体验。黄河源园区目前主要提供3.5天的生态体验标准线路，涉及三个区域：A. 扎陵湖乡"两湖一碑"，国际重要湿地扎陵湖、鄂陵湖，黄河溯源；B. 花石峡镇冬给措纳湖，雪豹生境邂逅高原野生兽类；C. 黄河乡格萨尔赛马称王起点，高原湿地沙漠体验人与自然和谐相处。旺季由社区提供园内的藏式帐篷住宿或生态木屋住宿与藏式餐饮。当地牧民协作人员与访客人数配置最高时达到1∶1。在昂赛乡自然观察项目中，访客从进入国家公园就由牧民家庭全程接待。在项目设定的4天3晚的自然观察行程中，访客食宿、交通、向导服务均由接待家庭提供，确保生态访客有一个特别的藏族文化体验。

有待改进的接待服务。接待服务基本从社区采购，由于语言沟通、生活习惯差异较大，牧户接待设施有限，生态访客的费用相同，但体验却差别很大。

访客在这方面的满意度偏低。为了避免这类投诉，昂赛乡自然观察项目、黄河源园区生态体验项目从访客预约开始，就对访客进行自然教育和预期管理，以减少投诉。同时，为预防和减轻客人的高原反应，当地准备了齐全的高原应急资源：应急氧气瓶＋吸氧室＋车载制氧仪＋专业安全员＋应急预案。在车辆安全上，园区路况差，特许经营企业会对承接交通服务牧户车辆进行限速，要求车辆必须有安检证，云享自然采取的措施是强制车辆配备保险。

18.4.6　地方政府是否受益

国家公园政策限制地方产业发展。建立国家公园以来，三江源地区近90%的国土面积被划定为禁止开发区和限制开发区，《三江源国家公园产业发展和特许经营规划》（以下简称《专项规划》）更是规定了产业类型，并从空间上划定了特许经营产业开发的禁止区、适度利用区、聚集区、支撑区。在草地生态系统总体上呈现退化趋势，难以满足生态有机畜牧业发展条件的情况下，《专项规划》等规范性文件不允许搞大旅游大开发，地方发展受限，陷入困境。地方政府只能培育绿色产业发展市场，引导产业转型。特许经营正好提供了这样一个契机。

目前主导的特许经营项目主要涉及生态体验产业和绿色农牧产品加工产业。但同时，这两大产业也存在问题：首先，第二、三产业发展基础薄弱。根据"十三五"期间三江源国家公园涉及四县的经济发展统计数据，除玛多县外，曲麻莱县、杂多县、治多县的农牧业产值几乎占据了GDP总量的50%或以上，第二、三产发展基础薄弱（见表18-3）。虽然从2019年开始，杂多县和玛多县实施了特许经营，但是效果甚微。

表 18-3　三江源国家公园所涉四县"十三五"规划期间经济发展情况

县	GDP（亿元）	公共财政预算收入（万元）	社会消费品零售总额（万元）	三次产业增加值比重
曲麻莱县	6.34	3024	10028	53：26：21
杂多县	10.58	2738	10080	45：31：24
治多县	6.52	2453	10050	65：22：13
玛多县	2.32	3703	4947	22：34：44
合　计	25.76	11918	35105	50：28：22

其次，生态体验和自然观察带来的访客规模受限于高海拔、基础设施薄弱和社区服务接待能力弱，尚未形成主导产业。再次，草地生态系统的退化趋势和脆弱性决定不能大规模地放牧，绿色有机农牧产品生产规模有限。最后，以商业特许经营形式的品牌体系，可以把国家公园的保护要求扩展到国家公园周边，使绿色发展产生的保护效果扩大到园区外，也使相关产业产值大幅增加。但现在国家公园品牌尚未形成，地方相关产业附加值难以提升。因此，绿色产业产值尚未占据 GDP 主导地位，绿色产业的成熟度较低。

除了这六方面评价，2021 年，中国持续时间最长的民间环保奖——"福特汽车环保奖"——首次开设了"生态旅游路线奖"，云享自然和山水自然保护中心分别作为申报主体，以其生态旅游线路报奖。经过专家多轮评选和公众网络投票，福特汽车环保奖评委会从近 100 份申请中最终评选出 5 个优秀生态旅游项目，这二者均在其中，云享自然名列第一。福特汽车环保奖评委会的总结说：这 5 个项目自开展以来，共吸引 3 万多名游客，累计为社区带来超过300 万元收入，带动项目所在地近千人参与到生态旅游服务中。这种评价说明，在经济效益之外，三江源国家公园特许经营项目的社会效益是明显的。

18.5 总结

特许经营权获取方式。考虑到三江源国家公园有生态特别脆弱、配套基础设施特别差、社区特许经营环境特别薄弱（牧民语言、生活习惯、经营意识、服务能力不足以支撑社区参与特许经营）的特殊性，三江源国家公园管理局没有采取竞争性方式去甄选特许经营者，而是采用"申请+考察+授权"的方式。这种方式对于三江源这类情况特殊的自然保护地比较适用。

"NGO+当地合作社"共同竞标特许经营权，NGO 引导和支持社区参与特许经营。这种方式在国内是首创，如山水自然保护中心深耕昂赛多年，它本身是一个科研和自然保护的公益性机构，在长期实践中总结出"社区保护"模式。将科研和保护的成果转化为可替代性的社区生计，山水自然保护中心与当地社区成立的自然观察合作社开展合作，帮助社区对接外部客源，提升社区可替代的生计能力，社区享受到自然保护的收益。NGO 本身并不参与经营活动，也不分享收益，所以更能获得社区的信任，双方能更长久地合作。在社区合作社成立后，NGO 会适时退出特许经营。

　　特许经营试点很好地起到了协调社区发展与生态保护的作用。三江源国家公园所有特许经营者都有很强的自然保护意识，所有特许活动的开展均明确了社区合作社的主体地位。

　　特许经营机制还有待改善。特许经营的相关法律法规和规范性文件齐备，具备良好的特许经营开展的制度基础，但是在特许经营项目设计上对区域平衡考虑较少，对特许经营者缺乏长效激励机制和风险分担机制，对所有利益相关者缺少平等协商机制。

　　因地理条件、基础设施缺乏、社区经营环境不够成熟，特许经营商举步维艰。当地政府应在社区合作社培育、基础设施建设上有所作为，国家公园管理局应在国家公园品牌建设上加快步伐，进一步健全特许经营机制，以营造良好的经营环境，对特许经营有长效激励机制。

　　特许经营项目对社区福祉有增进作用。特许经营项目增加了牧户收入，提升了社区可替代生计能力，获得了社区对国家公园的认同。

　　访客获得了优质的生态体验和深度的藏文化体验，但在接待服务方面有待改善。特许经营商严格遵守三江源国家公园关于特许经营的制度法规，对访客生态体验质量有严格把控，但生态体验访客的接待有其特殊性，接待服务必须进行社区采购，所以特许经营企业难以把控社区接待服务质量。虽然目前通过对社区接待服务能力的培训，社区接待服务质量有所改善，但这是一项长远的工作，需要当地政府参与其中。

　　特许经营促进地方产业规模发展的作用暂时有限。三江源国家公园特许经营试点工作受疫情等不可抗力的影响，进展稍显缓慢，实际开展的特许经营活动类型单一，主要集中在生态体验。但是由于国家公园生态管控以及地理条件限制，生态体验很难像大众观光旅游那样迅速达到年百万人次那种等级的规模，其对地方相关产业的直接带动有限。三江源国家公园的品牌农牧生态产品的特许经营处于起步阶段，制度建设都还停留在企业自行探索层面。

第19章
三江源国家公园共生性整体发展的
特许经营机制及其成效

19.1 三江源国家公园共生性整体
发展的特许经营机制

19.1.1 机制简介

三江源国家公园根据自身基础条件和特点，在特许经营方面采取多个项目试点辅以制度建设的方式，目前其人与自然和谐共生整体发展的特许经营机制初露端倪。该机制受益于三江源国家公园原住居民的有限欲望发展的价值观和以藏传佛教为核心的生态中心主义环境伦理文化。这一环境价值观和环境伦理文化，推动了该地域特许经营形成了人与自然整体共生发展的目标观，即将政府政治目标、社区发展目标和企业经济目标融为一体，围绕特许经营项目建构新型的政府、生态、产业和社区的命运共同体，实现多方利益相关体的共生发展。这在三江源表现为将生态保护属性和牧民普惠属性融入特许经营经济目标之中，并与之成为不可分割的整体。该目标在政府、企业、牧民和顾客等多方利益相关体之中逐步演进出保护与普惠内化的特许激励机制，并形成了涉及政府、企业和牧民等多方协同参与的共生合作网络特许经营模式。在特许运作过程中表现为多元的"小而美"的特许经营项目和向市场提供"负责任"的商品，形成了颇具特色的 NGO 特许模式和企业主导模式。

三江源国家公园共生性整体发展特许经营机制，是总书记关于三江源国家公园管理局"两个统一行使"在特许经营机制方面的具体体现。相比传统将特许经济目标、保护目标和地区普惠目标分而治之的做法，其能够有效实现保护、经济和民生的整体可持续性发展，破除过去这三个方面单独发展造成失衡和相互掣肘的局面（见图 19-1）。

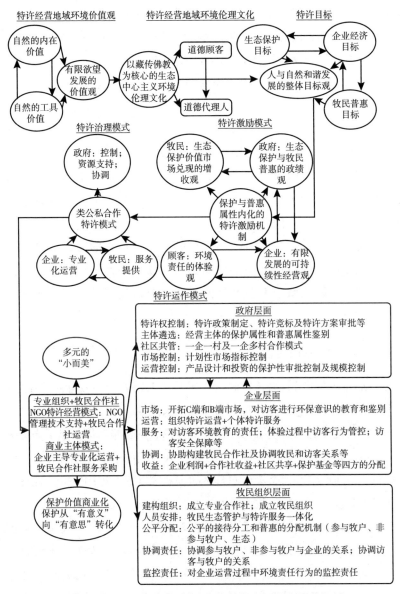

图 19-1　三江源国家公园共生性整体发展特许经营机制

19.1.2　有限欲望发展的特许地域环境价值观

相对于人而言，自然具备内在价值和工具价值。自然的内在价值反映的是自然作为地球公共环境的存在物，具备天赋的生存和发展的权利。自然的工具价值是相对于人而言的。人作为生态系统中的一环，可以利用自然资源实现自身的发展。有限欲望发展的价值观体现为人不能滥用自然工具价值以满足自身不受节制的欲望。我们在追求自身发展的过程中需要表达适度的欲望，在尊重自然天赋的内在价值基础上，适度利用自然的工具价值，保证人和自然的生态系统可持续发展。

三江源国家公园区域内的藏民千百年来自然形成的游牧生产方式，充分体现了当地人对个人欲望的节制，对生态天赋权利的尊重。当地人闲适的生活状态、恬静的生存方式和对自然的虔诚宗教信仰，均体现有限欲望发展的价值观。正如在团队调研过程中，一位杂多县负责澜沧江源园区的藏族官员所说的那样，深处园区游牧藏民在千百年来的人地和谐互动过程中，已经成为园区内自然生态链条中不可或缺的一部分，自然演化的有限生产生活方式是园区稳定生态系统的重要环节，是彰显人与自然生命共同体的重要角色。

19.1.3 以藏传佛教为核心的生态中心主义环境伦理文化

三江源国家公园盛行藏传佛教。牧民基本上以藏传佛教寺庙为中心群居。在当地随处可见朝圣、礼拜、转经的藏民信众。寺庙、经幡、玛尼堆已与三江源国家公园自然生态的生境融为一体。藏传佛教的普遍信仰彰显了当地藏族文化合理欲望、崇拜自然、敬畏生灵的一面。在他们的生活中，有着对圣山、圣水、圣湖、圣河的崇拜，有着回归自然的丧葬等宗教习俗的安排，也有着将作为生产工具服役多年的牦牛放生等对生命敬重的行为。

三江源国家公园已然形成了以藏传佛教为核心的生态中心主义环境伦理文化。该文化以宗教的形式传达出自然亦是"道德顾客"，人作为自然的"道德代理人"保证在对待人与自然的关系上做出道德的行为。就是说道德行为不仅存在于人与人之间的关系中，由于自然天赋的内在价值，道德行为也需存在于人与自然之间。由于自然不能向人类主张自己的道德诉求，这就需要人承担自然"道德代理人"的角色替行道德的行为。三江源国家公园范围内以生态神学为核心的生态中心主义地域环境伦理文化为该地区顺利实施极具保护特质的特许经营活动提供了先天的环境基础。

19.1.4　共生的特许整体发展目标

三江源国家公园范围内自然形成的特许经营地域环境伦理文化中对自然的保护和尊重并不是独立存在的，而是与当地牧民的生产生活方式融为一体，即牧民的生产生活方式作为一个整体体现两面属性：牧民的发展和自然的发展，两者没有割裂为两个相对独立的部分。对自然天然的保护和敬畏行为本身对当地牧民而言是一种基于宗教信仰的精神愉悦，而非负担。习近平总书记提出的"两山论"，不仅仅是从时延的角度说保护好"绿水青山"会带来经济发展层面的"金山银山"，更是在说对"绿水青山"的保护行为本身具有"金山银山"的商品价值。

在三江源国家公园地域环境伦理文化内在逻辑的影响下，该区域的特许经营在试点过程中，自然形成了人与自然和谐的共生性整体发展目标观。该目标观体现了围绕特许经营项目，将政府的政治目标、企业的经济目标和社区的发展目标融为一体，形成人与自然和谐发展的新局面。在三江源国家公园特许经营中表现为生态保护目标和牧民普惠目标整体融入特许经营经济目标之中，让三者成为不可分割的部分，实现特许经营的每一分收益都被打上保护属性和普惠属性的烙印，推动形成三江源国家公园政府、生态、产业和牧区等多方和谐共生发展的新常态。该新常态是在自然形成的传统人地和谐关系基础上主动有为的结果。它源于自然的和谐共生，但高于自然的和谐共生，表现为一种新型的人地共同发展的关系结构，这也是习近平总书记命运共同体思想在三江源国家公园特许经营机制中的具体体现。

具体而言，三江源国家公园依托"两个统一行使"的管理体制，确定了"政府引导、管经分离、多方参与"的特许经营模式。在特许经营的平台上，无论是政府、企业、牧民还是访客等参与主体均承担了保护、普惠、经济发展的多元角色。如政府选择的特许经营主体主要负责人均有自然环境公益组织或国家公园体制研究的背景，云享自然甚至将其运营的特许经营项目直接定位为"特许经营就是一种保护机制"。参与提供服务的牧户既是服务的提供者，也是园区负责保护的管护员。除特许费用外的特许经营实体的经营性收入也分为三个部分：企业收入、环保基金和社区共享基金。就生态体验和环境教育而言，特许项目的产品构成涵盖了行前的环境教育、自然体验活动的环境影响行为约束以及捡拾垃圾等环境公益行为。这在一定程度上体现了保护行为即自然体验商品的特色。共生的整体发展目标观在一定程度上避免了将环境保护、普惠性扶贫、社区经济发展割裂开来的目标协同所带来的行政成本较高和协同效率低下等问题，破解了三方独立发展难免产生较高协同和补救成本的恶性循环，也在一定程度上打消了国家公园一谈旅游即色变的顾虑。见图19-2。

图19-2　三江源国家公园特许经营项目的整体发展目标路径

19.1.5　保护与普惠内化的特许激励

激励是人们事业有为的动力机制。好的政策制度设计需要激发相关群体的潜在动机才能保证高效落地。在特许经营共生的整体发展目标导引下，三江源国家公园特许经营项目在探索过程中形成了将保护与普惠属性内化的特许经营激励机制，表现在四个方面。

首先，政府层面形成了生态保护、牧民普惠和经济发展统一的政绩观。政绩是官员行动的重要动力。一直以来，群众支持和区域发展是官员提高政绩的必要条件。习近平总书记多次对青海和三江源国家公园的政治使命做出重要指示："青海最大的价值在生态，最大的责任在生态，最大的潜力也在生态，必须把生态文明建设放在突出位置来抓，尊重自然、顺应自然、保护自然，筑牢国家生态安全屏障，实现经济效益、社会效益、生态效益相统一"，"青海对国家生态安全、民族永续发展负有重大责任，必须承担好维护生态安全、保护三江源、保护'中华水塔'的重大使命，对国家、对民族、对子孙后代负责"。同时，三江源国家公园管理局及下属的管委会的行政地位也得到相应提高。在中央政策和制度的安排下，青海省尤其是三江源国家公园范围内地方政府相关官员的政绩观由过去突出的"唯GDP论"转化为"保护、普惠和发展"相统一。在访谈过程中，三江源国家公园范围内的地方政府领导谈论最多的是特许经营的发展如何体现最严格的保护。国家公园下属的各个管委会和地方政府积极行动，主动与相关经营主体对接，制定各个园区特许经营的方案并迅速开展试点。在试点开展的过程中，公园管理局及管委会、县政府、乡政府和牧委会会同公园特许经营主体开展对牧民的保护和专业技能的培训，组织生态体验与环境教育的节事活动，帮助牧民成立对接特许主体的牧民合作社，积极促进保护和发展所带来的经济收益在社区中的普惠共享。三江源国家公园"保护、普惠和发展"的观念在很大程度上为三江源国家公园特许经营良性的发展提供了强大政治动力，一定程度上防止了政绩观缺失或出现偏差导致的国家公园特许经营"政府引导"要求在落实层面走样。

其次，特许经营企业形成了有限发展的可持续性经营观。三江源国家公园生态体验项目的特许经营实体主要负责人均有自然保护公益组织的经历，这使特许经营项目在运营上具有先天的保护和普惠责任意识。受聘的牧民或牧民家庭均同时承担了管护员的角色，管护收入年人均达到 21600 元。这保证在特许项目服务提供方面的环保动力。在具体运营层面，三江源国家公园特许经营授权企业普遍将特许经营作为一种保护机制，严格控制入园访客规模和团队规模，体验产品在行前、行中和行后充分注入环境教育、文化尊重和生态保护的内容，收益分配主动推行环保发展、社区共享和企业盈利的平衡。另外，特许运营企业如昂赛乡的"漂流中国"主动将运营过程中局部存在的生态环境影响问题反馈给管委会和管理局，并共同探索优化的策略。

再次，牧民形成直接市场兑现的生态保护增收观。三江源国家公园参与特许经营项目的社区牧民从生态保护的市场兑现获得直接收益。牧民从生态管护中获得收益，这使他们在提供生态体验服务行为和对游客的引导上具有强烈的生态保护责任动力。未来对园区的生态畜牧业、虫草等藏药业的特许可能会获得与生态保护兼容的国家公园品牌溢价收益。所有这些深刻改变了公园内牧民传统的增收观，使他们形成了于保护中获得收入和生计的家庭生产观。

最后，访客形成对环境负责任的自然体验观。三江源国家公园生态体验特许项目在招徕访客的时候，均会对访客资质进行基本审查。如云享自然通过预约网站对报名访客进行相应的环境行为和态度的问卷调查，并将该数据作为访客资质审查的重要内容。参与的访客在生态保护上具备一定的基本素质和修养，这为他们在体验过程中避免环境负面影响行为，产生主动的环境保护行为提供了基本动力。另外，访客在行前、行中、行后接受的环境教育和引导也帮助他们形成和强化自然体验中的环保意识。这不仅会进一步强化特许生态体验行为对公园生态产生积极的环境影响，也会让访客在生活中注重生态保护，形成公园生态体验的环境溢出效应。

19.1.6 共生性合作网络的特许治理模式

三江源国家公园围绕特许经营项目形成了涉及政府、企业和牧民三方一体的共生性合作网络的特许治理模式。有别于传统的侧重竞争、制衡和监管的紧张关系结构，该模式在共生性整体发展目标的指导下，涵盖代表生态环境利益的三江源国家公园特许经营多方参与利益体，呈现一种新形态的相互依赖、相互补充、相互支持的合作关系。以昂赛乡生态体验特许经营项目为例，山水自然保护中心的任务是开展科考、环境教育、专业自然观察，实现对自然的保护公益责任。早期进入园区的科考、专业自然观察等人员交通、食宿、向导等接待服务在安排上存在很大的不便，耗费他们很大的精力。以合作社为主体的特许经营实体建成后，给他们的工作提供了很大便利。这进一步激发了他们主动为合作社提供专业性管理支持的动力。合作社从以保护为主要责任的非营利性组织那里获得市场和管理支持，不仅收获了经济利益，而且深刻地认识到围绕保护给他们带来的实际利益。

这种合作关系结构的核心在三江源国家公园主要表现为政府（国家公园管理机构）、特许经营企业、牧民等三方共生合作关系结构（见图19-3）。

政府层面涉及管理局、管委会和县乡政府、基层牧委会和党支部等。公园管理局负责统筹全园特许经营的工作。管委会和县、乡政府负责特许经营项目的申请、推进和控制工作；与特许经营企业合作对牧民开展技能培训；与特许经营企业合作对基础设施、特许经营方案、行业服务标准进行设计、规划和落地；协助企业指导基层牧委会或党支部，组织牧民成立合作社。基层牧委会或党组织在特许经营企业的帮助下组织牧民成立合作社；负责协助合作社成立牧民组织；负责协调特许经营企业与合作社、参与牧民和社区牧民的关系，协助特许经营企业协调牧民与访客之间的关系；负责对合作社运行的公平、民主、普惠性进行监督。

牧民层面，包括合作社、牧民组织和牧民。合作社负责对接特许经营企业，成立牧民组织；负责向特许经营企业提供服务；负责与企业一起对牧民进

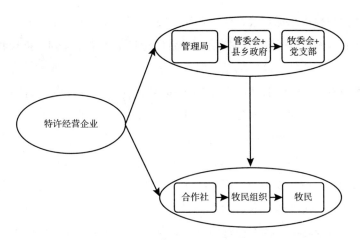

图 19-3　三江源特许经营共生性合作网络的治理模式

行培训。牧民组织负责合作社的日常管理；负责组织和协调牧民为特许企业提供服务；负责协调参与牧民之间的关系、牧民与访客之间的关系。牧民负责向访客提供符合要求的服务，并监督和引导访客的环境行为。

特许经营企业层面，负责在保护和普惠的前提下，开展专业的特许经营活动；负责向合作社采购服务；负责向管委会、县乡政府、合作社提供专业性的支持。

由于三江源国家公园特殊的特许经营环境，该类公私合作的模式既体现了政府、企业和牧民在特许经营平台上的系统合作，同时又在探索过程中逐步形成了相对稳定的职责分工。这在一定程度上保障了三江源国家公园特许经营项目保护、普惠和经济收益三元一体的共生性整体发展目标的高效推进。

19.1.7　具备保护属性企业主导和非营利性公益组织的特许运作模式

就特许运作层面而言，三江源国家公园特许经营项目在目前的试点初期阶段，呈现 NGO 特许模式和企业主导模式两种模式。两种模式运营的核心组织均体现"专业组织+牧民合作社"的结构。NGO 特许模式典型的代表是昂赛乡生态体验特许项目。该模式表现为非营利性生态保护公益组织（如山水自然保护中心）负责提供特许项目运营的专业技术支持，牧民合作社负责具体的运营。非营利性生态保护公益组织利用自身的专业性和广泛的对外联系，为牧民合作社的特许运营提供市场接洽、产品设计和服务项目策划、指导牧民向导带领访客在园区的生态体验活动、联系外来专家提供培训、协调访客与牧民之间的关系等专业性管理技术支持。NGO 不直接介入特许经营项目的运营，不参与特许经营项目的收益分配，提供的专业管理技术支持属于其公益活动的一部分。牧民合作社承担特许项目的主体运营责任，负责组织牧民采购服务，并组织执行访客生态体验活动。特许经营收益由牧民合作社按"参与牧户劳务费+社区共享基金+保护基金"机制分别以45%、45%、10%的比例分配。企业主导特许模式的代表是云享自然生态体验项目和"漂流中国"项目。园区引入的商业主体全面主导特许经营项目的运营工作，承担主体运营的责任，负责向牧民合作社采购服务，主导特许经营收益在"企业利润+合作社收益+社区共享+保护基金"中的分配。牧民合作社主要负责组织牧民提供服务，协调牧民之间、牧民与访客之间的关系等。

三江源国家公园特许项目的运营还体现出多元的"小而美"的特点。特许项目单体规模不大，在运作过程中能够很好地将保护与经济发展统合起来，通过多元发展的特许合作模式实现最大限度的普惠，针对有限访客特点设计出充满保护色彩的个性化体验活动项目。在执行的过程中能够最大化地控制经营行为和访客行为对环境的影响。三江源国家公园"小而美"的特许经营模式虽然是由三江源国家公园特殊的生态环境特点所决定的，但实际试运营过程在很大程度上能限制资本追逐高额利润的内在无限扩张动机，避免单一规模发展下特许企业持续的无序投资、市场无限扩容所造成的环境影响难以控制的局面，也在一定程度上提高了对中央政策变动等企业投资风险的可控性水平。

另外，三江源国家公园特许经营项目"小而美"的特点进一步促成了保护行为的商化，形成了把保护和普惠行为本身打造成特定的生态体验商品的特点，为未来将保护和普惠由"有意义"的生态体验商品做成"有意思"的生态体验商品奠定坚实基础。按照集中式战略的逻辑，三江源国家公园"小而美"的特许经营项目运营集中在小众的利基市场，长期的运营有助于经营者深度接触和熟悉本地生态环境和市场环境，积累保护、普惠和经济统一运作更为专业的经验，促进多元灵活的保护和普惠价值向精品生态商品内在属性转化，给具有环境责任意识的访客更为专业和丰富的生态体验。在公园特许经营项目实际运营过程中，特许主体高度重视保护和普惠在体验活动过程中的统合。访客活动安排行前重视访客鉴别和环保教育，行中安排生态环保参观和环境讲解以及入园后生态体验过程中的访客环境行为引导，行后组织访客在园区开展垃圾清理、回收活动等。这些均是三江源国家公园特许经营项目在将保护价值高效商化方面的有益探索。

三江源国家公园特许经营项目以"专业组织+合作社"组织平台为核心，形成了颇具特色的政府、企业和牧民组织的特许运作分工。就政府层面而言，其负责特许政策制定、特许竞标、特许方案审批等特许项目的统一管理。在主体遴选上，其负责对特许经营主体的保护属性和普惠属性进行鉴别和审查。在合作模式的组织上，其引导特许企业以一企一村或一企多村建立普惠性的社区共管经营机制。在市场规模上，政府负责根据严格环境保护的要求，提供和调整特许企业计划性市场指令指标。在特许企业的运营控制上，其负责对特许经营主体经营的市场行为和环境行为进行监控，负责对运营企业的产品设计方案和投资方案进行保护性审批及规模控制。

在特许经营企业层面，其负责对接市场，根据市场计划性指令控制和团队规模要求，积极对接市场，开拓针对终端消费者的 C 端市场和针对渠道消费者的 B 端市场，并对预约访客进行环保意识的教育和鉴别。在运营层面，特许企业依托管理局授予的特许经营权开展运营，并通过培训、持证上岗等方式实施类似的个体服务特许模式。该模式有助于接待牧户形成持续的专业接待经验和对所承担的接待服务项目进行持续的专业性投资。服务方面，特许企业在生态体验活动开展过程中，承担访客环境教育、访客行为管控和访客安全保障等主体责任。在协调方面，特许企业协助相关政府部门建构与其对接的牧民合作社，协调牧民和顾客的关系等。在收益分配方面，特许企业负责按照政策规定和合约安排，在企业利润、合作社收益、社区共享和保护基金等四方进行公平合理的分配。

在牧民组织层面，其主要负责在政府和企业的协助下成立与特许经营实体对接的牧民合作社，并负责合作社日常管理。在人员安排方面，实施接待牧民在生态管护和特许服务提供上的一体化。在公平分配方面，牧民组织需要按照牧户不同的接待基础优势特点和接待要求，在社区牧民中实施公平的接待分工，并在参与牧民、非参与牧民、生态保护上实施普惠的分配机制。在协调责任方面，牧民组织需要协调参与牧民、非参与牧民与企业的关系，协调访客与牧民的关系。在监控责任方面，其负责对企业运营过程中环境责任行为进行监控。

19.2　三江源国家公园特许经营成效

19.2.1　完成了比较系统的园区特许经营制度的顶层设计

三江源国家公园在中央和地方的支持下，通过广泛的调研，协同第三方专家力量，完成了比较系统的园区特许经营制度的顶层设计。在《三江源国家公园体制试点方案》和《三江源国家公园条例（试行）》等政策和法规的指导下，三江源国家公园管理局编制了《三江源国家公园产业发展和特许经营专项规划》。该专项规划是三江源国家公园特许经营具体实施意见的方案，为三江源国家公园当前及未来的特许经营明确了制度路径，为当前正在修订的《三江源国家公园经营性项目特许经营管理办法（试行）》的出台提供了政策基础。该专项规划明确三江源特许经营的三大目的：确定园区产业特许经营发展的正面清单、管理措施和激励政策，确保严格有效保护基础上的人与自然和谐共生；遵循保护第一、合理开发、永续利用原则，构建国家公园绿色可持续发展的国家公园生态产业体系，为青海及全国民族地区、欠发达地区、重点生态功能区提供可复制、可推广的经验；规划围绕"政府引导、管经分离、多方参与"的公园特许经营要求，全面设计了具体操作措施。

第一，按照保护优先、适应三江源地区和改善民生的基本要求设置特许经营正面清单，实行最严格的产业准入管理，对经营范围、规模和强度进行严格控制。具体而言，对生态资源进行了清晰界定，明确了允许开发类资源、限制开发类资源和禁止开发类资源，控制开发规模。基于资源开发属性定位，规划进一步确定特许经营的鼓励类产业、限制类产业和禁止类产业，并且设计了产业准入的指标体系。

第二，确定三江源国家公园特许经营项目清单及约束发展要求。项目清单主要包括四大类：园区经营性特许项目（包括有机畜产品及加工、生态体验和环境教育、中藏药开发利用、文化产业）；草原经营权特许经营；国家公园品牌特许经营；非营利性活动特许经营。

第三，界定了三江源国家公园特许经营涉及三江源国家公园管理局、园区管委会、特许经营企业、社区（牧委会、牧民组织、合作社等）、第三方监管机构和市场的五方组织管理权限和责任。例如，管理局统筹国家公园特许经营工作，包括制定和调整特许经营政策，审批特许项目、计划和实施方案，管理特许许可证和特许经营费，支持科研和教育，监管特许实体市场行为和环境行为的合规性，承担相关义务，等等。园区管委会的职责是负责园区内特许经营项目的具体实施和日常监管，包括园区特许经营项目确定、招标、评审、报送计划和方案、运营管理、关系协调和日常监管等环节。特许经营企业服从管理局和园区管委会的监督，开展合规性经营活动并取得经济利润，承担一定时期投资开发、保护和社区发展等主要义务。社区负责通过牧委会、牧民组织或合作社等形式组织牧民与商业实体合作，参与特许经营，同时对特许经营者经营行为进行监督。第三方监管机构主要由园区相关部门协调联动机制支持的稳态执法监督队伍以及相关领域专家、本地社区居民代表组成，负责对管理局、特许经营者和特许项目实施监督，使其在获得相关利益的同时，履行环境责任和尊重当地文化。

第四，该专项规划明确了特许经营费、期限、监管、退出、特许经营收入等管理要求。就特许经营收入而言，20%用于三江源国家公园系统的管理和规划费用，80%用于生态资源保护和社区居民补贴的专项开支。

第五，该专项方案对园区特许经营项目按照产业禁止发展区、产业限制发展区和产业集聚发展区的地域规划要求，对特许经营清单项目制定了详细的产业发展路径，并且在投资、基础设施、人才等保障性措施方面进行了制度性安排。

另外，三江源国家公园同期还出台了《三江源国家公园生态保护专项规划》《三江源国家公园管理规划》《三江源国家公园社区发展和基础设施专项规划》《三江源国家公园生态体验和环境教育专项规划》等专项规划。这些专项规划为特许经营提供了基础支持和政策保障。

19.2.2 形成独具特色的共生性整体发展的特许经营机制

三江源国家公园在特许经营探索过程中，初步形成了新型的共生性整体发展特许经营机制。

第一，在先天形成的有限欲望发展价值观指导下，形成了以藏传佛教为核心的生态中心主义环境伦理文化。该地域特色文化为三江源国家公园开展保护、普惠和经济共生发展的特许经营活动提供了良好的环境基础。

第二，初步形成了新型的人与自然和谐共生的特许经营整体目标发展观。在中央"两个统一行使"和三江源国家公园明确的"政府引导、管经分离、多方参与"的原则指导下，形成了特许经营主体"保护+经济+普惠"等多元统一的角色定位和运营机制，初步实现了将保护和普惠行为内化成生态体验商品。

第三，"政府引导"方面，探索出将保护和普惠内化到经济发展的政绩激励机制。以保护和普惠为核心的经济发展政绩观受到上级政府高度认可，为三江源国家公园各级官员提供了充足政治动力，高效推动了三江源国家公园特许经营机制的稳妥落地。

第四，"管经分离"方面，形成独具特色的共生性合作网络的特许治理结构。该模式围绕各个特许经营项目的整体发展目标，上至公园管理局，中至园区管委会、县乡政府，下至基层牧委会和基层党组织，围绕特许经营项目整合严格保护、扶贫和乡村振兴、地方经济发展的行政职能，对特许项目实施统一的监控、协作、协调和支持等行政行为，并且专注于培育和打造多元的"小而美"特许经营项目。

企业在开展专业化特许经营活动中明确了其在有限经济发展的基础上开发和运营体现生态保护和社区普惠属性的生态体验商品。

第五，"多方参与"方面，形成了以"专业组织+牧民合作社"为核心的普惠合作特许经营机制，并且成功探索出"非营利性公益组织（NGO）管理技术支持+牧民合作社运营"的NGO特许经营模式和"企业主导专业化运营+牧民合作社服务采购"的商业主体特许经营模式。

19.2.3 保护属性和普惠属性的特许经营效益初见成效

三江源国家公园特许经营项目在短期的试点过程中，保护属性和普惠属性的特许经营效益初见成效。昂赛乡自然体验特许项目在 2019 年共接待了国内外 98 支自然体验团队，共 302 人次，为社区创造 101 万元的收益，其中包括 32.4 万元的普惠性社区公共基金。云享自然生态体验项目 2020 年 8 月开始试运营接待访客，当年下半年共接待 80 多人，每团在 12 人左右。人均每天消费 2000 元左右，共产生了 40 多万元的收入。其中 30 万元的收入由社区共享，参与项目的百余名社区牧民受益。2021 年势头很好，通过 B 端已经接到大于 500 人的预付费订单。由于疫情和玉树地震的影响，预约取消，项目团队将准备的物资用于玛多县抗震救灾。"漂流中国"项目 2019 年两批次的特许体验活动为昂赛乡带来住宿、餐饮、交通、装备运输、文化向导、特许经营费等总计 67810 元的消费收益，为玉树州其他地区带来 67661 元的消费贡献。同时"漂流中国"为杂多县本土漂流船长学员提供了市值超 10 万元的培训项目。生态保护方面，开展了环境保护和地方文化尊重的行前教育。实施过程中未增加园区任何基础设施；徒步利用共享传统已有步道；露营选择在可承载的地表上；非有机垃圾集中带回，开展河流两岸的垃圾清理活动，保持了自然界事物原有的生存状态；在石滩上使用营火，降低了对自然的影响；尊重野生生物，不惊扰、不投食；尊重当地文化习俗；严格遵守无痕山林（Leave no Trace）的户外行为准则；等等。就业方面，特许经营活动为昂赛乡创造了 1 个文化向导、2 个专职向导司机、10 个实习船长等工作岗位。

19.2.4　三江源国家公园特许经营存在的问题及建议

1. 特许经营品牌意识的问题

三江源国家公园特许品牌意识的问题一方面体现在当地参与各方对特许经营的国家品牌形象的市场高溢价性认识不足，另一方面体现在将保护行为和普惠行为视为特许经营的成本因素和障碍因素，把保护行为和普惠行为作为商品的价值因素的意识不足。前者在一定程度上限制了目前三江源国家公园特许经营项目落地的范畴。在访谈调研过程中，地方官员在反映三江源国家公园特许经营项目实施面临的问题时，普遍提到三江源国家公园能够特许的经济资源（如畜牧产品、虫草等）相比园区外的同类资源在质量上并不占优势。实际上，国家公园的品牌形象具有典型的国家及全球代表性，园区内的经济资源和生态与文化元素具有极度稀缺和在地特征表征色彩。这些资源及元素符号本身具有自带强大流量的 IP 特征，有着巨大的市场潜力。后者忽视了三江源国家公园生态资源和文化资源本身具有促成将保护行为和普惠行为转化为商品价值的能力。这在一定程度上形成了一旦谈到保护和普惠就需要财政支持的思维惯性，忽视了在三江源国家公园内通过特许经营能够将保护行为和普惠行为本身商业化，实现保护和普惠资金造血的功能。

建议：一方面，通过广泛的培训强化三江源国家公园各级官员特许经营国家公园品牌的市场意识和园区富有特色的生态元素和文化元素的 IP 意识，扩大三江源国家公园特许经营项目落地的范畴。另一方面，通过政府工作人员、牧民和企业广泛的培训强化充分利用三江源国家公园独有的生态资源和文化资源基础，将保护行为和普惠行为本身转化成商品元素，实现保护和普惠自身造血的功能。

2. 特许经营管理的问题

第一，三江源国家公园特许经营的治理结构问题体现在市场动力不足上。由于国家公园特许经营项目缺乏一个高效的特许市场平台，三江源国家公园与特许市场存在信息不对称，这导致三江源国家公园目前的特许经营试点项目主要选择在当地从事生态环境公益活动多年的主体作为特许经营方，无法形成特许经营项目的竞争机制。

建议：借鉴美国国家公园特许经营的经验，建议三江源国家公园向中央国家公园管理局提出建立一个国家层面的特许经营项目撮合的平台。一方面，该平台可以通过国家层面汇集各个国家公园特许经营招标项目，形成广泛的特许经营招标市场影响，并能借助国家力量宣传推广国家公园特许经营招标项目；同时可以利用该平台聚集国家公园发展的信息、技术、人力资源和融资等方面的行业资源，为国家公园特许经营提供基础支持。另一方面，国家层面也可通过该平台对各个园区的特许经营项目进行宏观管控。

第二，三江源国家公园特许经营项目缺乏专门的行政职能体系。目前，三江源国家公园特许经营的试点主要采用的是周期性政治任务方式向下推行，集中各级行政管理部门的力量保障试点工作的稳妥落地。这种模式在初期能够取得显著效果，但从长期来看，各级行政管理部门有各自的主管行政任务，对国家公园特许经营的支持存在可持续性不强的问题。另外，由于缺乏专门的职能部门，无法形成专业的特许经营行政经验，企业与各方协调效率低下，政府部门在项目审批上过于谨慎。在实际调研过程中，受访企业反映他们在特许方案、产品设计及基础设施建设等方面与行政部门沟通上存在难度。中央对国家公园试点的要求明确提出，国家公园未来的经济发展必须在保护和普惠的基础上以特许经营形式实现人与自然的和谐发展。特许经营将会成为国家公园管理的关键职能之一。因此，有必要设置专门的行政职能体系。

建议：在三江源国家公园管理局中以保护和普惠内化于经济的共生性整体发展目标为基础设置特许经营管理处，该职能部门在国家公园特许经营试点阶段要尤其突出招商引资、项目对接和审查、项目落地等关键职能。在园区管委会、县乡政府层面按严格保护、扶贫和乡村振兴、经济发展的要求整合相关行政职能设置特许经营管理的行政岗位。在基层组织方面，要明确牧委会、基层党支部保护、扶贫和经济发展的特许经营组织协调的职责。

第三，以共生性整体发展目标驱动的政府绩效观缺乏明确的绩效指标体系。在严格保护和普惠内化的整体特许经济发展目标指导下，以周期性政治任务为驱动力的政府绩效观在三江源国家公园特许经营项目试点中对公园管理局、管委会和县乡相关政府部门确实产生了激励作用，但对熟悉基层环境和基层事务的牧委会和基层党支部并没有产生有效的动力。在访谈过程中，特许企业有意愿与合作社进行特许经营的合作，但在合作社的组建、合作社中负责日常管理的牧民组织的成立、牧民的号召和协调等方面需要企业去发动和组织。由于存在牧民社区环境熟悉性、权威性和信任不足的问题，企业往往步履维艰。而基层牧委会、基层党支部在这一方面具有先天优势。但由于基层牧委会、党支部缺乏动能，目前特许经营与牧民合作社合作的"最后一公里"出现梗阻。

建议：建立与职务升迁、绩效待遇紧密挂钩，以严格保护和普惠为基础的特许经营行政部门政绩指标体系；尤其是要推动基层牧委会、党支部建立融合严格保护、扶贫和乡村振兴、特许经营发展的政绩指标体系，促进基层行政组织在特许经营项目中有更大的作为。

3. 特许经营实施的问题

首先表现在特许范畴上重视出口的特许，忽视入口的特许；重视项目的特许，忽视个体的特许。前者表现为在特许项目安排和实施中重视以公园的自然资源为基础的出口项目特许，忽视了特定外来商品在公园园区提供的特许。国家公园出自严格保护的需要，客观上需要对外来商品进行环保功能的审查，以降低其对公园生态环境的影响。此外，国家公园园区内的市场是有着明确边界的市场，符合环保特征，其销售的授权商品能够保证其获得可观的经济收益。后者表现为在以自然资源为基础的项目特许上有着较为完备的制度设计和落地安排，而忽视了在特许项目范畴内对以牧户为单位的个体服务提供特许的制度性安排。正如上文所述，对特许项目范畴内的个体服务特许有助于逐步实现牧户在服务提供方面的经验积累和专业性的资源投入。调研发现，合作社"人人有份"式的牧户服务安排导致有访客反映牧户在提供服务过程中契约意识不强、服务质量较低等问题。

　　建议：一是未来探索诸如具有环保特征的外包装、生产生活商品、体验装备等外来商品入园经营的特许。二是在特许项目的范畴内，授权园区管委会下设的特许经营管理行政职能部门针对牧户资源基础和实际需要，在公平与普惠的基础上，全球环境基金中国保护地管理改革规划型项目之国家公园体制机制创新项目实施多样的个人接待服务特许，如司机、船长、向导、食宿接待、文化展示和演出、特许环保商品的售卖等。

　　其次，相比园区初级资源要素优势，三江源国家公园特许经营的次级生产要素质量有待提高。就生态体验特许项目而言，其主要表现为人力资源技能素质普遍较低，交通和食宿接待基础设施落后。目前公园管理局根据政策正在逐步解决人力资源技能素质较低的问题。随着国家公园特许经营的深入，人力资源技能的成熟度自然会逐步提高。但基础设施的问题，由于中央对国家公园严格保护的政治要求，三江源国家公园管理局在以特许经营为目的的交通和食宿接待设施的审批上高度谨慎。政府主要担心以经营为目的的基础设施投入在环境影响上存在不确定性的问题，并且中央在需不需要建、如何建、建成什么规模而不会影响生态环境方面也未给出明确的指示。从整体发展的目标来看，将特许经营项目依托的基础设施融入严格环境保护、民生发展要求中，实现特许经营项目基础设施与严格保护、民生发展的基础设施的共享，上述问题将不复存在。比如园区内体验活动的道路交通便可与生态管护的道路设施共享。

　　建议：一方面，在三江源国家公园特许经营试点初期，政府要积极对接企业，引入外智对园区内牧民开展有针对性的保护和服务技能培训，并辅以相关认证，给予牧户服务提供的特许。另一方面，在基础设施的建设上，要将特许经营项目发展对基础设施的需求和严格环境保护、民生工程紧密结合，实现基础设施建设在这些方面的共享。

再次，园区特许经营项目缺乏兼具保护和普惠特征的地方性行业标准体系。就生态体验特许项目而言，三江源国家公园相应的特许运营项目主体在提供生态体验服务过程中尝试探索适应本土的行业服务模式，但目前尚未形成相应的地方性服务标准。而传统的旅游行业服务标准（无论是国家级行业标准，还是地方性行业标准）显然不适宜国家公园基于严格环境保护和社区普惠的需要。这导致对国家公园生态体验服务没有对应的控制标准，不利于监控，也不利于三江源国家公园特许的生态体验行业整体质量水平的提高。

建议：探索具备以严格保护和普惠为基础的地方性特许行业标准和规范，如 GEF 的项目 China's Protected Area Reform for Conserving Globally Significant Biodiversity 中提出的生态体验服务中的司乘标准、食宿接待标准、向导标准、访客行为规范、旅拍行为规范等，实施标准等级资格的认证。在条件成熟的基础上，推动以严格保护和普惠为基础的地方性特许行业标准和规范上升至国家层面的行业标准和规范，为全国其他国家公园特许经营、服务和消费行为提供指导。

最后，园区特许经营项目在将保护和普惠行为商业化过程中，将保护和普惠行为的"有意义"向"有意思"的转化力度不够。在访谈过程中，特许企业普遍做到生态体验项目在行前、行中和行后的生态保护和环境教育与引导。但正如上文所述，无论是相关行政官员还是企业负责人，普遍在潜意识中将保护和普惠行为视为成本和障碍因素。这直接导致生态保护和普惠教育在生态体验产品中被生硬地植入，普遍过度采用视频、测试、观展、解说和教育培训形式。访谈中企业反馈客人对这些过度做法存在抵触厌烦的情绪。园区生态体验特许项目没有充分利用独特的生态资源优势和文化资源优势，将保护行为和普惠行为以"有意思"的多元形式融入体验活动之中。

建议：充分利用三江源国家公园独特的生态资源和文化资源优势，把严格保护行为和普惠行为以愉悦和享受的访客体验取向融入生态体验活动之中，推动将严格保护和普惠本身打造成"有意思"的商品设计与研发。

第二部分
特许经营：有限有序
竞争的南岭实践

　　特许经营机制是国家公园统筹实现"最严格的保护"和"绿水青山就是金山银山"的基础性制度，能在"生态保护第一"的前提下确保"全民公益性"并发挥市场在资源配置中的高效作用。国家公园特许经营也是 2020 年国家公园体制试点验收的"规定动作"，但大多数国家公园体制试点区既未按照符合国际惯例的特许经营要求来规范既有产业、安排原住居民社区的绿色发展，也没有真正建立能解决现实问题的特许经营制度，以致传统利用方式仍然与国家公园"最严格的保护"要求有冲突，而所谓特许经营也只是"新瓶装旧酒"①。特许经营首先是国家公园体制的基础制度；然后是国家公园范围内及周边的发展制度（保护前提下突破资源和人地关系约束，实现国家公园多元共治的价值共创、生态产品价值的永续转化）；还是国家公园范围内及周边的保护制度。但实现这三条的前提是经营活动在"生态保护第一"的前提下形成有限有序的竞争，既发挥市场竞争对提高效率、丰富业态的作用，又体现保护功能和公益属性。

---

　　① 张海霞、付淼瑜、苏杨：《建设国家公园特许经营制度　实现"最严格的保护"和"绿水青山就是金山银山"的统一》，《发展研究》2021 年第 12 期。

　　本部分以第二批设立的广东南岭国家公园为例，探索国家公园内的两山转化途径和有限有序市场竞争的落地方案。具体内容主要是以下三个方面：①资源识别和经营利用现状分析；②产业发展"白名单"制度，明确国家公园绿色产业发展重点和发展方向，确定各行政村产业发展指导目录，包括规定产业、空间形式、产业形式和强度、允许参与者和参与方式；③与产业对应的空间布局，细化特许经营操作方案，以乳源县秤架乡太平洞村为案例点设计出当地的生态旅游线路和产品、品牌产品操作方案。

第20章
广东南岭国家公园经营活动现状

广东南岭国家公园地处粤北地区，总体上经济欠发达，所在的连州市、英德市、乳源县直到2020年才和全国同步脱贫。国家公园范围内及周边社区的产业以农业为主，工业以小水电为主，旅游业仍处于初级阶段。具体来说，农业包括粮食、果蔬、经济林和茶叶种植；旅游业以传统观光和农家乐为主，主要集中在乳源大峡谷、第一峰、潭岭天湖等区域，专业合作社和龙头企业的组织作用基本未体现。除外出打工外，社区居民大多数仍以第一产业或形式粗放的第三产业（大众观光旅游产业）为主要收入来源，收入结构单一且效益低、增收渠道狭窄，增收主要依靠外延式扩大再生产，这种情况下生产用地规模的扩大和产业强度的提高又必然与保护形成冲突。

20.1　广东南岭国家公园产业发展基础

20.1.1　传统种植业

广东南岭国家公园范围内传统农业为水稻等大田作物种植和经济林果（茶叶、水晶梨、贡橘和毛竹、杉木）种植，养殖主要为散养清远鸡、胡须鸡和牛羊，基本没有规模化养殖。农产品以销售初级农产品为主，基本无精深加工；产出农产品以自行销售为主（46%），其余为经销商统一收购（25%）和网上订单销售（29%）。广东南岭国家公园范围内现有合作社23个，龙头企业8个，农产品加工车间14个，冷库冷链7个[①]。农产品的品牌管理薄弱，除"连州水晶梨"外，无农产品地理标志认证。广东南岭国家公园各片区传统农业现状见表20-1。

茶产业较为初级，茶叶的种植、加工、销售均没有体系化指导和政策扶持。广东南岭国家公园内多处社区种植茶叶，如罗坑镇是广东十大茶乡、省级

---

① 数据来源于《南岭国家公园社区发展研究报告》。

茶叶专业镇，自古有种茶传统，但是茶叶加工水平相对落后。当地茶农多自行加工，炒制工艺落后，标准化程度不高，缺乏特色工艺，茶叶难有明显增值。如太平洞村经省扶贫办介绍于 2006 年引入第一峰云雾茶厂，由于南岭国家级自然保护区的开发受到严格管制，其"万亩茶园扶贫计划"没有形成既定生产规模。目前当地有 3000 多亩茶山，无论从销售量还是销售价格上都没有形成对村庄的业态升级带动力[①]，还面临若干政策法规约束，难以获得生产用房，因而无法引入先进设备全面化并优化生产工艺。茶厂一定程度上可以为当地提供就业岗位——目前茶厂的摘茶和茶园日常维护是聘请本地人，但关键加工工艺师均是聘请外来人（基本是福建人）。

表 20-1　广东南岭国家公园各片区传统农业现状

片区名称	传统农业产品	经营状况
南水湖片区	主要种植水稻、西瓜和花生；养殖以网箱养鱼	山洪导致农田被沙石覆盖，且多害虫，当地难以种植水稻；水源涵养地，禁止养殖
潭岭水库片区	主要种植水晶梨和生姜	以水晶梨、黄花梨为主的梨果种植面积达 4500 多亩，是粤北连州最大的水晶梨生产基地
大潭河片区	主要种植麻竹笋、水稻红薯、花生、玉米；散养清远鸡	主要经济收入来自竹笋种植
乳源大峡谷片区	主要种植水稻、玉米、番薯和花生	零星分散种植，无支柱性产业
罗坑镇片区	主要种植茶叶、水稻、玉米番薯和花生；采摘香菇、木耳及采集野生蜂蜜；散养罗坑胡须鸡	支柱性农产业为茶叶，占农民收入的 70%
南岭片区	主要种植玉米、花生、水稻；散养蜜蜂、山羊	无支柱性农产业，村民主要收入来源为生态公益林补贴和电站分红
天井山片区	主要种植茶叶、玉米、竹笋、杉木	主要收入来源为杉木生产，但杉木采伐受采伐指标限制
石门台片区	主要种植水稻、茶叶、花生、竹笋、百香果、鹰嘴桃	特色农业为百香果、鹰嘴桃，有种植基地和生产加工企业

20.1.2　小水电

广东南岭国家公园所在区域河流众多，由于雨量充沛，河流众多，落差

[①] 可望成为该区域龙头企业的第一峰云雾茶厂在 300 元的成品茶价位上难以支撑 2 万斤以上的年销量。

大，水力资源丰富，布设众多中小型水电站。如南岭片区村民的主要收入来源为电站分红，太平洞村集体可从电站分红 30 余万元，周围村民多在电站打工。根据国家公园管控要求，各类水电项目将逐步关停、搬离。

20.1.3 文旅服务业

目前，南岭公园内文旅产业开发仍处于初级阶段，多以初级大众观光旅游为主，业态单一，受季节影响大，"小、散、乱"问题突出。

旅游景区呈现典型的传统大众观光旅游和公司垄断经营景区业态。 以景观最佳且开放条件最为成熟的乳源大峡谷为例，该景区由广东大峡谷旅游发展公司直接运营，负责景区的清洁、安保、旅游表演并收取门票，形成了与当地社区的嵌入式发展模式，除能够提供一定的就业岗位外，对当地社区发展无直接带动作用。

全域旅游基础较好，但"小、散、乱"问题突出，没有龙头企业带动，也无特色业态。 初级旅游市场发展一定程度上起到富民作用，但对当地财政贡献不大，未来发展亟待突破升级。各重点景区周边的农家乐只能提供基础住宿和餐饮服务，无其他增值业态，更无根据资源价值的价格区分。此类现象在各个片区均有涉及，乳源大峡谷片区和南岭片区更为突出。如南岭片区太平洞村大力发展瑶族特色的农家乐产业，已经有好客瑶家、亲水庄园等多家各具特色的民宿、农家乐；但受第一峰关闭影响，南岭片区的农家乐经营情况逐渐变差。潭岭水库片区的旅游主要依托水晶梨特色采摘，集中在六七月，其他时间基本无游客。

非法营运的驿站式民宿对国家公园保护影响较大。 当地村民（尤其是居住在核心区内的）改造自家住房，为"驴友"的后勤提供补给基地，并充当向导，带领"驴友"穿越保护区，但他们没有受过相关训练，也未配置专业设备。如罗坑自然保护区内的苏木坑自然村，每年能够接待 3 万至 4 万人次的自然体验访客，部分"驴友"选择徒步穿越"船底顶"①。穿越活动的安全风

---

① "船底顶"位于罗坑鳄蜥国家级自然保护区的核心区内，穿越线路多为"罗坑—新洞—峡洞—高嶂顶—船底顶；联山—西坑窝—西南山脊—船底顶"，体能好并且熟悉线路的"驴友"需要 15 小时才能完成。"船底顶"山势复杂，气候多变，一天里的温差很大，风、雨、雾、烈日常常相伴而来，天气不好时，云雾缭绕，给辨别方向带来很大难度，容易迷路。

险极高，由于船底顶山势复杂、路途遥远，"驴友"需要长途跋涉，穿过密林、乱石、湿地、草地等，即使空手徒步至船底顶山脚也需要 7 个多小时，这对"驴友"的装备和向导的专业素质要求非常高。保护区的核心区甚至出现私搭乱建行为，为给"驴友"提供接待服务，当地村民甚至在"船底顶"上砍树搭建木屋，以进行住宿经营活动。例如，2020 年底，保护区管理机构发现此类营地 2 处，每处面积约 500 平方米，共有木屋 7 间，且可以提供生活煮食、煤气罐和柴火；"驴友"产生的生活垃圾堆积在山沟里，船底顶附近随处可见野外用火痕迹，存在巨大的山林火灾隐患。

20.1.4 存在问题与发展障碍

如第一篇所述，现有政策法规对发展的限制过于严苛。在空间管制方面，《条例》中"核心区禁止任何人进入"、《保护地意见》中核心保护区和生态保护红线制度均对生态保护和开发提出苛刻要求。在行为管制方面，有《条例》的"十不准"和《生态保护红线管理办法（暂行）》。现有法律法规仍是"严防死守"式的管理方式，这已经落后于世界主流的保护思想。1980 年，IUCN 发布的《世界自然保护大纲》有三条准则：一是维护支撑人类生存和发展的关键生态过程和生命支撑系统；二是保护遗传多样性；三是确保对物种和生态系统（尤其是鱼类和其他野生动物、森林和牧场）的可持续利用。**最严格的生态保护需要基于对自然生态系统结构、过程和功能规律的认知，采取科学的、动态的、适应性保护措施（即适应性管理，Adaptive Governance）**。简单的严防死守非但保护不好生态环境，反而可能激化保护区与原住居民的矛盾，造成民生问题和舆论问题。

生态保护与产业发展间的矛盾始终存在。有限的环境容量难以承载外延扩大式再生产。资源的传统利用方式（尤其是与经济利益挂钩的利用方式）易与保护形成冲突。广东南岭国家公园内的社区多处在"深山老林"，交通条件不佳，经济发展成本高。"打卡式"旅游和初级农产品销售在这里都有天然的壁垒。广东南岭国家公园建立以后，传统农业发展模式、大众观光旅游发展将逐渐被限制，小水电等与国家公园管控要求相悖的产业将逐步退出，国家公园内原住居民的经济收益结构将会产生巨大改变。但当地社区原住居民的发展思路仍停留在单一的扩大规模上，农业生产方式较为粗犷，观光旅游服务"小、散、乱"问题严重；原住居民多有扩大茶园、砍伐经济林、建设农家乐等诉求，国家公园周边的农庄和民宿多为农户自发改建，无整体规划设计，缺乏旅游管理机制，片面追求游客数量。这种低端无序发展现象大大增加了生态负担。这些问题还产生了一个负面影响——不利于原住居民的民生改善。分散的小规模投入的外来经营者以及原住居民经营者，在恶性市场竞争的环境下，几乎不可能自发优化社区的公共服务和基础设施，这种情况最大的受害者实际上是原住居民，其可能像发达地区的城中村一样，在收入提高的同时却陷入居住环境恶化、公共服务难以改善的窘境。

生态价值未充分变现。"绿水青山就是金山银山"是习近平生态文明思想的原创性核心理念，是实现生态文明的根本途径。目前的传统种植、大众观光旅游产品仅仅是将以"绿水青山"为特征的优势资源环境、高品质的生态产品降格成"大宗批发商品"，生态资源的价值大打折扣。像民宿产业虽然不是消耗性地利用资源环境，但业态既没有依托真正的生态资源实现增值，也存在与环保要求以及全民公益性要求不符合的地方。单靠硬件水平的提高获得单价提高、靠经营规模的扩大获得生产总值提高的"走外延扩大式再生产"的发展道路，没有实现将真正的生态转化为产品（或成为产品附加值）。从严格意义上而言，这仍然是传统的、可能对环境不友好的"靠山吃山、靠水吃水"。

产业发展处于初期阶段，缺乏产业间的联动与业态创新。同质化现象明显，多数农庄和民宿主营农家特色菜和住宿服务，主要服务对象是清远市和韶关市周边周末休闲度假的市民，经营项目大同小异，个体特色不明显，产品的竞争力偏低，容易相互复制，从而产生恶性竞争。**业态升级不足，小规模经营者囿于自有资金、成本约束、经营思路和市场运作能力，难以把产业做大，更难以通过资源整合、要素组合形成高端业态。**缺少高端品质的住宿、饮食、体验项目供应，没有针对不同消费力的客户群体形成"高—中—低"多层次的服务产品类群。单一的业态无法满足多层次人群的服务需求，也容易出现某一业态经营不善而导致整体资源经营不善的问题。**业态串联不足，要素组合形成的业态集聚优势尚未形成，而且很难产生新的业态、模式。**未能充分实现传统的农产品、农业体验、农产品加工、生态游览、自然教育等产业有机融合，第一、二、三产业间缺乏联动和深度融合。

产业升级和业态创新的支撑不足。业态创新发展需要科研、科普基础，三产联动需要产业基础和统筹设计，产品增值需要体系支撑。目前广东南岭国家公园及周边范围内虽然科研工作扎实，生物多样性调查和相关规划相对而言基础较好，但科研以学术研究为导向，面向大众的科普转化并不深入，科普产业更是鲜有涉及。目前，在"小、散、乱"现状且多数经营企业效益不佳的背景下，现有经营活动局限在短期快速收益，经营业主无意识、无能力提升产业业态和格局；地方政府囿于自然保护区、生态红线等管理规定，在经济发展上力不从心，更缺少生态产品价值转化方面的思路，也没有清晰的长远产业发展规划。

原住居民社区没有从生态保护中充分获益，原住居民不能主导产业却要求公平分享。中国存在"人、地约束"的情况下，保护地管理本质上是对人的管理，保护管理方式从根本上取决于人地关系。即便是广东省，相对贫困社区的比例仍然很高，村民年人均可支配收入不到 2 万元，超过 1.5 万元即为较高收入。各村庄和当地社区居民是保护好南岭生态环境的关键因素，需要分别形成适宜的原住居民受益模式，**才能实现南岭生态环境保护关键——人的可持续发展。**国家公园的保护需求与社区传统的发展方式存在冲突，村民的发展诉求长期因严格保护而受到限制，以致频频出现"阳奉阴违"行为，如带领"驴友"非法穿越保护区等。考虑到国家公园建设的终极目标，土地的空间管制需要体现"保护为主"，并使依赖于自然资源的原住居民受益。这些益处既包括增加原住居民的就业岗位和经济收益，也包括提供良好的交通、医疗、教育等公共服务。

20.2　广东南岭国家公园建设对产业业态的影响

广东南岭国家公园范围内有大量的村庄和企业，国家公园设立后必然带来国土空间用途和管制的改变。这种改变有两方面体现：有些产业或业态要被清除或改变，有些允许存在的产业或业态要规范管理。

第一类改变对村庄形态和结构影响较大，影响多数人。这类有较为明显也较为普遍的要素（人力资源、资金和销售等）组合障碍且大多形成了恶性循环，如果不能以龙头企业通过特色产品方式破除这种障碍，就很难破局形成良性循环。例如，在罗坑的偏僻自然村，村民生计主要靠种植茶叶，采集香菇、木耳、蜂蜜，如果能保证价格和销量，可以自我维持，迁出以后成本太高。但问题和太平洞村一样，茶叶的种植、加工、销售均没有体系化指导和政策扶持，形成恶性循环：产业形态单一、产值低，留不住年轻人，老年人难以完成业态升级或利用网络手段提高产值，外来企业不愿投资，村庄缺少活力但在传统业态下相对稳定，地方政府不愿耗费财力、人力搬迁或改变村庄，村庄维持村民低收入、年轻人流出状态。在难以整村迁出的情况下，要破除恶性循环，只能通过品牌特许工作促进业态升级和产业串联。

第二类改变针对有少数企业影响较大，对村庄发展没有全局性影响，但对国家公园保护影响较大。这些企业的业态是允许存在的，但存在的地点、运营的方式和规模直接影响保护成效，如果没有特许经营的限制，会直接影响"最严格的保护"的实施。例如，罗坑原有的粗放形态的驿站式民宿，因为保护的要求大多停业，今后也不宜重启，除非通过特许经营方式引入现代企业进行保护兼容业态设计和引入外来人力资源提供支持，否则非法旅游线路就有了后勤补给基地。这样的业态，需要通过特许经营方式严格管理、摒弃原有的无序经营。而原来驿站提供的向导服务，需要品牌特许，这样才能保证相关生态旅游活动合法且具备急救等安全技能。

这两类业态，都有赖龙头企业形成产品或业态升级并破解人力资源、资金和销售障碍。村庄既有的合作社、村委会在业态升级中均没有发挥明显作用。

20.3 社区基本情况

根据《南岭国家公园设立方案》，南岭国家公园内共有 19 个行政村，主要产业均为农业和旅游业，部分行政村对自然资源的依赖程度依然较高。由于广东南岭国家公园建设对各行政村的影响有所差别，按以下标准对国家公园内的行政村进行筛选。

20.3.1 地理区位标准

根据广东南岭国家公园的规划范围，公园分为一般控制区和核心区，项目组在筛选典型村庄时需兼备核心区内和一般控制区的村庄。

选取地理区位作为典型村庄的筛选标准理由如下。①管控措施的差异性：由于不同区域的管控标准不同，在特许经营方案设置的时候需要兼顾地处不同功能区的村庄，以保证方案在不同的管制标准下仍然能落地和执行。②经济条件的差异性：由于各村庄与国家公园主要交通干道以及和镇中心距离的差异性，各村庄的经济条件会有区别，特许经营方案的设置需考虑不同经济条件的村庄，在设置产业模式时以保证能与村庄的实际条件相契合。

20.3.2 产业基础标准

根据村庄既有产业基础，将社区分为农业、兼农业及混合产业。在进行典型村庄筛选时需兼顾不同产业基础的村庄，将其作为三类社区的代表。

20.3.3 村庄人口数标准

《南岭国家公园设立方案》以受影响村庄的人口基数为筛选标准，但需要兼顾村庄内常住人口数较少、人口数适中和人口数较多的村庄。广东南岭国家公园内村庄普遍存在"空心化"严重的现象，还有大量的少数民族村民。特许经营方案在设置时，对一些常住人口特别少的村庄，以期能缓解村庄空心化的现象，带动村内年轻人返乡就业；对一些常住人口较多的村庄，以期能够保障村民的利益，减少潜在的社区冲突。尤其是一些少数民族村庄，位于广东南岭国家公园核心区内，且人数较多，产业基础较差，需要进行重点安置和产业扶持。

20.3.4 村庄受影响程度

根据拟建广东南岭国家公园建设后对社区的影响程度来筛选村庄，可将村庄大致分为受影响较大的、受影响较小的以及虽然受到影响但产业基础较好有利于后期产业转型的三种类型。

由于每个村庄的情况都不尽相同且无法严格按照某一个绝对的标准进行严格划分，结合以上四个标准，我们将拟建广东南岭国家公园村庄分为Ⅰ/Ⅱ/Ⅲ三类，并根据第一轮对村庄初步调研的结果，筛选出符合Ⅰ/Ⅱ/Ⅲ类标准的典型代表村庄。[①] Ⅰ/Ⅱ/Ⅲ类村庄的主要特点和典型代表如表 20-2 所示。这些

---

① 国家公园内或位于国家公园主要入口处的村庄，一般统称为国家公园社区（国家公园外但位于主要入口处的一般也称为国家公园入口社区），本书在表述中不严格区分国家公园社区和国家公园村庄的相关概念，除非在有明确文件出处的地方或与专有名词衔接的地方（如社区共管等）。

典型村庄的作用在于：①基于以上四个筛选标准，村庄的问题较为突出，具有一定的代表性，可以反映同类型村庄的利益诉求；②典型村庄可以作为第一批特许经营方案的试点村庄，针对典型问题和典型诉求设置不同类型的政策引导；③典型村庄可以作为后续特许经营方案评估和对比的基准村庄，以便灵活调整特许经营制度、评估特许经营方案成效。

表 20-2　广东南岭国家公园社区分类及其典型代表

类型	主要特点	典型代表
I 类村庄	广东南岭国家公园建设对其的负面影响较大。其地理分布特征为在广东南岭国家公园核心区或一般控制区，广东南岭国家公园的建立使村庄的生产生活受到严格限制，例如禁止经济型作物的种植、对经济林有着严格管控等。该类村庄在广东南岭国家公园建立前就在保护区的核心区，或者水源地的周边，农户的收入结构单一，以农业和公益生态林种植为主。农户对广东南岭国家公园的建立有不满情绪，进行生计调整的意愿非常强烈	韶关市曲江区罗坑镇的瑶族村
II 类村庄	广东南岭国家公园建设对其的影响不大。其地理分布特征为广东南岭国家公园的一般控制区内或紧邻国家公园，与广东南岭国家公园外围接壤的村庄。这类村庄的产业以农业为主，广东南岭国家公园建设对其产业结构影响比较小；由于以农业生产为主，村庄空心化现象较为严重，村内现有居民多为老人和儿童，其收入以家中劳动力外出打工为主。在调研过程中，大部分在村内的老人对广东南岭国家公园的建设并不是很关心	清远市连州市星子镇的潭岭村
III 类村庄	广东南岭国家公园建设对其能产生正面带动。其地理分布特征在国家公园的内部或紧邻国家公园，产业基础较好，有小规模的家庭生产基础，例如茶叶种植、民宿等。该类村庄有一定的精英农户，具有一定的知识文化水平和社会关系，后期在广东南岭国家公园特许经营的开展过程中，可以发挥精英农户的带头作用	阳山县秤架瑶族自治乡的太平洞村

第21章
有限有序竞争的表现形式

21.1 建立国家公园特许经营产业白名单

广东南岭国家公园范围内禁止开展工业化、城镇化开发项目，除涉及国防安全设施建设及活动，不损害生态系统的居民生产生活等民生设施建设和科研、监测、体验、教育，以及文物保护利用相关活动外，禁止其他与保护目标不一致的开发建设活动。**由于国家公园为生态敏感地必须对开发进行最严格的管控，特许经营以正面准入清单的方式加强产业发展的监管和引导。**在园区内，"最严格的保护"体现为所有商业经营都必须是特许经营，也要求都是满足品牌体系标准的产品。

根据"生态优先、绿色发展""规范高效、创新模式""分步实施，精准有序""社区参与，公开公正"的基本原则，在规定地点开展规定类型、规定数量、规定范围的特许经营项目。参考《绿色产业指导目录（2019年版）》（以下简称《目录》），广东南岭国家公园的特许经营产业包括生态环境产业（包括生态农业）、基础设施绿色升级和绿色服务三大产业类目，并根据生态产业的实际情况对《目录》进行了拓展延伸，如国家公园的住宿、餐饮的某些提供方有可能是以上三大类的集成（例如举办农家乐的茶庄或酒庄），为方便分析将其归口于绿色服务业；新增文创设计、文化展示、节庆体验、摄影等产业业态（见表21-1）。需要说明的是：表21-1中给出的特许经营产业类目是将各村庄的地理区位空间、产业规模等相结合，根据各个区域细化的保护需求确定可发展产业类目，根据具体区域的建筑用地面积、环境容量、季节游客量等信息确定产业的预期规模，从而形成既符合空间管控要求又能带动绿色发展的特许经营产业体系。

原住居民有权在国家公园集体农用地上开展传统利用活动，但不得影响生态保护目标、改变农用地用途，不得在集体农用地上开展非农经营性项目，传统利用方式不在特许经营管理范围内。对特许项目数量实施严格管控，以延续广东南岭国家公园内原住居民水稻、茶叶、竹笋等产品的传统农业生产方式。

表 21-1　广东南岭国家公园特许经营产业准入清单

类型	产业大类	亚类	基本类型
A 自然资源资产或固定资产经营利用	AA 生态农业	AAA 绿色有机加工	利用国家公园产出的农产品进行规模化加工
		AAB 林下种植和林下养殖产业	林下种植（粮食、油料作物、药材、食用菌、蔬菜）；林下养殖（家禽、放牧等）
	AB 自然教育与生态体验	ABA 森林旅游和康养产业	特色生态导览项目；山地运动项目；科普教育项目；其他不影响自然生态环境可持续性的游憩体验活动
		ABB 水上体验项目	滨水活动项目（如垂钓点）；水上活动项目
		ABC 农业观光与体验	农业观光项目；农业体验项目；特色村旅游项目
	AC 绿色交通	ACA 绿色交通	园区自行车；园区电瓶车；其他园内必要且对资源环境不造成负面影响的非基本公共交通工具租赁
		ACB 建筑节能与绿色建筑	基础设施生态改造；绿色建筑的设计和建造
	AD 绿色服务	ADA 餐饮	大众餐饮点；特色农家乐餐饮
		ADB 住宿	民宿、酒店、营地
		ADC 文创产品	利用广东南岭国家公园的文化资源进行产品设计及加工
		ADD 依托既有基础设施的商品销售	旅游商店（经营范围主要限定为土特产品、民间工艺品、文创商品、旅游图书及音像制品等旅游纪念品）；旅游驿站（经营范围主要限定为生活用品、食品、饮料、户外用品等）；综合旅游商店（含以上两类经营范围）
		AEE 其他	企业、组织或个人在公园内开展节庆、摄影、采风等活动颁发的进入许可；其他未含的符合国家公园管理目标和相关法律法规的经营性项目

21.2　明确广东南岭国家公园产业发展方向

21.2.1　生态农业

深化农业供给侧结构性改革，加快建设南岭特色农业产业体系、生产体系和经营体系，坚持绿色发展方向，加快建立特色突出、循环低碳的绿色加工体系。"大力发展优势特色产业。推动传统种养业转型升级。实施农副产品精深加工等特色产业培育工程。"这是广东省"十四五"规划提出的发展要求。广东南岭国家公园的顶级资源环境产出的某些初级农产品本身就在品种、品质、风味等方面具有独特的优势，经精细化、定制化的加工工艺可以更加突出产品特色，国家公园的特色小镇、入口社区、加工基地内的茶园、酒庄则可作为加工和销售的空间和平台。促进加工企业由小到大、加工层次由粗（初）到精（深）、加工业态由少到多、加工布局由散到聚。

广东南岭国家公园生态农业发展初步思路如下。

适度延伸产业链条，增强核心竞争能力和辐射带动能力。拓展初级加工产品种类，除笋干、红薯干、冬菇等传统初级农产品外，引导稻米、水果和蔬菜的适度加工，丰富产品名录，增加消费场景。重点加强农产品的精深加工，研发果酒、米酒、化妆品等产品，延伸产业链，扩大产品增值空间，并以其为龙头，带动区域农产品加工结构的升级。

细分产品品种，区分差异化产品品质。以茶叶为例，需要对现有茶园产出的茶叶进行品质划分，打破现在混收混卖的现象，形成细分的茶叶供给体系。对高品质鲜茶进行重点加工推广，以其"优质"换得"优价"。针对不同产区的茶叶定制优化加工工艺：聘请专业制茶大师对不同产区的茶叶的加工工艺进行优化改造，突出不同茶叶的特色；结合不同层级市场需求设计新型产品，主动迎合各类人群的产品偏好和消费习惯。

推动标准化生产。引导农户标准化生产，提高初级农产品加工的卫生条件，提高产品安全和品质保障。加大生物、工程、环保、信息等技术在农产品加工中的应用力度，提高精深加工技术的信息化、智能化水平。

21.2.2 自然生态体验产业

依据广东南岭国家公园的保护、科研、教育、游憩功能定位，树立广东南岭国家公园全民公益性的理念，在严格保护自然生态系统的原真性、完整性的基础上，打好文化旅游发展牌，构建完整的生态体验和环境教育体系，实现"为公众提供亲近自然、体验自然、了解自然以及作为国民福利的游憩机会""鼓励公众参与，调动全民积极性，激发保护意识，增强民族自豪感"的目标。

广东南岭国家公园自然教育与生态体验项目发展初步思路如下。

衔接《南岭国家公园自然教育与生态体验专项规划》，将该规划中的 20 条区域体验项目分为三类。将这些体验项目在空间上进行组合可以形成三类体验线路，同一类线路上的访客规模、设施配套原则和解说系统要求基本相同，具体管理要求如表 21-2 所示。

表 21-2　访客体验分类管理要求

体验类型	管理要求
一类体验机会（线路）	提供较为多元化的体验机会,访客规模适中且分布均匀。允许机动车进入并具有较好的交通可达性,沿途设置不同等级的服务类设施,解说教育系统齐全
二类体验机会（线路）	提供专项体验机会,需要一定的前置性条件并限制访客规模。部分体验项目允许机动车进入,只为访客提供最必需的服务类设施和必要的解说教育机会
三类体验机会（线路）	仅对部分访客预约开放,体验项目需要单独预约和进入审核。不允许访客自驾机动车进入,不得新建任何与保护管理无关的人工设施,由专业人士提供解说教育服务

开展科普产业化升级，建立南岭生态学校。 以科学研究促科学普及，加强与国内外科研机构、传媒机构的合作，将科研成果转化为科普教材，定期开展丰富多彩的科普宣教活动。建设科普主题的国家公园小镇，以"科普惠民"为理念，整合国家公园的自然资源和地方社会资源，建设若干科普博物馆、自然学校、气象中心、科普学堂，开辟户外科考游道。开发生态动植物科普、天文观察、鸟类观察、茶香品鉴、瑶族文化传承等科普研学课程，探索、构建以原住居民参与的科普研学特许经营产品体系。提高国家公园范围内及周边的市场活力，吸引餐饮、住宿、娱乐、购物、户外、科普、旅游、建筑、新媒体、文化传播等企业参与特许经营项目，为当地居民创造就业岗位。

以生态旅游带动传统产业升级。 以国家公园生态旅游带动当地就业与相关农副产业，例如民宿、手工艺品、特色产品等的开发和发展。在农业方面，生态旅游将旺盛的市场需求带动周边乡村的农土特产品，如水晶梨、茶叶、山茶油、绿色蔬菜等发展迅速，推进产品精深加工。结合旅游市场需求，组建农业专业合作社、家庭农场、农家乐、乡村民宿等观光农业。鼓励当地居民在乡村边的森林开展养蜂、中草药种植等产业，并开设森林自然教育课程，推动公众和原住居民自觉保护森林景观和野生动植物。以科普带动旅游，通过多种形式的科普活动拓展新型自然资源利用方式，举办各类科普活动和赛事，吸引更多的访客参与生态体验。开发"生态探访""旅游文化节""手工艺品设计大赛"等专项特色旅游项目，促进当地农副产品销售，全方位带动旅游发展和周边绿色发展。通过国家公园品牌授权的方式促进民宿的生态化改造，制定服务质量和原材料产地标准及认证流程，改善民宿的基础设施，引导民宿拓展科普、生态体验业态，形成生态科普旅游的基础单元。

开发游览和自然体验项目。 根据坚持生态保护优先、可进入性和减法原则，优先启动资源基础和接待基础较好的对访客体验质量提升有明显效果的罗坑片区经营项目，通过水上活动（漂流体验）、特色生态导览（徒步探险）、科普教育（珍稀动植物特色科普体验）三类特许经营项目，吸引社会资本参与特许经营，激活广东南岭国家公园生态服务"密码"，探索品牌授权赋能生态住宿、生态餐饮、生态商品销售的新形式。鼓励发展南岭片区的特色科普教育项目；适度发展天井山、潭岭、石门台、乳源大峡谷片区依托山水资源特色体验项目。

加强配套设施建设。 坚持生态性、地域性、经济性和社会性原则，完善道路系统，建设生态体验类、环境教育类、管理类、服务类、环卫类 5 类生态体验和环境教育设施（参见图 21-1），具体建设地点、规模和需要衔接《南岭国家自然教育与生态体验专项规划》。

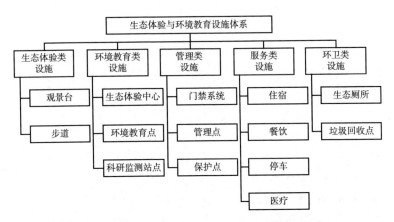

图 21-1 广东南岭国家公园生态体验与环境教育设施体系

生态教育解说系统。结合《南岭国家公园自然教育与生态体验专项规划》，主要针对访客构建一套具有现场讲解、展示、教育、说明、演示功能的标识，包括国家公园形象标识、管理型标识标牌、解说型标识标牌等。解说标识在设计上应突出广东南岭国家公园的特色，进行统一规范的设置，做到信息连续、数量合理。

21.2.3　特色文化产业

促进文化资源与现代消费需求的有效对接，丰富文化业态，打造特色鲜明、优势突出的特色文化小镇、文化产业特色村，培养形成具有瑶族和南岭地域特色的传统工艺产品，推动形成具有较强影响力和市场竞争力的特色文化品牌。

结合国家公园核心价值，发掘广东南岭国家公园内教育人文价值，加入广东南岭国家公园品牌，制作展现自然地理与人文特色的明信片、地图、动植物图鉴、纪念帽、环保袋、环保水壶、纪念 T-shirt 等文创纪念品；开发具有瑶族特色的手工艺制品；结合生态体验活动，制作生态体验印有相关品牌的特制水杯、手电筒等必需与可选装备；结合广东南岭国家公园品牌，设计玩偶、冰箱贴等品牌周边产品。

第22章
形成"共抓大保护"的发展手段：
品牌特许经营

　　作为"两个统一行使"的主体，广东南岭国家公园管理局是"广东南岭国家公园"品牌的拥有者和管理方（管理品牌体系），国家公园范围内及周边（特色小镇、入口社区等）产出的可交易生态产品经广东南岭国家公园管理局按自定标准认定后，可由管理局授权使用该品牌并享受统一的认证和营销推广服务。广东南岭国家公园品牌授权分为两个大类：①国家公园品牌标识授权，允许国家公园内特许经营商使用国家公园品牌标记、名称、公共标识和宣传口号。此类授权建立在自然资源特许经营基础上，特许经营授权企业在获得自然资源特许经营权后自动获得相应品牌使用权，并在特许经营合同中予以确认。②白名单上的农产品及其加工制品、国家公园主题的文创用品、民宿、生态餐厅等，在符合国家公园品牌认定标准后，可以纳入品牌体系，使用"广东南岭国家公园"品牌，利用国家公园平台进行营销。

　　国家公园品牌特许经营有三方面新举措。一是体系化，包括产品和产业发展指导体系（优选产业并给予专门扶持）、产品质量标准体系（全产业链环节的标准）、国际认证体系（统一国家和国际认证工作）、品牌管理和推广体系，并结合国际认证拓展国际市场，克服贸易技术壁垒。二是样板化，即在有望与国际接轨的细分产业或业态上先构建模式，再让其他产业仿效。先将茶叶等产业的既有管理方式纳入公用品牌体系，在全产业链标准制定、国家和国际有机统一认证和单一品牌管理方面进行探索，使"两品一标"等分散的工作全部集成于这个体系化的平台中。在这些产业上试点有效后再形成操作办法推广到其他产业中。三是多产业融合。在国家公园小镇，将生态农业、生态体验、文化产业融合起来形成产业串联和互促，同样放到这个国家公园品牌体系进行统一管理，可以收到更好的规范化发展、品牌化增值效果。

22.1　品牌识别

全面调研广东南岭国家公园列入白名单的生态农业产品、自然体验产品、特色文化产品等产品的开发基础、资源禀赋、市场潜力，识别品牌力，提出分期产品品牌培育名单。将广东南岭国家公园管理局作为"广东南岭国家公园"品牌的管理方，国家公园范围内及周边（特色小镇、入口社区等）产出的生态产品符合相关标准认定后，可由管理局授权使用该品牌，享受统一的营销推广服务。广东南岭国家公园品牌准入类目见表22-1。

表 22-1　广东南岭国家公园品牌准入类目

特许经营类型	产业大类	亚类	基本类型
B 品牌授权类	BA 技术产品认证和推广	BAA 标识授权	BAA 广东南岭国家公园标记/徽记授权；BAB 广东南岭国家公园名称；BAC 广东南岭国家公园管理局名称；BAD 广东南岭国家公园吉祥物授权；BAE 广东南岭国家公园相关口号；BAF 其他广东南岭国家公园公用标识
		BAB 绿色认证授权	BBA 原产地农副产品认证；BBB 科普教育产品认证；BBC 生态体验产品认证；BBD 生态餐饮、生态住宿认证；BBE 生态文创产品认证；BBF 其他国家公园生态服务与产品认证

22.2　广东南岭国家公园品牌资产培育

品牌资产可分有形资产和无形资产两种。

22.2.1　有形品牌资产培育

国家公园内原住居民利用传统方式生产的农产品及其加工制品、国家公园的文创用品、民宿、生态餐厅等，在符合国家公园品牌认定标准后，加入品牌增值体系，使用"广东南岭国家公园"商标，利用国家公园平台进行营销。

22.2.2 无形品牌资产培育

通过国家公园品牌标识授权，允许国家公园内特许经营商使用国家公园品牌标记、名称、公用标识和宣传口号。此类授权建立在自然资源特许经营的基础上，特许经营授权企业在获得自然资源特许经营权后自动获得相应的品牌使用权，并在特许经营合同中予以确认。

在园区内，"最严格的保护"体现为所有商业经营（不算放牧和自耕生产）都必须是特许经营，也要求都是满足品牌体系标准的产品；在园区外（国家公园特色小镇），则用引导的方式让国家公园周边实现特色发展。从品牌体系产品的供应量来看，园区外应是主体，但其直接受益于国家公园的资源环境优势和品牌体系平台带来的价格和销量优势。品牌体系与特许经营，按照《机构设置指导意见》由国家公园管理局统一管理。

22.3 广东南岭国家公园品牌体系管理

包括制定并动态更新产品和产业发展指导体系、产品质量标准体系、产品认证体系、品牌推广和知识产权管理体系，从以下三方面进行管理。

坚持生态保护第一和全民公益性原则，明确品牌使用产业白名单和质量标准。坚持以国家公园全面公益性形象为中心，根据广东南岭国家公园产品谱系和品牌资产识别与培育策划，研究提出广东南岭国家公园品牌生态产品与服务的白名单，并确定白名单上的产业必须达到的质量标准（要求均高于相关国家标准）。

坚持统一认证、统一推广。品牌体系中的产品，由广东南岭国家公园管理局统一组织相关经营主体取得国家和国际认证（如农产品的"三品一标"和国际有机认证），并进行品牌整体的营销，提出基于政府营销、企业营销、事件营销、娱乐营销等多种组合的营销方案。

坚持知识产权保护。广东南岭国家公园管理局统一实施对品牌产品的保护和盗用品牌的产品打假，由管理局衔接国家、省、县的相关职能部门，进行联合行动。

第23章
广东南岭国家公园特许经营
产业发展空间布局

23.1 总体发展布局

在衔接广东南岭国家公园各级规划的基础上，按照"生态先行、区域联动、绿色发展"的思路，为特许经营产业做总体发展布局。

可以将国家公园的产业发展在空间上分为四个部分。

产业禁止发展区。包括《南岭国家公园总体规划（2022～2035年）》中的核心保护区及《丹霞山国家级风景名胜区规划》中的特别保护区。禁止布局开发性产业，特许依托生态监测点开展科研和生态教育活动；原住居民的传统生活生产方式允许一定程度的保留，但禁止面积扩张。

资源适度利用区。包括一般控制区内的森林、河湖、草地以及城乡建设用地外的区域。在承担好生态功能的同时，允许布局产业准入正面清单中的产业，依据自然资源分布和等级产业，适度布局生态农业，依托自然资源和人文资源优势，有序开展自然教育和环境教育活动。

产业集聚发展区。包括一般控制区内城镇、乡及人口较集中的居民点的城乡建设用地管控区域，依据分类的Ⅰ/Ⅱ/Ⅲ类村庄及入口社区不同的发展策略，合理布局广东南岭国家公园产业准入正面清单中的产业，重点布局生态农业及农副产品加工业、特色文化产业、生态体验类产业、绿色交通和小型商贸服务业，引导企业合理布局，加强特许经营管理，重点控制产业发展带来的生态环境影响。

产业发展支撑区。涉及清远市和韶关市与广东南岭国家公园接邻的乡镇，利用国家公园的辐射作用，利用与国家公园相近的生态区位产出国家公园品牌的生态产品，承接广东南岭国家公园客源发展旅游接待与科普展示，重点在瑶族秤架乡、锦潭小镇、波罗镇等八个国家公园小镇，布局访客接待服务设施、生态文化展示教育设施、特色文化产业，积极引导企业集中布局，有效控制污染排放。

23.2 三类典型社区绿色产业发展和特许经营实施方案

23.2.1 负面影响较大的社区——以瑶族村为例

1. 瑶族村的基础条件

瑶族村位于韶关市曲江区罗坑镇（地理位置见图23-1），村辖13个村小组，现有120户，总人口578人，全村均为瑶族。村内经济作物主要有食用菌、蔬菜以及茶叶，罗坑地瓜干和罗坑茶叶是当地特色农产品。目前村内有两个合作社，分别经营茶叶和食用菌养殖。瑶族村位于罗坑鳄蜥国家级自然保护区和罗坑水库附近，依据《南岭国家公园总体规划（2022~2035年）》，计划在此建设罗坑国家公园集镇。村民对国家公园建设过程中的征地和移民情况非常关注，希望政府出台政策性补贴解决就业、就读和养老问题。

罗坑是广东十大茶乡、省级茶叶专业镇，自古有种茶传统，村内茶农主要销售茶青，主要销售方向有两个：一是销售给位于村内的茶叶企业——广东雪花岩茶业有限公司①，二是销往英德市用于加工英红九号②。茶青销售主要集中在清明前后，春茶过季茶青品质下降后采摘的茶叶自行加工炒制，炒制工艺落后，标准化程度不高，缺乏特色工艺。

瑶族村邻近罗坑水库和罗坑大草原，游客数量较多，部分游客选择住在村内的民宿，还有大量游客专程来罗坑大草原露营。罗坑大草原无门票，游客可

---

① 广东雪花岩茶业有限公司成立于2011年3月，是一家集茶苗繁育、茶叶种植、加工、营销、研发为一体的茶叶生产企业，现是广东省重点农业龙头企业。公司采用"基地+农户"的生产经营模式，自有基地茶园1500多亩，合作农户茶园面积7500多亩，拥有红茶加工自动生产线一条，传统红绿茶初制生产线和精制生产线各一条。其研发生产的"雪花岩"牌茶叶具有"木甜杏仁香""木甜花香""甜香圆润"等独特的地域风格，雪花岩高山红茶是"广东省名牌产品""广东十大名茶"。公司产品连续7年通过有机产品认证，致力于为广大消费者打造健康好茶。
② 英红九号既是茶树品种名，也是红茶产品名，更是茶叶区域公共品牌名。其茶叶主产区位于广东南岭国家公园石门台片区。

自行进入大草原进行露营烧烤，整体景区无实际运营公司，周边农户自发开展租赁、食品销售等经营活动，业态单一且散乱。实际上罗坑的生态环境优势明显，水库周边和水田是众多珍稀鸟类的栖息地，具有观鸟、观星业态的发展基础。户外探险是游客前往罗坑的另一主要目的。船底顶山海拔1586米，是曲江的最高峰，位于罗坑鳄蜥自然保护区核心区内，号称"广东山友的毕业路线"。穿越"船底顶"最经典线路是"罗新线"，即罗坑镇到新洞，全程约35公里，自然条件复杂，对登山人员的专业技巧和体能要求较高，对向导的专业知识和野外救助能力以及整条线路的应急保障都提出非常高的要求。但事实是"船底顶"位于自然保护区核心区，所有"驴友""山友"的穿越行为均是非法的。该穿越线路也未经开发，整个穿越行为没有安全保障。游客主要是由当地人接送进山，运输车辆以皮卡为主（与保护区的管理人员打游击），且有报废车，存在严重的安全隐患。当地村民甚至在"船底顶"上砍树搭建木屋提供住宿。2020年底发现非法搭建营地2处，每处面积约500平方米；非法搭建木屋7处，且能提供生活煮食、煤气罐和柴火。生活垃圾堆积在山沟里，"船底顶"附近随处可见野外用火痕迹，存在巨大的山林火灾隐患。位于核心区的坪坑村是非法接待的集中地，该村人员对新建农家乐、扩大茶园的意愿非常强烈。

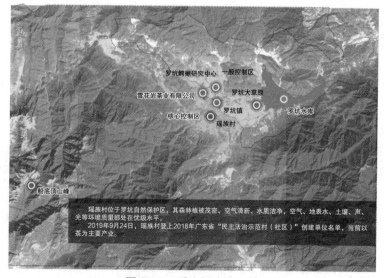

图23-1 瑶族村地理位置

2. 瑶族村产业白名单落地方案（见表23-1）

表 23-1 瑶族村产业白名单落地方案

特许经营类目	绿色产业大类	亚类	策划项目清单	拟建地点
A 自然资源资产或固定资产经营利用	AA 生态农业	AAA 绿色有机加工	茶产业体验项目	雪花岩茶厂、罗坑镇各个茶厂周围
		AAB 林下种植和林下养殖产业	茶园升级项目	瑶族村现有茶园 罗坑鳄蜥自然保护区内野生茶群落
		AAC 森林旅游和康养产业	观鸟特色生态体验项目	"罗坑大草原"
			观星特色生态体验项目	"罗坑大草原"
			"核心区生态体验项目"——特种专项生态游憩项目	苏木坑自然村
			国家公园科普教育示范基地	罗坑鳄蜥研究中心
		AAD 其他	—	—
	AB 绿色交通	ABA 绿色交通	自行车、电瓶车租赁	环湖生态绿道周围
		ABB 建筑节能与绿色建筑		
	AC 绿色服务	ACA 餐饮	特色农家乐餐饮	瑶族村内各自然村
		ACB 住宿	民宿	瑶族村内各自然村
			罗坑露营体验中心	"罗坑大草原"
		ACC 文创产品	—	—
		ACD 依托既有基础设施的商品销售	旅游商店、旅游驿站、综合旅游商店	瑶族村内各自然村 "罗坑大草原" 罗坑水库周边
B 品牌授权类	技术产品认证和推广	BA 标识授权	生态民宿认证	瑶族村内各自然村
		BB 绿色认证授权	茶品质升级项目	雪花岩茶厂 瑶族村内各茶厂、制茶作坊

（1）生态农业项目

茶产业升级。结合现代农业生产发展项目，加强茶园基础设施建设，打造标准化示范园，对连片茶园进行改造，推广改良换种、水肥改良措施，推广绿色生态种植模式，重点推广茶园病虫害绿色防控、生物调控技术。鼓励大型茶叶企业（如省级龙头企业雪花岩茶叶有限公司）与农业合作社深度合作，推动茶叶合作社茶园标准化生产。加快茶叶加工升级，以清洁化和标准化为发展方向，加强技术改造和设备升级，提升生产效率和产品质量。规范野生茶树、古茶树群落采摘经营，通过合作社的形式控制野茶采摘的时间和强度，保证古茶树群落的可持续经营；拓展野茶采摘游览体验项目，开发野生茶特色加工方式，提高野生茶叶产品品质和丰富野生茶叶利用方式。利用"广东南岭国家公园"品牌，引导罗坑茶叶提质升级，加强茶叶生产的质量认证、质量监督和品牌推广。

（2）农旅融合类项目

茶产业体验项目。依托雪花岩茶厂、罗坑镇各个茶厂整合周围现有民宿、商店，改建体验作坊，为游客提供采茶、杀青、揉捻、烘干"茶叶生命周期"的茶叶制作体验，开设茶艺表演类特色项目。

（3）生态教育体验类项目

国家公园科普教育示范基地，支撑罗坑科普教育体验区建设。利用罗坑鳄蜥研究中心等基础设施，改建室内外互动的中小学生学研游示范教育基地，形成具有接待、体验、科普教育等复合功能的多元化空间。室外空间改造为亚热带常绿阔叶林生态系统展示小园，包括山水创意展园区、鳄蜥科普教育互动区，并配套建设科普廊架、休憩座椅、标识牌等设施。室内空间改造通过动植物标本与自然景观、互动技术、特效和实验演示装置等多元化手段来展现国家公园的自然生态系统、丰富的野生动植物资源以及不同区域的生态教育内容。满足游客互动、休憩、观景需求，并可不定时开展研讨交流活动，宣教展示研究成果。利用照片、影像等形式，借助声、光、电模拟技术和VR高科技技术，向大众展示国家公园的生态资源和鳄蜥保护知识。

环湖徒步科普体验。规划环湖生态绿道，沿途设置休憩点、餐饮中心和科普教育展示回廊。提供自行车、电瓶车等低碳交通服务，利用周边的生态资源和村庄改建自然教育设施和森林康养设施。如在罗坑大草原可以增设自行车租赁点和电瓶车售票处等设施。

罗坑露营体验中心。利用罗坑水库、罗坑大草原资源，规划露营营地和森林体验游径，优化营地的基础设施和解说设施，规范露营营地的经营。结合大草原和湖面开展生态教育、科普创新项目，定期举办户外活动和生态讲堂。

拓展观鸟、观星特色生态体验项目。打造暗夜星空科普教育展示基地，规划建设观鸟平台，提供设备租赁、专业课程等配套增值服务，并定期举办摄影展和交流活动。利用周边民宿提供基础服务，为观鸟、观星爱好者提供住宿服务，也可作为预约和交流平台。

尝试探索"核心区生态体验项目"——特种专项生态游憩项目。引入具有国家公园生态体验运营经验的专业企业与社区合作社组建合资公司，开展"船底顶"生态体验项目。合资公司必须提供翔实的运营方案和应急处置方案，严格控制人数、行进线路、人为活动，确保不对生态环境产生负面影响，保障参与人员的人身安全。国家公园管理局需要对合资公司的经营进行专项监管。社区既可以从合资公司中获得经营分红，社区内原住居民也能在其中获得就业岗位，社区居民可以提供接待服务并在经过专业培训且考试合格后成为带队向导。此项目对国家公园管理和政策突破要求极高，其开展必须经过严密的多方论证。瑶族村绿色产业升级示意见图23-2。

图 23-2　瑶族村绿色产业升级示意

23.2.2　未受到明显影响的社区——以潭岭村为例

1. 潭岭村基础条件

潭岭村位于清远市连州市星子镇东部，潭岭水库岸边，邻近广东南岭国家级自然保护区大东山片区、清远天湖省级森林公园（潭岭村地理位置见图23-3）。潭岭村属于潭岭水库移民村，村民环库而居，距镇政府所在地14公里（40分钟车程），潭岭村现约有730户，总人口约2700人，村内有卫生站1个，外出务工人员约150人。潭岭村委下辖21个自然村，其中黄沙塘自然村位于国家公园内，其余的自然村有林农地位于国家公园内。根据《南岭公园自然教育与生态体验专项规划》，其位于潭岭高山平湖休闲体验区、潭岭小镇入口社区。

潭岭村的支柱产业为果树种植业，约80%的常住村民靠种植水晶梨为生，平均每户种植面积为40~50亩。潭岭村是连州水晶梨的最佳产地，也是粤北最大的水晶梨种植基地。2016年3月，连州水晶梨获得国家地理标志保护产品认证。水晶梨的品质好，源于当地独特的气候和优越的种植环境，海拔高650多米，昼夜温差大，土壤多为黄沙土壤，年平均气温达到17.5摄氏度，年日照时间达到1600小时，大气、土壤、水质条件均符合无公害农产品产地环境条件的要求。

村内水晶梨基本为鲜果销售，主要依靠各户自销，销售渠道包括微信熟人出货和商贩批发，村内名义上原有两个合作社，但基本没有合作开发的产品和产业。潭岭村内无工业产业，每年7月水晶梨采摘能吸引大量的游客，其余时间游客数量稀少。除水晶梨外，潭岭村具有较好的观星、观鸟条件，周围的大东山也提供了优秀的自然体验资源。

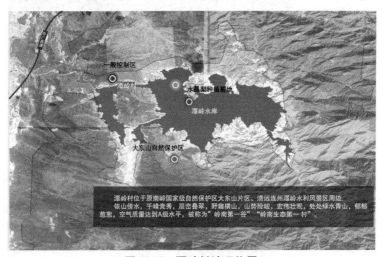

图 23-3 潭岭村地理位置

2.潭岭村的"白名单"

潭岭村位于潭岭水库周边，具有"天湖"潭岭的美称，周边具有亚热带完整的山地森林生态系统和原生植被垂直带。根据《南岭国家公园自然教育与生态体验专项规划》拟建设潭岭国家公园门户小镇和大东山高山平湖休闲体验区、大东山研学教育基地，规划了天湖生态休闲体验、天湖生态观赏摄影、环湖徒步科普体验等项目。结合潭岭村的资源本底和专项规划，其今后的绿色产业应以水晶梨特色种植与环湖生态体验为基础，丰富旅游业态，提升服务品质。具体的方案策划如表23-2所示。

表23-2　潭岭村产业白名单落地方案

特许经营类目	绿色产业大类	亚类	策划项目清单	拟建地点
A 自然资源资产或固定资产经营利用	AA 生态农业	AAA 有机绿色加工	水晶梨农事体验	潭岭村内水晶梨种植区
			—	
		AAB 林下种植和林下养殖产业	潭岭亲水体验项目（垂钓、泛舟、漂流等）	潭岭水库周边
		AAC 森林旅游和康养产业	天湖生态旅游（摄影、观星、观鸟）	潭岭水库周边及湖心岛
		AAD 其他		
	AB 绿色交通	ABA 绿色交通	自行车租赁商、电瓶车运营商	潭岭水库周边
		ABB 建筑节能与绿色建筑	—	
	AC 绿色服务	ACA 餐饮	特色农家乐餐饮	潭岭村内各自然村
		ACB 住宿	民宿	潭岭村内各自然村
			湖心岛露营营地	潭岭水库湖心岛
		ACC 文创产品	—	
		ACD 依托既有基础设施的商品销售	旅游综合商店	潭岭村内各自然村
B 品牌授权类	BA 技术产品认证和推广	BAA 标识授权	生态民宿认证	潭岭村内各自然村
		BAB 绿色认证授权	生态水晶梨认证	潭岭村内水晶梨种植区

（1）生态农业类项目

水晶梨特色种植，以"广东南岭国家公园"品牌加持的标准体系和产业链升级传统种植业。制定潭岭水晶梨产品等级划分标准、生产规范，进一步分析水晶梨的品质特征和生产条件，持续改进种植技术，由村委和合作社进行推广和规范。在征得村民意愿的基础上，可授权其使用"广东南岭国家公园"品牌，允许其利用广东南岭国家公园平台推广销售，开发水晶梨"溯源安心码"。拓展水晶梨的增值产品，尝试水晶梨酒、水晶梨香薰、抗氧化保健品等加工产品，扩大增值空间。

（2）农旅融合类项目

水晶梨农事体验。依托水晶梨田，打造田园综合体，开发农业科普、农事体验和民俗体验项目。每年春季举办"梨花节"，依托景观农田、花田景观组织观光游览项目；每年夏季定期举办"水晶梨采摘节"，推出特色"水晶梨宴"，以及具有乡村特色的国家公园避暑清凉水果游专线旅游套餐。

（3）生态体验类项目

潭岭亲水体验项目。依托潭岭水库和规划建设水上休闲和生态体验项目，在满足生态保护原则下，开展垂钓、水上泛舟、水上户外拓展、漂流等体验项目。依托环湖公路，开展环湖骑行、徒步活动，引入园区自行车租赁商、电瓶车运营商，为游客提供多种低碳交通方式。

拓展天湖生态旅游业态。依托潭岭水库、湖心岛、村落花海景观，开发休闲摄影、观鸟、观星等新型业态，拓展四季各有特色的科普游览活动。改建、新建观景平台等基础服务设施，规划观鸟路线、观鸟旅游科教步道和观鸟科教塔，提供观鸟教学、科普展示、设备租赁等服务。在湖心岛新建生态露营地，开展露营观星主题活动，包括星野摄影、亲子研学、露营大会、户外观星等不同类型的产品。

丰富民宿产业业态，借助潭岭入口社区建设，提升民宿接待能力，改造部分高标准的生态民宿，要求民宿采用本地原材料、提供当地食材、聘请当地村民作为服务人员。改建一批观鸟、观星特色民宿，从外观设计到配套功能都服务于专业观鸟、观星等特色生态体验业态，定期聘请专业讲师讲解星座星体知识，定期举办特色的"发烧友"交流会，并加强对员工的专业知识培训。潭岭村绿色产业升级示意见图23-4。

图 23-4　潭岭村绿色产业升级示意

注：本图较为清晰的彩色版参见书末的插图。

23.2.3　可能有正面影响的——太平洞村的社区共建案例

我们以秤架瑶族乡太平洞村为例进行分析。太平洞村地处清远市阳山县秤架瑶族乡北部，距秤架瑶族政府约 35 公里，距阳山县城约 81 公里，距清远市中心约 196 公里（见图 23-5）。

1. 太平洞村的资源条件

太平洞村地处原南岭国家级自然保护区和南岭森林公园范围内，受生态保护政策、高山地形等因素制约，以传统种植业为主，产业结构单一：太平洞村以传统种植业为主，主要作物有水稻、食用菌、马铃薯等；第二产业以小型水力发电站为主；第三产业主要是依托广东第一峰旅游景区①，发展农家乐和接待服务，村内近一半农户开展农家乐经营，约有 200 个民宿床位。茶产业是太平洞村的主要扶贫产业，2006 年经省扶贫办介绍引入第一峰云雾茶厂，由于万亩茶园扶贫计划受到严格管制而没有形成既定生产规模，目前有 3000 多

---

① 根据中央环保督察意见，第一峰景区已经关闭，南岭片区的农家乐经营情况逐渐变差，部分社区居民的收入呈现断崖式下降。

亩茶山①，无论从销售量还是销售价格上都没有形成对村庄的业态升级带动力，还面临若干政策法规约束，难以获得生产用房，因而无法引入先进设备全面化并优化生产工艺，茶叶品质不高，以销售散茶为主。村内现有三处食用菌种植基地，分别位于上洞村、下洞村和南木村。有两处蝴蝶兰种植基地，为外来企业在村内租地种植，分别在上洞和太平洞自然村内。依据《广东南岭国家公园生态教育与自然体验专项规划》计划在太平洞村茶园和兰花基地打造开放式生态体验社区。

图23-5　太平洞村地理位置示意

注：本图较为清晰的彩色版参见书末的插图。

2. 太平洞村的产业"白名单"

太平洞村毗邻秤架研学教育基地，规划定位为南岭智慧研学体验区、开放式生态体验社区、瑶族民俗民族风情乡村休闲旅游区，拟建设生态科普教育游径、自然学校等。太平洞村未来要逐步退出小水电等项目，逐步形成以生态资源、南粤古驿道遗址为依托，以茶叶、瑶族风情为特色，农旅融合、以旅促农、带动社区的发展模式。根据国家公园产业准入目录，并结合太平洞村的实际情况，太平洞村的产业"白名单"如表23-3所示。

---

① 经广东省政府牵线，2008年初，该企业与阳山县秤架乡太平洞村委会签订10000亩土地承包合同，开始种植单丛、台湾乌龙等名优茶品种，至2016年底已发展至3000亩，投资3000多万元，近年研究、创造出创新型乌龙茶的加工技术——"粤北黑美人茶叶生产技术""白美人加工技术""铁皮石斛叶子茶加工技术"，并制出相应的创新茶叶产品。

表 23-3 太平洞村产业白名单落地方案

特许经营类目	绿色产业大类	亚类	策划项目清单	拟建地点
A 自然资源资产或固定资产经营利用	AA 生态农业	AAA 有机绿色加工	特色观光农业(高山茶)园	槠梨坪自然村、上洞自然村、太平洞自然村、南木自然村
			茶产业品质升级项目	槠梨坪自然村、上洞自然村、太平洞自然村和南木自然村
			兰草种植示范园	上洞自然村、下洞自然村和南木自然村
		AAB 林下种植和林下养殖产业	—	—
		AAC 森林旅游和康养产业	生态教育游径	以槠梨坪自然村、南木自然村为起点,向国家公园的一般控制区和核心保护区延伸
			珍稀树种科普教育基地	现村域范围内,生态教育游径沿途,在国家公园一般控制区及核心区的珍稀树木周边
			古驿道文化走廊	沿秤架古驿道文化线路,形成太平洞古驿道文化走廊
		AAD 其他	—	—
	AB 绿色交通	ABA 绿色交通	—	—
		ABB 建筑节能与绿色建筑	—	—
	AC 绿色服务	ACA 餐饮	特色农家乐餐饮	南木自然村、槠梨坪自然村、太平洞自然村
		ACB 住宿	民宿	南木自然村、槠梨坪自然村、太平洞自然村
		ACC 文创产品	—	—
		ACD 依托既有基础设施的商品销售	旅游综合商店	南木自然村、槠梨坪自然村、太平洞自然村、上洞自然村、下洞自然村
B 品牌授权类	BA 技术产品认证和推广	BAA 标识授权	生态民宿认证	南木自然村、槠梨坪自然村、太平洞自然村
		BAB 绿色认证授权	茶品质升级项目	南木自然村、槠梨坪自然村、太平洞自然村、上洞自然村、下洞自然村

3. 特许经营项目设置和布局

在太平洞村重点布局一批生态农业和生态旅游业项目，具体的项目设计方案如下。

（1）生态农业项目

生态茶园茶厂项目。规范建设檑梨坪村、上洞村、南木村内的五处高山茶种植基地，以特许经营方式规范茶园、茶厂的经营行为。经国家公园管理局审定，当前经营行为不对生态保护造成负面影响的情况下，在当前经营合同期内继续履行原合同条款；在合同结束由国家公园管理局、茶厂经营方、太平洞村委会、集体代表等共同协商新一轮特许经营协议。

茶产业品质升级项目。用乡村振兴项目资金引导第一峰云雾茶厂与周边茶农组建合作关系，由茶厂制定《第一峰茶叶质量标准》和《第一峰茶叶等级划分标准》并报国家公园管理局和市场监督局备案，引导周围个体茶农逐渐按照标准提升茶叶质量。茶厂在取得"广东南岭国家公园品牌"特许授权后，可以使用品牌商标进行宣传销售，可以在未来建立的"广东南岭国家公园"官方平台上推广销售茶叶及相关制品①。

兰花种植示范园。优化现有上洞村、下洞村和南木村的兰花种植基地，拓展兰花种植种类，在种植基地内拓展兰花主题体验区。依托村内现存传统瑶族民居举办兰花科普展览和宣教活动，增加兰花展示平台，打造开放式生态体验社区。

（2）生态旅游项目

建设生态教育游径和珍稀树种科普教育基地。围绕村内及周围特色生态资源，以生态科普为出发点，打造以珍稀动植物、自然景观为主的生态科普游径和野外环境教点。以各自然村为节点，随形就势，增强国家公园的可进入性和重要景观景点的连通性，提升游客的观光体验，对道路进行串联性建设及改造。兼顾游径的游览趣味性和生态友好性，增设回廊和休憩凉亭，增设护栏、缓冲带等安全设施。利用周边的伯乐树、南方红豆杉、华南锥、华南五针松等珍稀生物景观资源，打造太平洞珍稀树种科普教育基地。

古驿道文化走廊。利用村内及周边的秤架古驿道，合理规划古驿道修缮线路，利用古驿道南北串联景观资源。合理设置古驿道配套设施，设置方向

---

① 目前广东南岭国家公园产品品牌体系正在构思中。

指引标志，在危险地段设置警示标识或者加装必要的防备装置或设施，都有助于提升游客对于古驿道的体验度和好感度。组织策划文化、旅游等相关活动，形成太平洞古驿道文化走廊，带动村域范围内文化、旅游、生态、农业等产业的发展。

特色观光农业建设。根据地理环境、资源分布、农业景观等条件，各自然村的农业施舍主要包括以森林山地、生态涵养、民族特色旅游和休闲度假为特色的农业专业合作社、家庭农场、农家乐等，加强农业观光（兰花展览观光）、农事体验（茶叶采摘、制作体验）、瑶族手工艺品、特色农副产品（兰花加工品）等的业态和产品的开发和发展。

升级民宿的服务。规范现有民宿的经营，现有民宿必须进行生态化改造才能获得特许经营授权，必须保证原材料（食材、建筑材料）和服务人员本地化（不低于90%）。通过"广东南岭国家公园"认证和品牌使用授权等形式引导现有民宿进行科普类项目，在太平洞村茶园和兰花基地、开放式生态体验社区建设中，民宿可作为基础单元融入其中，可以提供茶园和兰花基地的导览服务，亦可在民宿中开展生态体验类项目和课程。

太平洞村绿色产业示意见图23-6。

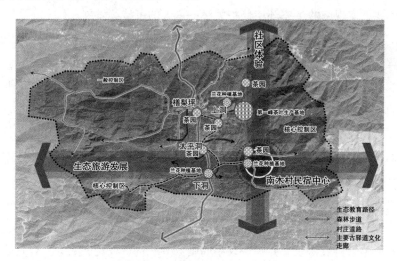

图 23-6　太平洞村绿色产业示意

注：本图较为清晰的彩色版参见书末的插图。

第24章
治理结构创新

——促进各方形成"共抓大保护"的生命共同体

根据保护生物学规律：谁离生态系统最近，谁就最关心生态系统的变化，谁也就最注重生态系统保护和管理，要实现全民公益性，国家公园范围内及周边社区的绿色发展是重中之重。同时，全民公益性的实现涉及的利益维度更复杂，需要形成普遍的正向激励机制，在国家公园管理中涉及的各级政府及部门、多数社区原住居民、公益组织、既有较大的企业（如第一峰云雾茶厂和大峡谷有限公司）和外来旅游投资商等之间形成联动，建立国家公园管理机构统一领导下的多方共治模式，多方先形成有话语权、有获利渠道的利益共同体，进而才能成为"共抓大保护"的生命共同体。其中，区域内各村庄和当地社区居民是保护好南岭生态环境的关键因素，需要分别形成适宜的原住居民受益模式，实现南岭生态环境保护关键——人的可持续发展。

广东南岭国家公园建立后，**当地社区既可以成立企业/合作社直接竞标特许经营项目，也可以与外来企业组建合资公司，再间接获得特许经营权**。社会资本参与国家公园特许经营项目必须将带动社区发展作为重要任务，需要建立合理的项目收益初次分配制度，探索通过土地、资本等要素使用权、收益权增加原住居民的基于要素的收入。在特许经营合同中必须明确带动社区的具体方案。如特许经营项目涉及集体土地可以采取成立合资公司的方式，将资本方与当地社区绑定为利益共同体，可采取如下方式。

投资方需在特许经营所在地注册公司，并将日常运营机构设在所在地，既能够方便日常管理，也能给地方增加税收。涉及的社区各自成立合作社，分别与投资方签署持股协议，并在协议中明确双方职责、权利和义务。合资公司的管理人员将直接雇用当地农民或城镇居民，包括自然体验活动在内的国家公园产品和商品，其服务人员、服务内容、原材料等将通过作为公司股东的合作社来组织和采购。原住居民既可以通过参与公司经营服务获得工资，又可以通过合作社获得年底分红，其中表现优异的团队和个人还能够在员工激励方案中获益。原住居民既是企业的员工，又是企业的股东；既能获得劳动收入，又能获得保底且有弹性的利润分红，参与生产经营的积极性将被充分调动。这种组织方式能够充分发挥市场机制对资源的配置作用，同时保障基本社会公平，避免出现合作社下"大锅饭"的弊端。

原住居民不同的受益方式可以包括但不限于以下四种形式。

第一，资源使用费。若特许经营项目在集体所有土地上开展，国家公园管理局首先要以租赁、保护地役权等方式获得集体土地使用权，因此项目的部分特许经营费（资源使用费）应作为村集体经济收益。

第二，特许经营分红收入。为保障原住社区的利益和项目的可持续性，外来企业若想申请在集体土地上开展特许经营项目，应与当地合作社组建合资公司再由其参与竞标活动。因此，当地社区可以获得企业的利润分红。

第三，村民以雇员身份参与特许经营项目收到的报酬。特许经营合同中应明确原住居民岗位数量。

第四，社区公共设施提升。外来特许经营企业的进入必然会优化公共服务，提升基础设施。社区居民在经济收入外还能得到生活便捷度、生活质量的提高。

第三部分　大熊猫国家公园特许经营试点操作方案

——以荥经片区泥巴山廊道特许经营项目为例

　　大多数国家公园目前因为于法无据和认识不统一，进展缓慢，但在 2022 年有一些地方还是取得直接落地的进展，其工作方法和目前的工作成果对各国家公园有更直接的借鉴意义。

　　大熊猫国家公园地跨三省，在试点期间由于体制不顺畅，未能在两山转化方面进行规范的制度建设。2022 年，四川省的大熊猫国家公园明确了管理机构（大熊猫国家公园四川省管理局）和管理办法（《四川省大熊猫国家公园管理办法》），由此正式启动了大熊猫国家公园四川省部分的特许经营工作。但由于《国家公园法》尚未出台，大熊猫国家公园范围太大、情况太复杂，其根据国家林草局主要领导的建议选择一两个各项条件较好且基层地方政府支持的片区以项目试点的方式先行探索，既能体现涉及利益相关方的完整制度建设，也便于控制风险。荥经片区（大致是原大相岭省级自然保护区范围）是其中之一。这个试点拟按年度分阶段进行，第一年限于其中的泥巴山大熊猫生态廊道生态体验和自然教育特许经营项目。以项目试点的方式开展这项工作，需要准备的前期材料包括试点申请文件（代拟稿，涉及特许经营项目发起、报审、审批、招投标、年度试点工作评估等工作流程）、工作方案（主要包括试点依据、必要性和可行性、原则、程序及监督办法、任务分工、工作进度安排、工作保障等）、实施方案（阐述该特许经营项目的空间、时间、业态、运营强度和管理措施等）、生态旅游线路状况（7 条拟开展生态体验活动的线路的线路设计、区域特点、活动内容和传播亮点，详见附件 10）。需要指出的是，其中的业态、管理的方式均符合《国家公园法（草案）（征求意见稿）》中的相关规定。

第25章
大熊猫国家公园荥经片区基本情况

大熊猫国家公园荥经片区位于四川盆地向青藏高原过渡的盆周山区、龙门山地褶皱带南端，总面积836平方公里，占荥经县总面积的47%，其中核心保护区面积330平方公里，一般控制区面积506平方公里，涉及龙苍沟镇、牛背山镇、荥河镇、安靖乡、泗坪乡5个乡镇。大熊猫国家公园荥经片区包含邛崃山系东南段和大相岭山系南段东北侧，是大相岭山系大熊猫种群的重要栖息地，也是连接邛崃山系和大相岭山系大熊猫种群的重要通道。荥经县以大熊猫国家公园建设为契机，强化大熊猫保护工作，围绕人工繁育大熊猫野化放归、野外大熊猫种群及其栖息地监测保护管理和大熊猫栖息地修复开展工作，全力推进大相岭大熊猫孤立小种群保护与复壮。大熊猫国家公园体制改革中，荥经片区整合了荥经县大相岭自然保护区管理局和龙苍沟国家森林公园管理委员会现有工作人员，成立了大熊猫国家公园荥经县管护总站，开展国家公园建设管理相关工作，并在生物多样性保护、巡护与宣教、社区可持续发展等方面取得了成效，以下从这三方面分述。

生物多样性保护工作的展开。一是大熊猫种群动态和同域动物调查监测。已完成春季调查监测及红外相机布设、数据收集、数据整理工作。最新统计共布设红外相机232台，26处红外相机点位拍摄到大熊猫影像资料，总计拍摄到大熊猫、四川羚牛、林麝、红腹角雉、白腹锦鸡等52种鸟兽。目前已收集了11只大熊猫个体的DNA信息，逐步建立野生大熊猫遗传信息库，进一步掌握了大熊猫栖息地状况和主食竹分布情况；摸清了同域动物种类、分布及人为干扰等现状，为大熊猫野化放归和其他科研项目顺利开展提供了基础数据和安全保障。二是泥巴山大熊猫生态廊道建设进展良好。在开展前期论证并完成规划编制、方案提交的基础上，继续实施大熊猫国家公园保护性关键项目建设。利用植被恢复、生境再造等手段，持续深入实施泥巴山大熊猫生态廊道建设，着力加强大相岭山系、邛崃山系大熊猫局域种群之间的基因交流。2022年管护总站与北京市企业家环保基金会和阿拉善 see 天府中心合作已完成栖息地改造 2000 亩，补栽乔木 8000 株；与中国科学院动物研究所合作加强试验区内大熊猫及其栖息地状况的监测；与中国科学院、水利部成都山地灾害与环境研究所、西华师范大学合作实施四川省科技厅重点研发项目"大熊猫国家公园栖息地质量提升与智能管理平台研发示范"，已完成全年科研计划。三是大熊猫野化放归。进一步深化与成都大熊猫繁育研究基地的科研合作，加强大相岭大熊猫野化放归基地建设、运营与管理，深化在大熊猫野化放归科学研究、大熊猫野化培训、大相岭山系野生大熊猫种群监测及放归监测等方面的研究合作，共同推进大熊猫野化放归研究和大熊猫孤立小种群复壮工作，打造大熊猫野化放归、大熊猫保护科研、大相岭生态保护"三个典范"。目前，3 只野化训练大熊猫情况良好，达到预期训练目的。经国家林草局批准，今年完成大熊猫"倩倩""和雨"野外引种工作，并安全回捕。计划在 2022 年争取实现"倩倩"放归自然，并开展长期的跟踪监测工作。四是深化科研合作，取得多项成果。与西华师范大学、四川大学生命科学学院、北京师范大学生命科学学院、绵阳师范学院、中国科学院水利部成都山地灾害与环境研究所、中国科学院北京动物所等院校和科研单位的合作，充分发挥双方位优势互补作用，开展科研、培训交流、学生实践等一系列工作；完成四川省科技重点项目"大熊猫国家公园栖息地质量提升与智能管理平台研发示范"全年科研内容；按"中国动物学会濒危动物保育示范基地"相关要求，和成都大熊猫繁育研究基地合作，加大科学研究力度和深度，共同推进大熊猫野化放归研究、大熊猫孤立小种群复壮工作，为野生大熊猫种群复壮提供个体、技术和经验。大相岭泥巴山大熊猫生态廊道科研成果见表 25-1。五是社会团体参与保护。在北京市企业家环保基金会的支持下先后与沃尔沃集团（中国）、三棵树涂料有限公司等国内外爱心企业建立友好合作关系，资助大熊猫栖息地修复等工作开展，体现大熊猫国家公园生态保护的社会参与性。六是加强培训交流学习，提升队伍整体水平。加强与省内外保护区、国家公园的交流，支援北川县、大熊猫国家公园（德阳）开展生物多样性调查监测，提升了队伍野外调查监测能力、协调能力，同时也提升了荥经在生物多样性保护领域的知名度和影响力。七是野生动物救助。通过积极开展野生动植物保护宣传，不断加大野生动植物保护力度，周边居民保护意识明显提高，救助受伤、落难的野生动物数量也有所增加。

表 25-1　大相岭泥巴山廊道科研成果

序号	科研成果信息摘要
1	侯宁、戴强、冉江洪、焦迎迎、程勇、赵成：《大相岭山系泥巴山大熊猫生境廊道设计》，《应用与环境生物学报》2014 年第 6 期
2	余吉、付明霞、宋心强、高飞、杨彪、李生强：《基于 MaxEnt 模型的四川大相岭保护区藏酋猴（Macacathibetana）生境适宜性评价》，《四川林业科技》2020 年第 3 期
3	李平、张泽钧、杨洪、韦伟、周宏、洪明生、付明霞、宋心强、余吉：《基于红外相机技术对大相岭保护区有蹄类动物活动节律的初步研究》，《四川林业科技》2021 年第 3 期
4	刘鹏、付明霞、齐敦武、宋心强、韦伟、杨琬婧、陈玉祥、周延山、刘家斌、马锐、余吉、杨洪、陈鹏、侯蓉：《利用红外相机监测四川大相岭自然保护区鸟兽物种多样性》，《生物多样性》2020 年第 7 期
5	杨思杰、程勇、古晓东、杨旭煜、杨志松：《泥巴山走廊带 108 国道两侧大熊猫春秋两季生境选择比较研究》，《西华师范大学学报》（自然科学版）2015 年第 2 期
6	王燕、何兴成、张尚明玉、张怡芸、何倩芸、王贝乆、王彬、宋心强、付明霞、朱敏、吴永杰：《四川荥经大相岭繁殖期鸟类多样性与群落结构》，《四川动物》2021 年第 3 期
7	王聪、程勇、朱恒大、韦定菊、李波、张洋、姚永芳、倪庆永：《四川荥经县境内黑颈鹤（Grus nigricollis）迁徙路线及停歇地选择》，《四川林业科技》2021 年第 1 期
8	Fu Minxia, Pan Han, Song Xinqiang, Dai Qiang, Qi Dunwu, Ran Jianghong, Hou Rong, Yang Xuyu, Gu Xiaodong, Yang Biao, Xu Yu, Zhang Zejun. "Back-and-forth Shifts in Habitat Selection by Giant Pandas over the Past Two Decades in the Daxiangling Mountains, Southwestern China," *Journal for Nature Conservation* 66（2022）

巡护与宣教工作不断完善。一是加强常规化巡护监测。为助力脱贫攻坚和乡村振兴工作，新设置了 20 个大熊猫国家公园生态保护公益性岗位，吸纳周边社区居民充当野外向导，从事大熊猫国家公园日常巡护监测和基层管护站管理工作。目前共计 160 余人次参与巡护和反盗猎行动，收缴猎夹、猎套 3 个，撤除挖药棚子 1 个。在森林防火期间，积极开展森林防灭火入户宣传，并与相关乡镇、村组、学校签订了联防责任书，进一步提高乡镇干部、群众的防火意识；在主要路口设立临时防火检查站 2 处，加强了进出山管控，严控火源进山，通过以上的管理措施，有力保障了国家公园安全防火工作。二是加强科普宣传。2022 年 2 月，荥经县大熊猫国家公园建设登陆央视大型纪录片《记住乡愁》，以"和谐共生"为主题，以村庄发展为脉络，讲述从古至今荥经县保护自然环境和野生大熊猫的故事，展现了荥经县在乡村振兴中如何坚持人与自

然和谐共生；浙江卫视《追星星的人》展现了野生动植物保护的决心和人与自然和谐共处的美好愿望；正在编撰《大熊猫国家公园自然教育图册》，该书详细记录了荥经在大熊猫国家公园体建设中就生物多样性保护方面做出的成效。三是积极开展自然教育活动。积极探索新时代自然教育的发展之路，彰显大熊猫国家公园自然教育基地风采，坚持每月到周边学校开展自然教育活动，促进学生对自然教育的认知，提高学生学习积极性，拓宽学生知识面，充分发挥大熊猫国家公园公益性教育的作用。同时配合县文旅公司高标准打造熊猫森林国际探秘营地，培养了三名工作人员作为营地导师，开展大熊猫国家公园生态体验和科普宣教等，充分展示大熊猫国家公园生态文化，增强公众民族自豪感、自然保护认同感和参与保护自觉性，进而提升营地的知名度和影响力。

多元协助社区可持续发展新动力。一是编制《大相岭大熊猫国家公园保护发展规划》，融合大熊猫国家公园建设与入口社区建设，串联荥河红色教育、龙苍沟康养度假、安靖古道穿越、泗坪农旅融合、牛背山观光体验五大入口社区，打造大熊猫生态走廊，立足荥经从"大熊猫国家公园园地共建先行区"向"大熊猫国家公园园地共建荥经创新示范区"跨越式发展。二是打造一个服务中心。充分发挥大熊猫国家公园南入口社区共建共管服务中心作用，建设成为对外整体展示大熊猫国家公园南入口社区发展规划、建设成果和体现NPL园地共建共管机制创新的展示窗口、接待窗口、宣传窗口。三是强化产业扶持。鼓励社区居民通过种植替代生计，提高国家公园社区经济社会发展水平和在地居民自然保护意识、保护参与度。2021年荥河镇和平村和牛背山镇常富村开展铁皮石斛种植技术培训，完成石斛种植3000余株。

第26章
大熊猫国家公园荥经片区开展
特许经营项目试点的申请材料

荥经县以大熊猫国家公园建设为契机,强化大熊猫保护工作,围绕着人工繁育大熊猫野化放归、野外大熊猫种群及其栖息地监测保护管理和大熊猫栖息地修复开展工作,全力推进大相岭大熊猫孤立小种群保护与复壮。此外,大熊猫国家公园荥经片区生态地位具有明显的全球代表性,周边文化遗产资源也是世界级的。荥经县 2020 年主办了首届大熊猫国家公园自然教育论坛,其是四川开展自然教育活动、引领国家公园研学产业发展条件最好的区域之一。以特许经营模式推动大熊猫国家公园生态体验和环境教育活动,既可以对有国家代表性的大熊猫国家公园特有资源开展可持续利用,体现国民受益;又能够带动周边社区发展,把大熊猫保护的故事用国际视角、商业理念叙述成"天人合一"的中国故事;还能让周边社区通过有序参与,获得"我家就在国家公园里"的自豪感、获得感,形成国家公园利益共同体,最终形成"共抓大保护"的生命共同体。

26.1 试点背景

大熊猫国家公园荥经片区的区位优势明显、自然教育经验丰富、生态体验场地完备,大熊猫国家公园四川省管理局指导荥经县探索特许经营的思路明确,且大熊猫生态廊道与108国道并存的适应性管理探索意义重大,这个小区域各方面的优势更为明显:泥巴山大熊猫生态廊道位于108国道边的宣传保护站和龙苍沟区域的科研基地,既有突出的大熊猫国家公园廊道栖息地恢复成果,又有丰富的可转化为高端科普的科研成果,初步培育了一支能够从事科普工作的保护队伍。生物资源丰富、各类生境形态完整,这是非常理想的开展生态体验和环境教育特许经营项目的区域。

大熊猫国家公园荥经片区尽管有丰富的自然资源、坚实的科研基础，但是到目前为止，还没有开展过市场化、标准化的生态产品设计和开发活动。根据国际和三江源国家公园的经验，荥经片区具备了通过高端精准的环境解说实现国家公园和自然保护地科普生产力的条件。

由于国家公园面临的各方面的保护与发展关系处理问题，2019年以来中央和四川省相继颁布了《保护地意见》《大熊猫国家公园体制试点方案》《四川省大熊猫国家公园管理办法》及相关法律法规，为解决问题指明了方向，支持在国家公园开展"和谐的生态产业模式"，并"完善自然保护地控制区经营性项目特许经营管理制度"，即用特许经营的形式规范国家公园的生态体验和自然教育相关的经营活动，使其能产业化、规范化、制度化发展。

2020年发布的《大熊猫国家公园特许经营管理办法（试行）》有如下规定："第三条　大熊猫国家公园特许经营范围包括餐饮、住宿、生态旅游、低碳交通、文化体育、森林康养、商品销售等及其他服务领域。使用大熊猫国家公园品牌及标识开展生产经营活动属于特许经营管理范畴。""第八条　……Ⅱ类特许经营项目指投资建设经营性服务设施，引入社会资本开展生态旅游、生态体验、自然教育、低碳交通、文化体育、固定的商业演艺等特许经营活动。该类活动纳入建设项目管理。"2022年5月1日起实施的《四川省大熊猫国家公园管理办法》中再次强调和明确指出："坚持科学规划、严格保护、统筹协调、改革创新、政府主导、多方参与的原则……实行负面清单和特许经营制度管理，鼓励原住居民、集体经济组织、企业参与大熊猫国家公园的特许经营活动，保障自然资源权利人依法参与特许经营收益分配。"这些规定使泥巴山大熊猫生态廊道的特许经营项目试点有了文件依据，因此可形成下面的生态体验线路试点方案。

26.2　试点原则

第一，保护优先、业态升级。

第二，政府主导、多方参与、企业运行。

26.3　特许经营项目试点开展的时间和范围

在泥巴山大熊猫生态廊道和龙苍沟区域开展科普和生态体验活动，促进公众了解大熊猫国家公园的自然资源和保护价值，增强国家意识和生态文明理念。荥经县管护总站依据政策要求探索试点国家公园自然教育，包括设计访客线路、控制访客容量、测试访客体验，通过特许经营项目探索建立入园预约和访客限额制度，监督和协助特许经营企业建立健全访客行为管理与引导机制。

特许经营涉及多方参与，作为一个稳定且可持续、吸引社会力量和资金共建国家公园的试点项目，大熊猫国家公园荥经县管护总站特许经营项目试点期拟为3年（至"十四五"规划末期）。试点期内由管理机构每年从生态保护、社会效益、社区参与三个维度开展年度评估，连续达标后，特许经营试点单位协议结束后可在同等条件下优先续约。

荥经县管护总站本次规划的生态体验和自然教育类特许经营项目，位于泥巴山大熊猫生态廊道区域和龙苍沟区域，线路向两侧各扩展20米许可开展活动。

每条线路均可根据访客生态体验内容灵活开展3~8小时的户外生态体验活动，并形成涵盖不同自然教育课程内容的定制化的户外模块，与野外监测模块、徒步模块、食宿补给模块、泥巴山片区和龙苍沟片区室内教育等内容组合，帮助国家公园访客沉浸式深度体验自然保护实践和管护员日常工作的艰辛与趣味。所有线路会接受轮流测试，并科学监测访客对栖息地的影响和收集整理访客体验评价。

26.4　特许经营项目试点的内容和要求

特许经营试点项目拟合法依规、有限有序地在大熊猫国家公园荥经县管护总站范围一般控制区的规定线路上开展生态体验和自然教育活动。荥经县管护总站将通过与被授权的特许经营企业合作，探索建立预约入园和访客限量制度，监督和协助特许经营企业健全访客行为管理与引导机制，鼓励企业通过有市场竞争力的高端优质的科普讲解来宣传大熊猫国家公园的自然资源和保护成果，助力将被国际和国内高端客群认可的大熊猫国家公园科考、研学产品转化为能够带来社会和经济效益的科普生产力，从而实现国家公园生态产品价值。

泥巴山大熊猫生态廊道自然教育项目将围绕泥巴山区域、龙苍沟区域开展高端小团模式的自然探索和环境教育徒步，现拟测试 7 条如图 26-1 的线路特许给开展自然教育活动试点生态体验和自然教育经营活动，Ⅰ类线路可接受每 3 天 1 批次访客，Ⅱ类线路可接受每 7 天 1 批次访客，Ⅲ类线路可接受 14 天 1 批次访客，Ⅳ类线路可接受每 30 天 1 批次访客，每批次访客人数限定在 15 人以内（根据线路分类 5~15 人），并以至少 1∶5 的比例配备国家公园巡护员、科学领队和协作人员（优先从本地社区聘用）。线路设计中和课程安排上，要传达国家公园"生态保护第一"和"可持续发展"的理念，行前依托泥巴山管护站等国家公园管理机构站点以课堂或游戏的方式开展国家公园介绍和行前教育。开展每次 3~8 小时的户外生态体验活动，了解国家公园管护员的日常工作和保护活动，课程模块包括红外相机监测、野生大熊猫寻踪、特许捡屎官、昆虫课堂等自然教育模块，让访客通过泥巴山管护站和科研和科普工作走进大熊猫栖息地，了解国家公园建设的意义、挑战和成果。

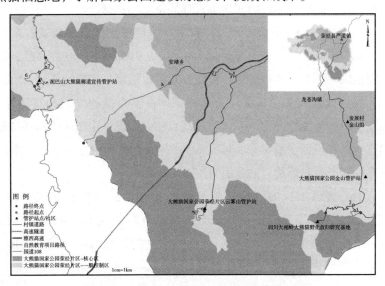

图 26-1　荥经片区特许经营项目区位和线路

荥经县管护总站授权参与特许经营项目试点的企业使用大熊猫国家公园品牌标识或专门将其生态体验和环境教育活动品牌用于荥经项目试点的宣推，引导企业示范国家公园生态体验产品和通过优质服务跻身中国国家公园产品品牌体系中。

社会多方参与和国家公园周边社区受益是开展特许经营项目的重要条件和要求之一，通过特许经营项目试点荥经县管护总站将从管理角度重点关注以下四个方面：第一，大熊猫国家公园志愿者招募和管理；第二，国家公园管护员、当地社区参与的运营方案和利益分配机制；第三，测试运用四川自然教育"解说员""体验师""导师"评级和管理体系；第四，特许经营项目可持续的运营方案。

26.5 特许经营试点的流程建议

（1）荥经县管护总站向大熊猫国家公园雅安管理分局、大熊猫国家公园四川省管理局报批方案。通过提交《大熊猫国家公园荥经县管护总站特许经营项目试点申请》，请示探索开展的特许经营项目空间范围、经营业态、初步试点思路，经大熊猫国家公园四川省管理局审批同意试点。

（2）签署特许经营协议。通过审批后，大熊猫国家公园雅安管理分局遴选意向企业并磋商《特许经营项目试点协议》，明确授予试点特许经营权的空间和时间范围、业态、监管措施、责任方和退出机制，签署特许经营协议。

（3）特许经营试点方案设计及其测试。根据报批的方案和签署的协议，开展生态体验和环境教育特许经营项目试点的企业设计生态体验和环境教育产品，起草《特许经营项目试点实施方案》，并通过少量招募公众客户来测试线路的成熟度和产品对消费者的吸引力。

（4）特许经营项目的落地实施。荥经县管护总站依据各级管理办法，履行完整的特许经营管理程序和职责，在试点阶段完成荥经片区内经营活动的规范化管理、优化产业布局，支持按照《特许经营项目试点实施方案》来推动国家公园内和国家公园外的共建共享，建圈强链，升级业态、串联产业。

26.6　监管机制和退出机制

荥经县管护总站将通过实践探索，在项目试点期内与特许经营企业共同编制《大熊猫国家公园荥经片区生态体验和环境教育特许经营项目实施方案和成果》，试点期结束后向四川大熊猫国家公园管理局提交并邀请专家评审，内容包括访客管理、活动内容、活动人数和频次、服务和解说系统规划等方面。

大熊国家公园荥经片区生态体验和环境教育特许经营试点项目，将由大熊猫国家公园荥经县管护总站依据《国家公园管理暂行办法》及《四川省大熊猫国家公园管理办法》进行严格监管，对生态环境和野生动植物造成破坏或影响的，应立即整改；整改未果的，暂停经营甚至收回特许经营试点资质。特许经营试点企业每年应向荥经县管护总站提交《大熊猫国家公园特许经营项目年度报告》。

第27章
大熊猫国家公园荥经片区泥巴山廊道
特许经营项目试点工作方案

    荥经县管护总站拟申报荥经片区泥巴山廊道特许经营项目试点，以国家公园一般控制区内小面积的、合法依规的、有限有序的方式，试点开展影响可控的国家公园特许经营活动，以旗舰产品提升国家公园所在地区的生态旅游吸引力和周边社区提供生态产品的能力，让荥经片区作为大熊猫国家公园南入口率先展示生态产品价值的模式和路径。试点内容包括设计和运营 7 条生态体验和自然教育线路，参与组织周边社区整合升级目前较原始的民宿、向导、观鸟等初级业态，形成统一、规范、高效并接轨国际的"国家公园生态体验活动"；开展国家公园品牌特许经营增值活动，与当地特色农副产品生产形成产业串联；试点建立这个范围内的国家公园产品质量标准体系、认证体系和志愿者招募认证体系。

27.1 试点依据、必要性、可行性分析

27.1.1 试点依据

    （1）四川省人民政府 2022 年印发《四川省大熊猫国家公园管理办法》规定："第二章 管理体制 第十六条 一般控制区除满足国家特殊战略需要的有关活动外，原则上禁止开发性、生产性项目建设活动，仅允许以下对生态功能不造成破坏的有限人为活动：包括（十）符合大熊猫国家公园规划的建设项目或取得特许经营权的经营活动；第五章 利用管理 第三十四条大熊猫国家公园一般控制区可以实行负面清单和特许经营管理制度。特许经营以规范大熊猫国家公园经营管理秩序，防止资源环境破坏，促进基础设施和公用事业建设，促进国家公园社区可持续发展和原住居民增收

为目标。通过制定国家公园一般控制区特许经营管理办法，实行自然资源有偿使用。鼓励原住居民、集体经济组织、企业参与大熊猫国家公园特许经营活动。第三十六条　管理机构可会同所在地市（州）、县（市、区）人民政府，以保护大熊猫国家公园生态环境为前提，在大熊猫国家公园一般控制区内科学合理划定自然教育、森林康养、生态科普、越野徒步和野生动植物观赏等活动区域、线路，合理设定公共服务点。森林康养、自然教育等建设项目的范围、规模等在大熊猫国家公园总体规划或专项规划中予以明确并提出控制要求。"

（2）《四川省人民政府关于加强大熊猫国家公园四川片区建设的意见》（川府发〔2022〕21号）在"二、理顺运行管理体制"一节中提出，要"管理机构统一行使大熊猫国家公园管理职责，履行公园范围内自然资源管理、国土空间用途管制、生态修复、特许经营管理、社会参与管理、宣传推介等职责"。在"七、统筹区域协调发展"一节中，提出："正确处理生态保护与居民生产生活的关系，实现人与自然和谐共生、永续发展。……培育发展与保护目标相一致的绿色生态产业，规范大熊猫友好型经营活动，研究生态产业发展、产业转型升级、生态产品价值实现的帮扶和奖补措施。"该意见还在"八、深化宣传教育交流"一节中专门指出要"积极推广生态体验和自然教育，搭建多方参与合作平台，健全社会参与和志愿者服务机制，鼓励企业、公益组织和志愿者参与国家公园生态保护"。

（3）四川省正在开展的全民所有自然资源资产委托代理机制试点。大熊猫国家公园已纳入中央办公厅、国务院办公厅的《全民所有自然资源资产所有权委托代理机制试点方案》中。四川省人民政府编制的《四川省人民政府代理履行全民所有自然资源资产所有者职责的自然资源清单》已通过自然资源部备案，其中"负责国家公园全民所有自然资源资产管理，开展园区内特许经营技术标准制定研究，承担特许经营管理工作"已被纳入自然资源资产所有者职责清单，开展特许经营试点有了政策依据。同时国务院已委托自然资源部将大熊猫国家公园内的全民所有自然资源资产所有者职责委托三省人民政府代理履行，已召开资源确权登记公告登簿会议，特许经营试点是对全民所有自然资源资产管理利用的一次尝试。

27.1.2 试点必要性分析

随着大熊猫国家公园体制改革的不断深入，保护与利用之间的深层次矛盾显现：小水电、矿权退出后原住居民生产生活受到影响，社区亟待绿色产业形成新的发展模式。2019年以来，中央和四川省支持中国国家公园形成"和谐的生态产业模式"，并"完善自然保护地一般控制区经营性项目特许经营管理制度"。用特许经营的形式升级目前散乱低效的大众旅游业态，形成符合国际规范的国家公园生态体验经营活动并与当地第一产业形成串联，使其能制度化、品牌化发展，这是当前发展所需、基层所盼、民心所向。在《国家公园法》尚未出台和《大熊猫国家公园总体规划》尚未批复之际，选择大熊猫国家公园南入口的荥经片区小范围以项目试点的方式先行探索，不仅体现了《四川省大熊猫国家公园管理办法》中的政府主导、多方参与的原则，也完全符合第十六条、第三十四条、第三十六条的规定，风险可控，还将为大熊猫国家公园未来形成全面的制度和普遍的业态提供模板。这也同时落实了《四川省人民政府关于加强大熊猫国家公园四川片区建设的意见》第二、七、八部分的指导意见，探索了在大熊猫国家公园一般控制区内科学合理划定自然教育、森林康养、生态科普、越野徒步和野生动植物观赏等活动区域、线路，合理设定公共服务点，对特许经营活动规模、范围等控制要求的具体管理细则。

27.1.3 试点可行性分析

（1）试点区科研人才队伍健全。有一支能够展示科研科普生产力、以硕士人才为主的生态和生物多样性保护工作讲解队伍。

（2）科研成果较为丰富。泥巴山大熊猫生态廊道建设，既有突出的大熊猫国家公园廊道栖息地恢复成果，又有丰富的可转化为高端科普的科研成果。2020年，荥经县在全国率先主办了大熊猫国家公园自然教育论坛，荥经片区生态体验的科研基础扎实、科普成果全面，保护成果的生态产业化基础良好。

（3）公共类环境教育服务基本成熟。大熊猫国家公园荥经片区区位优势明显、自然教育基础良好、生态体验场地配套设施齐全。该片区生物资源丰富、各类生境形态完整，是非常理想的开展生态体验和环境教育特许经营项目的区域。根据国际和国内类似自然保护地的经验和初步的环境影响评价分析，荥经片区初步具备了通过高端精准的环境解说体现国家公园科普生产力的条件。

（4）荥经泥巴山廊道科研中心有较为成熟的管理制度，对开展过的自然教育活动有一定监督管理经验。

27.2　试点原则

27.2.1　保护优先、业态升级

试点秉承"生态保护第一"的原则，同时要引导业态升级，在条件适合的地方形成产业串联。

27.2.2　政府主导、多方参与、企业运行

项目试点工作方案和实施方案形成后，逐级报省林草局（省熊猫公园局）组织专家论证，出具是否同意试点的意见，省林草局（省熊猫公园局）代四川省人民政府行使全民所有自然资源资产所有权和国土空间用途管制权，主导管理该项试点工作。雅安分局负责监督指导评估和实施竞争准入程序，荥经县管护总站负责具体组织实施，签订特许经营协议，地方政府统筹指导和协调，村级组织和原住居民参与经营活动，获得特许经营权的企业以市场化的方式统筹运营。

27.3　试点程序及监督办法

该特许经营试点工作由荥经县管护总站组织发起，编制试点工作方案，逐级报批后按程序组织实施，并编制《特许经营项目实施方案》，明确经营线路和范围、建设项目和内容、经营使用资产清单、经营模式，制定竞争准入和退出细则等，实施方案逐级报分局、省局组织专家评审后按要求实施。实施方案原则上需设定公开竞争准入机制，特许经营受许人在取得特许经营权后，应自觉接受相关部门监督，自觉遵守国家有关法律法规、公园管理规定、合同明确的义务和限制性要求。省管理局、雅安管理分局要建立特许经营监督评价机制，建立完善投诉受理机制，督促特许经营受许人接受社会监督，提高服务质量。管理分局要结合日常管理、监督情况，按年度开展特许经营项目实施绩效评价，省管理局负责总体评价验收。

27.4　试点任务分工

27.4.1　大熊猫国家公园四川省管理局

负责组织专家论证荥经片区泥巴山廊道特许经营实施方案和试点工作方案，做出是否同意实施方案和试点工作方案的意见；负责制定发布大熊猫国家公园四川片区特许经营认证标志，制定特许经营认证标志使用管理办法；对试点工作进行总体监督、总结评估，制定和完善大熊猫国家公园四川片区特许经营管理办法。

27.4.2　大熊猫国家公园雅安管理分局

审核试点工作方案和实施方案，负责指导和监管试点项目的生态体验和自然教育线路规划，按照批复意见实施相关程序，探索特许经营生态产品价值转化、编制生态产品价值转化核算机制、发布生态价值转化指数，积极探索资源有偿利用方式和标准。负责制定监督管理办法，不定期开展监督管理活动，及时发现并制止特许经营活动中的各种损害行为。

27.4.3　荥经县管护总站

编制特许经营项目试点工作方案、特许经营项目实施方案，按要求签署特许经营项目协议，承担具体试点工作；引导支持受许特许经营企业经营国家公园品牌、深入开展宣传和品牌推广，指导企业与村集体经济合作、指导建立企业经营利益分享机制；指导企业开展规范化运营管理，建立预约机制和台账管理机制，按批复方案执行特许经营实施方案；指导荥经泥巴山廊道科研中心有序参与特许经营转化到特许经营科普环节。大相岭基地、泥巴山管护站负责协助开展特许经营试点项目的安全救援、应急管理，协助提供科普科研人才和志愿者，协助管理分局开展监督管理。

27.4.4　特许经营企业

企业负责泥巴山大熊猫生态廊道的产品设计、运营和推广，示范建立国家公园环境解说标准、网络预约和经营管理机制、大熊猫国家公园品牌特许经营相关制度；与村集体经济组织建立合作关系和利益分享机制，参与整合升级现有民宿、向导、观鸟等活动；协助国家公园管理机构建立提供环境教育服务的规范流程，参与牵头组建与运营相关的协会，参与培训、培养农村新型经营主体;与地方政府和社区共建共管,协同探索国家公园社区乡村振兴模式。

27.4.5 村级组织(村集体经济组织)

当地社区负责与特许经营企业建立合作关系,联动开展相关经营活动,组织社区居民参与国家公园生态体验和自然教育的专业化培训,参与解说和其他服务流程。

27.5 试点工作进度安排

(1)2022年8月底,荥经县管护总站正式向四川省大熊猫国家公园管理局提交试点工作申请,同时提交《大熊猫国家公园荥经泥巴山廊道特许经营实施方案》。

(2)2022年9月15日前,管理分局、省管理局完成论证和做出批复。

(3)2022年10月15日前,管理分局负责完成公开遴选特许经营企业程序,10月30日前,荥经县管护总站签订特许经营协议,授予特许经营试点权。

(4)2022年12月30日前,特许经营企业正式开启企业运营,各试点参与单位按照职责任务分别开展相关工作。

(5)2023年10~12月,召开中期研讨会,分享会。

(6)2024年10~12月,开展中期评估会、研讨会。

(7)2025年10月底,召集专家开展验收评估,进行试点总结并上报国家林草局。

27.6 试点工作保障

(1)雅安管理分局、荥经县管护总站分别建立试点工作领导小组,落实工作力度、细化职责任务、明确试点时限、加强工作保障,确保试点工作有序推进。

(2)进一步研究试点工作的特征、意义,建立定期研究讨论和检查的工作机制,及时规范纠正试点中存在的问题,总结试点的好做法和经验。

第28章
大熊猫国家公园荥经片区泥巴山廊道
特许经营项目实施方案

自国家公园体制试点以来，荥经县以大熊猫国家公园建设为契机，强化了大熊猫保护和生态体验工作：①围绕着人工繁育大熊猫野化放归、野外大熊猫种群及其栖息地监测保护管理和大熊猫栖息地修复开展工作，且在具备一定条件的基础上大力实施泥巴山大熊猫生态廊道建设，基本实现了108国道（G108）和生态廊道的并行不悖，全力推进大相岭大熊猫孤立小种群保护与复壮；②以大熊猫为旗舰物种的生态系统具有国家代表性，生态体验可让这种国家代表性转化为全民公益性，2020年荥经县在全国率先主办了大熊猫国家公园自然教育论坛，荥经片区生态体验的科研基础扎实、科普成果全面，保护成果的生态产业化基础良好。大熊猫国家公园四川省荥经县管护总站拟按以下方案在泥巴山廊道组织企业实施七条线路的生态体验经营活动。

28.1 项目基本情况

28.1.1 项目位置

试点工作将泥巴山大熊猫生态廊道的7条线路作为试点空间范围，线路位于大熊猫国家公园荥经县管护总站所辖的大熊猫国家公园一般控制区内，经营范围为生态体验和自然教育线路的设计和运营，特许经营的活动以实地巡护体验为主，在讲解人员、巡护人员等专业人员的带领下，有序组织大熊猫国家公园访客参与巡护大熊猫等野生动植物栖息环境，让公众通过专业的生态教育体验共享国家公园的保护成果，增强国民热爱自然、保护自然的意识。试点区域位于国有林资源分布区，授权经营方在指定线

304

路上开展类型和强度符合相关规章和协议要求的活动，不涉及新增大型基础设施、面状开发和交通流量引入，是生态旅游线路的空间利用型特许。

28.1.2　项目业态

泥巴山大熊猫生态廊道生态体验和自然教育项目将围绕泥巴山区域，结合桥溪村、鱼泉村、常富村等有意愿和能力从事自然导赏和关联食宿行服务的社区，开展高端小团模式的自然探索、观鸟和环境教育徒步活动，具体情况参见前文 26.4 的介绍。

28.1.3　项目运营方式

每条线路均可根据招募和预约的生态体验访客需求设计 3~8 小时的户外徒步活动，生态体验和自然教育活动需在专业导赏人员的带领下开展，不得私自行动。通过专门的特许经营企业预约后，行前、行后、访客信息、线路信息、科考记录都要在相应的访客管理台账中做到有据可查。本试点涵盖不同主题的自然教育课程内容和各类定制化的户外模块，科学科普与野外监测、徒步、食宿补给、泥巴山廊道区域内室内教育等内容组合，帮助国家公园访客沉浸式深度体验自然保护实践和管护员日常工作的艰辛与趣味。

该生态体验和自然教育试点项目接轨国际"无痕山林"（LNT＝Leave No Trace）理念，倡导零废弃、低碳绿色可持续，项目启动快、建设期短。前期仅需要 3~6 个月论证线路和活动设计、测试和制定生态体验产品营销策划和市场推广方案。项目为人员密集的旅游服务业，收益和客单价、运营规模、客源数量正相关，预计前面三年为培育期，之后方可达到稳定增长期，且在近期还要面对新冠肺炎疫情等不可抗力的影响。

试点项目无新建基础设施，前期只适量配套与国家公园生态体验和自然教育业态匹配的保护性基础服务设施和设备，主要有解说系统、道路标识标牌、生物多样性监测点和观测掩体、红外相机和望远镜等自然观察设备、与大熊猫粪便相关的研究仪器和设备、自然观察活动区域介绍和观鸟手册等；可利用现有基础设施和设备有国家公园现有巡护道路、管护站、营地或补给点、废弃物处理设施、污水处理设施、电力设施、通信设施等；后期如新增休憩、安全、餐宿服务相关的教育和营地设施，将按照相关国家标准和行业标准实施。

28.2　特许经营试点项目的限制性条件

特许经营的生态体验活动集中在大熊猫国家公园一般控制区内，基于每条线路不同的保护要求建议了不同的活动强度。特许经营的 7 条线路试点期内不会满负荷运转，一天内最多同时分三队进入三条线路，每条线路的单次接待人数严格遵循经评估的环境容量（一般每次只接待不超过 15 人的科考或生态体验小组），并且各条线路依据保护要求在试点期间轮流接受测试，以便科学监测和评估访客对栖息地的影响、收集整理访客体验评价。对各条线路利用要求和频率的限制性条件详见表 28-1。

28.3　特许经营实施方式

28.3.1　期限、退出方式

拟实施试点的特许经营项目经营期限为三年，试点期内每年开展一次自我评估。三年试点期内由管理机构每年从生态保护、社会效益、社区参与三个维度开展年度评估，如评估达标，该项目继续实施特许经营，现有取得特许经营试点的企业可在同等条件下优先续约。

项目试点到期后组织评估验收总结，总结评估出具试点意见，完成以上工作后协议双方签署的特许经营权同时解除。

28.3.2　特许经营受许商的准入条件

将由大熊猫国家公园雅安管理分局公开遴选一家注册于四川省的企业，成为荥经片区泥巴山廊道特许经营试点项目的运营方，有国家公园特许政策示范和生态体验产品营销经验的企业优先。该企业负责泥巴山大熊猫生态廊道的产品设计、运营和推广，示范建立国家公园环境解说标准、网络预约和经营管理机制、大熊猫国家公园品牌特许经营相关制度；与村集体经济组织建立合作关系和利益分享机制，参与整合升级现有民宿、带路、观鸟等活动；协助国家公园管理机构建立提供环境教育服务的规范流程，参与牵头组建与运营相关的协会，

表28-1 各条线路利用要求和频率的限制性条件

线路编号	线路总长	预计体验时间	线路区域	线路分类	日容纳上限	建议接待频率	月容纳量上限	年容纳量上限	线路特点利保护要求	线路小地名	备注
1	6km	8小时	一般控制区	4类	5人	1月1次	5人	50人	野生动植物,天然盐井,珙桐林,不打扰,不伤害;避免直接接触野生动物,不打扰,不伤害;保持线路卫生,不破坏栖息地环境	云雾山牛井	山路、冬季有冰雪封山
2	3km	5小时	一般控制区	1类	15人	3天1次	150人	1800人	观鸟,珙桐林,昆虫等。可夜观。避免近距离打扰鸟类,不打扰,不着亮色、鲜艳的衣物,不大声喧哗;保护环境,不破坏鸟类栖息地	云雾山管护站	冬季有冰雪封山
3	3km	5小时	一般控制区	2类	15人	1周1次	60人	720人	避免近距离打扰鸟类,不打扰,不伤害;不着亮色、鲜艳的衣物,不大声喧哗;保护环境,不破坏鸟类栖息地	龙苍沟区域－云雾山站	部分山路,冬季有冰雪封山
4	3km	4~5小时	一般控制区	3类	10人	2周1次	20人	240人	野生动植物,森林景观,巡护体验。避免直接接触野生动物,不打扰,不伤害;保持线路卫生,不破坏栖息地环境	泥巴山区域黄沙河	山路、冬季有冰雪封山
5	1.5km	3~4小时	一般控制区	3类	10人	2周1次	20人	240人	参与红外相机的安装、数据读取。大熊猫野化训练工巢,运行检查和监测步,森林景观,动植物。可夜观。避免直接接触野生动物,不打扰,不伤害;保持线路卫生,不破坏栖息地环境	泥巴山管护站	山路、冬季封山;因地势高,夏季不受山洪影响
6	2.9km	6~7小时	一般控制区	4类	5人	1月1次(3月、4月不接待)	5人	50人	大熊猫栖息地,可寻找大熊猫痕迹,可露营。避开大熊猫繁殖季节,避免直接接触野生动物,保持线路卫生,不乱扔垃圾	泥巴山区域－大小河地	山路、冬季封山
7	2km	3~4小时	一般控制区	3类	10人	2周1次	20人	240人	大熊猫栖息地,可寻找大熊猫痕迹,可露营。避开大熊猫繁殖季节,避免直接接触野生动物,保持线路卫生,不乱扔垃圾	泥巴山区域－芹菜坪	山路、冬季有冰雪封山

参与培训培养农村新型经营主体；与地方政府和社区共建共管，协同探索国家公园社区乡村振兴模式。

28.3.3 特许经营出让方式

本次特许经营试点为期三年，基于实施方案建议公开遴选，从候选的竞争企业中选择有相关经验，且能够在试点期间配合完成和完善大熊猫国家公园特许经营制度创建的一家企业作为最终经营主体。

试点期间，因为疫情对行业产生的影响并参考其他国家公园的经验，四川省大熊猫国家公园管理局暂不收取特许经营有偿使用费。如相关法律法规和中央、四川省文件在项目试点期内就国家公园特许经营做出明确规定，大熊猫国家公园四川省管理局将组织利益相关方另行签署补充协议。

28.3.4 特许经营协议签订方式

管理分局完成遴选特许经营企业程序后，在大熊猫国家公园四川省管理局的主持和荥经县政府的见证下，举办协议签订仪式。荥经县管护总站与经营方签订特许经营协议，授予特许经营项目试点权，特许经营方须在年内按协议确保项目活动落地。

特许经营协议应包括本试点项目的经营时间、空间范围、活动类型、利用强度，以及双方的责权利、续约要求和退出机制等。

28.4 特许经营利益分享机制

试点期间探索与当地社区建立协调发展机制，在县委县政府的领导下，引导当地企业和村集体经济组织有序参与特许经营活动和业态升级，探索建立新的合作机制和利益分享机制，带动荥经本地社区可持续发展和增收。

被授权方要深入拓展高端和生态环境教育市场，拔高消费人群，聚焦国家公园访客管理和国家公园产品营销推广方面，贡献于既有的食宿行业态的标杆建立和标准化打造，通过引导由当地社区参与实施的食宿行+自然导赏+生态食品销售，来示范国家公园周边社区的绿色转型和可持续发展。当地社区将与特许经营企业建立紧密合作关系，联动开展相关经营活动，组织居民员参与国家公园生态体验和自然教育的专业化培训，参与环境解说和包括食宿行在内的其他服务流程。

原则上，试点期间该区域的所有收费项目由特许经营企业统一经营，不影响其他公益活动。

附 件

附件1

对国家公园建设中相关中央文件、重要事件和习近平总书记讲话的解读及国家相关工作动态

附表 1-1 国家公园相关重大事项（2019 年 7 月至 2022 年 11 月，延续第一本《国家公园蓝皮书》附件第 1 部分）

文件名、重要事件名或领导讲话场合	主要内容	主要内容解读
2019 年 7 月国家林草局印发《海南热带雨林国家公园体制试点方案》	对于建设海南热带雨林国家公园的重大意义、总要求、保护管理体制机制，建立自然生态整体保护和系统修复制度，构建社区协调发展制度，建立全资金保障制度做出说明	以热带雨林生态系统原真性整体保护和完善性修复为重点，以热带雨林资源的整体保护和综合治理为目标，以实现国家所有、全民共享、世代传承为目标，布置了理顺管理体制、创新运营机制、健全法治保障、强化监管管理等方面的工作
2019 年 8 月，生态环境部办公厅、自然资源部办公厅《生态保护红线勘界定标技术规程》	规定了生态保护红线勘界定标的工作准备、内业处理、现场勘界、编号、埋设界桩与标识牌、成果汇总等的相关标准与要求	提供了生态保护红线勘界定标工作明确的技术路线，确保生态保护红线精准落地。根据《总体方案》，国家公园全部纳入全国生态保护红线区域管控范围，这个规程因此相当于国家公园划定的前置性技术文件
2019 年 11 月，《神农架国家公园保护条例》修订	该条例是 2017 年 11 月颁布的，其后中央和地方进行了机构改革，此次修订主要针对原条例中的部门名称	国家公园条例的修订。十个国家公园体制试点区中最早由地方制定条例的是 2013 年发布的《云南省迪庆藏族自治州香格里拉普达措国家公园保护管理条例》，但其试点后未进行修订，相关内容明显有悖于《总体方案》

313

续表

文件名、重要事件名或领导讲话场合	主要内容	主要内容解读
2020年4月，国家林草局和海南省政府共同发布《海南热带雨林国家公园规划（2019~2025年）》	对热带雨林国家公园的基本条件、总体要求、范围与管控分区、管理体制机制、生态系统保护和修复、资源管护和科技支撑、自然教育与生态体验、园区居民与社会协调发展、影响评价等方面做出规定和说明	海南热带雨林国家公园有了明确的发展方向，实现海南热带雨林国家公园管理体制机制更加健全，法规政策体系、标准体系更加完善，管理运行有序高效
2020年5月，《生态环境部办公厅关于启动自然保护地人类活动监管系统的通知》	通过这一系统建立起全国统一的台账，可完成人类活动问题的现场核查、在线填报和分级审核、台账管理、数据统计分析和结果查询工作	可向多种用户推送自然保护地遥感监测发现的问题线索相关数据和其他生态环境问题线索数据运行，但因为这个系统主要基于卫星遥感数据，还需要和地面监管活动及时比对以勘误
2020年5月，国务院办公厅《生态环境领域中央与地方财政事权和支出责任划分改革方案》	就生态环境领域中央与地方财政事权和支出责任划分作了明确规定，包括生态环境规划制度制定、生态环境监测执法、生态环境管理事务与能力建设、环境污染防治、生态环境领域其他事项五大领域	优化了生态环境领域中央地方财政事权划分，适当加强了中央在生态区域跨区域生态保护等方面的事权，同时形成了稳定的各级政府财政事权、支出责任和财力相适应的制度。这是国家公园体制建设中"钱"相关制度的基础之一
2020年5月，《武夷山国家公园资源环境保护与管理方面相关法律、法规、规章规定的行政处罚权方案》	规定了武夷山国家公园管理局相对集中行使资源环境保护与管理方面相关法律、法规、规章规定的行政处罚权	大体划清了地方政府与国家公园管理局的执法边界，可望有效解决多头管理、交叉执法的碎片化问题，有效遏制各类破坏生态环境现象的发生，但污染防治相关的行政处罚权未能集中
2020年5月，《南山国家公园管理办法》	对南山国家公园体制试点区的管理体制、规划与分区、保护与用途管制和法律责任等作了明确规定	在未能出台地方性条例的情况下，使南山国家公园体制试点各项管理与保护工作有据可依
2020年6月，国务院办公厅《自然资源领域中央与地方财政事权和支出责任划分改革方案》	对自然资源调查监测，自然资源产权管理、国土空间规划和用途管制，生态保护修复，国土空间安全，自然资源领域灾害防治，自然资源领域其他事项的央地财政事权划分进行说明	明确了自然资源领域中央和地方政府的财政事权划分，在事权清晰的背景下，有利于形成稳定的各级政府财事权、支出责任和财力相适应的制度，促进自然资源的保护和合理利用。这是国家公园体制建设中"钱"相关制度的基础之一

续表

文件名、重要事件名或领导讲话场合	主要内容	主要内容解读
2020年6月，福建省人民政府办公厅《武夷山国家公园特许经营管理暂行办法》	对特许经营相关事项做出规定，规定特许经营范围，实行目录管理；公平公正选择特许经营者；落实特许经营者的主体责任，压实武夷山国家公园管理局的业态监管和地方人民政府的属地监管责任	就原武夷山风景名胜区范围内已经存在且约到2038年的大众旅游业态进行了管理方式的调整，暂时以特许经营名称来规范这个业态，并为其他更有特色绿色发展要求的业态发展提供了依据。原业态的经营实际上不符合特许经营的要求
2020年6月，国家发展改革委、自然资源部《全国重要生态系统保护和修复重大工程总体规划（2021～2035年）》	按照统筹山水林田湖草沙系统治理的理念，对全国重要生态系保护和修复重大工程进行了系统安排。涉及科技支撑，自然生态监测监管，森林草原保护，生态气象保障四个重点领域，是推进其他重大工程（如《国家公园等自然保护地建设及野生动植物保护重大工程建设规划（2021～2035年）》）的依据和保障	支持内容包括重点生态资源保护，野生动植物保护及自然保护区建设，自然生态监测监管，林业执法监管能力提升等，明确了中央预算内投资的支持标准
2020年7月，《三江源国家公园条例（试行）》修订	对原条例（2017年6月发布）中的政府部门名称应相应机构改革做了少量修订	这是对于国家公园条例的例行修订，在三江源正式被设立为国家公园，中央机构改革和《国家公园法》出台后，还会继续修订
2020年8月，三部委办公厅《山水林田湖草生态保护修复工程指南（试行）》	对山水林田湖草生态保护修复工程的总则，实施范围和期限，工程建设内容及保护修复要求，技术要求，监测评估和适应性管理，工程管理要求进行了规定	由自然资源部、财政部、生态环境部三个部门共同制定，指导和规范山水林田湖草生态保护修复工程的实施，提高山水林田湖草生态保护修复的整体性，系统性，科学性和可操作性
2020年8月，《祁连山国家公园特许经营管理暂行办法》	规定了祁连山国家公园特许经营管理的各项制度	同期发布的还有《祁连山国家公园自然资源资产管理暂行办法》《祁连山国家公园志愿者服务管理暂行办法》《祁连山国家公园档案管理暂行办法》《祁连山国家公园建设项目监督管理暂行办法》《祁连山国家公园产业准入清单（2020年版）》等

315

续表

文件名、重要事件名或领导讲话场合	主要内容	主要内容解读
2020年8月,《钱江源-百山祖国家公园总体规划(2020~2025年)》	包括总体布局和生态保护修复规划、科研监测规划、基础设施及公共配套设施规划、社区发展规划等大方面规划	该规划为钱江源-百山祖国家公园的建设提供具体指导,不过该公园两园区不属于同一个生态系统,且所在地市不同,统一管理还是问题
2020年9月,《钱江源国家公园特许经营管理办法(试行)》	对钱江源国家公园特许经营项目的管理与监督、特许经营协议的履行、特许经营协议变更与终止等做出规定	虽就钱江源国家公园(现钱江源-百山祖国家公园的钱江源园区)特许经营的发展提出了比较详细的与地方实际结合的管理办法,但在品牌特许经营管理上有缺项
2020年9月,《海南热带雨林国家公园条例(试行)》	对海南热带雨林国家公园的规划建设、生态与资源保护、利用管理、法律责任等做出说明	这个条例内容基本没有因地制宜的创新,类似的还有2020年12月发布的《海南热带雨林国家公园特许经营管理办法》
2020年10月,中共中央机构编制委员会《关于统一规范国家公园管理机构设置的指导意见》	对构建国家公园管理机构模式、规范国家公园管理机构设置、统筹人员编制配备、建立工作协调机制做了说明	继《总体方案》《保护地意见》后的第三个国家公园体制建设的纲领性文件,但给各地留出的体制创新空间不够,也没有明确中央层面在编制方面应给予的支持
2020年12月,《国家公园总体规划技术规范》(GB/T 39736-2020)、《国家公园设立规范》(GB/T 39737-2020)、《国家公园监测规范》(GB/T 39738-2020)、《国家公园考核评价规范》(GB/T 39739-2020)、《自然保护地勘界立标规范》(GB/T 39740-2020)	规定了国家公园总体规划的定位、原则、程序、目标、内容、生态影响评价和效益评价,明确了现状调查和分区方法,提出保护体系、服务体系、社区发展、土地利用协调、管理体系等规划的主要内容和技术方法;规定了国家公园准入条件、认定指标、调查技术方法,命名规则、命名要求,适用于国家公园设立的评价和管理	国家公园领域的第一批国家标准,被列入国家林草局"2021年中国自然保护地十件大事"

续表

文件名、重要事件名或领导讲话场合	主要内容	主要内容解读
2020年12月,《生态环境部关于加强生态保护监管工作的意见》	明确了加强生态保护监管工作的具体任务:完善生态监测和评估体系(构建完善生态监测网络,加快完善生态保护修复评估体系),切实加强生态保护重点领域监管(积极推进生态保护红线监管,持续加强自然保护地监管,不断提升生物多样性保护水平),加大生态破坏问题监督和查处力度,深入推进生态文明示范建设(完善生态文明示范体系,严格生态文明示范建设监督管理,强化示范建设引领带动作用)	文件明确了"十四五"及2035年关于生态保护监管工作的指导思想,总体目标和重点任务,对于各级生态环境部门切实履行生态保护监管职责,加快建立生态保护现代化监管体系,推动生态保护监管体系和监管能力现代化,具有重要意义
2021年3月22日,习近平总书记在福建武夷山国家公园考察时的讲话	要坚持生态保护第一,统筹保护和发展,有序推进生态旅游,实现生态保护、绿色发展、民生改善相统一	实现生态保护、绿色发展、民生改善相统一,既是对武夷山国家公园的要求,也是对全国的要求。中国要建设人与自然和谐共生的现代化,既要创造更多物质财富和精神财富以满足人民日益增长的美好生活需要,也要提供更多优质生态产品以满足人民日益增长的优美生态环境需要
2021年9月,中共中央办公厅、国务院办公厅《关于深化生态保护补偿制度改革的意见》	5方面内容:聚焦重要生态环境要素,完善分类补偿制度;围绕国家生态安全重点,健全综合补偿制度;发挥市场机制作用,加快推进多元化补偿;完善相关领域配套措施,增强改革协同;2个阶段目标:到2025年,与经济社会发展状况相适应的生态保护补偿制度基本完备;到2035年,适应新时代生态文明建设要求的生态保护补偿制度基本定型	政策通过分类补偿制度与综合补偿制度、纵向补偿与横向补偿相结合,推进市场化、多元化补偿格局,形成市场化、多元化补偿格局,进而增强全社会参与生态保护的积极性,使生态保护者和受益者产生良性互动。这些对于生态保护具有长远意义
2021年9月,国务院批复同意设立五个国家公园	国务院下发5个批复文件,同意设立三江源、东北虎豹、大熊猫、海南热带雨林、武夷山国家公园	从2015年开始的国家公园体制试点任务基本完成,第一批国家公园正式产生

续表

文件名、重要事件名或领导讲话场合	主要内容	主要内容解读
2021年10月，中共中央办公厅、国务院办公厅《关于进一步加强生物多样性保护的意见》	从9个方面提出明确要求：加快完善生物多样性保护空间格局，持续优化生物多样性保护监测体系，着力提升生物安全管理水平，创新生物多样性可持续利用机制，加大执法和监督检查力度，深化国际合作与交流，全面推动生物多样性保护公众参与，完善生物多样性保护保障措施	提出总体目标，到2025年，以国家公园为主体的自然保护地占陆域国土面积的18%左右，森林覆盖率提高到24.1%，草原综合植被盖度达到57%左右，湿地保护率达到55%，自然海岸线保有率不低于35%
2021年10月，中共中央、国务院《黄河流域生态保护和高质量发展规划纲要》	明确了黄河流域生态保护和高质量发展的具体工作，包括加强上游水源涵养能力建设，加强中游水土保持，推进下游湿地保护和生态治理，加强全流域水资源节约集约利用，全力保障黄河长治久安，强化环境污染系统治理，建设特色优势现代产业体系，构建区域城乡发展新格局，加强基础设施互联互通，保护传承弘扬黄河文化，补齐民生短板和弱项，加快改革开放步伐	为当前和今后一个时期黄河流域生态保护和质量发展提出纲领，联结了黄河流经的9省区，对保持黄河流域生态系统的完整性、资源配置的合理性、文化保护传承弘扬的关联性具有重要意义
2021年10月，《中国的生物多样性保护》白皮书	白皮书以习近平生态文明思想为指导，介绍中国生物多样性保护的政策理念、重要举措和进展成效，介绍中国践行多边主义、深化全球生物多样性合作的倡议行动和世界贡献	中国政府发布的第一部生物多样性保护白皮书
第一次修订《国家公园设立规范》（GB/T 39737—2021）（2021年10月）	代替2020年12月发布的《国家公园设立规范》（GB/T 39737—2020），对结构及部分内容进行了调整	使用术语更加准确，前后文衔接也更加紧密

续表

文件名、重要事件名或领导讲话场合	主要内容	主要内容解读
2021年10月，联合国《生物多样性公约》第十五次缔约大会（COP15）第一阶段会议	习近平主席宣布了中国第一批5个中国国家公园：三江源、东北虎豹、大熊猫、海南热带雨林、武夷山，总面积约23万平方公里	向世界展示中国生物多样性保护成果，生态文明建设成效。列入国家林草局"2021年中国自然保护地十件大事"
2021年10月，国家林草局批准《黄河口国家公园创建方案》	黄河口国家公园进入实质性创建实施阶段	黄河三角洲是中国乃至全球暖温带最典型、最年轻、最完整的湿地生态系统，创建国家公园有利于保护黄河三角洲生态系统的原真性与完整性
2021年10月，《国务院办公厅关于鼓励和支持社会资本参与生态保护修复的意见》	明确了社会资本参与生态建设的参与机制（内容、方式、程序）重点领域（自然生态系统保护修复、农田生态系统保护修复、城镇生态系统保护修复、矿山生态保护修复、海洋生态保护修复，探索生态产业）、支持政策（规划管控、产权激励、资源利用、财税支持、金融扶持）	动员全社会力量参与生态保护修复，政府与市场生态保护修复双领域相协调，推动生态保护修复高质量发展，增加优质生态产品供给，维护国家生态安全，构建生态文明体系，推动美丽中国建设
2021年10月，秦岭国家公园创建获得国家林草局的正式批复	国家林草局同意陕西开展秦岭国家公园创建工作	秦岭是中国南北方天然分界线，具有典型北亚热带与暖温带过渡特征生态系统和明显垂直带谱，保存了许多古老、珍稀、特有野生动植物种，具有突出的国家代表性。创建秦岭国家公园，对维护中国南北分界线自然生态系统平衡，保护中央水塔，筑牢国家生态安全屏障具有重要意义
2021年11月，党的十九届六中全会《中共中央关于党的百年奋斗重大成就和历史经验的决议》	将"建立以国家公园为主体的自然保护地体系"作为重大工作成就写入其中	这是生态文明领域五方面重要成就之一

续表

文件名、重要事件名或领导讲话场合	主要内容	主要内容解读
2021年11月，《海南热带雨林国家公园特许经营目录》	第一批公布的特许经营项目有服务设施类、销售商品类、租赁服务类、文体活动类、生态体验、科普教育类、旅游运输类和标识类等9大类别。其中，包括博物馆、租赁住店、民宿、体育赛事、婚庆活动、生态体验、森林康养、观光直升机、低空观光飞行器等47种特许经营项目。特许经营目录实行动态管理	没有真正理解国家公园特许经营目录应具有的三个特征：①在"生态保护第一"要求下，特许经营产业必须和空间、生态、产业强度挂钩，不能只笼统给目录；②在"全民公益性"要求下，博物馆、访客中心等均是公益设施，不能列入特许经营范围；③特许经营产业须倡导绿色发展，因此在给出目录的同时必须对产业的环保要求（包括碳排量要求）。总之，特许经营目录不是一个包括空间位置和技术标准的目录体系，海南的这种探索是不成熟的，这个目录公布后不久也收回了
2021年11月，国家林业和草原局规划财务司、国家发展改革委社会发展司印发《国家公园基础设施建设项目指南（试行）》	该指南在总结"十三五"时期国家公园体制试点区基础设施建设项目实施成效的基础上，梳理分析了"十四五"时期国家公园基础设施建设需求后编制形成	该措施将为国家公园中央预算内投资建设项目的实施提供依据和参考，可以加强国家公园建设项目的科学性和规范性，指导各地有序推进国家公园基础设施建设项目顺利实施
浙江省林业局印发《浙江省自然保护地建设项目准入负面清单（试行）》	空间上分成三类［国家公园、自然保护区的核心保护区；国家公园、自然保护区（包括风景名胜区）的一般控制区；自然公园（包括风景名胜区）的合理利用区］，管制上分为两类（禁止类、限制类），但说明主要适用于新建、改（扩）建类建设项目。两类例外：违反负面清单的政策建设项目，应通过规划、政策的研究与论证后使之符合准入要求；具有重要历史文化价值或国家战略性的现状建设项目经省级论证可以保留	罗列了三类空间具体的两类管制项目，但没有就每个空间的每类项目的具体业态、产业强度，可参与者等等做出细化的规定，这样有的空间内的业态不一定满足保护要求，如在一般控制区开展的生态旅游、每条线路的环境容量如何计量等关键因素难以考虑，而目前的自然保护地的僵硬分区也不一定合理，笼统地只按空间设置禁止项目，也不一定符合现实需要，对跨区域开展的产业活动（如生态旅游活动可能穿接或能穿透多类空间）也没有准确的规定，这样的负面清单与相关标准衔接并进一步细化，如现状建设项目如何通过相关标准衔接并进一步细化，明可能的情况下每个保护地应该专门定正面清单

续表

文件名、重要事件名或领导讲话场合	主要内容	主要内容解读
2021年12月,浙江丽水市印发《百山祖国家公园全域联动发展规划(2021~2025年)》	包括现实基础、重大意义、案例分析、总体思路、空间格局、重点任务、保障措施等七个部分。重点构建"保护控制区+联动带动区"三层级全域联动发展格局,以打造环国家公园高质量绿色发展圈	全国范围内率先编制的第一个国家公园全域联动发展专项规划,国家公园创建关联转化的全域布局,不仅引领市域高质量绿色发展,也是实现生态旅游转化的关键之举。该方案创新提出国家公园全域为保护控制区(国家公园)、辐射带动区(以国家公园人口社区为依托打造一批国家公园特色镇,构建形成环国家公园产业带)、联动发展区(周边县域)
2022年1月17日,习近平总书记在2022年世界经济论坛视频会议演讲	中国正在建设全世界最大的国家公园体系。中国去年成功承办联合国《生物多样性公约》第十五次缔约方大会,为推动建设清洁美丽的世界做出了贡献	中国官将利用这一新体系填补保护工作中的漏洞。一旦完成,中国将拥有全世界最大的国家公园体系,即占国土面积约10%,占自然保护地面积超过一半
2022年3月,生态环境部《"十四五"生态保护监管规划》	对深入推进"十四五"时期全国生态保护监管工作做了部署:深入开展重点区域监督性监测,推进生态状况及生态保护修复成效评估,完善生态保护监督执法制度,强化生态保护监管基础保障能力建设,提升生态保护监管协同能力	这是中国首次制定生态保护的监管规划,是推进生态保护体系和监管体系现代化的重要举措。但生态环境部门和林草部门均在自然保护地领域和生态环境监管上的具体分工仍未重理清,相关法律法规依据宽松模糊
2022年3月,中共中央办公厅、国务院办公厅《全民所有自然资源所有权委托代理机制试点方案》	国家公园作为8类资产之一开展所有权代理使命,有5项试点任务:明确所有权行使模式、编制自然资源清单并明确委托人和代理人权责;依据委托代理权责依法行权履职;有关部门、省级和市级政府按照所有者职责,建立健全所有权管理体系;研究探索不同区域种类的委托管理目标和工作重点;完善委托代理职责体系,探索建立履行所有者职责的考核制度、建立代理人报告受托资产管理及职责履行情况的工作机制。到2023年,建立统一行使、分类实施、分级代理、权责对等的所有权委托代理机制	国家公园与森林、草原等生态系统并作为8类资产之一,本质上是因为其资源组合性和资产登记时作为单独单元。这既说明国家公园是包括多种生态系统的整体性的山水林田湖草生命共同体,不能分隔管理,也反映了其在管理机制(所有权委托代理机制)上具有特殊性,必须实在门设计,且不同管理体制(中央直接管理、中央委托省级政府管理)和不同生态系统就生态主体(如虽然森林为主体,但包含多种生态系统但以森林为主体的国家公园)可能需要不同的管理机制

文件名、重要事件名或领导讲话场合	主要内容	主要内容解读
2022年3月，福建省南平市出台《南平市环武夷山国家公园保护发展带先行方案》	一是实施生态环境保护行动；二是实施历史文化遗产保护行动；三是实施基础设施提升行动，实现环武夷山国家公园交通基础设施提升项目（长约251公里的武夷山国家公园13个乡镇27个旅游景区景点全线贯通，打造集管护、服务、运营为一体的旅游综合服务平台等）；四是实施文旅融合发展行动；五是实施乡村振兴示范行动	这是继百山祖之后又一统筹国家公园和周边区域发展的文件，以正式设立武夷山国家公园为主体的自然保护地体系建设全面视野，也有周边以朱子文化为代表的优秀传统文化保护传承全面改善，以交通为重点改善夷山国家公园环武夷山国家公园乡村全面振兴，以创造高品质生活为目标环武夷山国家公园乡村格局全面构建，还包括争创国家文化公园。这也是全国第一个在某地的工作方案或规划中把国家公园和国家文化公园统筹的文件
2022年3月，国家林业和草原局自然保护地管理司《国家公园管理暂行办法（征求意见稿）》	国家公园管理机构与地方政府的协作机制、资金使用管理做出简要说明，对国家公园的规划建设、保护管理、公众服务及监督执法提出要求	在《国家公园法》暂时难以出台而第一批国家公园已经建立的情况下，必须明确对国家公园的管理依据（国家公园设立之后，其范围内的自然保护地按中央文件要求自然被撤销），否则连中央生态环保督察对国家公园的监管没有依据，而以《自然保护区条例》等为依据不仅不合理，而且有进中央要求
国家林草局、国家发展改革委、财政部、自然资源部、农业农村部《国家公园等自然保护地建设及野生动植物保护重大工程建设规划（2021~2035年）》	按照《全国重要生态系统保护和修复重大工程总体规划（2021~2035年）》要求。涵盖国家公园建设、国家级自然保护区建设、野生动植物保护、野生植物保护、野生动物疫源疫病监测防控等7项工程，明确了推进自然保护地生态系统整体保护、提升国家重点物种保护水平，增强生态系统生态产品供给能力、维护生物安全和生态安全的主要思路和重点措施	列入国家林草局"2021年中国自然保护地十件大事"

续表

文件名、重要事件名或领导讲话场合	主要内容	主要内容解读
2022年4月,习近平总书记在海南热带雨林国家公园考察时的讲话	海南以生态立省,海南热带雨林国家公园建设是项重中之重。要跳出海南看这项工作,视之为"国之大者",充分认识其对国家的战略意义,再接再厉把这项工作抓实抓好。	总书记将国家公园的建设上升到国家战略的高度,定义其为"国之大者",充分表明党和国家对国家公园建设、生态环境保护的重视
2022年4月,国家林草局批复同意新疆卡拉麦里山国家公园、昆仑山国家公园创建工作	新疆卡拉麦里区域是中国温带荒漠生态系统的典型代表,是普氏野马、蒙古野驴等野生动物分布最集中的区域之一;昆仑山区域是中国中低度地区冰川分布最集中的区域之一,也是中国高原荒漠和高寒草原生态系统的典型代表。还担负着遏阻新疆塔克拉玛干沙漠第二大沙漠向东扩张的生态重任	原卡拉麦里保护区是全国第一个国家级牌子给了不要的单位(2004年),连续六次调减保护区范围和面积的单位,总面积被削减近三分之一。在"让出"的区域上建成的准东煤电煤化工产业带"完全切断了野生动物南北迁徙的路线,导致它们无法安全越冬。中央生态环保督察后开始整改,以国家公园方式对其更体现完整性的区域保护进行"最严格的保护"是最好的解决办法。昆仑山的情况类似
2022年4月,国家林草局批复同意青海省青海湖国家公园创建工作	要求开展本底调查,科学确定边界范围和管控分区,推进体制机制创建建设,有序调处矛盾冲突,加强保护修复,建立健全监测管控体系,加强宣传普及凝聚社会共识,促进社区协调发展等八个方面重点工作任务	青海湖是中国最大的湖泊。青海湖流域是维护青藏高原东北部生态安全和中国西北部大环境生态平衡的重要水体;是控制西部荒漠化向东蔓延,保麓东部农业区生态安全的天然屏障;是青高原生物基因库,国际候鸟迁徙通道重要节点;是中国内流区完整水循环生态过程的典型区域,形成了独特的"草—河—湖—鱼—鸟"共生生态链,极具国家代表性
2022年4月21日,博鳌亚洲论坛年会"对话海南'分论坛'"国家公园:人与自然和谐共生"主题	国家林草局领导发言,2022年将在青藏高原、黄河流域、长江流域等生态区位重要、生态功能良好的区域,新设立一批国家公园	今后十多年是国家公园快速发展但规范发展的黄金期。在充分衔接国家重大战略和重大生态工程的基础上,按照"设立一个成熟一个"的原则,中国将不断扩大对最具代表性的生态系统和国家重点保护野生动植物种及其栖息地的保护范围

文件名、重要事件名或领导讲话场合	主要内容	主要内容解读
2022年5月，《四川省大熊猫国家公园管理办法》	该《办法》自2022年5月1日起施行，有效期2年，对管理体制、规划建设、资源保护和利用管理等各方面进行了明确	规范大熊猫国家公园保护、建设和管理，维护大熊猫栖息地原真性、完整性，促进野生大熊猫种群稳定繁衍，加强生物多样性保护，实现人与自然和谐共生
2022年5月，国家林草局批复同意贵州省开展梵净山国家公园创建工作	批复回函中布置了与各个国家公园创建区相同的八方面工作	世界自然遗产梵净山拥有典型的武陵山系森林生态系统及多种珍稀濒危动植物和古老孑遗植物，是黔金丝猴和梵净山冷杉的集中分布地，也是野生珙桐和水青冈的重要保存地。创建梵净山国家公园，对于筑牢长江上游生态安全屏障，维护区域生物多样性具有重要意义
2022年5月，国家林草局批复同意甘肃省开展若尔盖国家公园创建工作	批复回函中布置了与各个国家公园创建区相同的八方面工作，但与最初的方案不同，其扩大了范围，变成了四川、甘肃两省共同创建	若尔盖湿地是全国三大湿地之一，是黄河上游重要的水源涵养地，为黄河上游提供约30%的水量。四川于2019年提出并推动创建"若尔盖湿地国家公园"，后将"若尔盖湿地国家公园"更名为"若尔盖国家公园"，因为其保护的不仅是若尔盖湿地，还包括若尔盖周边地区复杂的生态系统和草原生物多样性，如湿地、草原、泥炭、野生动物等
2022年6月，国家林草局印发《国家公园管理暂行办法》	就规划建设、保护管理、公众服务、监督执法四方面给出具体的管理规定，但相关说法不一定完全符合中央文件的表述方式，如对国家公园管理机构的权力和执法，没有《总体方案》明确是六方面权力和资源环境综合执法	名义上是"加强国家公园建设管理，保障国家公园工作平稳有序开展"，实际上是《国家公园法》未出台但第一批国家公园已经设立的情况下，需要一个过渡性的规范性文件提供管理依据，其中涉及的事务过少，也没充分体现相关中央文件中的创新

续表

文件名、重要事件名或领导讲话场合	主要内容	主要内容解读
2022年8月,《国家公园法(草案)》公开征求意见	分为总则、规划设立、保护管理、社区发展、公众服务、资金保障、执法监督、法律责任、附则九个部分	相对暂行办法而言是明显的进步,且其中体现了诸多创新,如第一次明确国家公园核心保护区只是最大程度限制人为活动而非禁止人类活动,第一次明确国家公园范围内经营服务类活动实行特许经营
2022年9月,国家林草局批复同意云南和西藏开展高黎贡山国家公园创建工作		
2022年9月,国家林草局批复同意西藏开展珠穆朗玛峰国家公园创建工作		
2022年11月,国务院发布《国家公园空间布局方案》	在综合考虑自然地理格局、生态功能格局、生物多样性和典型景观分布特征的基础上编制,涵盖了如何科学布局国家公园、高质量推进国家公园建设等重要内容	这是体现中国国家公园自上而下推动的空间依据,大体确定了49个国家公园,占国土面积的10%左右,占自然保护地面积超过一半,以真正体现国家公园在自然保护地体系中价值和体量的主体地位

附件2
从冲突到共生

——生态文明建设中国家公园的制度逻辑*

　　中国的生态文明建设是党的十八大以后才真正成为纲领、进入体制改革和操作层面的①，而国家公园是十八大以来生态文明建设的重要成果。党的十八届三中全会提出"建立国家公园体制"②，这是中国历史上首次，且其成为被中央督办的重点改革任务；其后，《中华人民共和国国民经济和社会发展第十三个五年规划纲要》中明确了"整合设立一批国家公园"的目标③；2021 年10 月的COP15④ 上，习近平主席宣布了第一批中国国家公园；2021 年11 月党

---

* 附件 2 采用制度分析和博弈论方法，力图以国家公园体制试点过程反映生态文明这个人类文明新形态初显端倪的特征及其演变的制度逻辑。2015 年开始国家公园体制试点后，生态文明体制涉及的责权利相关制度开始调整，各利益相关者的利益维度及相互利益关系开始变化：对各层级地方政府而言，加入了以"生态保护第一"和"全民公益性"为特征的政治利益维度后，其在处理保护和发展的关系上形成了利益均衡、激励相容。附件 2 发表于《管理世界》2022 年第 11 期"党的十八大以来取得的重要成就、成功经验和理论创新"专栏，署名作者为蔡晓梅、苏杨。

① 这可以三方面为据：党的十八大通过的《中国共产党章程（修正案）》，把"中国共产党领导人民建设社会主义生态文明"写入党章，这是世界首次；2015 年中共中央、国务院发布《生态文明体制改革总体方案》（其中专节阐述了国家公园工作），明确了八项基础制度和具体工作任务；2018 年第十三届全国人民代表大会第一次会议通过《中华人民共和国宪法修正案》，生态文明被写入《宪法》。因此，本文也把党的十八大以来的时段称为中国的生态文明时期。

② 2013 年党的十八届三中全会文件"生态文明制度建设和国土空间开发保护"一节提出"建立国家公园体制"：第十四章加快生态文明制度建设，52 节划定生态保护红线。坚定不移实施主体功能区制度，建立国土空间开发保护制度，严格按照主体功能区定位推动发展，建立国家公园体制。

③ 2016 年 3 月，《中华人民共和国国民经济和社会发展第十三个五年规划纲要》（以下简称《"十三五"规划纲要》）中提出到2020 年的发展目标："建立国家公园体制，整合设立一批国家公园。"

④ 联合国《生物多样性公约》第 15 次缔约方大会，这是 2021 年中国主办的最重要的国际会议。

的十九届六中全会发布的《中共中央关于党的百年奋斗重大成就和历史经验的决议》（以下简称《决议》）将"建立以国家公园为主体的自然保护地①体系"作为重大工作成就写入其中。作为生态文明体制改革中整体进展最快、制度改革最系统的领域，国家公园建设反映了中国在生态文明时期发展方式的巨大变化。在这个变化过程中，既往的利益相关者的利益维度、相互之间的关系都发生了变化，研究这个从冲突到初步共生的转变②，不仅可以从生态文明角度明晰党的十八大以来中国国家治理中的制度逻辑，也能明晰中国在这个阶段的发展特征——包括生态文明在内的人类文明新形态③。这也是马克思主义的"两个和解"④理论在中国新时代的继续发展。

一　中国保护与发展关系的困境、改革目标和制度变迁的逻辑主线

共生原本是生物学术语⑤（mutualism），指不同生物之间所形成的紧密互

---

① 自然保护地是一个国际通用概念（protected area），包括各类以生态保护为主要功能的国土空间，其在中国的面积主体是自然保护区，自然保护区和风景名胜区是两类法定自然保护地（《条例》《风景名胜区条例》），其他还有森林公园、地质公园、湿地公园、水利风景区等十余类。

② 2017年中共中央办公厅、国务院办公厅《总体方案》中明确点出："建立国家公园体制是党的十八届三中全会提出的重点改革任务，是我国生态文明制度建设的重要内容，对于推进自然资源科学保护和合理利用，促进人与自然和谐共生，推进美丽中国建设，具有极其重要的意义。"

③ 人类文明新形态，是习近平总书记在庆祝中国共产党成立一百周年大会上的讲话中提出的新概念。讲话指出，中国推动物质文明、政治文明、精神文明、社会文明、生态文明协调发展，创造了中国式现代化新道路，创造了人类文明新形态。

④ "两个和解"即"人类与自然的和解以及人类本身的和解"是马克思、恩格斯较早提出的一个重要思想。恩格斯最早在《国民经济学批判大纲》中提及这一观念；马克思随之在《1844年经济学哲学手稿》中提出这一思想并对之进行深入阐发。马克思在《资本论》第三卷中，把他早年关于共产主义是"人和自然界之间、人和人之间的矛盾的真正解决"的思想，进一步表述为通过人和人结成的共同体对物质资料的生产过程和结果的控制来实现人和自然、人和人之间的"两个和解"：人类本身的和解是人类同自然和解的社会前提。要解决人与自然的异化，首先要消除人与人、人与社会的异化。

⑤ 生物学角度而言，共生的对应英文为symbiosis，包括互利共生（mutualism）和共栖（commensalism），但在中国的生态文明语境中，显然指mutualism。

利关系。人与自然和谐共生是习近平生态文明思想六项原则的第一条①，指的是超越了工业文明时期人向自然一味索取必然产生冲突的状态②，这是马克思主义"两个和解"在新时代的延续，也是一种新的国家治理逻辑。人与自然和谐共生比和谐共处要求更高，应该包含两方面的内涵：一方面是人类经济社会的发展与资源环境保护相协调并能在保护中双方获益（即绿水青山得到保护且绿水青山就是金山银山），另一方面是各利益相关者在资源环境保护中达成多利益维度的均衡（即各方责权利匹配），使这种均衡可持续。始自2015年的国家公园体制试点（基本相当于"十三五"期间的国家公园体制建设）就是力图在国家公园这样的生态文明特区通过各类自然保护地空间整合和与地方政府配套的体制改革后系统体现生态文明特征③。

就保护与发展的关系而言，占国土面积近1/5的中国自然保护地因存在普遍的"人、地约束"（所有保护地均有原住居民、均有集体所有土地）和资源富集而冲突高发，国家公园体制试点是在复杂动态多元的冲突中形成的一种自上而下的任务体制，这里的冲突包括人类社会内部的矛盾（如各层级政府之间、同层级政府不同部门之间、市场主体与政府部门之间）、人类社会与自然生态系统之间的矛盾（如矿产开发、经济作物种植与生态系统保护之间的矛盾）等，其中人类社会内部的矛盾更重要（可能导致人类社会与自然生态系统之间的矛盾难以解决，马克思主义也认为"人类本身的和解是人类同自然和解的社会前提"），这也是许多国家的自然保护地出现没有被保护好、利用

---

① 《推动我国生态文明建设迈上新台阶》，《求是》2019年第3期。这是习近平总书记2018年5月18日在全国生态环境保护大会上的讲话，其中提出加强生态文明建设必须坚持的六项原则。

② 一般表述为保护与发展的冲突。对这种状态的经典描述，是恩格斯在《自然辩证法》中写的："我们不要过分陶醉于我们人类对自然的胜利。对于每一次这样的胜利，自然界都对我们进行了报复。"

③ 2015年1月，国家发改委等13个部委联合发布《建立国家公园体制试点方案》，正式开始试点工作；2017年7月，中央深改组第36次会议通过《总体方案》，明确了国家公园体制最重要的特征是"生态保护第一、全民公益性"；2019年1月，中央深改委第六次会议通过《保护地意见》，明确了国家公园体制与自然保护地体系的关系（尽管中国1956年就设立了自然保护区，但这是新中国成立以来第一个以自然保护地为主题的中央文件）。中国的国家公园都来自既往的自然保护区、风景名胜区等多类自然保护地，体现了多个自然保护地的空间整合和参照《生态文明体制改革总体方案》的体制改革，因此本文阐述相关过程的起点都是自然保护地。

好的情况的根本原因。

自然保护地出现这些问题，与人居环境污染加剧形成广泛的社会问题基本同步且在保护与发展的关系上类似。对这样全国性的困境，不仅中央从 20 世纪 90 年代以来用多种手段在协调保护与发展的关系，学界的研究成果也浩如烟海，相关研究大多关注到从"以经济建设为中心"到"生产发展、生活富裕、生态良好"[①] 的发展观的全面化及体现发展观的处理保护与发展关系的手段的变化，因此主要沿两条路径展开：①聚焦不同领域具体的生态环境制度，通过梳理其纵向的变迁来提炼其蕴含的逻辑和特征。如生态环保环境督察制度变迁中的纵向治理、环境审计制度的诱致型变迁、环境分权体制改革中的环境联邦主义等。这些研究呈现了不同领域生态环境制度的变迁所呈现的阶段性特征以及其中利益结构的变化，但并未深入分析其背后制度变迁的驱动力及其在参与各方上的体现。②探讨生态环境制度整体变迁的影响因素和动力，并试图对中国生态环境制度变迁的驱动力做出整体性的解释。有研究将环保制度变迁归因为外部经济环境变化所形成的制度冲突、利益集团利益调整所形成的机会结构等。

这两方面研究取得两点共识：一是认识到制度变迁的实质是利益关系的调整和重构，二是认识到政府在制度变迁、利益关系重构中是主导角色。也即现有研究已经认识到利益重构对达成避免冲突的制度秩序的重要性，政府是驱动环境制度变迁的结构性力量，但在分析层次上多将政府视为铁板一块，将政府的利益结构简单化、忽视了中国各级政府特色明显的政治利益维度，也未充分解释在中国国情下各利益相关者如何形成有利于处理保护与发展关系的制度秩序（本文所指的制度秩序是制度变迁所达到各方的利益均衡点的稳定的利益结构，每方的利益结构都是多维的）。制度秩序能够影响利益相关者的异质性程度，制度秩序合理能在一定程度上降低其异质性。新的制度秩序源于利益重构，这不仅是每个利益维度上利益的调整，还有可能是利益维度重构。

中国在不同阶段的中心任务，塑造了经济发展与生态保护之间复杂的利益关系，这种复杂性又因庞大的治理规模和多层级委托代理结构而进一步放大。现有研究已经认识到利益关系的调整和重构对达成制度秩序的重要性，但并没

---

① 党的十六大提出全面建设小康社会的奋斗目标之一是"可持续发展能力不断增强，生态环境得到改善，资源利用效率显著提高，促进人与自然的和谐，推动整个社会走上生产发展、生活富裕、生态良好的文明发展道路"。

有进一步回答，利益重构何以产生能处理好保护与发展关系的制度秩序？具体到中国的自然保护地，中国国家公园体制试点如何在追求"生态保护第一""全民公益性"时，缓解各种冲突尤其是人类社会内部的矛盾？从前述制度秩序概念出发可这样分析：首先，国家公园体制是国家公园范围内为处理好保护与发展的关系意图形成的制度秩序，主要利益相关者形成群体同质性制度秩序就是从冲突到共生转化的制度逻辑。制度逻辑规定了不同主体行动的目的、利益关系以及追求利益的手段。关注制度变迁中利益相关者尤其是不同层级政府在多维利益结构下的总体得失，能够在多层级委托代理结构下阐释利益相关者行动决策背后的制度逻辑。其次，在新的国家治理逻辑下，只有通过制度理论和博弈论分析不同层级政府的决策行为是如何被制度变迁所引发的多维度利益变化推动以及其如何处理好保护与发展关系的总体利益均衡，才可能真正分析出人类社会的矛盾是怎么缓解的，分析出国家公园体制呈现的生态文明共生特征。因此，本文对前面问题的回答也即从生态文明角度看"十八大"以来中国国家治理中的制度逻辑，可以概括为：国家公园体制改革（即制度变迁）的成功源于合理的制度秩序，而合理的制度秩序得益于利益维度重构后的利益均衡。为此，本文以"制度秩序的变迁——利益维度的重构——转换的行动策略"为逻辑线索，阐释国家公园体制改革如何将工业文明时期的冲突初步转化为生态文明时期的共生。第二部分基于全国的面上情况描述从自然保护地到国家公园的制度变迁，第三部分结合案例说明制度变迁导致的结果——利益维度重构后的利益均衡。为了全面地反映制度秩序变化带来的利益维度转化过程，本文用博弈论分析了利益维度重构过程中不同主体达成利益均衡的可能条件与行动策略，具体的分析过程见附录。需要说明的是，之所以要重点研究不同层级政府间的博弈过程而非其他社会主体，是因为中国的改革基本是政府主导型的制度变迁，自然保护地的冲突与共生也基本是政府主导的，因此分析不同层级政府间的博弈也就更为关键。

为了更细致地描述这个变化中各利益相关者的制度逻辑和利益重构，本文以福建省武夷山①为案例。相对研究主题而言，这是因为：①武夷山是中国南方

---

① 本文中的武夷山一般指武夷山国家公园体制试点区，主要由归武夷山市（县级市）管理的武夷山风景名胜区和归福建省林业厅管理的武夷山自然保护区合并组成，其范围的主体在武夷山市。

集体林的典型代表，具有人口较多、土地权属复杂、产业规模大等特点，集体林占比高达约2/3，依托自然资源的产业（茶和旅游）仍是地方经济支柱，且国家公园范围内保护地类型众多、管理部门冗杂。②武夷山在过去四十余年尤其过去七年中，经历了体制的巨大变迁和利益相关者关系的重大变化。其内部两个自然保护地的管理体制不同，发展历程不同，利益相关者及利益维度不同，但在保护与发展的矛盾上有诸多共性，也因为管理体制的不同在合并组建国家公园体制试点区时有若干改革的个性化问题，比较充分地体现了人与自然的冲突（共性）和不同利益结构下这种冲突的来源和处理方式的不同（个性）。本文将武夷山的发展分为两个阶段：①从1979年建立自然保护区开始，武夷山分别以自然保护区和风景名胜区的形式来管理两块自然保护地。① 两块自然保护地的管理体制不同，但都与各级地方政府存在各种冲突，1999年整体被列为世界遗产②后仍然没有改观。②2015年，福建省和武夷山开始国家公园体制试点（试点省和试点区）；2016年，福建省成为全国第一个生态文明试验区；2021年，武夷山顺利完成试点任务，成为第一批5个国家公园之一。国务院的批复文件和《决议》中专列"建立以国家公园为主体的自然保护地体系"都说明包括武夷山在内的国家公园通过相关体制改革实现的初步"共生"得到中央③的认可。④

二 从冲突到共生：自然保护地的制度变迁

整体而言，从工业文明时期到生态文明时期，中国国家公园体制试点带来

① 实际上还包括森林公园、水产种质资源保护区、水利风景区等多种类型，但这些区域要么面积较小，要么没有专设管理机构（如武夷山国家森林公园由武夷山风景名胜区管委会管理），且不是法定保护地，因此简略掉不做分析。
② 1999年，武夷山被列为世界文化和自然遗产，武夷山自然保护区和武夷山风景名胜区均在世界遗产范围内，但这两个自然保护地的管理体制没有任何变化，武夷山世界遗产也没有形成统一管理。
③ 因为生态文明体制改革和国家公园体制试点，是党中央和国务院共同参与的工作，因此本文用"中央"泛指党中央、国务院，但也明确在相关分析中不用"党中央"、国务院的某个部门（如中央改革办、国家发改委）代表中央。同理，为行文简便，本文中的"省政府"、基层地方政府等都指省级党委和政府、基层地方党委和政府。
④ 2021年9月30日《国务院关于同意设立武夷山国家公园的批复》（国函〔2021〕105号）："武夷山国家公园建设……深入贯彻习近平生态文明思想……正确处理生态保护与居民生产生活的关系，维持人与自然和谐共生并永续发展。"

的显著变化是自然保护地的制度秩序变化，这种变化改变了利益相关者的异质性，保护方和发展方在诸多方面形成了群体同质性，因而异质性带来的冲突部分得到转化。

（一）冲突为主：工业文明时期在"以经济建设为中心"发展背景下的自然保护地管理体制

改革开放以后，中国的自然保护地开始飞速发展，类型、数量和面积都在十多年间增加了十多倍[①]。但该阶段的自然保护地治理只能处在"以经济建设为中心"的宏观制度环境中——主要是由以 GDP 考核为基础的地方官员晋升"锦标赛"激励机制，自然保护地范围内的各种冲突频发且大多数以自然保护地在空间范围、土地利用方式等方面的让步[②]为结果，即便自然保护地中体制建设相对最完备的自然保护区同样如此：国务院于 1994 年颁布了条例，尽管对保护地规定非常严格[③]，但基本没有配套相关制度建设。这些规定很难落实（有法不依），也基本上没有改变这种冲突局面。

根据产生的方式和造成的负外部性程度这两个维度，可以把自然保护地内的冲突中比较简单的人类社会与自然生态系统之间的矛盾分为四类（见附表2-1）。如原武夷山自然保护区、风景名胜区范围内违反规划种茶、种毛竹造

[①] 改革开放前，中国的自然保护地只有自然保护区一个类型和不到 20 个自然保护区。1982 年后，风景名胜区、森林公园、地质公园等类型纷纷出现，自然保护区数量也在 10 年内增加了 10 倍以上。但必须注意的是，大多数自然保护地有名无实，只存在于规划图中，并未设立专门管理机构并建立"责权利"方面的体制机制。

[②] 最常见的让步是自然保护区或风景名胜区的规划因为项目建设的需求被调整（调整范围或功能分区以满足项目建设需求），即便这两类国家级自然保护地的规划需要报到中央部委层面才能调整。另外，对多数省级以下自然保护区来说，因为没有专职管理机构或没有执法队伍，还有许多违法或违规的生产活动没有依法受到监管，中国的多数自然保护区因此被许多国际专家称为"纸上保护区"（〔美〕理查德·哈里斯：《消逝中的荒野——中国西部野生动物保护》，张颖益编译，中国环境科学出版社，2010）。

[③] 如《条例》规定自然保护区的核心区"禁止任何单位和个人进入"，还有无差别的 10 项禁止："禁止在自然保护区内进行砍伐、放牧、狩猎、捕捞、采药、开垦、烧荒、开矿、采石、挖沙等活动。"
本文中一般指县、乡两级政府，由于国土空间用途管制权大多在县级政府相关职能部门中，这里主要指县级政府，作为本文案例地的武夷山市是县级市。本文的讨论会涉及原住居民与企业的角色以及角色利益，但由于这两者的角色以及角色利益都更多地与基层地方政府相关，一般用基层地方政府表征原住居民与企业的角色、利益以及行为。

成的冲突属于Ⅰ类冲突，生产活动占用了生态保护所需空间，但没有完全排斥物种生存需要且污染不大；Ⅱ类冲突是生产活动空间与生态保护空间重叠，但仍然留出生态位（如晚上并无这样的旅游活动），如武夷山风景名胜区的旅游活动；Ⅲ类冲突是所有冲突中对保护影响最大的，如矿山开采不仅完全占用保护物种的生存空间，并且带来严重的环境污染；Ⅳ类冲突大多是因线型基础设施建设导致（如在自然保护地范围内修建道路、铺设水电管道等活动），易于使物种栖息地破碎化，负面影响较大。

附表 2-1　自然保护地冲突类型

冲突程度	土地占用型	土地兼用型
低负外部性	Ⅰ类冲突(如违反规划种植养殖)	Ⅱ类冲突(如强度过大的大众观光旅游)
高负外部性	Ⅲ类冲突(如矿山开采)	Ⅳ类冲突(如修路)

普遍存在的问题都有制度成因，这种表象上的冲突，主要源自中央政府、省政府（较重要的自然保护区管理机构一般由省林业厅垂直管理）、基层地方政府①之间的制度选择冲突。在自然保护地治理中，由于没有建立匹配《自然保护区条例》等的基础性制度，如自然资源资产所有权、国土空间用途管制权等仍基本属于地方政府，自然保护区管理机构基本没有国土空间用途管制权。要保护的自然保护地管理机构和要发展的地方政府必然产生行为冲突：一方面，自然保护地大多资源富集，往往是地方政府安排资源利用型经济活动（如开矿、建水电站、规模化种植养殖、发展大众观光旅游产业）的重要场所，在以经济建设

---

① 既往财政资金保障最好的国家级自然保护区，也只能保障"人头费"，项目费在林业六大工程实施后也只有每年 2 亿元左右，超过一半的保护区管理机构难以获得巡护车辆配置及维护费用。从面上情况来看，在"九五"末期，发达国家用于自然保护区的投入每平方公里每年平均约为 2000 美元，中国约为 50 美元；林业六大工程实施后这个数字也只是增长了 2 倍左右（因为许多保护区形同虚设，所以难有较准确的数字），仍然难以满足保护区基础设施建设和巡护工作起码的要求。其他类保护地获得的财政经费更少（如每个国家级地质公园只有规划阶段约 200 万元的财政补贴）。约有 1/3 的国家级自然保护区实际是由县级政府管理，县级政府还要承担保护区管理机构人员的"人头费"，而较有保障的资金渠道就是从林业六大工程的保护区工程中以竞争性方式申请项目资金或以国债资金进行相关建设，除此之外，保护区无其他财政资金渠道，具体参见苏杨《中国自然保护区资金机制问题及对策》，《环境保护》2006 年第 11A 期。

为中心的大背景下，相关权力必然优先服务于经济发展。地方政府所属的国土资源（机构改革前分别是地质矿产和土地管理部门）和发改、水利、交通等部门拥有大多数的国土空间用途管制权，其在规划、项目审批、执法等环节可能做出有利于经济发展而非生态保护的行为。例如，在武夷山国家级自然保护区和风景名胜区的规划和管理规定中，对种茶空间范围有明确规定，但越界种茶的情况普遍存在。保护地管理机构由于并未能对其国土空间进行统一的管制且未被配置完整的资源环境行政处罚权，难以在前（规划和项目审批）、中（经营监管）、后（执法和责任追究）三个环节控制违规开发，保护地管理机构需要花费大量的行政资源在事发后被动地处理人地纠纷，而个别基层地方政府纵容甚至发起这种以破坏生态为代价的经济活动。而且，无论自然保护地是否属于基层地方政府，这种情况都存在。虽然对自然保护地具体的管理体制不同，整个地方治理体制却能使不同的保护地管理体制下出现类似的人与自然的冲突且保护地管理机构无力应对，群体异质性明显。此外，由于生态保护专项资金有关制度建设不完善，财政资金难以满足生态保护的资金需求，工业文明时期自然保护地管理机构和基层地方政府一直都没有足够的经费按相关法规的要求尽到保护责任。

由此可见，《条例》等并未树立自然保护地管理机构的治理权威，也未形成财政制度保障，即原来的自然保护地管理体制存在明显的责权利制度不匹配的制度漏洞，保护与发展自然成为"两张皮"。正是由于制度漏洞的存在，这四类冲突在《条例》《风景名胜区条例》颁布后仍然普遍、长期存在。如因为祁连山自然保护区事件①引发的"绿盾2017"专项行动②中发现："自然保护

---

① 习近平总书记对祁连山国家级自然保护区（以下简称"祁连山保护区"，多数区域位于甘肃张掖市境内）的相关问题有过四次批示。祁连山保护区依法应该接近禁区，但现实中出现规则被改、区域几近开发区的局面。祁连山范围内的违法乱纪不仅体现在基层操作层面，还上升到规则制定及规划调整和项目审批层面。例如，2013年修订的《甘肃省矿产资源勘查开采审批管理办法》，允许在自然保护区实验区内开采矿产，违背《矿产资源法》《条例》等上位法的规定，《甘肃省煤炭行业化解过剩产能实现脱困发展实施方案》违规将保护区内11处煤矿予以保留等；在项目审批上，祁连山保护区内已设置采矿权、探矿权共144宗，包括2014年甘肃省国土资源厅仍然违法违规在保护区内审批和延续采矿权9宗、探矿权5宗。

② 指"绿盾2017国家级自然保护区监督检查专项行动"。这是为贯彻落实《中共中央办公厅国务院办公厅关于甘肃祁连山国家级自然保护区生态环境问题督查处理情况及其教训的通报》（中办发电〔2017〕13号）精神，严肃查处自然保护区各类违法违规活动，由环境保护部、国土资源部、水利部、农业部、国家林业局、中国科学院、国家海洋局联合开展的，从2017年持续至今。

区违法违规问题尚未得到根本解决，部分地方仍然存在政治站位不高、保护为发展让路、部门履职不到位、敷衍整改和假装整改等问题。""绿盾 2018"专项行动仍然查出涉及采石采砂、工矿企业、核心区缓冲区旅游设施和水电设施等问题 2518 个，涵盖了附表 2-1 中的四种冲突类型。这两个全国面上的专项行动的结论用数据和政策语言印证了前述分析。

显然，在工业文明时期，从发展观到制度环境，各层级地方政府和自然保护区管理机构之间存在广泛的异质性，而自然保护区管理机构和在许多方面也要承担属地化保护责任的地方政府从体制而言"责权利"相关制度均未配置到位，因而"履职不到位"。这种异质性必然表现为多种冲突。也因此，对于祁连山自然保护区事件，中央是用国家公园体制试点来统筹解决。①

（二）共生为主：生态文明时期以"生态保护第一"和"全民公益性"为特征的国家公园体制

以 2015 年中共中央、国务院发布《生态文明体制改革总体方案》为标志的生态文明体制改革，通过八项基础制度建设，意图系统改变国家尤其是保护地治理中的"责权利"制度安排，为绿色发展提供宏观制度环境（见附表 2-2），并通过建立生态保护红线制度等使这些改革直接与国土空间用途管制结合起来②。而较快较系统地实践了生态文明体制改革的国家公园体制试点（也始自 2015 年，以《建立国家公园体制试点方案》为发端，在《生态文明体制改革总体方案》中得到强化），通过对国家公园试点省的各级政府和保护地管理机构均设立"生态保护第一、全民公益性"的同质性政治目标和对各治理主体的"责权利"制度进行调整，相对有效地协调了不同主体间既往的利益异质性，促进了代表生态保护立场的制度逻辑发挥作用，从而协调了各利益相关者间的利益矛盾，使前述的冲突得到部分的、逐步的化解（见附表 2-3）。

---

① 2017 年 6 月，中央深改组第 36 次会议通过了《祁连山国家公园体制试点方案》。
② 国家公园都在生态保护红线范围内，国家公园体制试点的相关改革为生态保护红线制度管理提供了最早的"实验田"。

附表2-2　生态文明体制改革驱动的责权利制度变化

生态文明八项基础制度	制度创新点	制度影响和可解决的现实问题
归属清晰、权责明确，监管有效的自然资源资产产权制度	全部确权，责有攸归	权（解决土地等自然资源权属问题，确保自然资源统一管理）
以空间规划为基础、以用途管制为主要手段的国土空间开发保护制度	多规合一，规划落地	
以空间治理和空间结构优化为主要内容，全国统一、相互衔接、分级管理的空间规划体系		
覆盖全面、科学规范、管理严格的资源总量管理和全面节约制度	全程管理	责权利兼有
反映市场供求和资源稀缺程度，体现自然价值和代际补偿的资源有偿使用和生态补偿制度	为生态服务付费	利（谁奉献、谁得利；谁受益、谁补偿）
以改善环境质量为导向，监管统一、执法严明、多方参与的环境治理体系	齐抓共管、综合执法	权（确保谁污染、谁付费甚至谁污染、谁遭罪）
更多运用经济杠杆进行环境治理和生态保护的市场体系	分清政府和市场的界限，引导市场力量	利（谁治理、谁得利）
充分反映资源消耗、环境损害、生态效益的生态文明绩效评价考核和责任追究制度	资源环境保护的相关责、利与掌权人挂钩并终身责任到主要领导	权（政府、相关机构和领导干部的权，确保"指挥棒"正确有力并与领导个人的责、利均挂钩）

　　生态文明体制改革的八项基础制度，覆盖了与发展方式相关的资源节约、污染治理、生态保护的方方面面，其中部分制度与自然保护地处理保护与发展的各类冲突直接相关，有的则关系不大，但利于各级地方政府统筹"权、钱"来处理全域范围的保护与发展问题，从"以经济建设为中心"整体转为有利于"既要金山银山也要绿水青山"（在国家公园所在县，改革较好的更是按《建立国家公园体制总体方案的要求》体现为"生态保护第一"，参见附表2-4）的制度丛，国家公园的四类冲突不同程度地得到抑制（见附表2-3）。用经济学术语表达，这种变化就是主要利益相关者之间初步实现了帕累托改进。

附表 2-3　新制度对各类冲突的影响

	体制改革		
	"责权"相关制度		"利"相关制度
	国土空间用途管制权	综合执法和责任追究	生态补偿、项目资金
I 类冲突（如违规种植养殖）	有些地方（如武夷山）通过相关改革（如地役权制度）使国家公园管理局变相获得集体公益林（目前主要是毛竹林）的管控权，从权属上杜绝了此类冲突	及时处罚并责任到地方官员，因此由基层地方政府主导的相关执法力度大大加强，以往纵容一些违规生产的现象被杜绝	在公益林补偿等生态补偿和村庄基础设施建设上得利从而弱化了违法创收的冲动
II 类冲突（如强度过大的大众观光旅游）	基本杜绝了新批项目，既有项目的运营受到监控	地方政府加大了监管力度并关停了违规建设的基础设施（如酒店和娱乐设施）	部分手续齐全且环境影响小的项目还获得专项资金支持以提升绿色化水平
III 类冲突（如矿山开采）	完全杜绝了新批项目，对既有项目根据依法依规情况及对国家战略的重要性给出不同出路	由于直接与政绩考核挂钩之中央生态环保督察后的追责严厉，因此基本杜绝了地方官员主导的这两类冲突（只有少数具有国家战略意义的项目通过调整自然保护地规划继续实施）	部分手续齐全的项目获得补偿资金退出，大多数项目被关停
IV 类冲突（如修路）	与国家公园总体规划不符合的项目被调整或者交通建设规划被禁止		在建立生态廊道、降低相关基础设施的负面生态影响上增加了项目资金，使必要的相关基础设施的环境影响被缩小并可控

在生态文明时期，中央政府通过塑造"生态保护第一""全民公益性"的政治绩效考核重点目标并配套其他与"权、钱"相关的制度改革，在制度安排上对地方政府形成激励相容①的生态保护制度秩序，确保责权利统一，这体现了生态文明体制建设中的制度安排与自然保护地的社会发展要求相匹配的制度耦合特征。本质上，这属于利益维度重构，并使生态利益被凸显。然而，从冲突到共生并非一蹴而就，这不仅是一个多层级政府政治利益维度重构并带动经济利益维度调整的过程，也是一个渐进动态博弈的过程。根据《国家公园体制试点验收评估报告》，10个国家公园体制试点区的改革均是一波三折，不同层级的政府及相关职能部门均非一开始就认真落实《建立国家公园体制试点方案》，就反映了利益维度重构的艰难。

三　利益维度重构：国家公园体制的社会生态效应②

从冲突到共生，其背后的制度逻辑为利益维度重构后各方达成了体现"生态保护第一"和"全民公益性"的利益均衡。附表2-3中呈现的四类冲突分别被相关制度调整化解的情况，其底层驱动机制是原来导致冲突的主要利益相关者在生态文明体制改革和国家公园体制试点的过程中，其政治利益维度、经济利益维度被统筹改变了③，这种利益维度重构调整了主要利益相关者的总体利益考量方式和对生态保护相关目标的响应态度，促进了不同主体之间利益异质性的降低和总体而言利益同质性的形成——冲突因此逐渐转为共生。这既是党的十八大以来取得的重要成就和成功经验，也是从马克思主义"两个和

---

① 如果能有一种制度安排，使行为人追求个体利益的行为，与利益相关者全体实现全部价值最大化的目标相吻合，这一制度安排，就是激励相容。本文中的激励相容指体现习近平生态文明思想并使利益相关者责权利相称的制度安排，因此可认为《生态文明体制改革总体方案》能全部落地就是生态文明时期的激励相容体制。

② 社会生态效应是指对社会系统和自然系统产生的正、负外部性。

③ 理论上，衡量生态文明发展，应该并行于政治利益维度和经济利益维度，形成专门的生态利益维度。但因为目前正在改革中，真正独立的生态利益维度难以体系化，所以本文仍然以政治利益维度、经济利益维度的变化来判断总体上生态利益是否得到彰显。

解"提法到习近平生态文明思想"人与自然和谐共生"的理论创新，具体可用以下框架详释。

（一）冲突与共生转换的制度解释框架

在生态文明体制改革中，与生态保护相关的权、责作为重要行政资源被整合、再分配（见附表2-2），加之中央的公共财政结构优化使生态保护有了最重要的资金来源，这是利益均衡的驱动要素；与此同时，不同层级政府综合政治利益维度和经济利益维度后实现总体利益均衡，进而在时空尺度上实现生态利益溢出，即通过制度改革兑现了生态利益的正外部性，省级政府与国家公园管理机构达成利益同构后，省级政府、国家公园管理局和国家公园所在的基层地方政府（包括与之经济利益同构的企业和原住居民）作为主要利益相关者，形成利益均衡的共生局面。可以用附图2-1来总结这个转换过程和结果，第（二）（三）（四）部分通过解释政治利益维度和经济利益维度的重构来展示附图2-1中的利益均衡和制度逻辑。

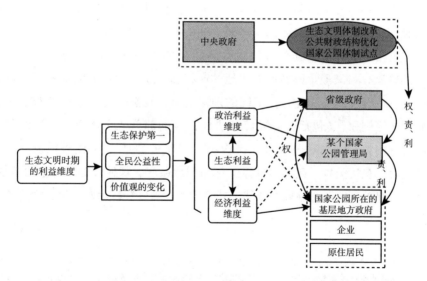

附图2-1　生态文明时期国家公园利益相关者的利益均衡解释框架

说明：图中利益维度与不同层级政府之间的实线箭头表示利益增加，长虚线箭头表示利益减少，短虚线箭头表示利益既有增加也有减少的部分。

（二）政治利益维度的重构

中国的政治体制决定了地方政府的利益结构中最重要的是政治利益维度。在"以经济建设为中心"的工业文明时期，地方政府尤其是基层地方政府实际上政治利益维度和经济利益维度高度同构，在GDP、财政收入增长甚至更直接的招商引资方面业绩突出的官员往往也是政治利益获益最多的，其"权"围绕经济主责，其"利"来自经济领域，这正是以GDP为基础的地方官员晋升"锦标赛"考核激励机制的特点。

在生态文明时期，由于发端于中央的政绩观和相应的责权利制度的调整，省政府①、国家公园管理局和基层地方政府的政治利益维度被重构。国家公园体制试点中"责权利"相关制度的改变（根据《国家公园体制试点验收评估报告》）重构了各级地方政府及其下属相关部门的政治利益维度，这是各级政府响应国家公园体制试点任务并达成政治利益上的共生关系的基础。

生态文明体制改革对不同层级政府及相关部门进行责任分配以及生态保护领域的行政权力结构调整，实际上从两方面促进了不同层级政府（包括中央政府）之间及其和国家公园管理局之间的政治利益同质度更高：①权相关制度被重构。中国的委托代理制度体现得最明显的就是国有资产（包括土地）的管理，名义上全民所有的土地的产权和用途管制权分散在各级地方政府中且各地情况还不一样。在不同的国家公园，自然资源资产所有权、国土空间用途管制权⑧（包括资源环境执法权）中的部分或全体由多个层级的多个政府部门移交到国家公园管理机构统一管理②。例如，福建省增设"国家公园监管"执法类别，武夷山世界文化和自然遗产、森林资源、野生动植物、森林公园保护管理四个领域的法律法规规定的行政处罚权由基层地方政府移交

---

① 其下属的林业部门一般垂直管理较重要的自然保护区，但往往只拥有部分自然保护区的国有林地所有权和部分国土空间用途管制权，经费也难以全面支持自然保护区的运转；而更多的国土空间用途管制权被省级国土资源、水利、发改等部门掌握，其责权利结构和林业部门是不同的，即省级政府内部在处理保护和发展的关系上是异构的。

② 2016年，中共中央办公厅、国务院办公厅《国家生态文明试验区（福建）实施方案》，要求：在国土空间规划和用途管制制度任务框架下，2020年完成全省自然生态空间统一确权登记、保护和管理。

给武夷山国家公园管理局①。这使各级政府间及地方政府和国家公园管理局之间能够实现权责统一分配，解决了保护地管理机构与基层地方政府的政治异质性问题。②责被重构，充分反映资源消耗、环境损害、生态效益的生态文明绩效评价考核和责任追究制度被初步建立起来，从而将生态环境保护的政治任务自上而下贯穿各级政府及相关部门，促进各级政府及其以经济发展为主责的部门与国家公园管理局在国家公园治理中达成政治利益同质性，形成了明确的政治合作意向。例如，福建省交通厅在进行这个区域的公路规划时要以武夷山的保护需求为第一考虑因素，这使以往省属相关部门与国家公园的冲突自然消弭；武夷山国家公园管理局有了对武夷山市相关乡镇领导业绩考核和调任的一票否决权，这使其政治利益必然包括生态绩效且地位重要。且责相关制度被重构后责任到人，即政治利益直接关联到相关岗位上的干部，这使政治利益的重构更为彻底。可以说，经过试点，仅限武夷山一地，福建省属相关部门、武夷山市政府和国家公园管理局在政治利益维度上基本体现了"生态保护第一"②。因为这些制度调整集中到武夷山一处落地，

① 各个国家公园体制试点区管理机构集中的权利和方式不同，三江源国家公园管理局集中的最多，但都相对集权。如湖南省政府办公厅 2019 年以《湖南南山国家公园管理局行政权力清单（试行）》，采取省、市、县三级分别授权的方式，授予湖南南山国家公园管理局统一行使：省级层面将发改、自然资源、交通、水利、林业、文物等部门等 10 个省直相关部门的 44 项行政权力，集中授予南山国家公园管理局。行政权力包括水利、道路、桥梁、电网等项目行政许可，基本农田划定审核，风景名胜区重大建设项目选址方案核准等；县级层面将发改、自然资源等 8 个县直相关部门的 137 项行政权力授权南山国家公园管理局，包括土地、采矿、建筑、公路等项目行政许可等。武夷山国家公园的情况类似，根据《福建省人民政府关于在武夷山国家公园开展资源环境管理相对集中行政处罚权工作的批复》（闽政文〔2020〕38 号），试点工作在发文前已经开展。
② 国家公园在生态文明建设中这个领域进展相对最快、最系统，是因为其他领域或空间尺度难度较大且其主体功能多样，各种牵绊较多、支持较少因而没有那么系统。武夷山之所以能在福建这个生态文明试验区内形成其他地区没有的"生态保护第一"的维度，除了只有这个地区才有这样的目标（只有国家公园要求"生态保护第一"）外，还有三方面依据：一是从武夷山市生态文明建设看，完成国家生态文明试验区重点改革任务 16 项，是福建省县级单位最多的；二是在福建取消 GDP 考核的 34 个县市中，武夷山市是唯一建立了新的财政渠道的（"国家公园社区各项民生支出由所属县负责承担，省级财政相应调增其体制补助基数，省直相关专项予以倾斜支持"，武夷山市有专门的补助基数和扶持经费），且按《南平市绿色发展考核评价体系》，武夷山市在 10 个县市区中排名第一）；三是从国家公园体制试点完成情况看，武夷山在首批 10 个国家公园体制试点中总分排名第二，仅次于地广人稀的三江源，且在管理机构权力设置和干部政绩考核分项上排名第一。

相当于福建省在武夷山系统践行了《生态文明体制改革总体方案》，因此效果比较明显。而福建作为生态文明试验区的各项改革试点分散到全省各地且没有中央和福建省组织的督导和验收，因此福建其他地方很难说构建起了"生态保护第一"的政治利益维度。需要特别说明的是，形成"生态保护第一"的利益维度，一是这个地方有需要（大多数地方显然不需要这样来处理保护与发展的关系，顶多是生态优先）；二是从生态文明体制建设情况、财政资金的来源和支出结构、干部政绩考核中的项目及分值设置、乡镇干部调动或晋升时国家公园管理局的作用（一票否决）等方面均能体现这种"第一"，而其他区域（包括武夷山国家公园涉及的南平市的其他三个县级行政区）均没有。

在政治利益维度重构中，省政府是最重要的执行者，这是因为生态文明八项基础制度之一的干部政绩考核和责任追究制度既是抓手也是基础，而其是以省级政府为主体制定规则并贯彻执行的，市县级政府只是落实者。这方面福建省走在了全国前列，2017 年在全国率先出台《福建省生态环境保护工作职责规定》，明确地方党委、政府及 52 个部门的 130 项生态环境保护工作职责；2020 年，进一步出台《福建省省直有关部门生态环境保护责任清单》，推动"党政同责""一岗双责"落实落细，形成部门责任具体化、责任链条无缝化的生态环保职责体系。这不仅使基层地方政府的政治利益维度中体现了更明显的生态利益因素，也使省直相关部门避免了与生态相关部门的利益冲突，即其政治利益维度上充分体现了生态保护的要求。

这样，一方面，由省政府统筹国家公园建设，这使国家公园所在的社区在基础设施建设、经济发展以及社区治理等方面都得到更大的保障，在一定程度上助力了基层地方政府的乡村振兴①工作；另一方面，基层地方政府将前述权力移交后，其作为协调角色协助国家公园管理机构的治理②，在生态文明建设时期实际上承担了相对较小的生态保护绩效压力（相关的责随权也被移交给

---

① 根据《中共中央、国务院关于实施乡村振兴战略的意见》，乡村振兴工作包括：提升农业发展质量，培育乡村发展新动能；推进乡村绿色发展，打造人与自然和谐共生发展新格局……

② 《总体方案》第十条：国家公园所在地方政府行使辖区（包括国家公园）经济社会发展综合协调、公共服务、社会管理、市场监管等职责。

国家公园管理局），因此被上级政府问责的风险降低。总结起来就是抓生态的保障增多、风险减小。当然，这个过程是曲折的，从2020年国家公园体制试点验收的报告中可以发现武夷山国家公园体制改革提速也是2019年主要利益相关者权责制度改革到位以后。

（三）经济利益维度的重构

随着包括生态文明试验区建设和国家公园体制试点在内的生态文明体制改革相关政策出台，不同主体的经济利益异质性降低，利益相关者获取利益的途径和可获得利益总量也随之发生变化，可用"升级要钱+转型挣钱"来概括。

具体到案例地，从基层地方政府角度来看，武夷山市在改革中基本没动市属相关产业的存量，反而有了资金增量：①不仅国家公园管理局成为省财政一级预算体制单位，武夷山市制度化的生态保护专项资金也拓宽了渠道、层级变高、力度加大。省级公共财政转移支付依旧是自然保护地生态保护资金的主要来源，并且每年增加上亿元，中央相关部委也加大了这方面的专项资金支持力度（具体参见附表2-4），依法合规的产业项目还能得到项目资金支持，从而降低了国家公园内主体的利益偏好异质性。这一方面缓解了不同类型保护地管理机构和基层地方政府在生态保护上的资金压力；另一方面优化了各级政府的公共财政结构，使其体现出更明显的"生态型"特征。基层地方政府在经济利益维度上实现了"升级要钱"，即财政资金来源的层级更高、更制度化。②基层地方政府在国家公园试点后的既得利益并未发生变化，只是换了个方式——在特许经营制度下由武夷山市下属的风景名胜区旅游管理服务中心延续大众旅游运营并接受武夷山国家公园管理局监管。而且，通过国家公园管理局主导并出资的生态茶园改造①和生态产品价值实现制度建设（包括国家公园品牌增值体系构建以及社会资本参与生态保护修复相关制度等），茶叶等产品实现了增值，也有利于基层地方政府的税收，其实现了"转型挣钱"，即盈利方式初步实现了绿色化转型。

---

① 生态茶园里套种大豆、油菜，补给土壤充分的氮、磷、钾等养分，远离化肥农药，茶园则是茶旅融合的载体。这样的改造已辐射10万亩茶山。据茶农测算，改造后茶产量虽比原先下降约三成，但茶品质显著提升，且有国家公园品牌加持，茶价普遍较以往倍增。

与政治利益重构责任到人类似，经济利益维度的变化也惠及于人：①对基层地方政府相关部门的干部而言，占全年收入超过1/3的年终绩效奖金直接与各项考核指标挂钩；②对整合进国家公园管理局的原各类保护地工作人员而言，其工资标准改套省级相关单位标准，这样一般地处欠发达地区的国家公园多数工作人员会涨工资。

类似地，通过相关制度建设，原住居民也实现了"升级要钱"和"转型挣钱"：①强化生态补偿制度建设后，国家公园内桐木、坳头两个行政村通过补偿增加的人均收入分别比园外村高0.51万元和0.7万元。其中，起始于针对毛竹林的地役权制度（正在考虑拓展到茶园上），是武夷山国家公园的创举：毛竹林的林地、林木权属不变，国家公园取得保护管理权，林农不得开展采伐竹材、采挖竹笋等经营活动，武夷山国家公园管理局每年每亩给予90元至118元不等的补贴。以桐木村为例，该村目前已有7个村民小组的1.93万亩毛竹林参与地役权管理，林农人均获利1700余元。此外，桐木村集体的26万亩生态公益林，按照每年每亩26元的标准进行补偿，较区外多3元，村民每人每年可分得2000余元。②实行生态茶园改造和生态产品价值实现机制，受益最多的就是原住居民，同等条件下茶叶单品价格稳定提高1倍以上。

可以说，经过试点，武夷山国家公园的主要利益相关方在经济利益维度上基本均获益，加之游客的旅游体验更丰富（生态旅游业态扩大了游客的可进入范围），全民公益性已经初步体现了。

这两个利益维度的调整到位后，武夷山人与自然的和谐共生初露端倪，因此被中央文件和中央媒体视为国家公园的样本和"人与自然和谐共生的典范"。如果没有真正重构这两个利益维度，相关工作时间再长也不见得有效。在中央2015年启动国家公园体制试点前，云南省从2006年开始自行进行国家公园试点工作，但其基本没有涉及责权利制度调整，使云南省的"国家公园"变成了一块"空牌子"，直到中央启动国家公园体制试点后，云南的普达措国家公园体制试点区才有了一些实质性的变化并在全民公益性上取得一些进展，但因为省一级的改革乏力，普达措的改革进展明显不如武夷山，也未能成为第一批国家公园（二者区别参见附表2-4，附录的博弈论分析也说明了在中央动作到位后，省政府的工作力度就是关键因素），甚至在 2022 年云南自报的国家公园创建排序中反而被后移至第三位。

附表 2-4 武夷山和普达措在生态文明体制改革上的举措对比（以下仅列举主要区别）

		武夷山（试点初始约 700 平方公里，居民约 3000 人）	普达措（试点初始约 600 平方公里，居民约 5000 人）
监管有效的自然资源资产产权制度		在勘界确权的基础上将国家公园作为自然资源资产单独的管理单元并进行了地役权改革，使毛竹集体林按照保护要求得到统一监管	完成了常规要求的勘界确权但管理方式没有变化，集体林仍然只有生态公益林补偿，不能砍伐但也没有明确被统一管理
监管统一、执法严明的环境治理体系	综合执法	相对集中资源环境综合执法权	无改革，仍主要是香格里拉市相关职能部门多头执法
	管理机构	省政府直属，行政机构，对整个国家公园实现国土空间用途统一监管	州政府管理，事业单位，许多管理职能实际上由国企承担
资金（体现国家事权的资金机制、体现自然价值和代际补偿的资源有偿使用和生态补偿制度）	机制	省一级预算单位	国家生态综合补偿试点县，实现"林、地、人、文"补偿全方位覆盖（省下达各类补偿资金 1.52 亿元）	资金渠道基本沿袭过去，只新增了国家发改委口径的中央财政专项资金，但一直未能获得垄断经营企业的退出资金
	数量	中央和省专项资金共 10.5 亿元	县级资金约 5 亿元（多数也是省下达的一般性转移支付）	有省以上专项资金（国家发改委）但无专门的省级资金渠道，共约 1.6 亿元
	对既有企业的处理方式	矿业和小水电获得省级补偿后退出	国有企业的经营接受生态环境监管、没有空间垄断和管理职能	国有企业在整个国家公园可利用范围内的全业态垄断经营，试点后经营范围缩小但没有获得补偿资金
政绩考核（省对国家公园所在县）		考核指标变化	对相关乡镇干部调任晋升实行一票否决	考核指标变化，但国家公园管理机构对县乡政府无制约方式

（四）冲突到共生转化的制度逻辑及其过程博弈

以武夷山为例解释完政治和经济利益维度重构后，由附图 2-1 可以从纵向（上到下）来解释体制改革带来的利益维度重构，横向（左到右）是对这种变化结果的呈现。中央政府作为生态文明体制改革的发起者，提出明确的国家公园体制试点目标并对省政府、基层地方政府和国家公园管理局的责权利都进行了统筹调整，后面这三者的利益维度也发生了变化：完成国家公园体制试点任务，省政府的政治利益增加，经济利益有得有失；直属于省政府的国家公园管理局与省政府利益维度同构；基层地方政府的政治利益有得有失，经济利益增加。算两个利益维度的总账，在完成国家公园体制试点任务后，三个主要利益相关者均为总体得利且激励相容，相互之间在某个维度的利益冲突都会有其他维度的利益补偿，因此才都有执行这种改革的动力，也才能被认为是中央政府以外的三个利益相关者的帕累托改进。附图2-1横向来看，形成体现全国生态利益的两个利益维度，除了改革，一方面是因为有了"生态保护第一"和"全民公益性"的政绩观，另一方面是有了公共财政资金支持，而这原动力均来自中央政府，即中央政府树立政绩观、启动责权利制度调整并以中央财政资金保障。仅仅省政府、基层地方政府和国家公园管理局三者之间是无法形成利益均衡的。

需要说明的是，帕累托改进是理想状态，在趋向这个状态的过程中，不同主体之间是反复博弈的：①在达到帕累托最优以及帕累托改进的过程中，需要通过不同利益维度之间形成的利益关系组合，界定达到博弈均衡点的条件，才能明晰相关改革的力度。②从前文的质性分析中可知，国家公园体制试点的结果初步实现了不同利益主体（尤其是各级政府）总体上的利益平衡，但不同的利益条件会产生不同的均衡结果，需要测试不同利益维度的利益调整力度，才能够确定不同利益结构如何影响以及在多大程度上影响不同利益主体的均衡策略选择。基于特定的案例情况，通过演化博弈分析对相关的利益点、利益变化以及利益调整力度进行分析，方能得出国家公园制度秩序调整过程中更加普适化的利益关系组合。因此，通过附录中的演化博弈分析，以武夷山的实际情况为例，可以完整剖析生态文明时期的共生特征，即具体的共生利益点、利益关系以及利益调整的力度。

在博弈分析中，在改革完成后，利益相关者的关系可以简化为省政府、国家公园管理局、基层地方政府（包括与之经济利益同构的企业和原住居民）三方。但在改革过程中，如前所析，省政府的相关部门与国家公园管理机构并非利益同构；而且，整个改革是中央驱动，责权利制度的变动是中央设计、省政府安排，所以改革过程中利益相关者的关系可以简化为省政府、国家公园管理机构、基层地方政府（包括与之经济利益同构的企业和原住居民）三者之间的关系。作为改革第一线的基层地方政府，其经济上是明显得利的，但政治利益维度的变化却较复杂。得到多少利才能有足够的驱动力实现生态文明时期的总体利益均衡？通过演化博弈模型分析，以预期收入和预期成本为影响不同层级政府之间进行制度选择的决策变量，可以说明不同层级政府之间行为的相互影响以及在不同利益预期下的制度选择，这样更直观地展示了国家公园体制试点中的利益均衡关系和驱动因素力度的重要性。

（五）生态利益得到全面保障后体现的人类文明新形态的时空特征

从国家公园试点的面上情况来看，这两个利益维度重构后，生态利益得以全面保障。在国家公园体制试点过程中，不同层级政府对于生态利益的认知与处理均发生变化：对地方政府尤其是基层地方政府而言，工业文明时期，经济利益维度与政治利益维度高度重合，生态利益常常只能作为经济利益的牺牲品；生态文明时期，自上而下构建的政治利益维度充分考虑了生态利益，经济利益维度也尽量避免了与生态利益的冲突。在调整后的责权利制度框架下，不同层级政府在利益维度重构后实现了利益均衡并整体体现了生态利益。不同层级政府在两个利益维度重构后各得其所、利益均衡[1]，生态利益因各方支持得以全面体现：最直接也最迅速见效的指标是反映园区内植被长势的 NDVI（归一化植被指数）[2] 由 2016 年的 0.69 提高至 2021 年的 0.76；还有综

---

[1] 当然，不一定就是均衡状态，这还需要更精确的分析，本书的附件 2 即明晰主要利益相关者达到各自利益均衡的条件分析。

[2] NDVI（归一化植被指数），该指数广泛地用于定性和定量反映植被覆盖度及其生长活力，这个数据变化来自生态环境部卫星应用中心；采用 GEP（生态系统生产总值，指一定区域在一定时间内生态系统的最终产品和服务价值的总和，大体可反映一个地区的生态产品价值，包括可以外溢的价值）核算。作为全国首个生态文明试验区，2016 年 12 月，福建选取武夷山市作为 GEP 核算试点。武夷山市从生物多样性、物种保育服务和文化旅游服务、气候调节服务等 7 个方面，重点对森林、湿地和农田 3 类生态系统价值进行核算。开始国家公园体制试点的 2015 年，武夷山市 GEP 为 2219.9 亿元。2020 年 9 月《武夷山市经济生态生产总值（GEEP）核算》公布的 GEP 为 2562 亿元。尽管这个数值是武夷山全市的，但其中约 2/3 来自武夷山市范围的武夷山国家公园。

合性的指标（GEP 生态系统生产总值）可以衡量总体生态利益的变化，从 2015 年的 2219.9 亿元增加到 2020 年的 2562 亿元，且这种方式衡量的生态利益不仅造福当地，而且惠及全省和全国①，这种生态利益的外溢是根本上的"全民公益性"的体现。

这样的利益结构调整可从不同的空间尺度彰显生态利益，以武夷山为例：①对于国家公园所在的武夷山市而言，不同类型的保护地被整合起来实行"小发展，大保护"，实际上更加充分地考虑了对生态系统完整性的保护；②对福建省而言，将更大面积的自然生态系统纳入国家公园保护并以体制保障，对全省的生态文明体制改革和绿色发展也形成显著的正外部性；③对中国乃至世界而言，中国国家公园以体制保障形成了对更大面积的重要生态系统实行完整的"最严格的保护"，率先兑现了习近平主席在 COP15 上的发言，"以生态文明建设为引领，协调人与自然关系。我们要解决好工业文明带来的矛盾，把人类活动限制在生态环境能够承受的限度内，对山水林田湖草沙进行一体化保护和系统治理"。在时间尺度上，基于最严格保护的"两山转化"为广域的绿色发展奠定了物质基础和制度基础，国家公园相关责权利制度调整产生的结果初步体现了习近平主席在 COP15 上的发言，"良好生态环境既是自然财富，也是经济财富，关系经济社会发展潜力和后劲"，因此能更好地保障人类社会当代及后代的经济利益和生态利益。综合时空尺度，中央政府统筹通过制度建设，使生态保护的正外部性体现到各个利益相关者上，初步实现了各利益相关者全面考虑经济利益维度和政治利益维度后的可持续的帕累托改进②，这就是从国家公园这样的中国改革领域体现的人类文明新形态的时空特征③。

---

① 国家公园范围内的发展模式及品牌对周边绿色发展的带动作用。严格而言，福建省作为全国第一个生态文明试验区，各项改革任务也只在武夷山范围内才全面完成，其他区域的进展均没有武夷山系统。

② 可以认为，帕累托改进就是激励相容体制的结果。但体制改革是一个过程，利益相关者如何博弈、达到均衡点需要什么条件，对过程的分析也不可或缺。

③ 习近平主席在 2022 年世界经济论坛的演讲"坚定信心 勇毅前行 共创后疫情时代美好世界"中有一段"中国将坚定不移推进生态文明建设"专门提到"中国正在建设全世界最大的国家公园体系。中国去年成功承办联合国《生物多样性公约》第十五次缔约方大会，为推动建设清洁美丽的世界作出了贡献"——这种贡献正是人类文明新形态的一种表征。

四 结论与讨论

（一）结论

本文以中国国家公园体制试点的制度逻辑说明了中国国情下生态文明的特征：尽管存在"人、地约束"，国家公园体制试点初步实现了"生态保护第一"和"全民公益性"目标下以不同层级政府为主体的利益相关者的责权利基本匹配，在国家公园范围内以"生态保护第一""全民公益性"为特征的生态利益趋向成为各利益相关者尤其是各级政府的共同利益，"最严格的保护"和"绿水青山就是金山银山"初步得以统筹实现，人与自然的关系因而从冲突逐渐转向共生。这既是党的十八大以来的实践层面的重要成就，也是中国在践行生态文明上的理论创新。

本文的研究基于党的十八大以来的中国之治，经过制度分析后可总结为以下两点经验。

第一，基于不同主体的利益维度及其重构机制的分析打开了制度变迁的理论"黑箱"，用两点概括：在公共治理领域中，与治理目标匹配并覆盖主要利益相关者的责权利相关制度是降低利益异质性、塑造不同主体之间同质性的基础；将利益相关者的利益结构划分为经济利益维度、政治利益维度，总体获益且利益相关者之间均衡，就能实现制度变迁。

第二，为践行生态文明提供了可供参考的制度逻辑——调整责权利相关制度以在新的发展观下均衡不同主体利益，形成各方均参与改革的动力，才能协调好保护与发展的矛盾、使冲突转化为共生。

（二）对本文后续研究和研究结论可推广性的讨论

本文以国家公园体制试点为例，通过对"中国之制"的阐释反映了党的十八大以来"中国之治"的内在逻辑。中国国家公园体制试点的成功不仅证明了生态文明的生命力，更说明了生态文明体制设计的合理性和系统性，也为马克思主义的"两个和解"理论提供了理论应用和创新的空间。

无论是生态文明体制改革还是国家公园体制试点，都说明在国家治理中，要处理好保护与发展的关系，彰显整体上的生态利益，只有通过责权利制度调整先形成利益共同体，才能形成"共抓大保护"的生命共同体。因此，以下三个方面还值得继续探讨。

第一，政治利益维度方面，必须认识到我们的相关分析均有两个前提：单一制的中央集权制，上级政府对下级政府有很强的控制权；政府对土地要么在产权上，要么在用途管制权上有很强的控制权。如果没有这两个前提，就不能像本文一样认为只要调整好了各级政府在"权、钱"上的相关制度就能重构政治利益维度，而只能根据某个国家的政府运行方式和绩效考核方式来研究其政治利益维度的构建方式。但这种思路是可行的，如美国多数国家公园与周边基层地方政府，通过增加就业岗位和带动周边企业发展形成了较好的关系，这体现为国家公园管理局和基层地方政府的双边政绩，美国国家公园管理局因此也每年测算并公布这方面的绩效。

第二，经济利益维度方面。随着中国推动生态保护修复市场化进程的加快，在国家公园体制（更广的范围是生态文明体制）的约束下，不同层级政府在不同利益维度上的利益面可能会发生变化，现有的利益均衡局面也可能发生动态变化，市场经济将会以新的形式进入自然保护地的发展中。因此，在未来需要密切关注国家公园生态环境保护的市场化力量以及利益关系的变化，才能更全面地探讨国家公园促进人与自然和谐共生的机制，企业也就不能如本文分析的那样都合并为基层地方政府的利益同构体，前述的制度逻辑在将企业也作为主要利益相关者后同样适用，只是国有企业才有明显的政治利益维度（如原武夷山风景名胜区的运营国企），民营企业的政治利益维度仍然要靠基层地方政府的经济利益维度来体现。

第三，未来，在体制建设中，生态利益应该与政治利益、经济利益并列成为一个专门的利益维度。这不仅是因为其在全球尺度上是一个独立的因变量，在全球生物多样性保护中有专门的绩效衡量指标体系，也因为生态利益不只是地方利益甚至不只是国家利益，对于中国国家公园这样大多具备世界价值的区域来说也是全球利益，这个利益维度必须从全球的空间尺度和代际的时间尺度专门衡量，这个时空尺度是政治利益维度、经济利益维度难以涵盖的，在气候变化领域已经有诸多这样的考虑。一旦这样全面的体制建立起来，在国家公园这样的区域实现人与自然和谐共生的体制机制完全就可称为人类文明新形态的内容和先导。

附录：基于演化博弈的国家公园不同利益主体的利益均衡模型

——以武夷山国家公园为例

一　模型假设

在进行正式分析之前，需要对部分条件进行设定。以省政府、国家公园管理局以及基层地方政府（包括与之经济利益同构的企业和原住居民，下同）作为参与博弈的三方主体，假设三方在决策过程中，前提条件是追求自身综合利益最大化，参与主体之间相互影响、相互作用。在进行分析之前，需要对博弈主体进行假设以便于构建博弈模型。

假设一：参与决策的三方都是有限理性人，且都以现有决策为条件，无现实预判能力，但有事后判别能力。

假设二：三方参与主体各有两种策略选择空间。省政府的策略选择空间 $a = (a_1, a_2) = $（省政府有效介入，省政府低效介入），国家公园管理局策略选择空间 $b = (b_1, b_2) = $（国家公园管理局高效落实，国家公园管理局低效落实），基层地方政府策略选择空间 $c = (c_1, c_2) = $（认真协助，不认真协助）。从前文的分析中可知，在省政府层面，当责权利相关制度与生态保护制度相匹配时，可认为省政府通过体制改革有效介入国家公园的生态保护行动；而仅制定严格的生态保护要求未有责权利相关制度匹配时，则认为省政府低效介入国家公园的生态保护行动。在国家公园管理局层面，当国家公园工作能够严格按照"生态保护第一，全民公益性"的目标完成时，则认为国家公园管理局高效落实生态保护任务；否则，则认为国家公园管理局落实生态保护任务是低效的。在基层地方政府层面，当基层地方政府在国家公园发展方面的行为是满足生态保护目标的，则认为基层地方政府认真协助生态保护工作；当基层地方政府在国家公园方面的发展行为与生态保护目标是冲突的，则认为基层地方政府不认真协助生态保护工作。

假设三：只有省政府和国家公园管理局同时采取积极行动策略时，生态文明体制改革所追求的整体生态效益才能够产生。

二　模型构建

前文已经对制度变迁过程中不同主体的利益重构情况进行了分析，任何制度选择的背后都包含对收益、成本与机会的变量考虑。根据生态文明体制改革引致的政治利益维度、经济利益维度的重构状况，结合武夷山国家公园的实际情况，编制了不同利益主体在不同利益维度上的利益参数，并结合实际情况，在进行参数设置前对相关参数的产生条件进行界定（见附表2-5）；进而编制省政府、国家公园管理局和基层地方政府三方博弈主体间的混合策略收益矩阵（见附表2-6）。

附表2-5 不同利益主体在不同利益维度上的利益参数

符号	参数意义	说明
x	省政府有效介入国家公园体制建设概率为 x，则省政府低效介入概率为 $1-x$，$0 \leqslant x \leqslant 1$	
y	国家公园管理局高效落实国家公园体制建设概率为 y，则国家公园管理局低效落实概率为 $1-y$，$0 \leqslant y \leqslant 1$	
z	基层地方政府认真协助国家公园体制建设概率为 z，则基层地方政府不认真协助概率为 $1-z$，$0 \leqslant z \leqslant 1$	
C_1	省政府配置给国家公园管理局的部分国土空间用途管制权（包括从基层地方政府划走的）	政治维度
C_2	省政府拨款用于国家公园建设的资金（其中包括中央政府的专项资金）	经济维度
S_1	省政府有效介入国家公园建设完成目标所获得的政治绩效奖励	政治维度
P_1	省政府低效介入国家公园建设而被中央问责的损失	政治维度
C_3	国家公园管理局高效落实国家公园建设目标的管理成本	经济维度
P_2	国家公园管理局低效落实国家公园建设目标而被省政府问责导致的损失	政治维度
S_2	国家公园管理局高效落实国家公园建设目标所获得的政治绩效奖励	政治维度
M	生态效益，即省政府有效介入国家公园建设后生态环境改善所带来的整体效益（可用区域GEP来衡量）	整体生态效益
a	省政府和基层地方政府（包括与之经济利益同构的企业和原住居民）因生态环境改善分享到的生态效益的比例	生态效益分配系数
P_3	基层地方政府不协助国家公园建设而被省政府问责的损失	政治维度
C_4	基层地方政府认真协助国家公园建设时支付的协商成本（如上交部分国土空间用途管制权）和管理成本	政治维度
S_3	基层地方政府认真协助国家公园建设完成相关任务所获得的政治绩效奖励	政治维度
S_4	基层地方政府（包括与之利益同构的企业和原住居民）因认真协助国家公园建设直接获得的经济收入（包括直接获取的专项资金和从国家公园品牌特许经营、政府特许经营中获得的增值收入）	经济维度

附表 2-6 三方博弈主体的混合策略收益矩阵

省政府	国家公园管理局	基层地方政府	
		认真协助(z)	不认真协助($1-z$)
有效介入 (x)	高效落实(y)	$[\,S_1 + aM - C_1 - C_2,\ C_1 + C_2 + S_2 + M - C_3 - C_4,\ S_3 + S_4 + (1-a)M - C_4\,]$	$[\,aM + S_1 + P_3 - C_1 - C_2,\ S_2 + C_1 + C_2 + M - C_3,\ (1-a)M - P_3\,]$
	低效落实($1-y$)	$(\,S_1 + P_3 - C_1 - C_2,\ C_1 + C_2 + C_4 - P_2,\ S_3 + S_4 - C_4\,)$	$(\,S_1 + P_2 + P_3 - C_1 - C_2,\ C_1 + C_2 - P_2,\ -P_3\,)$
低效介入 ($1-x$)	高效落实(y)	$(\,S_1 - P_1,\ C_4 + S_2 - C_3,\ S_3 + S_4 - C_4\,)$	$(\,S_1 + P_3 - P_1,\ S_2 - C_3,\ -P_3\,)$
	低效落实($1-y$)	$(\,P_2 - P_1,\ C_4 - P_2,\ S_3 + S_4 - C_4\,)$	$(\,P_2 + P_3 - P_1,\ -P_2,\ -P_3\,)$

三 省政府、国家公园管理局和基层地方政府三方博弈模型演化分析

(一) 博弈三方期望收益与平均收益

由三方博弈主体间的收益矩阵得出，省政府采取"有效介入"策略时的期望收益为 E_{c1}，省政府采取"低效介入"策略时的期望收益为 E_{c2}，省政府平均期望收益为 $\overline{E_c}$。

$$
\begin{aligned}
E_{c1} = &\ yz(S_1 + aM - C_1 - C_2) + y(1-z)(aM + S_1 + P_3 - C_1 - C_2) + (1-y)z \\
&(S_1 + P_3 - C_1 - C_2) + (1-y)(1-z)(S_1 + P_2 + P_3 - C_1 - C_2)
\end{aligned}
$$

$$
\begin{aligned}
E_{c2} = &\ yz(S_1 - P_1) + y(1-z)(S_1 + P_3 - P_1) + (1-z)y(P_2 - P_1) + \\
&(1-y)(1-z)(P_2 - P_1)
\end{aligned}
$$

$$
\overline{E_c} = xE_{c1} + (1-x)E_{c2}
$$

国家公园管理局采取"高效落实"策略时的期望收益为 E_{p1}，国家公园管理局采取"低效落实"策略时的期望收益为 E_{p2}，国家公园管理局平均期望收益为 $\overline{E_p}$。

$$
\begin{aligned}
E_{p1} = &\ xz(C_1 + C_2 + S_2 + M - C_3 - C_4) + x(1-z)(S_2 + C_1 + C_2 + M - C_3) + \\
&(1-x)z(C_4 + S_2 - C_3) + (1-x)(1-z)(S_2 - C_3)
\end{aligned}
$$

$$
\begin{aligned}
E_{p2} = &\ xz(C_1 + C_2 + C_4 - P_2) + x(1-z)(C_1 + C_2 - P_2) + (1-x)z \\
&(C_4 - P_2) + (1-x)(1-z)(-P_2)
\end{aligned}
$$

$$
\overline{E_p} = yE_{p1} + (1-y)E_{p2}
$$

基层地方政府采取"认真协助"策略时的期望收益为 E_{l1}，基层地方政府采取"不认真协助"策略时的期望收益为 $0E_{l2}$，基层地方政府平均期望收益为 $\overline{E_l}$。

$$E_{l1} = xy[S_3 + S_4 + (1 - a)M - C_4] + x(1 - y)(S_3 + S_4 - C_4) + (1 - x)y$$
$$(S_3 + S_4 - C_4) + (1 - x)(1 - y)(S_3 + S_4 - C_4)$$
$$E_{l2} = xy[(1 - a)M - P_3] + x(1 - y)(-P_3) + (1 - x)y(-P_3) +$$
$$(1 - x)(1 - y)(-P_3)$$
$$\overline{E_l} = xE_{l1} + (1 - x)E_{l2}$$

（二）演化模型动态复制方程

$$F(x) = \frac{dx}{dt} = x(E_{c1} - \overline{E_c}) = x(1 - x)[y(aM - S_1) - yzP_3 + S_1 + P_1 - C_1 - C_2]$$
$$F(y) = \frac{dy}{dt} = x(E_{p1} - \overline{E_p}) = y(1 - y)[xM + S_2 + P_2 - C_3]$$
$$F(z) = \frac{dz}{dt} = z(E_{l1} - \overline{E_l}) = z(1 - z)[P_3 + S_3 + S_4 - C_4]$$

（三）演化模型路径及均衡性分析

$$\begin{cases} \dfrac{\partial F(x)}{\partial x} = (1 - 2x)[y(aM - S_1) - yzP_3 + S_1 + P_1 - C_1 - C_2] \\ \dfrac{\partial F(y)}{\partial y} = (1 - 2y)[xM + S_2 + P_2 - C_3] \\ \dfrac{\partial F(z)}{\partial z} = (1 - 2z)[P_3 + S_3 + S_4 - C_4] \end{cases}$$

其中，令 $\dfrac{\partial F(x)}{\partial x} = 0$，$\dfrac{\partial F(y)}{\partial y} = 0$，$\dfrac{\partial F(z)}{\partial z} = 0$，得到系统 8 个局部均衡点：$e_1$ $(0, 0, 0)$、e_2 $(0, 0, 1)$、e_3 $(0, 1, 0)$、e_4 $(0, 1, 1)$、e_5 $(1, 0, 0)$、e_6 $(1, 1, 0)$、e_7 $(1, 0, 1)$、e_8 $(1, 1, 1)$。通过三维动态系统求得的局部均衡点未必为系统均衡点，根据弗里德曼（Frideman）提出的方法，系统均衡点稳定性可由本系统雅可比矩阵的稳定性分析而得出。由以上构建的动态复制方程求得三维动态系统的雅克比矩阵为：

$$J = \begin{bmatrix} (1 - 2x)[y(aM - S_1) - yzP_3 + S_1 + P_1 - C_1 - C_2] & x(1 - x)[(aM - S_1) - zP_3] & x(1 - x)zP_3 \\ y(1 - y)M & (1 - 2y)[xM + S_2 + P_2 - C_3] & 0 \\ 0 & 0 & (1 - 2z)[P_3 + S_3 + S_4 - C_4] \end{bmatrix}$$

$$J_1 = \begin{bmatrix} S_1 + P_1 - C_1 - C_2 & 0 & 0 \\ 0 & S_2 + P_2 - C_3 & 0 \\ 0 & 0 & P_3 + S_3 + S_4 - C_4 \end{bmatrix}$$

$$J_2 = \begin{bmatrix} S_1 + P_1 - C_1 - C_2 & 0 & 0 \\ 0 & S_2 + P_2 - C_3 & 0 \\ 0 & 0 & C_4 - P_3 - S_3 - S_4 \end{bmatrix}$$

$$J_3 = \begin{bmatrix} aM + P_1 - C_1 - C_2 & 0 & 0 \\ 0 & C_3 - S_2 - P_2 & 0 \\ 0 & 0 & P_3 + S_3 + S_4 - C_4 \end{bmatrix}$$

$$J_4 = \begin{bmatrix} aM + P_1 - P_3 - C_1 - C_2 & 0 & 0 \\ 0 & C_3 - S_2 - P_2 & 0 \\ 0 & 0 & C_4 - P_3 - S_3 - S_4 \end{bmatrix}$$

$$J_5 = \begin{bmatrix} C_1 + C_2 - S_1 - P_1 & 0 & 0 \\ 0 & M + S_2 + P_2 - C_3 & 0 \\ 0 & 0 & P_3 + S_3 + S_4 - C_4 \end{bmatrix}$$

$$J_6 = \begin{bmatrix} C_1 + C_2 - aM - P_1 & 0 & 0 \\ 0 & C_3 - M - S_2 - P_2 & 0 \\ 0 & 0 & P_3 + S_3 + S_4 - C_4 \end{bmatrix}$$

$$J_7 = \begin{bmatrix} C_1 + C_2 - S_1 - P_1 & 0 & 0 \\ 0 & M + S_2 + P_2 - C_3 & 0 \\ 0 & 0 & C_4 - P_3 - S_3 - S_4 \end{bmatrix}$$

$$J_8 = \begin{bmatrix} C_1 + C_2 + P_3 - aM - P_1 & 0 & 0 \\ 0 & C_3 - M - S_2 - P_2 & 0 \\ 0 & 0 & C_4 - P_3 - S_3 - S_4 \end{bmatrix}$$

四　演化博弈的实际情况分析

（一）决策均衡的条件分析

通过一系列的数理分析，根据李雅普诺夫（Lyapunov）稳定性判据，8个均衡点都可以通过添加约束来求值。在 8 个暂时未确定的均衡点中，只有 e8 是最优结果，因为它反映了省政府有效介入、国家公园管理局高效落实以及基层地方政府认真协助的状态。这也代表了多级政府参与国家公园体制建设的现实情况。当三个主要利益相关者最终稳定在 e8 时，意味着 J8 的所有特征值都是负的，约束条件如式（1）所示。在这种情况下，e1、e3、e4、 e5、e6 和 e7 是不稳定的。而在一定的约束条件下如式（2）所示，e2 是有可能稳定的，也就是省政府低效干预、国家公园管理局政府低效落实以及基层地方政府认真协助的状态，但在该状态下，由于省政府和国家公园管理局并未高效落实国家公园体制建设，因此无法产生可观的生态效益，由此，尽管其在理论上（省政府低效介入，国家公园管理局低效落实，基层地方政府认真协助）的状态也能够在特定的条件下随着时间的变化趋于稳定，但无法实现现实中的均衡。

$$
\begin{aligned}
C_1 + C_2 + P_3 - aM - P_1 &< 0 \\
C_3 - M - S_2 - P_2 &< 0 \\
C_4 - P_3 - S_3 - S_4 &< 0
\end{aligned}
\tag{1}
$$

$$
\begin{aligned}
S_1 + P_1 - C_1 - C_2 &< 0 \\
S_2 + P_2 - C_3 &< 0 \\
C_4 - P_3 - S_3 - S_4 &< 0
\end{aligned}
\tag{2}
$$

通过对比式（1）和式（2）发现，中央政府增大对省政府的问责力度以及生态绩效奖励力度，当这两方面的改革力度大于省政府配置给某个国家公园管理局的部分国土空间用途管制权以及在国家公园建设资金上的改革力度时（中央的措施一般包括对官员实行自然资源资产离任审计、伴随中央生态环保督察的追责、基于省政府的生态保护绩效给予经济激励等），省政府将会倾向于做出有效介入国家公园体制建设的策略选择，保障国家公园体制改革落地。当针对国家公园管理机构完成生态保护任务的政治奖励、造成生态破坏的问责以及与生态绩效相关的改革力度大于促使其高效落实国家公园建设目标的管理要求力度时，即对国家公园管理机构的约束、激励力度足够大时，国家公园管理局将倾向于做出高效落实国家公园体制的策略选择。这表明了对国家公园管理局实行的问责机制以及生态绩效收益对于省政府达到决策均衡状态具有重要作用。对于基层地方政府而言，只要认真协助国家公园体制建设获得的专项资金及绿色发展收益和绩效奖励大于其在协助过程中的协商和管理成本，基层地方政府便会倾向于做出认真协助国家公园体制建设的策略选择。这表明"权、钱"相关的保障制度到位后，基层地方政府也能从既往锦标赛式考核机制带来的过于关注近期的、单纯的经济利益的发展观中超脱出来，开始着力于长期的、全面的区域利益。

（二）初始合作意愿对演化稳态的影响

由上面的分析，我们可以发现初始概率会影响整个复制的动态系统和最终状态。为了探究初始概率对复制动态系统的整体影响，随机模拟省政府、国家公园管理局和基层地方政府的初始概率，使其在（0，1）之间变化。其他参数值在附表2-7中列出。

附表2-7　不同初始合作概率 [x（0），y（0），z（0）] 数值模拟的参数值集

参数	C_2	C_2	C_3	C_4	M	a	S_1	S_2	S_3	S_4	P_1	P_2	P_3
值	10	20	40	8	40	0.5	5	15	10	8	15	20	3

为了进一步说明它们对复制动态系统的影响，将初始概率分为两组。根据Sheng 和 Webber（2017）的界定，初始合作意愿低于 0.5 为低合作意愿，初始合作意愿高于 0.5 为高合作意愿。根据武夷山改革中的可能情况，设置了以下五组情况组合：第一组表示省政府、自然保护地管理机构（改革前分别是自然保护区和风景名胜区管理机构，改革后是国家公园管理局）和基层地方政府具有较低的初始合作意愿；第二组表示省政府和基层地方政府均为低初始合作意愿，国家公园管理局为高初始合作意愿；第三组表示三方的初期合作意愿均较高，第四组表示省政府和国家公园管理局均为高初始合作意愿，基层地方政府低初始合作意愿；第五组表示国家公园管理局和基层地方政府均为低初始合作意愿，省政府为高初始合作意愿。对以上分组情况进行演化博弈的仿真分析。具体结果如下所示。

初始概率组 1：当 x（0）= 0.1，y（0）= 0.2，z（0）= 0.3。三方进化博弈的最终结果如附图 2-2（a）所示，系统在 $e2$（0，0，1）处稳定。这种情况对应武夷山国家公园试点前由武夷山自然保护区与风景名胜区在生态保护上分而治之的情况。省政府不直接对风景名胜区进行管理，基层地方政府更注重风景名胜区的产业发展。这种状况的结果是：省政府选择低效介入；自然保护地管理机构选择低效落实；基层地方政府选择认真协助。

初始概率组 2：当 x（0）= 0.1，y（0）= 0.8，z（0）= 0.3。三方进化博弈的最终结果如附图 2-2（b）所示，系统在（0，0.8，1）处稳定。这种情况实际上对应了武夷山国家公园体制试点刚启动、责权利体制改革还未到位、名义上由国家公园管理局承担主要生态保护任务的阶段。在这种情况下，

管理机构的参与意愿并不会进一步提高，基层地方政府由于从风景名胜区获得的经济收益并未减少而中央的专项资金已到位，其参与意愿会提升，但省政府依旧是低合作意愿。这种博弈的结果是：省政府选择低效介入；国家公园管理局的治理积极性并未提升；基层地方政府选择认真协助。这虽然在一定程度上反映了管理机构高效落实国家公园体制的积极效应，但依旧不是高效的政策执行结果。

初始概率组 3：当 $x(0)=0.7$，$y(0)=0.8$，$z(0)=0.9$。三方进化博弈的最终结果如附图 2-2（c）所示，系统在 $e8$（1，1，1）处稳定。这种情况对应了武夷山国家公园在 2020 年通过国家公园体制试点验收前后的情况，省政府、国家公园管理局和基层地方政府都面临同质同期的考核任务，博弈结果是：省政府选择高效介入；国家公园管理局选择高效落实；基层地方政府选择认真协助。同时，国家公园管理局和基层地方政府达到稳定状态所需的时间最短，省地方政府达到稳定需要的时间较长。这一状况实际上反映了省政府和国家公园管理局同心同力完成任务，在省政府与国家公园管理局的利益同构、行动策略同步时，其资源配置效率明显提高，达到最佳均衡结果的时间也相对更短。

初始概率组 4：当 $x(0)=0.7$，$y(0)=0.8$，$z(0)=0.3$。三方进化博弈的最终结果如附图 2-2（d）所示，这种情况可能出现在 2038 年以后，原武夷山风景名胜区的收入由武夷山市转交给省政府统筹，因此其参与意愿低。届时必须有比目前更大的经济利益维度的调整，基层地方政府才会从低合作意愿逐步转变到高合作意愿，最终系统才可能在 $e8$（1，1，1）处稳定。

初始概率组 5：当 $x(0)=0.8$，$y(0)=0.1$，$z(0)=0.3$。三方进化博弈的最终结果如附图 2-2（e）所示，目前武夷山未出现这样的情况，但说明如果省政府不把其他两方的责权利结构调整到位，改革就很难出实效。

从附图 2-2（a）（b）（d）（e）的对比中可以看出，如果没有省政府或国家公园管理局有效介入国家公园建设，就很难达成三方均趋向于积极推进的均衡状态。从附图 2-2（b）和附图 2-2（e）的对比中可以看出，与国家公园管理机构的高初始参与意愿相比，当省政府具有较高初始参与意愿时，三方趋向于最优策略均衡状态的时间更短，说明省政府的有效介入对全局达成彰显生态利益的均衡推动作用更大。

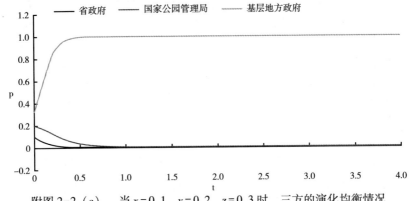

附图 2-2 （a） 当 x=0.1，y=0.2，z=0.3 时，三方的演化均衡情况

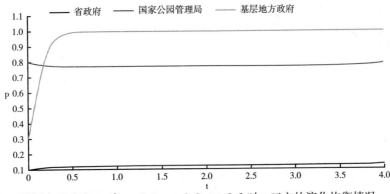

附图 2-2 （b） 当 x=0.1，y=0.8，z=0.3 时，三方的演化均衡情况

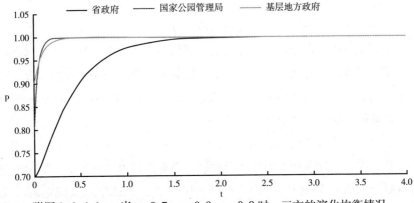

附图 2-2 （c） 当 x=0.7，y=0.8，z=0.9 时，三方的演化均衡情况

附图 2-2 不同初始意愿的三方演化均衡情况

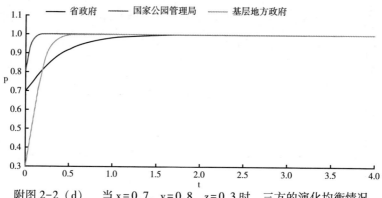

附图 2-2（d） 当 x=0.7，y=0.8，z=0.3 时，三方的演化均衡情况

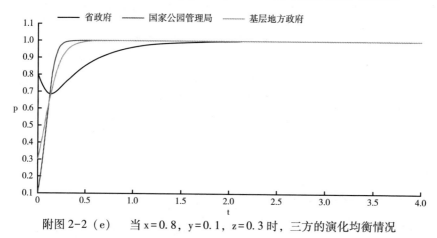

附图 2-2（e） 当 x=0.8，y=0.1，z=0.3 时，三方的演化均衡情况

（三）不同利益条件变化对演化稳态的影响

对于利益条件不同的赋值可能影响不同博弈方的决策的均衡状态以及趋于稳定状态的速度，因此接下来将进一步分析赋予责权利相关维度的参数不同的值，不同利益维度的变化将会对演化稳定状态产生何种影响，从而把握影响三方决策均衡的利益条件的权重。

（1）国土空间用途管制权与国家公园生态补偿及项目资金。在对国土空间用途管制权的力度和用于国家公园建设的资金拨款力度分析中，除国土空间用途管制权（C_1）分别取值为 1、2、5、10 外，其他的参数是固定的（见附表 2-7），从而得出三方的策略选择演化结果（见附图 2-3）。在对国家公园建设资金支持力度分析中，除国家公园生态补偿、项目资金（C_2）分别取值为

2、4、10、20外，其他的参数是固定的（见附表2-7），从而得出三方的策略选择演化结果（见附图2-4）。由于国土空间用途管制权、国家生态补偿资金以及项目资金的变化对于基层地方政府策略选择并未产生显著影响，此处不对基层地方政府的情况展开讨论。由图2-4（a）可知，省政府对于国土空间用途管制权以及用于国家公园建设的资金拨款力度的变化是最敏感的，其次是国家公园管理局。从数值的对比可知，对于国家公园管理局而言，国土空间用途管制权的配置力度和国家公园建设的资金拨款力度并非越大越好，在保证国家公园管理局的整体利益结构满足 e8 均衡的条件下（式1），当国家公园管理局初始合作意愿较高时，国土空间用途管制权的配置力度和国家公园建设的资金拨款力度并不显著影响其最终的决策；当其初始参与意愿较低时，较少的国土空间用途管制权反而有利于国家公园管理局做出高效且积极的策略选择①。对于省政府而言，当其在国土空间用途管制权上的配置力度和国家公园建设的资金拨款力度越大，省政府做出积极策略选择的效率相对越低。

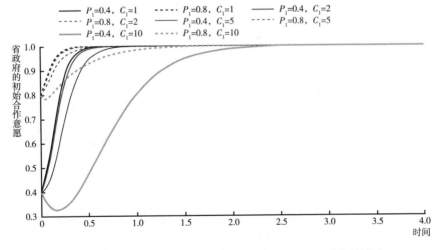

附图2-3（a）　国土空间用途管制权配置力度对省政府的影响

---

① 当其初始参与意愿较低时，较少的国土空间用途管制权反而有利于国家公园管理局做出高效且积极的策略选择，这是因为若与权相伴的责、利相关制度未能匹配到位，国土空间用途管制权越大，其治理压力越大，因此较小的权力反而利于其在较小的权力范围内敢作为。

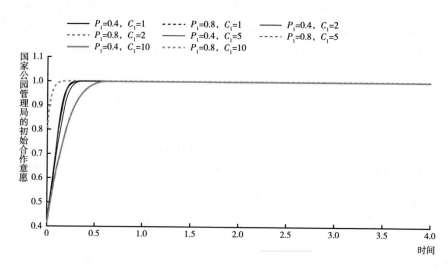

附图 2-3（b） 国土空间用途管制权配置力度对国家公园管理局的影响

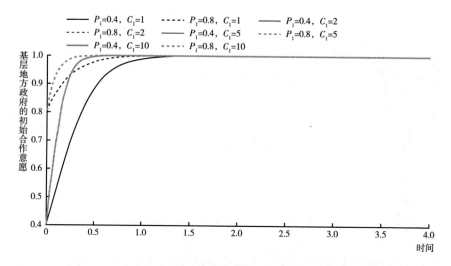

附图 2-3（c） 国土空间用途管制权配置力度对基层地方政府的影响

附图 2-3 国土空间用途管制权对三方的影响

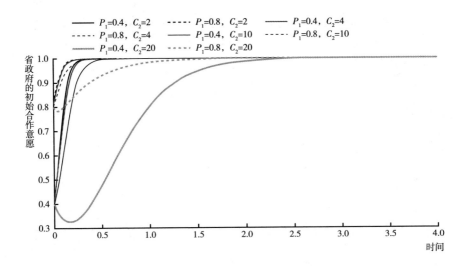

附图2-4（a） 资金投入力度对省政府的影响

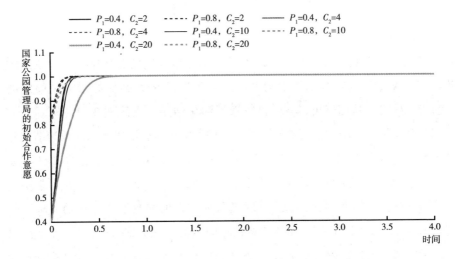

附图2-4（b） 资金投入力度对国家公园管理局的影响

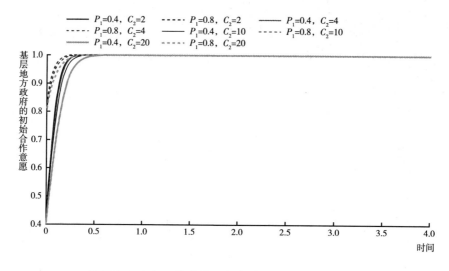

附图2-4（c）　资金投入力度对基层地方政府的影响

附图2-4　资金投入对三方的影响

（2）政治绩效奖励。在对省政府的政治绩效奖励的分析中，除省政府的政治绩效奖励（S_1）分别取值为0.5、1、2.5、5外，其他的参数是固定的（见附表2-7），从而得出三方的策略选择演化结果［见附图2-5（a）］。在对国家公园管理局的政治绩效奖励的分析中，除国家公园管理局的政治绩效奖励（S_2）分别取值为1.5、3、7.5、15外，其他的参数是固定的（见附表2-7），从而得出三方的策略选择演化结果［见附图2-5（b）］。在对基层地方政府的政治绩效奖励的分析中，除基层地方政府的政治绩效奖励（S_3）分别取值为1、2、5、10外，其他的参数是固定的（见附表2-7），从而得出三方的策略选择演化结果［见附图2-5（c）］。对于三方而言，基层地方政府对于政治绩效奖励的敏感程度最高，其次是省政府和国家公园管理局（见附图2-5）。其中，对于基层地方政府和省政府而言，无论初始参与意愿高低，政治绩效奖励越高，基层地方政府和省政府做出积极策略选择的概率越高；对于国家公园管理局而言，当国家公园管理局初始参与意愿较高时，政治绩效奖励越高，国家公园管理局做出积极策略选择的效率越高，当其初始参与意愿较

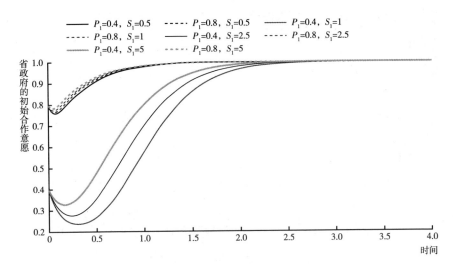

低时，只有足够高的政治绩效奖励（$S_2 = 15$），才能够促使国家公园管理局高效落实国家公园体制。

附图 2-5（a）　政治绩效奖励对省政府的影响

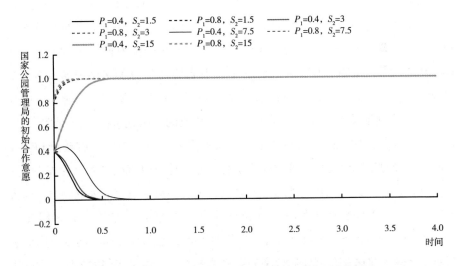

附图 2-5（b）　政治绩效奖励对国家公园管理局的影响

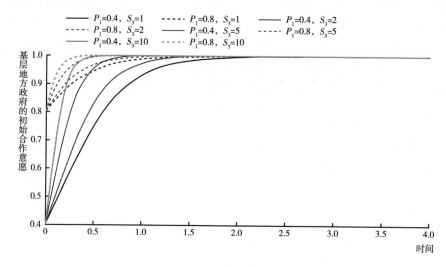

附图2-5（c）　政治绩效奖励对基层地方政府的影响

附图2-5　政治绩效奖励对三方的影响

（3）问责力度。在对省政府的问责力度的分析中，除省政府被问责的损失（P_1）分别取值为1.5、3、7.5、15外，其他的参数是固定的（见附表2-7），从而得出三方的策略选择演化结果［见附图2-6（a）］。在对省政府的问责力度的分析中，除省政府被问责的损失（P_1）分别取值为2、4、10、20外，其他的参数是固定的（见附表2-7），从而得出三方的策略选择演化结果［见附图2-6（b）］。在对省政府的问责力度的分析中，除省政府被问责的损失（P_1）分别取值为0.2、0.4、1、2外，其他的参数是固定的（见附表2-7），从而得出三方的策略选择演化结果［见附图2-6（c）］。省政府和国家公园管理局对于问责力度的变化较为敏感，基层地方政府次之（见附表2-6）。对于省政府而言，无论初始参与意愿高低，只有中央政府对其采取较强的问责力度（$P_1 = 15$），才能够促使省政府有效介入国家公园建设［见附图2-6（d）］。对于国家公园管理局而言，当其初始参与意愿较高时，问责力度的强弱对其高效落实国家公园体制效率的影响差异不大，但是当国家公园公园管理局的初始参与意愿较低时，需要足够强的问责力度（$P_2 = 20$）才能够促使其高效落实国家公园体制。此外，省政府对国家公园管理局和基层地方政府实行的问责力度越大，省政府有效介入国家公园体制的效率越高。以上分析表明问责机制的强度和力度越大越能够有效促进三方在国家公园建设中做出积极的策略选择。武夷山在试点之处各项工作进展较慢，多数责权利制度改革直到中央要考核问责（2020年）之前的2019年才在省政府主导下落地，然后迅速使三方的政治利益维度真正独立出来，这就是这种情景的现实反映。

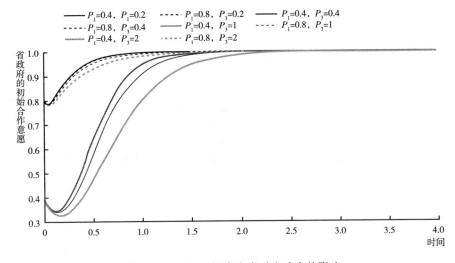

附图 2-6（a） 问责力度对省政府的影响

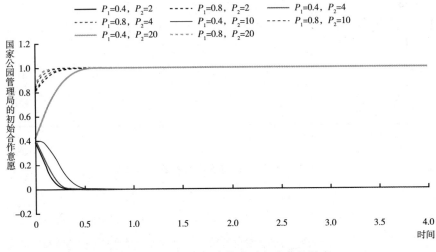

附图 2-6（b） 问责力度对省政府的影响

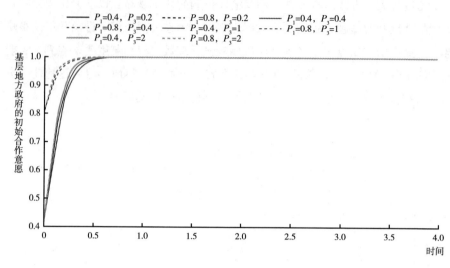

附图 2-6（c）　　问责力度对省政府的影响

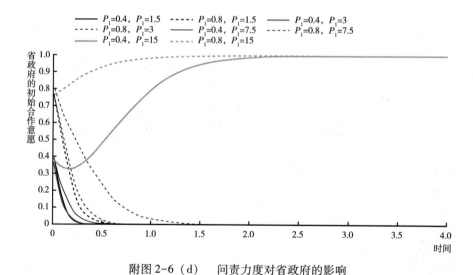

附图 2-6（d）　　问责力度对省政府的影响

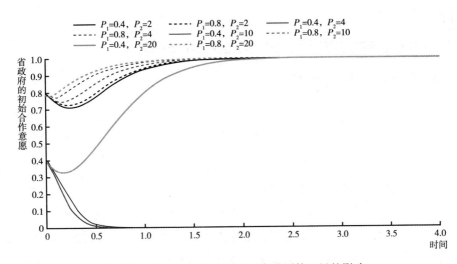

附图 2-6（e） 问责力度对国家公园管理局的影响

附图 2-6 问责力度对三方的影响

附件3
产业角度实现绿色发展的思路、问题和系统对策

—— 基于云南经验

国家公园，这种生物多样性丰富的区域往往与特色农业生产区域重合。在这些区域，农林牧渔业不仅仍是维系民生的重要产业，也是能够依托优良且独特的自然环境做出产业特色、获得产品增值从而更好地体现两山转化的主要产业。如在第一批国家公园中，三江源国家公园的畜牧产业，大熊猫国家公园、东北虎豹国家公园和海南热带雨林国家公园的林下经济产业（包括中药、水果、食用菌等），武夷山国家公园的茶产业等。本书在第二、三篇中已经详述了国家公园的绿色发展需要通过建立国家公园品牌增值体系带动全产业链发展，云南省"绿色食品牌"工作对此具有重要的借鉴价值。这是因为我们从第一本蓝皮书就开始阐释的国家公园两山转化技术路线（把资源环境的优势转化为产品品质的优势，通过品牌体系把产品品质的优势体现为价格和销量的优势）仍然是从生态保护角度出发的，而大量产业界人士（包括农林旅游业和乡村振兴等领域）习惯从产业要素提升和组合优化的角度来看待绿色发展，生态保护工作者必须从产业链的角度明晰产业发展技术路径、相关要素提升手段和政策障碍解决办法，才能将保护和转化思路与产业工作者的思路衔接上，因此我们根据在云南的研究成果整理了产业角度实现绿色发展的思路、问题和系统对策。

打造世界一流"绿色食品牌"，是云南省贯彻落实习近平总书记考察云南时提出的"着力推进现代农业建设，打好高原特色农业这张牌"的重要指示、深入推进农业供给侧结构性改革、加快培育农业农村发展新动能的重要举措。自2018年开展这项工作以来，经过4年多的探索和实践，已经取得初步成效：云南省某些重点产业已达到全国领先水平，而且全省农业初步实现

了跨越式发展①，但总体上距离"中国最优，世界一流"的目标仍有较大差距。从第三方视角可对世界一流"绿色食品牌"的工作重点进行总体判断，在对标"中国最优，世界一流"的基础上剖析当前工作的不足，提出"十四五"期间全链条重塑农业的工作优化建议。

一 对工作的总体判断

"绿色食品牌"工作的本质是实现高原特色现代农业的跨越式发展，使云南在若干细分产业中体现"世界一流"的特征、在农业整体上呈现现代化农业特征，巩固脱贫攻坚成果并从产业上支撑乡村振兴。

如果只从整体的农业现代化水平来判断，云南在全国尚处于落后阵营。农业农村部发展规划司编著的《农业现代化辉煌五年——"十三五"农业现代化发展报告》一书中，提出了"农业现代化发展水平评价指标体系"，从产业体系、生产体系、经营体系、质量效益、绿色发展、支持保护六个方面24个指标对全国31个省（区、市）的农业现代化水平进行了评估②，其主要结果见附图3-1。

根据评价结果，云南省整体排名靠后，目前农业现代化发展水平的综合评估得分低于50分③，尚处于发展起步阶段。在产业体系、生产体系、经营体系三个一级指标中，云南省排名均在最后三位；在绿色发展、质量效益、支持保护三个一级指标中，云南省属于全国中等水平。但这个评价从全国层面整体分析农业现代化水平，很多指标只能反映"大田作物"的生产特征，以高原

---

① 2018年以来，云南省8个（茶叶、花卉、蔬菜、水果、坚果、咖啡、中药材、肉牛）既定重点产业综合产值保持了年均16%的高速增长，第一产业增加值提升到全国第9位，在西部地区名列前茅。

② 根据《全国农业现代化发展规划（2016—2020年）》、《关于创新体制机制推进农业绿色发展的意见》、《"宽带中国"战略及实施方案》、《全国农村经济发展"十三五"规划》、《乡村振兴战略规划（2018—2022年）》、国际标准和2020年农业现代化发展化发展的可行性确定目标值，并比较指标现状实现目标值的程度。

③ 农业现代化阶段划分：分值在0~60分为"发展起步阶段"、60~75分为"转型跨越阶段"、75~85分为基本实现阶段、85分及以上为全面实现阶段；农业现代化单项指标发展阶段划分：指标实现度在0~60%"发展起步阶段"、60%~75%为"转型跨越阶段"、75%~85%为基本实现阶段、85%分及以上为全面实现阶段。

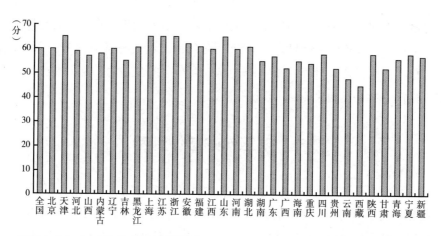

附图 3-1　"十三五"期末全国各省（区、市）农业现代化水平的综合评估得分

资料来源：农业农村部发展规划司编著《农业现代化辉煌五年——"十三五"农业现代化发展报告》，中国农业出版社，2021。

山地为主的云南省在粮食稳定度、农作物耕种收综合机械化率等指标上具有天然短板，因此需要在此评价的基础上筛选和增补恰当指标进行横向对比分析，才能真正发现云南省在发展高原特色现代农业上的短板。

聚焦"绿色食品牌"这种更能体现高原特色现代农业特征的工作，"绿色食品牌"工作要全国领先，在农业产业链各环节和要素上也应该全国领先，且有较好的利益分配机制，全面实现乡村振兴的目标。但从云南省的现状来看，云南省农业整体上还只是在西部领先且多项指标甚至难以与云南省农业增加值在全国的排名匹配，达不到全国平均水平，这使云南省农业发展难上台阶。概括来说，云南省农业仍有许多问题没有得到实质性或普遍性解决，尤其农业小生产与大市场之间的矛盾没有改变：从生产而言，产业的组织化程度低，链条不长、各环节主体不强、利益分配机制不当；从经营而言，产品的绿色特色不足，统一并得到市场认可的品牌体系并未建立。而从农业生产要素来看，土地、资金、人才、技术等方面相对全国平均水平还有诸多不足。为此，通过横向比较找到云南省农业的短板，才能精确识别和剖析上述问题①，提出对策和改革方案。

---

①　在《云南省"十四五"打造世界一流"绿色食品牌"发展规划》（以下简称《云南绿色食品牌"十四五"规划》）提出的问题外，本部分所列问题主要为相对于全国平均水平或中位数水平所发现的差距。

二　世界一流"绿色食品牌"的基本概念 及其与云南省高原特色现代农业的关系

为继续打好"绿色食品牌"，需要比对自己的"初心"和比对"世界一流"，才能发现偏差和差距，明确有能力弥补差距的地方。为此，首先须辨析概念、明确真正的工作重点。

（一）世界一流"绿色食品牌"的基本概念

基于2018年以来云南省主要领导的系统阐述①并分析"绿色食品牌"的既有相关文件和规划，世界一流"绿色食品牌"的概念可以从广义和狭义两个方面进行界定，这两种概念及其与云南省高原特色现代农业的关系见附图3-2。

据此，广义的世界一流"绿色食品牌"落脚点在以"绿色食品"为特征的农业，特指云南高原特色现代农业中的"绿色优质"部分，需要在发展中突出绿色化、优质化、特色化、品牌化，走质量兴农、绿色兴农之路。目前云南省世界一流"绿色食品牌"的工作主要是在广义概念下部署实施的，并取得初步成果。比对这个概念，目前工作中存在的问题主要是概念泛化，将"绿色食品牌"泛化为以十大重点产业为代表的高原特色现代农业发展，而未

---

① 有两次系统阐述：（1）2018年云南省政府工作报告中明确：大力发展高原特色现代农业，打造"绿色食品牌"。把高起点发展高原特色现代农业作为今后一个时期传统产业优化升级的战略重点，用工业化理念推动高质量发展，突出绿色化、优质化、特色化、品牌化，走质量兴农、绿色兴农之路。一是大力推进"大产业+新主体+新平台"发展模式和"科研+种养+加工+流通"全产业链发展，瞄准高端市场、国际市场，迅速占领行业制高点……四是大力打造名优产品，围绕茶叶、花卉、水果、蔬菜、坚果、咖啡、中药材、肉牛等产业，集中力量培育，做好"特色"文章，加快形成品牌集群效应。五是大力塑造"绿色牌"，推动农业生产方式"绿色革命"，力争新认证"三品一标"600个以上，有机和绿色认证农产品生产面积分别增长10%和15%以上。六是大力发展精深加工，力争将全省农产品加工业产值与农业总产值之比由0.67∶1提升到1∶1以上。七是大力开拓国内外市场，扩大云南农产品影响力和市场份额……（2）2021年1月，时任云南省委主要领导在省委农村工作会议上指出："农业发达的标志就是有世界独一无二的地理标志产品，云南农业特点是小而精、小而美，不能简单贪大、追求规模，要做精品，做小众。我省要围绕特色产业、优势品种、划定范围、设定标准、形成方案，扎实推进云南农产品地理标志品牌建设，逐步形成一个口碑，云南农业就是安全、高品质的代名词。"

聚焦"绿色""优质"①，致使当前"绿色食品牌"的整体形象模糊不清，"绿色食品牌"工作与农业重点产业工作混为一谈。

狭义的世界一流"绿色食品牌"落脚点在"世界一流"的"绿色食品""品牌"，是指聚焦优质绿色、特色、品牌、增值、产值等关键词，建立省级统一的绿色食品品牌管理体系。其对标"世界一流"的国际先进标准，由产品和产业发展指导体系（优选产业并给予专门扶持）、产品质量标准体系（全产业链环节的标准）、品牌认证体系、品牌管理和推广体系构成。在其统一管理下，逐步形成云南农产品高原特色、优质高端的整体品牌形象和一批具有云南风土或风味特色、世界一流高品质、全产业链绿色化的"云南名品"，借助品牌体系获得被国内外市场广泛认可的产品增值，主要依靠产品增值实现农业做大做强。

可以看出，世界一流"绿色食品牌"，狭义概念对于广义概念而言，类似于企业的拳头产品对于企业的意义，是广义概念下的核心精华和引领者。狭义概念的绿色食品牌工作是广义概念的绿色食品牌工作取得可持续的成效、真正做到"世界一流"的核心抓手，也是当前工作主要的薄弱环节（见附图3-2）。

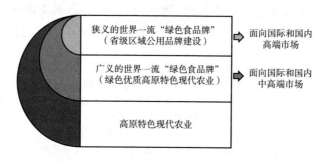

附图3-2 世界一流"绿色食品牌"的广义与狭义概念及其与云南省高原特色现代农业的关系

---

① 如云南省绿色食品"10强企业"的评选指标是"主营业务收入（30%）和入库税收总额（70%）"，侧重于企业产值，而非各环节的绿色表现；"20佳创新企业"的评选指标是"主营业务收入增长率（40%）和创新及发展能力（60%）"，只是在"创新及发展能力"部分有一个二级指标涉及绿色认证等，占比极少（<10%）。

（二）狭义的世界一流"绿色食品牌"与云南省绿色食品"十大名品"及"绿色食品牌"品牌目录之间的关系

按照"初心"的要求，狭义的世界一流"绿色食品牌"与云南省已经开展的绿色食品相关品牌工作（如"十大名品"及"绿色食品牌"品牌目录）之间的关系可以用附图3-3阐释。"绿色食品牌"品牌目录、绿色食品"十大名品"、省级区域公用品牌，三者的要求是逐级趋严的，前者依次是后者的基础，即"十大名品"是以品牌目录为基础筛选的，而省级区域公用品牌是以"十大名品"为基础进行筛选：品牌目录包括全省一流、全国一流和世界一流的品牌，"十大名品"包括全国一流和世界一流的品牌，而省级区域公用品牌则只允许列入达到世界一流的品牌。

附图3-3　省级区域公用品牌（狭义的世界一流"绿色食品牌"）与云南省绿色食品"十大名品"及"绿色食品牌"品牌目录之间的关系

2018年至今，云南省开展的绿色食品"十大名品"及"绿色食品牌"品牌目录工作，为世界一流"绿色食品牌"（省级区域公用品牌）奠定了良好的基础。2021年新增的云南省"绿色食品牌"品牌目录，旨在打造品牌集群，弥补"十大名品"数量较少、品类受限的不足，使"绿色食品牌"既有"十大名品"这颗"明珠"，也有品牌目录这个"皇冠"。"十大名品"这颗"明珠"初步体现了绿色、优质特征，但是并未全部达到"世界一流"，还需在此基础上再筛选出真正能够做到"世界一流"的名品（类似企业的"拳头产品"），纳入省级区域公用品牌体系，主要面向国内外的高端市场，以此带动形成云南省农产品高原特色、优质高端的整体品牌形象。

狭义概念下的世界一流"绿色食品牌"是广义概念下这一工作的一部分，2018年以来云南省主要领导的系统阐述和任务布置，显然偏向"绿色食品牌"的狭义概念，且只有从这个概念维度，才可能使特定细分产业的某些产品近期在全国最优的基础上，做到世界一流。① 在狭义概念下，"绿色食品牌"的世界一流应该包含三方面的内容：①农产品本身：品质世界一流。尤其是世界一流"绿色食品牌"，应重点着力于如何将云南省资源环境的优势转化成产品品质的优势，在世界顶级资源环境和绿色、高品质、安全的农产品之间建立起被广大消费者广泛认可的联系。②农业及相关产业：产业链世界一流，产值或利润率世界一流。初级农产品本身的附加值较低且很容易因同质化竞争而跌价，延长产业链且逐链条增值是打造世界一流的关键。③软实力：要以品牌体系为王牌，实现管理体系一流、标准一流。云南省须借助先天条件优势，在特色产业、产品上率先构建公用品牌体系并全面覆盖包括交易平台在内的产业链。

三 基于横向对比发现的云南省农业全链条问题

尽管过去3年的工作卓有成效，云南省农业在一些方面走在了全国前列，但仍有许多问题没有得到实质性或普遍性改变。而基于农业全链条的全国横向对比，更易找到云南省农业全链条的短板。②

（一）农业产业链条不够长、增值不够多

从农业生产的产业链来看，科技水平要求高、增值贡献大的种业端比较薄弱，低于全国平均水平，难以支撑云南省农业和绿色食品牌重点产业在全国领

---

① 云南省已经开展的工作中，有一部分紧扣这一狭义概念，并取得初步成果，需要继续优化并扩充到重点产业中。如云南省绿色食品"十大名品"的评选把建立质量追溯体系、食用农产品获得绿色有机认证作为参评的前置条件；率先在茶产业上对绿色有机基地建设和产品认证实施奖补等。但这些工作还未体系化。
② 本部分的全国相关统计中不包括西藏自治区和港澳台地区。

先。云南省具有得天独厚的生物多样性优势，近几年虽在部分作物、畜牧的育种方面取得突出的成果，但在种植环节中良种普及率不高、畜禽核心种源自给率不高：2020 年云南省农作物良种覆盖率计划超过 96%①，基本达到国家平均水平（2020 年全国农作物良种覆盖率稳定在 96% 以上），但与农业发达省份相比仍有差距，如山东、福建等省的良种覆盖率达到 98% 以上；2020 年云南省畜禽核心种源自给率达 50%，同期中国整体的畜禽核心种源自给率已经超过 75%，已经高于《云南绿色食品牌"十四五"规划》的建设目标（到 2025 年畜禽核心种源自给率达 60%）。

从产值角度看，云南省农业产业链较短：农产品加工产值与农业总产值之比仅为 1.68：1，低于全国 2.40：1 的平均水平；农产品加工转化率低；农林牧渔服务业产值仅占农业总产值的 3%，低于全国 2 个百分点。即便绿色食品重要行业亦然，蔬菜精加工产值占农业总产值仅为 27%，水果精深加工仅为 21.7%，中药材精深加工仅为 28%，均低于全国平均水平；全省每年仍有 30% 的茶叶以毛茶原料销往省外、50% 左右为粗加工茶。② 农业加工企业数量不多，云南省 60% 的农业企业集中在种植养殖领域，加工环节仅占 40%，而在这 40% 中绝大多数以粗加工为主。农产品加工增值幅度不大。即便是总体在全国领先的花卉产业，加工环节也较为薄弱：2020 年加工花卉种植面积为 3.57 万公顷，占花卉总种植面积的 40%，加工食用花卉的产值为 96.4 万元，仅占花卉总产值的 10%。

从产品标准化和增值的角度看，产品的绿色特色不足，统一并得到市场认可的品牌体系并未真正建立，未形成品牌体系合力。"绿色食品牌"工作管理上的统一化、产品上的特色化、交易上的现代化仍然不够，只有品牌工作，没有真正的品牌体系工作，没有营造出云南食品的五方面共性特征③，云南食品缺乏"安全、高品质"的共性形象④，因此难以得到市场普遍认可的增值：没

---

① 《云南省人民政府办公厅关于印发云南省高原特色农业现代化建设总体规划（2016—2020 年）》。

② 刘宇：《延伸产业链　提升附加值——云南农产品精深加工业发展观察》，《致富天地》2020 年第 7 期。

③ 本研究中将其概括为：相对优良的品种、多品种广谱最适的生态环境、严格绿色化或有机化的生产过程、多部门联动食品安全监督下的高标准食品安全、多样化的国际认证。

④ 云南省时任主要领导在 2021 年省委农村工作会议指出，"逐步形成一个口碑，云南农业就是安全、高品质的代名词"。

有着力营造可以规范获得话语权、体现引领性的统一的品牌平台和重点产业的交易平台，资源环境的优势没有被全链条标准化和体系化认证——世界一流的生态环境没有形成世界一流的绿色食品公众形象。八大重点产业的产品除了地域性极强的（如普洱茶）以外都没有形成国际品牌，"绿色食品牌"下千牌同出①，因此也难以获得被广泛认可的品牌增值，更没有形成对消费者消费习惯和价值观的市场引领。有些成功模式（如鲜切花的花拍市场交易）还没有被复制，许多产品的价格乱象也没有得到及时的清理，以致云南省"绿色食品牌"没有整体体现相关规划中的形象和在云南省有明显优势的产品和业态上体现对全国业态、价格的引领作用，企业因为"绿色食品牌"获益不多，"绿色食品牌"甚至没有真正成为让企业从市场中受益的品牌。②

"绿色食品牌"的重点产业之间、重点产业各业态之间关联不够，如作为重要生猪生产基地的曲靖，既没有专门建设火腿原料猪的基地，也没有在全产业链上加强其标准化。此外，"绿色食品牌"工作与资源环境具有多项共性要求的健康生活目的地的关联也不够，没有给出体系化的标准③，以此筛选条件合适的地方专门设计和扶持庄园经济等业态，并且将二者关联起来打"组合牌"。

（二）产业链关键环节弱、各主体不够强

在农业产业链各环节上，主体强不强是产业强不强的直接依托。除了农业企业外，专业合作社、家庭农场、社会化服务组织、行业协会等都能反映这方

---

① 这方面的措施可能有思路的偏颇或惯性，如《云南绿色食品牌"十四五"规划》中鼓励各地打造"小而精""小而美"的特色产业区域公用品牌。现实中也是这样，如云南华坪县全力创建"丽江芒果"品牌。如果一个县一张牌、一个业态一张牌，就打不出云南绿色食品这张大牌，也难以让世界都认可这张牌。

② 例如，在法国，经过AOC认证的葡萄酒，等级高于日常餐酒（VIN DE TABLE）、地区餐酒（VIN DE PAYS）以及大产区优良地区餐酒（VIN DELIMITE DE QUALITE SUPERIEURE）。AOC认证体系对葡萄酒价格和销量的双促进作用明显。目前AOC认证的葡萄酒产量约占法国葡萄酒总产量的35%，产值约占70%。而云南省"绿色食品牌"对相关企业的吸引力更多体现在入列后的财政奖补资金上。

③ 已有初步的思路，但操作层面如何避免名义性和随意性还不明晰。例如，"以普洱茶等特色产业为载体，在全省范围内开展乡村振兴示范园建设，力争2021年启动建设10个，'十四五'期内建设100个左右。乡村振兴示范园包含田园综合体、高端旅游等新业态，集中体现特色产业+一二三产业的高度融合"。但乡村振兴示范园的选择标准、建设标准、扶持政策、土地政策突破措施等均未通过文件或规划予以明晰。

面的情况。

1. 农业龙头企业、农民专业合作社、家庭农场、职业农民为代表的新型农业经营主体弱，整体落后于全国平均水平

2020 年，云南省国家级农业龙头企业数量 39 个，仅占全国的 2.5%，销售收入仅占全国的 1.6%，具有世界影响力的品牌企业屈指可数。新公布的《2021 中国农业企业 500 强排行榜》中，云南省上榜的有 12 家，排在第 16 位，四川省、福建省分别有 24 家和 15 家上榜，分别排在第 7 位和第 12 位。此外，还缺乏足够多的小而精的龙头企业带路。世界一流"绿色食品牌"当前工作部署中还是强调"规模化"，缺乏对"小而精""小而美"农业的工作部署。目前"小而精"且有带动性的企业匮乏，十大产业中小企业大多不精，呈现产业链短、知识产权少、产业特色不足、企业内部管理水平不高等共性特点，农业企业 200 公里市场覆盖、2000 万产值的发展瓶颈仍然明显。

2019 年，云南省农民专业合作社数量达 59617 个，在全国居于中等水平（排第 15 位），而示范社占比则居中下水平① （县级以上国家级示范社总数为 3742 个，占比 6.28%，排第 20 位；国家级示范社数量为 232 个，占比 0.39%，排第 19 位）（见附图 3-4）。合作社普遍规模不大，自身经济实力不强，服务功能较弱。2019 年，云南省农民专业合作社社均经营收入、农民专业合作社社均盈余分别为 23.14 万元和 5.26 万元，在全国都居于中等水平（排名 15 位，见附图 3-5）。可分配盈余按交易量返还成员的合作社占比和提留公积金、公益金或风险金的合作社占比分别为 14.28% 和 5.26%，在全国居于中后位（排名分别为第 18 位和第 22 位）②。云南省农民专业合作社联合社 138 个，联合社社均收入为 112.55 万元，全国排名分别为第 22 位和第 14 位③（见附图 3-6）。

2020 年，云南省农业农村部门名录管理的家庭农场共 50128 个，处于全国中下游水平（排第 20 位）。④ 但云南省家庭农场年经营总收入达到

---

① 可与之对比的是，四川省农民专业合作社数量是 103605 个，国家级示范社数量为 528 个，分别是云南省的 1.7 倍和 2.3 倍。

② 同处西南地区的四川、重庆的农民专业合作社社均经营收入分别为 41.00 万元、35.97 万元，分别是云南省的 1.8 倍和 1.6 倍，居于全国前列。

③ 四川省农民专业合作社联合社数量为 433 个（是云南省的 3.1 倍），联合社社均收入为 114.85 万元（与云南省基本相同），全国排名分别为第 9 位和第 13 位。

④ 同处西南区域的四川省家庭农场数量达到 172848 个，是云南省的 3.4 倍。

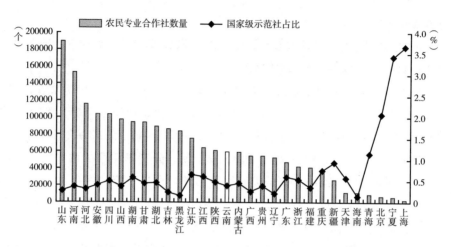

附图3-4　各省份农民专业合作社数量及国家级示范社占比

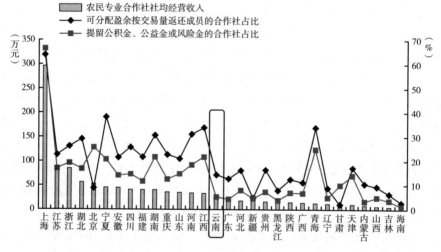

附图3-5　各省份农民专业合作社社均经营收入、盈余及其分配情况

2261611.7万元，单个家庭农场平均收入为45.1万元，居于全国前列，排第3名。① 云南省县级及以上农村部门评定的示范家庭农场占比为6.1%，也处于全国前列，排第5名，比全国平均值高2.9个百分点（见附图3-7）。这说明家庭农场这种经营方式和规模更适合云南省农业的实情。

---

① 前两名是山东省和福建省，其单个家庭农场平均收入分别为52.7万元和45.6万元。

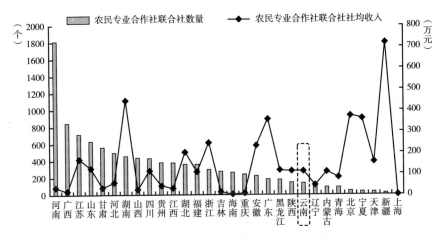

附图 3-6 各省份农民专业合作社联合社数量及联合社社均收入

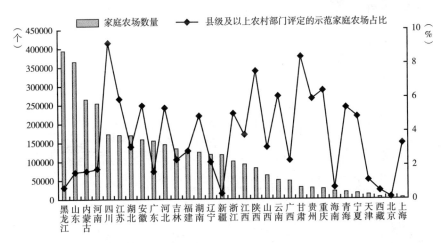

附图 3-7 各省份家庭农场数量和县级及以上农村部门评定的示范家庭农场占比

2. 农业社会化服务支撑不足

云南全省现有社会化服务组织数量少，经营收入不高，而且在产业链的各环节分布不均衡，多集中于生产方面，在降低生产成本、产品深加工、疏通销售渠道、信息搜集与提供、品牌化经营等方面的服务比较弱。2019年，云南省开展农业社会化服务的农民专业合作社、村集体经济组织、企业、各类农业服务专业户、其他服务组织分别为 2450 个、188 个、879 个、5675 个、1814

个，总计是 11006 个，在全国 30 个省份中排名第 22 位，处于下游水平（见附图 3-8）。云南省开展农业社会化服务，各类农业服务专业户经营情况与全国平均水平相当，单个组织营业收入是 6.7 万元，各类农业服务专业户为 146 个/户。但是开展农业社会化服务的农民专业合作社、村集体经济组织、企业、其他服务组织这几类远远落后于全国平均水平，全国平均单个组织营业收入分别是云南的 7.0 倍、12.7 倍、15.0 倍和 5.1 倍（见附表 3-1）。云南省农业生产托管服务面积为 3698217 亩次，在全国 30 个省份中居于下游，排名第 26 位（见附图 3-9）。全国平均农业生产托管服务面积为 50348189.03 亩次，是云南省的 13.6 倍。全省开展农业生产托管服务的组织共有 2235 个，在全国居于下游

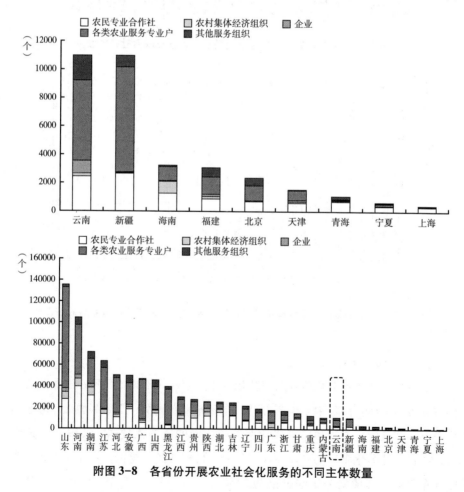

附图 3-8　各省份开展农业社会化服务的不同主体数量

水平，排名第23位（见附图3-10）。此外，在山东等省建设农业社会化服务体系中效果明显的供销合作社系统，在云南省世界一流"绿色食品牌"打造中处于缺位状态①，其自身发展全国排名靠后，在2020年度全国省级供销合作社综合业绩考核中，云南省供销合作社排名第20位，西南地区的四川、重庆、贵州分别排名第11、12、15位，东部地区同样山区比例高、以特色农业为重点的福建省则排名第4位。

附表3-1　云南与全国开展农业社会化服务的不同主体经营情况对比

项目	单个组织从业人数（人）			单个组织营业收入（万元/个）			单个组织服务对象数量［个(户)/个］		
	全国平均	云南	全国平均/云南	全国平均	云南	全国平均/云南	全国平均	云南	全国平均/云南
农民专业合作社	57	6	9.5	79.3	11.4	7.0	587	88	6.7
村集体经济组织	26	8	3.3	22.8	1.8	12.7	145	165	-0.9
企业	19	17	1.1	187.1	12.5	15.0	595	365	1.6
各类农业服务专业户	3	2	1.5	6.7	6.4	1.0	87.2	146	-0.6
其他服务组织	4	4	1.0	18.8	3.7	5.1	138	130	1.1

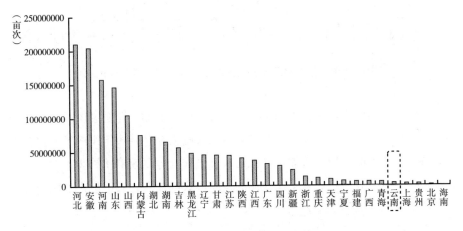

附图3-9　各省份农业生产托管服务面积

---

① 不是打造世界一流"绿色食品牌"工作领导小组成员单位。

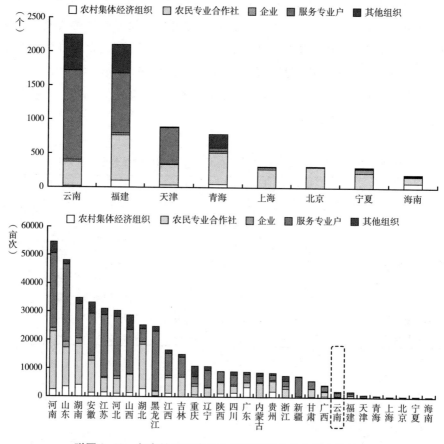

附图3-10　各省份开展农业生产托管服务的各类主体情况

另外，作为将小农生产转化成产销一体现代农业的关键组织——行业协会——发育不够也无力，除了少数产业链较长的大企业牵头组织的行业协会在统筹协调分散生产上较为有效，其他的农业合作社等受政府扶持少、实际作用非常有限，而多数大企业更是连这样的组织形式都没有，只把散户农民作为完全受价格支配的原料供应者。

（三）要素支持力度不足

1.土地和基础设施支持不足

山地多、少数民族多、改革少，这使云南省土地资源实现有效流转和配置的交易成本较高，难以形成合理的经济规模，制约着现代农业的发展。2020年，云南省流转入各类经营主体（包括家庭农场、农民专业合作社、企业及其他经营主体）的总面积为6934806亩，排在全国的第18位。其中流转入家庭农场、农民专业合作社、企业、其他经营主体的比例分别为2.7%、25.5%、37.5%、34.5%，流转入家庭农场和农民专业合作社的比例明显偏低，分别低于全国平均水平22.4个和14.9个百分点。而国家对耕地的严格管制在某些方面使土地资源在满足现代农业要求时，其集中成本太高。这一原因虽全国普遍存在，但云南省也没有争取特殊政策对其特色农业发展予以特殊支持。① 全省高标准农田比重低于全国平均水平14个百分点，主要农作物综合机械化率比全国低20个百分点。

2. 金融支持不足

农业本身是高风险、低回报、长投资回收期的产业，多数发达国家的农业依靠补贴才能维持。在发展现代农业的过程中，圈地、技术研发、销售渠道建设都需要前期投入大量资金，但云南省在农业方面的金融支持总体上还未达到全国平均或中位数水平，具体体现在以下四个方面。

（1）在传统涉农金融渠道上，商业银行对云南省农村金融服务的覆盖面和信贷渗透率还未达到中位数水平②，农村商业银行的发展也有待加强，开设的农村金融分支机构还未达到中位数水平。如2020年云南省获得贷款支持的家庭农场有1362个，获得贷款资金总额为30977.7万元，均排在全国第14位。单个家庭农场获得贷款金额为10.7万元，排在全国的第31位，是全国平均水平（34.8万元）的约1/3，且获得50万元以上贷款的家庭农场比例低于全国平均水平3.9个百分点。

（2）在数字金融新渠道上，云南省数字普惠金融指数和数字金融覆盖广度普遍低于全国平均水平，在全国范围内历年排名也相对靠后。农村的金融生

---

① 如设施农业要求设施用地占比较高，但云南省十大重点产业的用地比例基本没有获得5%以上。

② 作为有侧重地供给农村金融服务的重要商业银行，中国农业银行和中国邮政储蓄银行在农村的金融网点投放力度标志着农村金融服务体系发展的成熟度。网点辐射效应所带来的金融服务覆盖广度拓展能够帮助农村农户、新型经营主体、中小企业等融资主体获得更多元的融资选择。

态环境较差，体现在基础设施建设和普惠金融平台、信用体系建设不完善上。不仅农村宽带等相关基础设施建设水平在全国仍然只是中位数水平①，也未建立综合性的农村普惠金融平台或农村信用信息平台②。对比全国看，截至2020年，中国已经有17个省份建立了38个农村普惠金融平台。其中，最早建立农村普惠金融平台的是山东省，建立农村普惠金融平台最多的是四川省。

（3）云南省多渠道农业资金供给体系还只处于全国平均水平，尤其在股市融资上。无论从主板、中小板块还是新三板的企业数量来看，云南省都没有处于全国领先位置的农业企业，这也从一个侧面说明云南省农业整体上难言全国领先。从上市公司总市值来看，云南省农业上市公司总市值为197.11亿元，与农业上市公司总市值最高的河南省相差2509亿元，云南省上市农业公司数目和总市值位于全国中等水平。对于中小板块而言，云南省涉农企业的表现有待加强，中小板上市公司数目仅有1家，上市公司总市值为14.28亿元，低于其余省份的平均水平。且云南省涉农企业没有在创业板上市的公司，在创业板块中亟待培育新企业。在新三板市场上，2010~2021年云南省涉农挂牌企业为4家，与挂牌企业数目最多的广东省相比少9家，与位于中位数的广西壮族自治区相当，云南省涉农企业在新三板市场上的表现位于全国平均水平，且自2019年中央发布新政以来，新三板市场上云南省涉农企业并未增长。

3. 人才不足，从业者平均素质不高

云南省农业从业人口比例全国最高。2020年，云南省从事家庭经营劳动力的数量为1608.8万人，从事第一产业劳动力数量为1330.4万人，分别占省总人口数的34.1%和28.2%，均在全国占比最高，分别高于全国平均水平12.6个百分点和13.5个百分点。但是，总体而言，云南省农民的整体素质与高原特色现代农业的要求差距较大，标准化生产到位难度大，亟待农事服务组织弥补其能力不足和通过特殊人才政策引入农业业务骨干。

---

① 2021年，云南省农村宽带接入用户为404家，仅占全国农村宽带接入用户总量的2.84%，居全国第14位。与处于中位数的甘肃省相比，云南省农村宽带接入用户占比略高0.48个百分点，与位于第1位的江苏省相比，云南省农村宽带接入用户占比要低7.13个百分点。低水平的农村宽带人口普及率不利于农村普惠金融移动支付体系的打造与农村金融机构服务能力的进一步提升。

② 没有这样的平台，金融机构对小微企业和涉农市场主体的识别成本过高、审贷监督等风控成本较高，不利于金融机构及时发放涉农贷款，农户获取贷款的成本依旧很高。

（1）农业生产经营人员受教育程度普遍偏低。根据第三次全国农业普查结果，2016 年，云南省农业生产经营人员、规模农业经营户农业生产经营人员（包括本户生产经营人员及雇用人员）、农业经营单位农业生产经营人员分别为 1715.1 万人、40.2 万人、55.8 万人，受教育程度在高中或中专及以上的占比分别为 5.5%、7.9%、23%，这些数字均低于全国平均水平。

（2）人才总量不足、结构不合理。农业人才总量相对不足，且由于农村人才文化层次整体偏低，接受新知识的意识和能力较差，直接影响了培训成效。农业科研机构科研人员的学历水平整体偏低。2020 年，云南省农业研究与实验发展（R&D）工作人员有 2259 人，虽然整体科研人员数量达到全国平均水平，但其中博士毕业工作人员有 101 人，占比仅为 4.5%，远低于全国19.1% 的平均水平；硕士毕业工作人员为 654 人，占比为 29.0%，也低于全国33.1% 的平均水平。农业人才以种植业、养殖业人才较多，而从事农产品加工和流通方面的人才较少；有一技之长的人相对较多，集约化、规模化、产业化等方面的复合型人才较少。

4. 科技支持不足

尽管纵向来看，云南省农业科技进步明显（如全省农业科技进步贡献率 60%，达到全国平均水平；主要农作物耕种收综合机械化率达 50%，比2015 年提升 5 个百分点），但全国横向比较来看，云南省农业科技支撑仍然薄弱。

（1）云南省农业科技贡献率多年增长后刚刚达到全国平均水平（60%）。云南省农业加工企业科研投入较少。2019 年云南省规模以上农副食品加工业企业 R&D 人员全时当量为 1776 人年，R&D 经费为 7.5 亿元，仅分别占全国的3.4% 和 2.0%；规模以上农副食品加工业企业新产品项目数为 405 项、新产品开发投入为 8.82 亿元、新产品销售收入为 57.9 亿元，分别占全国的 2.9%、3.0% 和 1.8%；规模以上农副食品加工业企业专利数为 373 件，其中发明专利为 91 件，分别占全国的 3.3% 和 2.5%。

（2）农业科研投入方面，云南省已经达到全国平均水平。但受到科研人员学历等因素影响，科研产出和对外服务情况排在全国中下游，需要加强农业科研投入精准度。2020 年，云南省农业科技活动总收入为 86.2 万元，其中财政收入为 63.1 万元，排在全国第 16 位，农业科技活动总收入仅为北京市（全国排名第

1 位，520.6 万元）的 16.6%。农业 R&D 内部经常费用支出①为 59.5 万元，排在全国第 12 位，是北京市（全国排名第 1 位）R&D 内部经常费用支出（280.9 万元）的 21.2%。2020 年云南省农业科研机构折合全时工作量为 1438 人时，排在全国的第 12 位，但与北京市（全国排名第 1 位）相比，不到其的 1/3。

（3）农业科研产出不高。云南省农业科研机构提供各类科技服务活动共计 476 项，在全国排名第 19 位。2020 年，云南省农业科研机构共发表科技论文 749 篇、获得有效发明专利 398 件，均排在全国第 19 位，与全国排名首位的北京市相比（有效发明专利数 4779 件，发表科技论文 4816 篇）有明显差距。在西南 5 省区中，与四川省相比也有明显差距，有效发明专利数仅为四川的 57.7%，发表科技论文数仅为四川的 67%。

四 "十四五"期间优化工作的建议

在认识到云南省既往 3 年绿色食品工作成绩斐然但按现代农业标准看仍有多方面达不到全国平均水平的情况下，未来优化绿色食品工作的主攻方向是按农业现代化的规律补齐要素短板、提高产业组织化程度，切入点就是通过要素建设和机制创新补短板，按照"品牌龙头、组织全局、技术赋能、改革统筹"部署工作。结合《云南绿色食品牌"十四五"规划》《云南省"十四五"高原特色现代农业发展规划》以及相关情况的比较分析，我们认为应该按照习近平总书记关于"三农"工作的重要论述和考察云南重要讲话精神，在全力开展"一二三"行动、实施"九大"工程等的基础上，重点从市场、技术、政府三个维度"三位一体"推进改革与创新，为全链条重塑云南省农业提供全方位支撑。

（一）全面重塑云南省农产品整体品牌形象，为"绿色食品牌"打造"金名片"

建设具备话语权、引领性、带动性的省级区域公用品牌管理体系是云南省

---

① R&D 经费内部支出，指企事业单位用于内部开展 R&D 活动的实际支出。包括用于 R&D 项目（课题）活动的直接支出，以及间接用于 R&D 活动的管理费、服务费、与有关的基本建设支出以及外协加工费等。不包括生产性活动支出、归还贷款支出以及与外单位合作或委托外单位进行 R&D 活动而转拨给对方的经费支出。

农业全产业链发力、全品类绿色化与国际化的首要工作。作为覆盖全域全品类全产业的农产品区域公用品牌，云南省级农产品区域公用品牌与云南省已申请、使用和建设的单产业区域公用品牌、企业品牌、产品品牌之间构成互相支撑和背书的金字塔型品牌结构，最终形成以省级农产品区域公用品牌为龙头、以区县级农产品区域公用品牌为支撑、以国家级和市级农业龙头企业产品品牌为主体的云南省农产品品牌体系。这是树立云南省农产品高原特色、优质高端的整体品牌形象，打造云南省世界一流"绿色食品牌""金名片"的关键。

这项工作集成了"创名牌、育龙头、抓有机、建平台"等，但相对既往工作，有三方面新举措：一是体系化，包括产品和产业发展指导体系（优选产业并给予专门扶持）、产品质量标准体系（全产业链环节的标准）、国际认证体系（统一国家和国际认证工作）、品牌管理和推广体系、配套支持体系（提供金融支持）。全套体系，一个品牌（所有产业、所有地市共用）、一个平台（品牌管理平台）、一个单位统筹。这样，还能以增值品牌体系建设推动三产融合和提高农业组织化程度，结合国际认证拓展云南绿色食品的国际市场，克服贸易技术壁垒。二是样板化，即在有望与国际接轨的细分产业或业态上先做出模式，再让其他产业仿效。先将鲜切花、小浆果、普洱茶等产业的既有管理方式纳入公用品牌体系，在全产业链标准制定、国家和国际有机统一认证、单一品牌管理方面进行探索，使"两品一标"等分散的工作全部集成于这个体系化的平台上，在这些产业中试点有效后再形成操作办法推广到其他产业中。三是"牌联打"，在普洱茶庄、哈尼梯田等条件适合的地方，把绿色食品和健康生活目的地"两张牌"组合成"一张牌"来打，同样放到这个公用品牌体系中进行统一管理，使绿色农业和生态文化旅游形成产业串联和互促，可以收到更好的规范化发展、品牌化增值效果。

从具体操作来看，全产业链公用品牌体系建设首先需要致函国家认监委，得到其同意，再选择可合作的认证机构负责认证。同时，由云南省市场监督管理局进行监管，并依据国家认监委《认证机构管理办法》制定《云南绿色食品牌认证监督管理办法》。此外，建立健全农业品牌认证、推广、识别、延伸与国内外评价发布等关键环节的规则和机制，形成农业品牌全程管理体系。

（二）着力提高省域农业产业化组织程度，为"绿色食品牌"织密"富裕网"

扭转云南省农业产业化组织程度偏低的不利局面，是云南省推进高原特色农业现代化的重要战略任务。习近平总书记指出，要加快构建以农户家庭经营为基础、以合作与联合为纽带、以社会化服务为支撑的立体式复合型现代农业经营体系。这既是探索实现小农户和现代农业有机衔接的"云南方案"总原则，也是打造云南省"绿色食品牌"的主要着力点。要厘清思路，针对小农户和各类新型农业经营主体分类施策。

1. 提升山地小农户参与现代农业建设的能力

加强科技装备应用和基础设施建设，改善小农户生产条件。加强农业科技服务体系建设，深入推行科技特派员制度，实施"互联网+小农户"计划、"山地机械化+综合农事"服务模式，推动农田宜机化改造。加强十大重点产业的仓储保鲜冷链等物流设施建设，逐步把小农户引入现代农业流通体系。加强高原特色的高标准农田建设，分产业、分地域实施高标准农田建设总体规划。利用农交会等全国性展会和农民丰收节的契机，助力小农户拓展营销渠道，支持各地市开展多种形式的产销对接活动。支持小农户发展休闲农业和乡村旅游，加快实施云南省高素质农民培育计划，繁荣全省乡村创业创新。

2. 培育壮大"云系"新型农业经营主体

在坚持农村基本经营制度和家庭经营基础性地位的前提下，探索有云南特色的家庭农场改造提升小农户和农民专业合作社、农业社会化服务组织、农村集体经济组织、农业产业化龙头企业组织带动小农户发展的多种有效形式。

一是加强"企农命运共同体"建设。一方面，发挥好各级农业产业化龙头企业的示范带动作用和各类中小微农业企业的市场主体作用，使其成为企农共赢命运共同体的主导者，创新产业组织模式，打造产业链综合运营平台，带动农民合作社、家庭农场和广大小农户各展所长、分工协作、优势互补，形成共创共享、共荣共生的产业生态圈。另一方面，提升小农户的市场素养，使其成为企农共赢命运共同体的贡献者，支持小农户特别是脱贫户充分利用自身资源禀赋优势，通过联合合作与龙头企业建立稳定的利益联结机制，让他们成为现代农业发展的参与者和受益者。建议政府联合社会资金设立"农业产业化引导基金",选择一些地区试点,重点向具备紧密型利益联结机制的农业产业化项目倾斜。

二是突出抓好家庭农场和农民专业合作社。以规范发展和质量提升为主线,增强家庭农场和农民专业合作社的联农带农能力。支持有条件的小农户成长为家庭农场,引导以家庭农场为主要成员组建农民专业合作社,持续开展农民专业合作社质量提升整县推进工作。建议由省级农业产业化主管部门统一布置摸底排查,建立健全部门信息共享和通报工作机制,对被列入经营异常名录、群众反映和举报存在问题的合作社进行分类指导、依法依规清理;对于规范优秀的合作社应给予宣传和表彰。建议开展示范性股份合作社、示范性农民专业合作社联合社创建活动。推动示范社名录纳入农村信用体系,示范社评选标准和支持政策向信用良好的合作社倾斜。建议将省内整县推进农民专业合作社质量提升和示范社创建的经验做法进行总结、推广,结合地方特色产业建立一批制度健全、运行规范的合作社典型。

三是全方位发展农业全程社会化服务。按照主体多元、功能互补、竞争充分、融合发展的原则,加快培育各类农业社会化服务主体,不断创新具有云南特色的社会化服务方式。组织搭建全国和区域性农业社会化服务平台,推动装备、设施、技术、人才等资源高效整合,促进服务需求与供给有效对接。实施小农户生产托管促进工程,根据不同地区、不同产业的生产需求和小农户的意愿,因地制宜发展单环节托管、多环节托管、关键环节综合托管、全程托管等多种托管模式,加快推进农业生产托管服务。以果菜茶等经济作物种植、肉牛和生猪等养殖业等产业为依托,在开拓农业社会化服务新领域中争做"开路先锋"。鼓励地方开展示范服务组织评定,建立社会化服务主体名录库,及时总结典型模式和经验做法,按照可学习、能复制、易推广的要求,遴选树立一批农业社会化服务典型。充分发挥农村集体经济组织"统"的优势和作用,支持其带领小农户发展优势特色产业,创办多种形式的服务实体,为小农户提供劳务介绍、土地流转、生产托管等统一服务。加强服务组织动态监测和服务合同监管,支持成立全省农业社会化服务行业协会或联盟,为形成云南省高原农业社会化服务体系模式创造有利条件。

3. 探索农业产业组织紧密型利益联结的云南模式

一是扎实推进各类农业经营主体的合作与联合,引导家庭农场、专业大户、农民专业合作社等主体发展紧密型利益联结的农业产业组织。建议学习河北、江苏、宁夏等省区发展农业产业化联合体的经验，深入开展云南省农业产业化联合体建设，重点对十大特色农业产业进行产业链组织重构和资源整合。建议开展省级示范性农业产业化联合体评选，按照国家有关规定，对在建立紧密型利益联结机制方面做出突出贡献的单位和个人予以表彰奖励，充分发挥其典型引领作用。支持密切关联的同产业新型合作社和股份合作社依法自愿进行联合社的组建，进一步增强其市场竞争力和抗风险能力。通过合作与联合，不断带动小农户打通从农业生产向加工、流通、销售、旅游等二、三产业环节连接的路径，提升农业生产经营的组织化程度，让小农户增收渠道从相对狭窄的第一产业领域扩展到更为宽广的第二、第三产业。

二是创新面向紧密型农业产业化合作组织的金融服务。支持金融机构结合职能定位和业务范围优先向紧密型农业产业化合作组织提供金融服务。鼓励全国农业信贷担保体系研究开发适合新型合作和股份合作社的担保产品，建议省内有条件的市县开展"土地股份合作社+农业担保"试点。鼓励产量保险、农产品价格和收入保险等新型农业保险品种，在各地推广过程中向紧密型农业产业化组织倾斜，满足农业产业组织多层次、多样化风险保障需求。

（三）积极推动数字技术融入农业产业全链条，为"绿色食品牌"装上"智慧心"

1. 大力推进云南省高原特色现代农业数字化转型

深入贯彻落实云南省数字农业农村的相关规划，依托云南省农业大数据应用中心等建设基础，积极引导省内各类农业经营主体发展数字农业。协调推动数字科技企业为农业经营主体提供数据采集、分析和应用等社会化服务；加速完善数字进村的市场体系建设，提高经营主体的信息获取意识、拓展其信息获取渠道，进一步激活市场在数据要素配置过程中的作用，以组织服务和市场调节双维驱动，促进农业整体经营的数字化转型。

结合"十四五"规划，加大云南省数字乡村"新基建"投资。统筹政府、市场和村集体的资金力量，加大对数字基建薄弱地区的支持力度，瞄准数字基建的薄弱环节，重点突破5G基站、天空地一体化监测体系、电商物流设施和大数据中心等新型基础设施，在"广度"和"深度"两个层面为农业数字化转型提供物质基础。

2. 尽快建成若干特色农产品数字化交易平台

加速搭建云南省级农业农村的云平台、政务信息系统和大数据平台，发挥数字信息平台对农业的驱动作用。着力加强农业数据平台的整体布局，进一步完善平台的数据获取、数据管理、数据共享、数据挖掘和数据交易等一系列功能，以农产品交易平台为纽带充分释放数据要素在农业现代化中的红利。

交易平台区别于品牌平台，需要根据产品特性分产业建设。云南省已经确定茶叶、花卉、咖啡等6个云南特色大宗商品国际现货交易中心等目标，但目前只有鲜切花交易平台成熟规范，应将其经验尽快在全产业链拓展，这包括纵横两方面：纵向——从交易环节向产业链上下游拓展，重点增强本产业价值增值。以鲜切花为例，可以由省政府出面与国家相关部委协调后整合全国数据、挂全国鲜切花拍卖交易中心牌子并与电商充分结合，强化话语权（包括定价权），与品牌体系一起引导消费和生产。横向——由单一产业向绿色特征明显的其他产业或细分业态拓展，重点是扩大多产业规模效应。可依托细分业态在省内领先的国企或相关平台承担运营功能。例如，可将云南普洱茶国际交易中心改造成有机普洱茶的交易平台，设立交易平台准入条件，加强产地环境、品种、加工方式、贮藏方式的标准化管理，撤除名山茶的金融属性，要使这种交易平台在有机普洱茶细分业态中拥有话语权，具有引领性。

3. 拓展数字技术在云南省农业领域的应用场景

推动数字技术与云南十大特色农业产业深度融合，拓展数字技术在农业领域的应用场景。建议设立"云南数字绿色食品牌"专项资金，加大对农业数字技术研发创新的补贴力度，积极推进农业大数据产品和应用方案的孵化、示范和应用。支持农业社会化服务组织利用遥感、航拍、定位系统、视频监控等新技术，对农作物和病虫害、土壤、水肥等进行精准监测，利用自动驾驶、无人机等先进设备开展智能作业。充分利用互联网、大数据、物联网、云计算、人工智能等信息技术，因地制宜推广应用成熟的智能化设备，提高农业社会化服务的信息化、数字化和智能化水平。建议成立全省农业社会化服务智慧平台，推动各类服务资源整合和服务信息有效对接。

4. 率先建立基于数据要素的农业治理模式

借鉴贵阳大数据交易所的经验，按照"政府指导，社会参与、市场化运作"的原则构建农业数据要素开放共享和流转交易的云南模式。要推进农业公共组织数据要素的统一汇聚，并集中向农业经营主体开放利用，探索涉农数据交易规则和市场规范，建设基于区块链技术的集农业数据确权、管理和交易于一体的交易模式。

健全"智治"引领的云南省农业治理新机制。加速推进农业农村治理数字化、信息化和网络化转型，促进服务集中统筹、资源集中整合、问题集中解决，压实政府对农业数字问题治理的顶层设计和责任分工。加强对农业大数据垄断等关键问题的动态把握和精准施治，探索建立数字创新行为规范，敦促农业数据采集和利益分配机制更公平合理，促进数字监管治理与激励治理的互补发展。加强农业经营主体对农业数字化相关的政策的学习，提高其数字农业经营能力和数字化条件下的维权意识。

（四）加快深化农业现代化体制机制改革，为"绿色食品牌"增添"新动能"

1. 建立更加高效的"绿色食品牌"行政管理体制

打造世界一流"绿色食品牌"工作是一项系统工程，农业产业链涉及农业农村、工信、科技、市场监督、林业草原等多个不同部门。目前的领导小组及办公室设在农业农村厅，日常工作主要靠省农业农村厅推动，不仅难以协调相关厅局，农业农村厅内部也呈现工作分散化状态，部分州市、县区相关工作更是只停留在农业农村等部门，最终导致系统集成整体推进打造格局未形成，协同推进难、执行力层层弱化等问题。鉴于此需要依托省委或省政府办公厅的力量，把资源统一起来"打牌"。因此，建议在云南省政府办公厅下设云南省绿色食品牌办公室（市县以此类推），负责统筹各方资源推进世界一流"绿色食品牌"的打造，并进行年度"云南省绿色食品牌创建工作先进单位（先进个人）"评选。

2. 健全"绿色食品牌"全方位宣传推广机制

"绿色食品牌"最终是否成功，只能看市场是否认可，因此必须同步进行对应的宣传推广。擦亮体现云南省"绿色食品牌"的各张"金名片"，强化云南全方位、整体的世界一流绿色形象，形成与国内其他农业发达省份的错位竞争，树立起高原特色农产品"中国最优，世界一流"的公众形象。

在细分业态上，注重与健康生活的结合，强调云南省绿色食品的健康形象，着重宣传一系列凸显地域健康优势的代表产品，以点带面，形成云南省绿色食品的健康形象。同时注重高端商品的应用场景设计，如配合世界最高品质的蓝莓，可强化"蓝莓自由"的消费概念，以形成消费中的引领性。

3. 创新"绿色食品牌"建设的多元要素投入机制

打造云南省"绿色食品牌"不仅需要生产力的提升，也需要生产关系的配套改进。在实施乡村振兴战略的大背景下，土地"三权分置"、农村集体产权制度改革、"三变"改革等一系列农业农村领域的制度创新正在深入推进，为云南省打好"绿色食品牌"提供了难得的重要契机。建议在土地、金融、科研、人才等多方面充分结合、改革创新，出台具有可操作性的措施，使云南省农业的绿色发展在全国形成制度优势。

（1）土地政策创新

区别于大田作物生产，特色农产品的设施化、有机化生产更加依赖配套设施，如果不能突破基本农田对设施建设用地的约束，就难以真正做出云南绿特色。考虑到全国层面对基本农田和农用地的严控，可探索建立总量可控、细节严控的农业设施用地白名单制度，即在重点产业中确定可进行设施用地政策突破的业态，在规划中明确政策突破涉及农田的总量（作为向中央递交改革方案的总账），在操作中制定严格的申报审查事前流程和核查追责事后流程，使政策突破有用、有序而涉及土地有限、可控。具体操作而言，一方面是根据《国务院关于授权和委托用地审批权的决定》（国发〔2020〕4号），探索向中央申请永久基本农田相关审批事项转移到省的试点；另一方面是通过部、省、市三方协议，突破土地管理法，制定与试点需求相应的土地审批管理制度。①

深化土地"三权分置"改革，积极开展土地经营权入股试点。建议统一制定和发放土地入股经营权的"入股经营权证"，并要求合作社在章程、工商

---

① 如四川省成都市在全国首批统筹城乡综合配套改革试验区背景下，利用部、省、市三方协议，将乡镇范围内农用地转为建设用地的审批权从省级自然资源主管部门下放至设区的市政府。"小挂钩"项目区仅在本乡镇范围内设置，建新区的土地性质不必转化为国有建设用地，集体建设用地所有权仍归农民集体，以此促进乡村产业发展。

注册和"入股经营权证"进行一定程度上的统一，健全各项手续，增强农业产业化组织的合规性和合法性。支持其入股经营权土地上建设的合法农业生产设施办理相关产权证明，保障经营者的经营权和财产权。配合推进经营权抵押融资贷款改革，支持入股的土地经营权及其地面设施抵押贷款。

推动农业产业化组织与其成员或者周边其他小农户尤其是脱贫户建立紧密的利益联结关系，支持农民专业合作社成员作价出资使用实物、知识产权、土地经营权、林权等可以依法转让的非货币财产。鼓励农民产业化组织吸纳有劳动能力的贫困户自愿加入，发展生产经营。允许农村集体经济组织和农户的财政资金量化，自愿进入农业产业化组织出资，同时分享发展的收益。针对新型合作、土地股份合作、农村社区股份合作等紧密型利益联结机制中主要的农业产业化组织，建议制定和推广示范性章程。

（2）金融政策创新

一是推动地方平台建设数据处理、共享机制，将数字化建设融入云南省农村金融服务平台建设中。针对云南省微弱农户和小微农业企业面临的融资瓶颈问题，建议通过数字赋能农业融资、生产、消费流程，推动地方金融平台建立数据处理、共享机制。从云南省微弱农户和小微农业企业群体对正规和非正规渠道借款的实际情况来看，虽然农户和企业有强烈的互联网贷款意愿，但实际上依赖的仍然是正规金融融资，而正规金融融资亟须解决的问题就是贷款人信用体系建设问题。与单纯扩大和创新抵押担保品所带来的风险相比，数字赋能的信用体系建设更具风险防范和规范贷款作用。云南省可以借鉴黑龙江省依托大数据管理中心搭建农村金融服务平台，提供规范化的贷款主体信用评级服务。[①] 建议云南省通过政府、企业、金融机构三方对接，由政府或政府下属的数据平台公司，将企业或农户的信息推送给适合的金融机构，构建"专业化""信息化""系统化"的信息共享机制。

---

① 2017年，黑龙江省农业厅在全国率先成立农业大数据管理中心，实现了农业行政管理数据脱敏脱密后集中管理。在此基础上，开发农业金融服务平台作为统一数据接口，支持中国建设银行等共享有关农业数据，创新信贷产品。此外，黑龙江农业金融服务平台抓住农村土地确权的政策契机，开发全省土地流转抵押系统，实现鉴权、授信、抵押、放款等全流程线上操作。金融机构根据农户申请，通过农业金融服务平台，调用土地确权、土地流转等农业数据，多维度为农业主体画像，在线精准授信放款。

二是健全风险分担机制，提高金融机构风险防范能力。建议云南省在建立多层次保险保障体系的基础上，由政府覆盖较低层次的保险。在实现理赔精准化层面，建议云南省引入科技赋能机制，比如采用遥感测绘等方式进行精准化理赔，提高理赔效率和准确性。针对农业担保，可以采取政府、银行和担保机构合作承担风险的机制，也可以建立农村风险资金池。针对"保险+期货"模式，通过引入专业机构，在给农产品购买自然灾害保险的基础上，利用期货市场的套期保值功能，对农户进行市场风险保险。

（3）科研政策创新

农业（食品）产业的创新研发环节多、周期长，但项目制的科研机制很难支持，而传统的科研院所的成果又常常忽略产品在市场条件下的可持续要求，因此需要从省级层面将十大重点产业的龙头企业纳入公益性科研机制，形成龙头企业、科研机构、非政府组织等多方参与，且不以项目申报方式立项而以全产业链方式立题的新的科研机制（可以成立专项基金以基金的方式支持）。①

（4）人才政策创新

对重点行业经认定的农业人才，给予高新技术人才在落户、购房、专家身份认定、创业补贴等方面同等的待遇；对返乡在农业领域创业的大学生，设置专门的扶持基金；对基层农技推广人员，专门拿出事业编制和专项资金，强化其社会待遇和经济待遇。

高度重视农业数字化人才队伍建设。在全省范围内整合政府、高校、企业和社会资源，针对科技服务、经营管理和农业治理等领域构建多元化和多层次的大数据人才培养体系。围绕农业数字化人才的遴选、培训和奖惩等多个环节，建立适应各类数据要素与农业融合发展的人才评选机制和保障措施。

4. 整合国有、集体多系统为农服务的优势资源

充分发挥中国特色社会主义经济制度优势，整合省内供销、农垦、烟草、邮政等系统多方面、多层次为农服务资源，合力打造云南省"绿色食品牌"。这些特殊的行业系统在提高农业产业化组织程度中正发挥着越来越大、越来越全面的作用，但云南省供销社、云南农垦、云南烟草等单位还不是"绿色食

---

① 这是《关于创新体制机制推进农业绿色发展的实施意见》中明确要求改革的一种落地形式："完善科研单位、高校、企业等各类创新主体协同攻关机制，开展以农业绿色生产为重点的科技联合攻关。"

品牌"工作的参与单位，没有体现这方面的优势。建议借鉴浙江和山东等省供销社、广东农垦、福建烟草等单位在开展为农服务、推动当地农业现代化方面的做法，特别是浙江省供销社领衔开展的"三位一体"综合合作、建设农民合作经济组织体系的经验，形成多方合力推进高原特色农业现代化、打造世界一流"绿色食品牌"的"云南方案"。

支持云南省供销合作社因地制宜开展"三位一体"综合合作试点，并将其纳入云南省"绿色食品牌"建设"主力单位"。结合实际探索发展以供销合作社自身经营服务体系为依托的"内联模式"；供销合作社、农民专业合作社和金融机构合作的"外联模式"；依托供销合作社各类服务平台整合涉农资源的"平台嵌入模式"；以农民合作经济组织联合会为平台的"复合模式"，不断创新"三位一体"综合合作实现途径，扩大"三位一体"综合合作覆盖面。加快构建社有企业支撑的经营服务体系。重点以云南供销集团有限公司为依托，盘活省本级存量资产，整合各类资源，加快转型发展，搭建资本运营、科技服务、"三农"信息三个平台，做强城乡消费合作产业、云菌科技产业、农产品批发交易市场、农村合作金融、农资供销产业、循环经济产业六大板块，加快构建社有企业支撑的经营服务体系。

动员云南农垦、云南烟草、云南邮政等省内为农服务的"国家队"加入"绿色食品牌"建设队伍。全面加强"云系"国有或集体企业引领的农业生产社会化服务，构建全程覆盖、区域集成、配套完善的新型为农服务体系。围绕破解"谁来为云南种地""云南的地怎么种"等问题，采取大田托管、代耕代种、股份合作、以销定产等多种方式，为各类农业经营主体提供农资供应、配方施肥、农机作业、统防统治、收储加工等一系列服务，推动农业适度规模经营。创新农资服务方式，推动农资销售与技术服务有机结合，加快农资物联网应用与示范项目建设。充分发挥各系统内科研院所、庄稼医院、职业院校等为农服务组织在农业技术推广和农民技能培训中的积极作用。努力争取各系统内各类资金建设云南省农产品流通网络，推进多种形式的产销对接，建设各类农产品批发交易市场和仓储、冷链物流设施，加快形成实现线上线下相融合的云南绿色食品输出机制。

5.打造云南省"绿色食品牌"创建标杆县（市）

"绿色食品牌"涉及环节太多，很难让各地在抓这项工作时统一形成明晰的思路或获得所有要素的支持，因此需要打造样板地，在某些条件成熟的地方集中各要素、统一配套相关改革措施，使其发展先走一步并形成可复制性强的模式。在云南省前期工作①的基础上，必须强化类型示范地建设，依托正在进行世界遗产申报的普洱茶庄、已是世界遗产并正在统筹进行全域绿色发展升级的哈尼梯田，都有希望成为这样的试点地。下一步可以建立相关标准，筛选出试点地（绿色食品产业链发展先行示范区，或叫绿色食品城）或依托现有项目进行主题化统筹升级，在打造"金名片"、织密"富裕网"、装上"智慧心"、增添"新动能"方面先行先试。建议以改革特区形式配套专门的体制机制（包括资金机制中的数字普惠金融平台）政策，在"十四五"期间将前述工作先行一步地系统推进。例如，国家绿色经济试验示范区普洱市的"百里普洱茶道"，以"百里普洱茶道"串联现有、在建和规划建的山水、林田、河湖、景区景点、特色小镇，以体育运动康体养生为主脉，推动一、二、三产业深度融合，是"两牌联打"组合条件较好的区域，在这样的区域集中进行土地、金融、科研、人才等政策突破并强化有机化，有望从整体形象和产业特征上全面体现云南省"绿色食品牌"的核心理念与价值创造力。

---

① 包括现代农业产业园、农业绿色发展先行区、农村产业融合示范园等。

附件4
"最严格地按照科学来保护"的
国内外实践案例

不少国家既往 30 多年的自然保护地管理实践，均在不断深化对"保护"的科学理解并据此优化了管理体制机制。中国保护地事业目前处于管理体制改革的关键期、国家公园体制建设的起步期。总结国内外保护地"最严格地按照科学来保护"的实践经验，可以为中国自然保护地实现"最严格地按照科学来保护"提供借鉴。

一　"最严格地按照科学来保护"的美国经验

美国自然保护地体系"最严格地按照科学来保护"，可以从两方面体现：保护地的机构、专家队伍配置和工作流程、计划；具体的适应性管理方式。

保护地的管理机构，基本上都有科学研究部门和配备的科研专家，其管理规划的编制特别强调科学性。国家公园、鱼类与野生动物保护区的一线管理机构中基本上都有资源保护管理、科学研究等科室，相应地配备生物学、生态学方面的专家。其总体管理计划属于中长期建设和发展规划，管理处由科学技术人员组成，保证了管理计划的科学性和实用性，一般耗时长达 3 年甚至 10 年的时间。例如，约塞米蒂国家公园（Yosemite National Park）科研人员达 20 多人，开展生物多样性研究、大气质量检测等工作；克拉玛斯盆地国家野生动物保护区群（Klamath Basin National Wildlife Refuge Complex，由 6 个先后成立的保护区组成）管理处有 4 位生物学家，保护区计划火烧、栖息地人工维护等方案都由生物学专家研究决定。

具体的适应性管理方式，可从物种栖息地的适应性管理、计划火烧项目、资源科学合理利用三方面详述（见附表4-1）。

附表 4-1　美国鱼类与野生动物管理局对野生动物保护区
的适应性管理

管理经验	保护地举例	主要生态功能	主动性管理措施
水禽栖息地建设和管理(灌水创造越冬的栖息地环境、种植玉米等作物提供食物)	默赛德国家野生动物保护区(Merced National Wildlife Refuge)	水禽停歇地和越冬地	每年12月冬季候鸟来临时,开始向保护区灌水;保留了150公顷的旱地种植玉米等作物,在每年的1~2月收割,为越冬的候鸟提供食物
水禽栖息地建设和管理(种植水草提供食物、建设水塘水闸控制水位、夏季计划火烧、池塘中修建土丘和堤坝作为鸟类休息场所)	萨克拉门托国家野生动物保护区(Sacramento National Wildlife Refuge)	水禽。萨克拉门托保护区群(Sacramento National Wildlife Refuge Complex)构成了太平洋候鸟迁徙路线(Pacific flyway)上的重要驿站,雪雁(snow goose)主要停歇地	为了给越冬的鸟类提供充足的食物,并减少鸟类到周边农田吃庄稼的情况,保护区管理人员会种植一些水草。为了给不同的鸟类提供栖息地,根据鸟类的生态学特性,为涉禽和游禽等建设了不同水深的池塘,主要通过1500个水闸控制水位。春季鸟类迁走后,把池塘中的水排干,以便适于鸟类食用的草类生长,秋季鸟类迁入前,重新灌满水。在夏季,实施计划火烧把上年残存的枯草烧除,以利于新草生长。在池塘中还修建了一些土丘和堤坝供鸟类停歇
水禽栖息地建设和管理(移动湿地工程、火烧枯草)	克拉玛斯下游国家野生动物保护区(Lower Klamath National Wildlife Refuge)	水禽越冬地	移动湿地工程:农田租给当地的农户耕种,耕种4年后灌水,将其变成湿地;湿地4年后再排干水,变成农田(除了满足水禽越冬需要,还可以消灭害虫和增加土壤肥力) 计划火烧:有计划地烧除湿地植物的枯落物,一是促进草本植物生长,为越冬的水禽提供较多的嫩草;二是为一些水鸟改善栖息环境。一般每3~5年轮烧一次,实施斑块烧除,火烧地点和强度由保护区管理处的生物学家确定
草地计划火烧	圣路易斯国家野生动物保护区(San Luis National Wildlife Refuge)	加利福尼亚马鹿(Tule elk)栖息地	实施计划火烧,促进新草的生长,为加利福尼亚马鹿提供食物,并降低大规模火灾的风险

（一）物种栖息地的适应性管理

野生动物保护区（Refuge or Sanctuary）的主要功能是为野生动物提供避难场所，管理机构会采取一切必要的人为措施维护野生动物的栖息地，对物种及其栖息地进行积极的适应性管理，以满足特定物种的保护需求或者维持其栖息地。这类保护区一般划分为开放区域和封闭区域。开放区域（open area）允许公众进入，开展游憩、观察、拍摄、研究、教育等活动。根据保护对象及其栖息地情况，在保护区中划出一定面积的封闭区域（closed area），禁止公众入内，不过可以实施栖息地维护工程措施，比如火烧、筑堤、灌水等。值得注意的是，在以野生动物为主要保护对象的保护区内，一般不会设置绝对的、一草一木不能动的封闭区域。例如，克拉玛斯盆地国家野生动物保护区群的封闭区域约占其总面积的40%，属于核心区（central area），常年对公众关闭，但是封闭区域的范围会根据水鸟栖息地的情况进行调整。

对野生动物保护区采取适应性管理措施的目的主要有创造、维护栖息地环境、提供食物。这些措施针对不同的保护对象和保护区的实际条件，会有不同的做法。例如：①默赛德国家野生动物保护区通过调节湿地水位为水鸟创造越冬的栖息地环境，并保留旱地种植玉米等农作物，为越冬的候鸟提供食物。②萨克拉门托国家野生动物保护区为了给不同的鸟类提供栖息地，根据鸟类的生态学特性，为涉禽和游禽等建设了不同水深的池塘（通过1500个水闸控制水位）；通过种植水草、夏季实施计划火烧促进新草生长等为鸟类提供食物；在池塘中修建土丘和堤坝作为鸟类休息场所。③克拉玛斯下游国家野生动物保护区（克拉玛斯盆地国家野生动物保护区群的组成部分）创新了移动湿地工程（Walking Wetland Project）的办法，保护区中占比28%的农田，通过人为措施，实现农田和湿地以4年为周期的变更，这样可以在维护水鸟栖息地的同时，控制害虫和增加土壤肥力。④圣路易斯国家野生动物保护区的主要保护对象是加利福尼亚马鹿。通过实施计划火烧（Prescribed Fire），促进新草的生长，为加利福尼亚马鹿提供食物，并有效防止大规模火灾发生。

（二）计划火烧项目

部分国家公园和野生动物保护区中，会基于对生态系统长期的监测，根据其演替规律和保护需求，实施计划火烧项目。1970年以前，美国所有的国家公园和保护区内都严禁火烧，当时普遍认为林火会破坏森林生态系统、破坏生物多样性。但经过长期的调查研究，科技人员发现计划火烧不仅能够防止毁灭性的火灾，而且对森林的更新、湿地草本植物的生长都有好处，并且能够为不同的野生动物创造多样的栖息地。目前，火管理项目（Fire Management Program）是保护区普遍实施的工程项目。但是，火管理项目实施前需制订详细的火管理计划。例如，①约塞米蒂国家公园有83%的区域都会进行计划火烧，以降低可燃物的数量、促进林木更新。一般每10年火烧一次，每年用于火烧的经费为150万美元，由50人负责执行。②克拉玛斯盆地国家野生动物保护区群有工作人员45人，其中15人属于火管理科，主要负责计划火烧。一般每3~5年轮烧一次，实施斑块烧除，火烧地点和强度由保护区管理处的生物学家确定。在封闭的区域，也会根据鸟类栖息地和枯落物情况进行烧除。

（三）资源的科学合理利用

加强保护是开发利用的基本前提，开发利用反过来又是加强保护的重要途径。美国自然保护地体系秉承这一理念，在各类自然保护地，通过科学合理利用自然资源，反哺资源保护。事实上，资源科学合理使用的过程，也是进行生态环境保护宣传教育的绝佳途径。美国国家公园管理体系的宗旨是"尽可能完整无损地保存国家公园的自然文化资源与价值，以确保世代人民可以欣赏、为之教育、为之激励"，鱼类与野生动物保护区管理体系的宗旨是"与社会各界一起保育、保护和促进鱼类、野生动物和植物及其栖息地持续的贡献，保障人民的福祉"。因此，这些保护地在做好保护的基础上，还会进行自然资源的可持续利用，包括生态旅游、环境教育、狩猎、放牧、耕种等。例如，多数野生动物保护区会开辟狩猎区，但是对狩猎强度和频度会有严格的管理规定，狩猎项目的所得也会反哺用于资源保护。萨克拉门托国家野生动物保护区40%的区域为狩猎区，每周3天开放，每人每天最多打5只雁鸭类水禽，或者最多发射25发子弹。洪堡海湾国家野生动物保护区（Humboldt Bay National Wildlife Refuge）只有1000公顷，但是仍然划出25%的区域作为狩猎区，以满足周边居民狩猎的需要·①物种栖息地会根据保护对象的行为习惯进行动态的资源利用。洪堡海湾国家野生动物保护区主要是候鸟的栖息地，每年5~11月候鸟迁走后可以放牧，12 月至翌年 4 月候鸟越冬期则禁止放牧。②环境教育也是自然保护地的重要职能之一。多数保护区配备专职解说员，为游客提供环境教育和资源信息服务。有的保护区管理处还根据中小学生的教学安排，专门编制了丰富多彩的课外辅导教材。

二 中国香港米埔自然保护区"最严格地按照科学来保护"的实践

中国香港米埔自然保护区（以下简称"米埔"）的人口、产业分布情况和土地权属关系等与内地的自然保护地更为接近，其科学管理的经验更具有参考价值。米埔位于香港新界元朗区，毗邻深圳，主要保护对象是候鸟及其栖息地，是米埔及内后海湾拉姆萨尔湿地的一部分。米埔由香港政府委托世界自然基金会香港分会（World Wide Fund for Nature Hong Kong，WWF Hong Kong）管理，其"最严格地按照科学来保护"的管理经验主要有：①基于长期的湿地生态系统科学研究与监测，根据主要保护对象的需求确定管理的方式和强度；②搭建生物多样性保护平台，吸纳各方利益相关者参与保护，让保护的成果惠及公众，同时又吸引公众参与保护。

经过多年的发展，米埔形成了一套严格而清晰的管理制度，政府机构、非政府组织、科研院所、高等院校、社会公众等利益相关者，在米埔的保护工作中"各司其职"，形成"共抓大保护"的合力（见附图 4-1）。政府机构多个部门在米埔履行其各自的职责。例如，自然保护主管部门渔农自然护理署开展执法活动（如查处非法进入人员与未经批准的活动、登记核查发放进入米埔人员的许可证）和海湾的生态监测项目，环境保护署负责环境（水质）监测，规划署负责保护区内基础设施建设的相关审批事宜，地政总署负责土地用途管制的审批。非政府组织 WWF Hong Kong 经政府授权，每年向政府支付 1 港元租金，获得在保护区内开展生物多样性保护、物种栖息地管理、环境宣传教育等工作的权利（特许保护权）。香港观鸟协会、香港鸟类环志协会等民间组织开展水鸟监测、滨鸟环志及足旗系放等活动，对米埔的发展起到重要的监督和支撑作用。米埔的自然保护管理工作由米埔管理发展委员会和米埔教育委员会进行监督，委员会成员由前述的各方利益相关者代表组成。委员会每 2~3 个月审议一次工作进展和计划，监督保护区是否按照管理计划制定目标、对策和时间表开展工作，协调保护区与周边社区的关系。

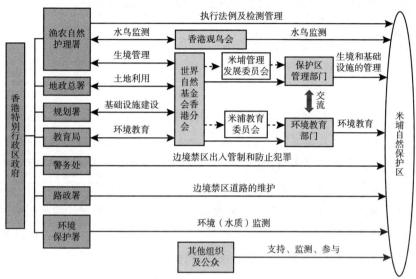

附图 4-1 米埔保护管理工作中各利益相关方

资料来源：香港米埔自然保护区工作人员文贤继提供。

除生物多样性保护之外，环境教育和湿地管理培训也是米埔管理机构主要工作的重要组成部分，真正做到保护成果惠及公众，并吸引公众参与保护工作。为了进行环境教育，米埔在满足保护对象保护需求的前提下，建立了许多教育基础设施，包括访客中心及野外研习中心、观鸟小屋、基围博物馆、教育展板、自然小径、浮桥和木桥等。通过对社会公众尤其是青少年的环境教育，宣传生态环境保护的重要性，积极引导公众支持和参与保护工作。香港教育局将环境教育纳入国民教育体系，在米埔向 WWF Hong Kong 购买服务，由其为中小学生制订与学校教育中的生物、地理等教学大纲相匹配的教育计划，组织体验式教学活动（教育旅游）。通过湿地管理培训研讨班，输出保护管理的技术和理念，扩大保护区的知名度，更提升受训者对湿地价值的认知水平和管理水平，提供保护经验、技术和知识的平台。据新冠肺炎疫情发生前的统计，米埔每年环境教育和管理培训项目的收入至少可以达到 1000 万港元。

附件5
海南热带雨林国家公园生物多样性
保护主流化的经验

2022 年习近平总书记视察海南时指出："海南以生态立省，海南热带雨林国家公园建设是重中之重。要跳出海南看这项工作，视之为'国之大者'。"海南热带雨林国家公园体制试点是国家生态文明试验区（海南）建设的重要内容，2021 年海南热带雨林国家公园成功入选第一批国家公园。海南的国家公园建设工作是海南多年来生物多样性保护工作的延续和升级，展示了中国国家公园体制试点和生物多样性保护的具体工作内容，其关键在于"将国家公园建设作为发展项目"，更是中国生物多样性保护主流化的探索：将建设海南热带雨林国家公园作为海南自贸港建设的 12 个先导性项目之一，将热带雨林国家公园作为海南生态文明试验区的三大标志性工程之一。海南热带雨林国家公园的工作需要进一步完善（如综合执法方面的改革①），本文仅介绍其生物多样性保护主流化的探索和特色，以供其他国家公园借鉴参考。

一 热带雨林国家公园保护管理的问题和改革需求

（一）原保护地状况及保护管理基础

海南热带雨林国家公园范围涉及 19 个自然保护地，包括五指山、鹦哥岭、尖峰岭、霸王岭、吊罗山 5 个国家级自然保护区，黎母山、猴猕岭、佳西、俄贤岭 4 个省级自然保护区，吊罗山、尖峰岭、黎母山、霸王岭 4 个国家森林公园，猴猕岭、南高岭、子阳、盘龙、毛瑞、阿陀岭 6 个省级森林公园。

海南热带雨林国家公园范围内现有的 19 个自然保护地面积为 2444 平方

---

① 参见附件 6。

公里（不含重合面积），占国家公园总面积的 55.51%。通过多年来开展的各
类自然保护地保护管理工作，地方政府"天保工程"和森林生态效益补偿机
制等的有效实施，该区域的森林植被得到保护和恢复，森林覆盖率逐年增长
至 95.56%（2020 年），生态环境质量明显改善，野生动植物的种类、种群
数量都得以显著增加，为海南热带雨林国家公园的建设奠定了物质基础。此
外，各保护地大部分都设置了管理机构，制定了管理规则，配置了管理人
员，在长期的保护管理实践中积累了丰富的保护管理经验，为海南热带雨林
国家公园的建设奠定了管理基础。以霸王岭片区为例，霸王岭片区人类活动
对于海南热带雨林生态系统的影响主要为正向影响——"天保工程"使片区
内天然林资源得到长期的封禁保护。在自然保育方面，形成林业局—管护
站—护林员三级管护体系，无序烧山砍树的现象不再发生，场乡共管区村民
已形成良好的自我约束意识，霸王岭片区生态系统已趋于稳定健康。

（二）原各类自然保护地管理存在的问题和改革需求

1. 碎片化明显，生境隔离严重，低海拔基带缺乏

海南热带雨林国家公园范围内的热带森林作为一个整体，因处于不同保护
地范围而被划分为 19 个独立的管理单元，造成热带雨林的人为割裂，加剧了
热带森林生态系统的碎片化程度，压缩、割裂了野生物种的生境，威胁着海南
热带雨林的完整性与其中的极小种群、珍稀濒危种群的生存安全。

而且，海南热带雨林国家公园范围内的各个保护地集中分布在人为活动较
少、天然林保存相对较为完整的高海拔区域，保护地之间的低海拔区域仍处于
保护空白地带，保护地布局不均。由于长期人为活动干扰，大量低海拔地段的
热带雨林、季雨林消失，致使物种最为丰富、保护价值最高的低海拔区域基带
植被严重缺乏，动植物物种迁移、传播的通道被阻隔，削弱了许多优质生境的
生命支撑功能。

2. 管理体制不顺，管理水平有待提升

由于历史原因，海南热带雨林国家公园范围内同属一个生态系统的区域，
却分属不同级别、不同类型的保护地，由不同类型的部门、不同层级的政府管
理，保护地空间上存在交叉重叠，不同保护地保护管理目标不一，割裂了大尺
度生态系统内生物多样性之间的互动关系；此外，原各类保护地保护管理水平

附表 5-1　海南热带雨林国家公园内原自然保护地管理机构统计表

自然保护地名称	管理机构名称	机构规格	机构类别	隶属关系	核定事业编制
共19个自然保护地，4个国有林场，12个管理机构（4个正处级，2个副处级，6个正科级，8个公益Ⅰ类，4个公益Ⅱ类），共核定事业编制226人					
霸王岭国家级自然保护区	霸王岭林业局（海南霸王岭国家级自然保护区管理局）	正处	公益一类事业单位	隶属省林业厅	29人
霸王岭国家森林公园					
盘龙省级森林公园					
子阳省级森林公园					
尖峰岭国家级自然保护区	尖峰岭林业局（海南尖峰岭国家级自然保护区管理局）	正处	公益一类事业单位		29人
尖峰岭国家级森林公园					
吊罗山国家级自然保护区	吊罗山林业局（海南吊罗山国家级自然保护区管理局）	正处	公益一类事业单位		22人
吊罗山国家森林公园					
黎母山省级自然保护区	黎母山林场（海南黎母山省级自然保护区管理站）	副处	公益一类事业单位		23人
黎母山国家森林公园					
猴猕岭省级自然保护区	猴猕岭林场（海南猴猕岭省级自然保护区管理站）	副处	公益一类事业单位		20人
猴猕岭省级森林公园					
毛瑞林场	毛瑞林场	正科	公益二类事业单位		8人
卡法林场	卡法林场	正科	公益二类事业单位		8人
南高岭省级森林公园	南高岭林场	正科	公益二类事业单位		8人
南高林场					
通什林场	通什林场	正科	公益二类事业单位		7人
五指山国家级自然保护区	海南五指山国家级自然保护区管理局	正处	公益一类事业单位		19人
鹦哥岭国家级自然保护区	海南鹦哥岭国家级自然保护区管理局	正科	公益一类事业单位		34人
佳西西省级自然保护区	海南佳西西省级自然保护区管理站	正科	公益一类事业单位		12人
俄贤岭省级森林公园	—	—	—	—	—
阿陀岭省级森林公园	—	—	—	—	—

参差不齐，差异较大，保护成效不理想。

3. 科研基础不牢，科研力量薄弱

尽管相关机构对海南长臂猿进行了多年的研究，但这些研究较零散，并未从国家公园全域的高度提炼出海南长臂猿全面的保护需求，更未对国家公园全域的生态系统进行评价和监测。海南自身的科研力量相对薄弱（尤其在动物学、管理学等方面），难以满足保护、管理体制等方面的科研需求。

4. 尚未形成有利绿色发展的制度体系

海南热带雨林国家公园所在的中部山区是海南岛自然生态资源最为富集的区域，但该区域的黎、苗等世居民族并没有从传统的自然保护地建设中获得对等的生态红利。当地社区的生产生活仍然主要依赖自然资源的传统利用，对热带雨林及生物多样性资源的损害性利用时有发生。此外，绿色发展所需的业态升级、产业串联和让原住居民公平分享惠益的经营机制均未形成，尤其在国家公园这样实行最严格的保护的区域，基于 NbS（Nature based Solution，基于自然的解决方案）理念的绿色发展亟待法规引领并予以保障。

总结来说，海南热带雨林国家公园在土地集中连片统一管理、管理机构设置、科研力量强化、绿色发展的法治化引领等方面都有突出的改革需求，以往的国家公园试点也在这些方面取得了明显的成果。

二　科研合作国际化的体制机制和主要产出

国际化的科研合作体制机制是海南热带雨林国家公园有别于其他 9 个国家公园试点的突出特色之一，《海南热带雨林国家公园体制试点方案》（以下简称《试点方案》）要求"设立海南热带雨林国家公园研究机构。成立海南热带雨林国家公园专家委员会。依托大专院校、科研院所合作开展研究，面向全球搭建学术交流平台和合作发展平台。积极引进优秀人才参与国家公园建设管理"，其是 10 个国家公园试点方案中唯一提出设立专门国家公园研究机构的。海南省热带雨林国家公园推进领导小组第八次会议审议通过《海南国家公园研究院组建方案》（以下简称《组建方案》）。2019 年 11 月 15 日，海南国家公园研究院正式注册成立，形成了国际科研合作平台和海南长臂猿联合攻关新机制，其设立和平台化运行体制机制均为国内首创。

（一）创新科研事业单位体制

建立多元共治的平台化治理体制。海南国家公园研究院（以下简称"研究院"）由海南热带雨林国家公园管理局、海南大学、中国热带农业科学院、中国林业科学研究院、北京林业大学共同发起成立。研究院的机构性质是以科学研究为主要业务、不以营利为目的的公益事业机构，在省委编办登记为事业单位法人，但不纳入机构编制管理（没有编制，没有行政级别，没有固定财政经费）。行业主管部门为海南省林业局（海南热带雨林国家公园管理局），党务关系归口海南大学。研究院发起单位多元化、跨地域、业务相关、优势互补，这样既能保持必要的灵活性和自主性，又能调动发起单位和社会各界参与研究院建设和发展的积极性。

实行理事会领导下的管理层负责制，组成理事会行使专家治理和进行重大事项决策，管理层自主灵活地在原则范围内行使日常管理职能，保证机构的高效运转。研究院以国家公园建设相关的著名专家学者为主成立了专业化和多元化的理事会。由世界自然保护联盟（IUCN）理事会主席章新胜担任理事长；各发起单位委派副理事长；海南大学校长、中国科学院院士骆清铭，原哈佛大学设计学研究生院院长、哈佛大学杰出服务教授 Peter G. Rowe，哥斯达黎加大学教授、哥斯达黎加全国校长理事会"国家状况"项目的联合创始人、哥斯达黎加前生态环境与能源部部长 Edgar E. Gutiérrez Espeleta 等任理事。他们分别来自 4 个不同的国家，涵盖了生态学、生物学、经济学和法学等七八个学科领域。

建立市场化、自主化管理运行机制。研究院管理人员实行全员合同聘用，薪酬、激励等按市场化方式运作。人员以少量精干的具有专业背景的管理型、复合型人才、管理人才为主，要求既有国家公园和生态文明建设领域的专业经验，又有管理学、经济学等专业知识。按照相关规定，研究院自主组织评定院内研究人员专业技术职称，结果报省委人才发展局备案。研究院科研人员以项目为导向，按需设岗，以市场化机制确定人员待遇，研究院自主决定柔性引进高层次及特需人才，打破人才使用壁垒，降低用人长期成本，快速准确解决实际需求。以项目为导向进行平台化设计，柔性引进高层次及特需人才，不仅有利于汇聚国内外一流专家，优化科研人员队伍结构；也有利于与国内外知名智库、高等院校及研究机构建立稳固的合作关系，为研究院成为国际一流智库和咨询研究机构提供坚实基础与有力保障，这是中国科研事业单位管理运行上的一大机制创新。

（二）创新科研项目运行机制

海南国家公园研究院充分发挥平台化优势，2020年由省政府出资，开展了以海南长臂猿保护为核心，以海南长臂猿栖息地修复及周边区域发展为主要内容，兼顾海南热带雨林国家公园建设和其他珍稀物种保护的科研项目集合，项目总经费为2000万元（以下简称"两千万项目"）。"两千万项目"从立项选题到项目招募等都体现了研究院多元共治的平台化治理思路。

广泛征求专家意见，开展实地研讨，确定研究方向。"两千万项目"启动初期，研究院组织专家先后6次赴霸王岭片区及其周边乡镇社区开展实地调研；邀请国内外一流专家召开3次长臂猿保护专家研讨及认证会，讨论项目研究方向和选题；邀请来自北京、贵州、湖北、湖南的专家到海口进行座谈，最终确定2020年科研工作的研究方向。

吸引国际国内顶尖专家组建项目执委会。研究院吸收了300多名国内外生物学、生态学、法学、经济学、管理学等多学科、多层次的优秀人才组成专家团队，经院内多次讨论和征求国内外专家的意见，以研究院专家团队为基础，召集国内外专业权威人士组建2020年科研项目执委会，开展海南长臂猿科研联合攻关。执委会负责确定2020年科研项目的研究目标、研究任务、研究成果评估和项目统筹协调。

面向全球公开招募项目负责人。根据执委会意见确定以公开招募方式征集项目负责人。研究院通过官方网站发布招募公告，面向全球公开招募项目负责人，人选经执委会讨论决定。项目负责人根据研究方向设计研究内容、课题名称、团队成员、课题经费等，研究院进行审批。

柔性引进方式建立项目团队。通过招募项目负责人（非发包方式），柔性聘请项目成员为研究院的兼职科研人员，营造了不求所有、各得其所的人才工作环境。①

---

① 对有重大学术成就和学术声望且已经退休的研究人员，如中国科学院动物研究所研究员、原国家濒科委常务副主任蒋志刚和湖北省长江生态保护基金会理事长、长江研究院原执行院长伍新木等，聘为特聘研究员；对仍在重要单位的重要岗位任职的研究人员，如中国林业科学研究院院长刘世荣等，聘为兼职研究员以研究院名义开展工作，项目结题时即终止聘用。兼职人员在研究院工作期间产生的知识产权属于研究院，但享有署名权。

（三）成立了海南长臂猿保护研究中心

国家林草局批复设立了国家林业和草原局海南长臂猿保护研究中心和"海南长臂猿保护国家长期科研基地"。海南国家公园研究院加挂国家林业和草原局海南长臂猿保护研究中心的牌子，实行"一套人马，两块牌子"的管理体制。海南长臂猿保护研究中心采用局省共建模式，海南省林业局负责中心编制、人员管理、党的建设及日常运转等工作，国家林业和草原局野生动物保护司负责对其成立的专家委员会和实施重点项目等业务进行指导。

海南长臂猿保护研究中心全面统筹协调海南长臂猿保护、科研和监测工作。主要措施包括：①在海南长臂猿栖息地周边建立海南长臂猿保护研究主基地，包括必要的实验室、专家住房、生活服务配套，满足进行科学考察、科学实验的需要。②在尚未覆盖网络信号的长臂猿分布区，补充建设 4G 网络服务，或通过卫星 WiFi 等技术手段，实现在所有长臂猿分布区全面覆盖高速网络信号。③组建海南长臂猿专职监测队伍，制定海南长臂猿监测指南和规范，形成轮流值守的野外监测制度；组织专家对监测队员进行专业培训，建立考核和激励机制。④建成现代科技和传统手段有机结合的海南长臂猿种群和栖息地智能化监测体系。⑤建成以国家林业和草原局海南长臂猿保护研究中心为载体的海南长臂猿监测管理研究数据库，实现共建共享。

三 土地置换规范化的运行机制和相关生态移民进展

由于人为干预太多，热带雨林面积减少和碎片化等原因，海南长臂猿的生存环境被破坏，人为干扰始终是海南长臂猿致危的主要因素之一。海南省认为彻底解决人为干扰的方式是实施生态搬迁工程，《试点方案》明确提出，"集体土地在充分征求其所有权人、承包权人意见基础上，优先通过租赁、置换等方式规范流转，由海南热带雨林国家公园管理机构统一管理"。目前，已经基本形成了规范化的土地置换机制，并被写进 2020 年 6 月 1 日中共中央、国务院发布的《海南自由贸易港建设总体方案》（以下简称《总体方案》）。

早在 2015 年 12 月，海南省对位于鹦哥岭国家级自然保护区核心区范围内的白沙县道银、坡告两村就通过国有土地和集体土地置换、安置就业等方式全面实施生态搬迁，同时合并为银坡村。白沙县还通过扶持银坡村成立农业合作社发展种植等产业，当地村民在有自家土地收益的同时，还能得到合作社的分红，真正达到村民安居乐业。银坡村先行探索的生态搬迁模式，为海南热带雨林国家公园生态搬迁提供了宝贵的可借鉴的推广经验。

2019年的《试点方案》明确了实施生态搬迁和土地置换的具体要求，既明确了实施生态搬迁的范围、安置点选址和具体操作机制，也制定了完善的后续扶助措施：国家公园范围内的重点保护区域以及其他生态敏感和脆弱区域内居民要逐步实施生态搬迁，集体土地在充分征求其所有权人、承包权人意见的基础上，优先通过租赁、置换等方式规范流转，由海南热带雨林国家公园管理机构统一管理。其他区域居民根据实际情况，实施生态搬迁或实行相对集中居住，集体土地可通过合作协议等方式实现统一有效管理。建立跨行政区域生态搬迁安置机制，优先选择国家公园周边特色小镇以及国家公园外靠近城镇、现代农业园区、工业园区、旅游景区规划建设集中安置点，为搬迁居民就地就近进入园区或城镇就业创造条件。在国家公园及其周边设立相应社会服务公益岗位，支持生态搬迁居民特别是建档立卡贫困人口、特困人口、低保人口，从事生态管护、监测、体验和环境教育服务等工作。充分保障生态搬迁居民的住房、教育、医疗、交通、用电、通信、安全饮水等基本生产生活需要，使其在绿水青山产生的生态效益、经济效益、社会效益中受惠受益。

根据《海南热带雨林国家公园规划》的要求，已于2019年开始通过公园外国有土地等价置换的方式有序开展核心保护区生态搬迁工作，保证搬迁群众生活有改善、就业有保障、享受的公共服务水平有明显提高，搬得出、住得下、能致富。

四　扁平化管理体制的优势和管理效果

海南热带雨林国家公园构建起扁平化的两级管理体制，撤销试点区内原有的林业局、保护区管理局（站）、林场等机构，并在原有保护机构真空地带毛瑞林场设立二级分局，有利于资源整合和管护，使海南热带雨林国家公园"范围上一个整体、运行上一套班子、管理上一个标准"，实现了"统一、规范、高效"的管理目标。

（一）建立扁平化的两级管理体制

成立省级管理机构。2019 年 2 月 26 日，中央编办批复同意在海南省林业局加挂海南热带雨林国家公园管理局的牌子。2019 年 4 月 1 日，海南热带雨林国家公园管理局在陵水黎族自治县吊罗山正式揭牌成立。在海南省林业局加挂海南热带雨林国家公园管理局的牌子，作为海南热带雨林国家公园管理机构，增设海南热带雨林国家公园处、森林防火处 2 个内设机构，行政编制由 46 人增加至 58 人。同时在自然保护地管理处加挂执法监督处牌子、林业改革发展处加挂特许经营和社会参与管理处牌子，成立了海南智慧雨林中心并加挂海南热带雨林国家公园宣教科普中心牌子。建立健全统筹推进国家公园体制试点的工作机制。国家公园所在市县党委和政府严格落实生态环境保护党政同责、一岗双责，将国家公园建设纳入地方经济社会发展规划。

按照"集中连片、管理高效、尊重历史、便于协调"的原则，整合设立了二级管理机构。2020 年 8 月 27 日，海南热带雨林国家公园管理局向尖峰岭、霸王岭、吊罗山、黎母山、鹦哥岭、五指山、毛瑞 7 个分局授牌，整合试点区原有 19 个自然保护地，作为海南热带雨林国家公园二级管理机构，均为正处级公益一类事业单位，共 219 名事业编制，试点区内原有的林业局、保护区管理局（站）、林场等机构同时撤销。4400 多平方公里的范围，只设两级管理机构，避免"叠床架屋"，有利于资源整合和政令直达。

直接将毛瑞林场变为毛瑞分局。原毛瑞林场实际管理毛瑞林场和毛瑞省级森林公园，为正科级公益二类事业单位，当地无实际保护地管理机构。考虑到毛瑞林场实际管护面积大（42.1 万亩），林区人口相对较多（302 人），且地理上也相对独立、空间范围内无保护地管理机构，在国家公园二级管理机构设置中成立了毛瑞分局，实际管理面积 385.28 平方公里。

各管理分局的实际背景不尽相同，霸王岭片区的资源价值最高、历史管理背景最为负责，以霸王岭片区的管理体制改革为例，详述海南热带雨林国家公园二级管理机构的构建方案（见附图 5-1）。

（二）分局管理体制构建——以霸王岭分局为例

海南热带雨林国家公园霸王岭片区整合了多个分散的保护地，包括霸王岭

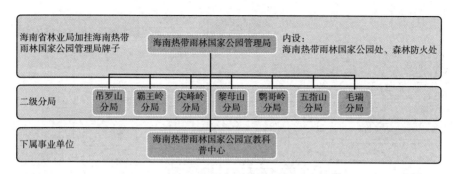

附图5-1　海南热带雨林国家公园管理局架构

国家级自然保护区、霸王岭国家森林公园、猴猕岭省级自然保护区、俄贤岭省级自然保护区、猴猕岭省级森林公园、大广坝水库。国家公园未成立之前，各保护地所牵涉的管理主体不同：霸王岭国家级自然保护区和霸王岭国家森林公园主要由霸王岭林业局（海南霸王岭国家级自然保护区管理局）管理，猴猕岭省级自然保护区和猴猕岭省级森林公园主要由猴猕岭林场（海南猴猕岭省级自然保护区管理站）管理，大广坝水库归属大广坝水务局管理，俄贤岭省级自然保护区的管理机构为俄贤岭省级自然保护区管理站。海南热带雨林国家公园成立后，霸王岭片区多个分散的保护地得以整合。2020年8月，霸王岭林业局转为海南热带雨林国家公园管理局霸王岭分局，对海南热带雨林国家公园霸王岭片区实行统一管理，原先各保护地的管理工作人员也从身份上转变成为海南热带雨林国家公园霸王岭分局的员工。霸王岭分局属海南热带雨林国家公园管理局下辖单位，受其垂直统一管理，猴猕岭林场部分、大广坝水库纳入霸王岭分局实行统一管理。

霸王岭分局属省林业局（海南热带雨林国家公园管理局）直属正处级公益一类事业单位。霸王岭分局内设综合科、生态保护科、资源管理科、宣教科普科4个科级机构，分局事业编制43人；下辖13个管护站、24个管护点，管辖面积132万亩。承担辖区内的生态保护、自然资源资产管理、基础设施建设、安全生产、森林防火等工作，定期组织开展科研活动、资源调查、生态环境监测和评价、生态体验、科普教育等工作（见附图5-2）。

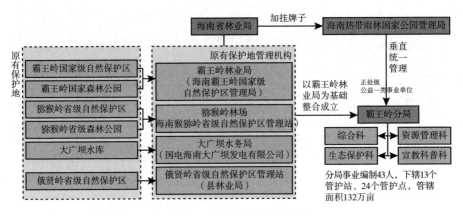

附图 5-2　霸王岭片区机构架构

五　以自贸港特许立法权为基础的系统立法和重点立法

改革意味着对现有政策法规的突破，在问责已经普遍化、问责压力有可能成为守旧动力的今天，要通过改革解决现实问题，不走循规蹈矩的老路，就必须以立法和修法来引领和确保改革。拥有自贸港特许立法权的海南在这方面做得系统且有所突破——已经开始探索制定海南长臂猿等珍稀物种保护专项法规。

法制化建设快速步入正轨。《海南热带雨林国家公园条例（试行）》《海南热带雨林国家公园特许经营管理办法》（以下简称《特许经营管理办法》）等政策法规相继出台。《海南热带雨林国家公园条例（试行）》《特许经营管理办法》出台快、规格高，既是海南省举全省之力强力推进的结果，更有自贸港特许立法权的支撑。

2020 年 9 月 3 日，海南省第六届人民代表大会常务委员会第二十二次会议通过《海南热带雨林国家公园条例（试行）》，将国家公园管理纳入法治化轨道。在全国 10 个国家公园试点中，虽然海南热带雨林国家公园试点是批复最晚的，但却在试点方案批复 9 个月后就以地方立法的形式颁布了《海南热带雨林国家公园条例（试行）》，这又是所有试点中用时最短的。《海南热带雨林国家公园条例（试行）》分为总则、规划建设、生态与资源保护等六个部分。分别对构建统一管理、协同配合、多元共治的国家公园保护管理体制，实行分区管控，国家公园的重点保护对象及其保护措施，国家公园内原住居民及周边社区居民生产生活与国家公园保护的关系等内容进行了规定。

2020 年 12 月 12 日，海南省第六届人民代表大会常务委员会第二十四次会议审议通过了《特许经营管理办法》，是 10 个试点中唯一以地方立法的形式出台《特许经营管理办法》的国家公园。《特许经营管理办法》分为总则、特许经营范围、特许经营者的确定、特许经营协议和相关义务、监督管理、法律责任、附则等七章，共三十六条。规范海南热带雨林国家公园一般控制区内的特许经营活动，对加强国家公园自然资源管理、严格保护和合理利用国家公园自然资源具有重要意义。此外，管理局还组织编制了社区协调机制、调查评估等 16 项制度办法和规范规程，正在陆续征求社会意见。

探索制定系统完整的立法框架。海南热带雨林国家公园管理局与海南国家公园研究院牵头，设立专项研究课题，结合已确定的基本立法框架和海南省国家公园试点体制建设实践进程探析国家公园建设具体需求，完善法律保障体系。根据国家公园管护工作中不同性质的规制方向（如管理体制、特许经营、保护监测）匹配不同类型的规范性文件（如规划方案、标准体系、实施方案、管理办法），确定了海南省进一步完善国家公园法律保障体系的立法规划方向和具体推进方式。制定海南热带雨林国家公园法律保障体系的规划方案，以自贸港特许立法权为基础探寻国家公园地方性法规近 3 年的立法容量，统筹考量立法成本、现实需求和规制难度，确定基本条例—补充法规—规范性文件的制定次序，并提出立法规划的完整方案。

探索制定海南长臂猿等珍稀物种保护专项法律法规。进一步深化与拓展海南长臂猿等珍稀物种的法律保护，找出海南长臂猿等珍稀物种保护的现实需求与制度供给之间的差距，全面梳理生物安全背景下海南长臂猿等珍稀物种法律保护的难点和需求。①立法规范海南长臂猿种群及栖息地监测和数据管理，制定监测标准和规范，建立一套科学的监测工作流程和考核评估与追责机制；②立法防控海南长臂猿的人猿共患疾病风险，明确出入海南长臂猿栖息地及潜在栖息地的许可程序和安全监管条件；③立法保护海南长臂猿的生物安全，明确规定所有与海南长臂猿科研相关的样品采集须事先向研究院书面申请，获得批准后，安排统一采集后，再进行样品分配；④允许海南长臂猿栖息地的修复和

417

优化，精准修复海南长臂猿分布区及周边退化生境，对此《森林法》第五十五条、《自然保护区条例》第十八条和第二十七条、《海南热带雨林国家公园条例（试行）》第三十七条等相关规定进行明确界定。⑤严控人工繁育海南长臂猿，由于采用野外种源时进行的人为捕捉对长臂猿造成伤害的风险很高，应禁止对海南长臂猿通过捕捉进行人工繁育，以立法的形式对海南长臂猿的人工繁育问题加以明确规定，并设定严格的科学评估和许可程序。同时，学习借鉴国内外珍稀物种保护法律法规资源和珍稀物种保护立法经验及做法，总结海南长臂猿等珍稀物种法律保护的可行性措施，提出总体立法思路，为海南长臂猿的拯救保护提供法律方面的指导依据，丰富和完善中国生态文明建设的理论体系和实践经验。

六 仍需深化改革的领域

海南热带雨林国家公园经过两年多的体制试点建设，已经基本理顺了国家公园的管理体制，在生态搬迁、社区协调、法律法规体系建设等方面探索出具有海南特色的改革措施，但距离"统一、规范、高效"的中国特色国家公园体制管理目标还有较大距离，需要继续深化改革。

（一）热带雨林国家公园统一管理体制有待进一步加强

根据《总体方案》，"国家公园设立后整合组建统一的管理机构，履行国家公园范围内的生态保护、自然资源资产管理、特许经营管理、社会参与管理、宣传推介等职责，负责协调与当地政府及周边社区关系。可根据实际需要，授权国家公园管理机构履行国家公园范围内必要的资源环境综合执法职责"。当前，省级管理机构海南热带雨林国家公园管理局只是在海南省林业局基础上加挂一个牌子，行政编制58人，增设海南热带雨林国家公园处、森林防火处，同时在自然保护地管理处加挂执法监督处牌子、林业改革发展处加挂特许经营和社会参与管理处牌子。加挂牌子的同时，意味着工作内容的扩展、工作量的增加。国家公园体制试点在中国是一个全新的事业，是一个重大改革任务，是一个系统工程。国家公园将是一种新的国土空间管理模式。海南省林业局工作人员要在原先工作内容的基础上，增加国家公园山水林田湖草生命共同体的综合管理，这对工作人员的专业性、精力等方面都是很大的挑战，对热带雨林国家公园相关工作的开展可能会有较大的影响。

（二）执法体制有待进一步理顺

海南省林业局（海南热带雨林国家公园管理局）在自然保护地管理处加挂执法监督处牌子，牵头负责指导、监督、协调国家公园区域内综合行政执法工作。试点区内的森林公安继续承担涉林执法工作，实行省公安厅和省林业局双重管理体制，以省公安厅管理为主。国家公园区域内其余行政执法职责实行属地综合行政执法，由试点区涉及的9个市县综合行政执法局承担，单独设立国家公园执法大队，分别派驻到国家公园各分局，由各市县人民政府授权国家公园各分局指挥，统一负责国家公园区域内的综合行政执法。这在一定程度上实现了统一执法，但森林公安仍是以省公安厅领导为主，综合行政执法队伍是由市县授权国家公园各分局领导，在实际操作过程中，还会面临诸多问题。①海南热带雨林国家公园管理局直属的7个分局是公益一类事业单位，不具备行政执法资格；②在国家公园范围内，跨市县的违法违规行为如何处理，未建立协调机制；③可能会对人员交流产生一定影响，导致激励不相容。

（三）资金保障机制尚未落实

海南热带雨林国家公园体制试点期间建设资金由海南省财政保障，中央尚未将国家公园建设项目纳入专项资金。各分局的保护经费多来自天保资金和生态公益林补偿，在2020年天保二期项目已经结束的背景下，各分局的工作经费尚未有明确保障渠道。

（四）国家公园内人员编制不足、专业人才缺乏

国家公园管理机构编制仍未落实。中央仅批复了海南热带雨林国家公园管理局，但没有明确内设机构，不利于省委编办进一步操作。机构改革后，海南省林业局（热带雨林国家公园管理局）机关行政编制只有56人，热带雨林国家公园7个分局，共219名事业编制，无行政编制人员，有些分局尚不满编。同时普遍缺少科研调查、生态监测调查、保护监测、疫源疫病等国家公园科学保护和管理所需要的专业人才。仅凭省林业局和各分局现有的人员力量已经难

以适应国家公园建设的新要求。由于海南林业局及各分局工作事项和内容的变化，尤其是各分局新增了行政许可、规划审批、行政处罚等典型的行政职能，编制结构无法满足日常工作要求。各分局普遍存在人员年龄结构不合理、高端人才短缺、人才激励机制不完善等问题。如黎母山分局事业编制仅有 23 人，但编制尚空缺 7 人；目前的领导结构不完善，仅任命了一名副局长，无党委和议事机构，没有设立财务科和专门财务人员；严重缺少科研调查、生态监测调查、保护监测、疫源疫病等专业人才，更无人了解新兴技术，如视频监控、无人机、大数据、电子围栏。黎母山分局原有 178 个天保岗，其中 103 人有财政工资，75 人是外聘，另有部分生态公益林岗位，原有的 200 多名林场人员的薪资待遇不同，未来的配置和安置、薪资待遇、林班面积划定等问题仍未解决。鉴于此，应根据工作实际情况核定新增的人员编制，并对现有编制进行存量优化，做到既有事业编与事务的空间匹配，以及既有事业编的制度规范。

附件6
10个国家公园体制试点区
综合执法工作情况

梳理《国家公园体制试点工作会议材料汇编》中各试点区综合执法、相关改革工作、存在问题以及下一步工作计划，总结经验和教训，为《国家公园法》以及后续国家公园监督管理机制构建提供参考。

一 三江源

（一）取得的成效及经验

创新管理体制。按照"坚持优化整合、统一规范，不做行政区划调整，不新增行政事业编制"的原则，突破条块分割、管理分散的传统模式，组建了省、州、县、乡、村五级国家公园管理体制，行使主体管理职责，基本解决了"九龙治水"和监管执法碎片化问题。建立由省级国家公园管理局、3个园区管委会、3个派出管理处、12个乡镇保护管理站、村级管护队和管护小分队组成的国家公园行政管理体系，实施4县大部制改革，整合林业、国土、环保、水利、农牧等部门的生态保护管理职责，在3个园区设立生态环境和自然资源管理局、资源环境执法局。整合林业站、草原工作站、水土保持站、湿地保护站等，设立生态保护管理站，乡镇政府增挂保护管理站牌子，增加国家公园相关管理职责。由此突破原有体制藩篱，全面建立起集中、统一、高效的保护管理和执法机制。

加大生态环境执法监督力度。积极构建生态公益司法保护和发展研究协作机制，成立了玉树市法院三江源生态法庭，组建成立了三江源国家公园法治研究会，建立了三江源国家公园法律顾问制度。探索构建了全国重点生态功能区域生态公益司法保护协作新机制，与省检察院签订了《关于建立生态公益司法保护和发展研究协作机制的意见》。先后开展多种形式的专项行动和常规巡护执法行动，组织召开青藏新自然保护区第六届联席工作会议，与新疆、西藏、甘肃、云南等省区建立了生态系统保护区间合作机制，确保依法保护和建园落到实处。

建立全方位、立体式巡护巡查体系。为推进山水林田湖草组织化管护、网格化巡查，组建了乡镇管护站、村级管护队和管护小分队，初步形成了点成线、网成面、全方位的巡护体系。

（二）存在问题

三江源国家公园体制试点区总面积 12.31 万平方公里，是 10 个试点区中规模最大、保障程度最高的试点区，却依然存在资源环境综合执法和草原防火等职责与其繁重复杂任务不匹配的问题。

二 东北虎豹

（一）东北虎豹国家公园管理局工作情况

试点区巡护总里程从试点前的 0.7 万公里增加到 16.8 万公里。在各项保护行动中累计出动 5 万余人次，拆除围栏 5.6 万余米；清理收缴猎具 9800 余件，取缔非法加工场 4 处，查处盗猎案件 7 起，处理违法犯罪分子 23 人；关闭矿山 4 家，修复破碎化栖息地 252 公顷；设置补饲点 300 余处，救助放归野生动物 300 余头。

（二）吉林省林草局工作情况

配合开展野生动物和森林资源保护。试点启动以来，持续开展专项整治行动，清山清套由每年冬季一次延伸到冬春两季，增加了 2200 人巡护，累计出动巡护人员 5 万人次、车辆 1.1 万台次，清理收缴猎捕工具 3 万多个。加大野生动物损害补偿力度，2017~2018 年试点区共审核野生动物损害补偿案件 732起，发放补偿资金 876 万元。

三 祁连山

（一）祁连山国家公园管理局工作情况

工作开展情况——强化动态监测和督查执法。甘肃片区搭建现代化信息监测网络，实现区域内局、站、点、重要卡口、道路之间的互联互通、远程定位、远程可视化操控和远程监督监测。青海省完成了管护站标准化建设、空天地监测体系规划。两省加强基层管护队伍建设，加强日常巡护，不定期开展综合执法检查行动，严厉打击破坏森林、草原、湿地和乱捕滥猎野生动物违法行为，实现综合执法常态化。管理局对公园范围内各类资源破坏问题进行了三次卫片判读检查。2017年以来，年度案件查处率均为100%。

取得的成效和经验——严格管理、加强执法是自然生态空间用途管制的根本保障。坚持国家公园保护方向，落实自然生态空间用途管制制度。管理局强化国家公园自然资源监管，结合森林督查、自然保护地检查，三次开展专项卫片检查；对不符合国家公园保护方向的建设项目明确提出不同意建设的意见，督查破坏自然资源违法行为。两省全面加大国家公园区域管护和执法力度，加强自然资源保护，持续加大巡护力度，不定期开展综合执法专项行动，"老问题整改到位不反弹，新问题不发生"的要求基本实现。

存在问题——资源环境综合执法队伍尚未建立。甘肃、青海两省林业实行的是以森林公安为主的综合执法管理。尽管甘肃省上收了自然保护区的森林公安机构和人员，但是，受行业公安体制改革的影响，对如何组建综合执法队伍，目前尚无明确的思路，国家公园综合执法面临执法主体缺失的问题。

下一步工作计划和建议——抓紧拟定组建生态环境保护综合执法队伍的具体意见，对组建综合执法队伍的原则、范围、程序，以及执法机构设置、职责、层级、编制应有明确要求，在依法授权的前提下，组建祁连山国家公园自然资源综合执法机构。针对机构改革森林公安转隶的特殊情况，积极争取在祁连山国家公园内设立森林公安机构和森林公安派出所。

（二）甘肃省林草局工作情况

工作开展情况——持续加强执法监管。坚持国家公园保护方向，实行最严格的保护制度，积极推进综合执法工作常态化、规范化、制度化建设。按照《试点方案》要求，切实加强人员管控，最大限度降低人为干扰。加强自然资源保护，加大巡护力度，严厉打击破坏森林、草原、湿地和乱捕滥猎野生动物违法行为，扎实做好森林、草原防火工作。不断完善国家公园动态监测网络，强化自然资源监管，实现国家公园范围巡查执法全覆盖。

存在困难和问题——综合执法队伍组建缓慢。虽然甘肃省通过构建"垂直管理"的生态保护管理新机制，有效解决了祁连山保护区管理体制"两张皮"的问题，但由于整合国家公园所在地资源环境执法机构编制工作涉及面广、整合难度大，影响了祁连山国家公园综合执法队伍的组建。

下一步工作计划——积极组建统一执法队伍。按照精简、统一、高效的原则，整合甘肃片区范围内生态环境、自然资源、农业农村、水利、林草、森林公安等部门的资源环境执法力量，组建资源环境综合执法机构，切实履行好国家公园范围内资源环境综合管理与执法职能。

（三）青海省林草局工作情况

工作开展情况——加强生态环境整治督查落实。通过有力开展"绿盾""利剑""飓风"等专项行动，严格督促落实祁连山生态保护整治工作，对辖区内涉及的探采矿权进行严格核查。以探矿、采矿、水电开发项目为重点，结合中央环保督察、祁连山生态环境整治等工作要求，持续深入开展专项执法检查行动，切实强化开发建设管控和违法违规项目查处，其间未发现重大违法违规案件，探矿采矿全部停产。2017年，自查发现的18处违法违规建设项目全部查处整治到位，并完成销号。中央环保督察反馈的祁连山自然保护区24处人类活动点已完成州县自查验收并销号。

取得的成效和经验——建立国家公园综合执法机制。联合自然资源、生态环境、公安、水利等执法力量加强综合执法，编制了《祁连山国家公园（青海片区）综合执法工作方案》，集中开展综合执法检查暨"绿盾"专项行动，切实强化开发建设管控和违法违规项目排查，探矿采矿全部停产。省、州、县三级森林公安联合开展巡护执法专项行动，青海、甘肃两省交界区域联防管控机制得到进一步加强。与此同时，还建立了执法工作台账，基本掌握了国家公园试点区内开发建设和人类活动等情况，保障了生态安全。

存在困难和问题——资源环境综合执法队伍尚未建立。国家公园实行最严格的保护制度，这需要强有力的执法管控力量和行之有效的综合执法机制。目前国家公园综合执法和青甘两省联合执法工作主要由现有保护区各级森林公安部门负责组织开展，在人员力量、工作职责、体制运行上缺乏有效支撑，并且目前正在进行公安体制改革，将对森林公安人员编制、机构设置、工作职责进行重大调整，国家公园综合执法和青甘两省联合执法面临执法主体缺失的问题。

下一步工作计划——（1）组建好国家公园管理机构。在现有工作基础上，进一步理顺国家公园管理体制，落实各级管理机构，合理配备人员力量，划清国家公园与地方政府的管理职责，促进和落实各级管理机构在国家公园试点区建设中的责任和作用。同步推进资源环境执法队伍建设，充分结合公安体制改革工作，统筹做好执法机构组建工作，努力在建立国家公园生态保护管理新体制上摸索出一条成功示范、规范统一、运转畅通的新路子、好路子。（2）不断加强巡护执法监管。积极推进青海片区综合执法常态化、规范化、制度化建设，更加深入细致地开展综合执法行动，健全完善执法检查以及专项督查档案，坚决防止违法违规现象出现，把最严格的保护制度、措施和要求落实到位，把各类环境问题解决到位，把各类生态治理工程实施到位，把各类破坏生态系统的违法违规行为查处到位，努力形成一套严格有效、制度有用、措施有力、管理有方的国家公园保护管理和执法监管体系。同时继续加强与甘肃片区的联合执法检查工作，共同保障祁连山国家公园生态安全。

四　大熊猫

（一）大熊猫国家公园管理局工作情况

体制试点工作开展情况——加大试点区内森林资源监督力度。充分发挥成都专员办监督职能职责，加大大熊猫国家公园体制试点范围内资源保护、管理情况督查力度。在 2018 年全国森林督查中，大熊猫国家公园体制试点范围内督查督办违法违规改变林地用途案件 319 起，违法违规改变林地用途面积 222.64 公顷，涉及违法采伐林地面积 172.30 公顷，违法采伐林木蓄积 6412.5 立方米；督查督办违法违规采伐林木案件 621 起，违法违规采伐涉及林地面积 667.90 公顷，违法违规采伐林木蓄积 35050.7 立方米。此外，结合 2019 年森林督查，成都专员办组织开展了大熊猫国家公园专项执法行动，打击破坏森林资源、非法猎捕野生动物、非法采挖野生植物、非法建设等违法犯罪行为。三省相继开展多轮大范围的专项执法行动。四川省成立了加强野生动物保护管理及打击非法猎杀和经营利用野生动物违法犯罪活动领导小组，4 月以来，全省已摸排"打野"线索 780 条，共立刑事案件 462 起，侦破案件 403 起；抓获嫌疑人 501 人，其中刑拘 208 人。陕西建立"秦岭大熊猫兴隆岭核心种群保护联盟"，组织佛坪、太白山、长青等 8 个自然保护区，开展反盗猎联合巡护行动、清理整顿非法登山入区等行为。

下一步工作计划——不断推进执法队伍建设。开展大熊猫国家公园执法体系和执法队伍建设调研，切实加强执法队伍建设，构建大熊猫国家公园执法机制。组织开展大熊猫国家公园专项执法行动，着重打击破坏森林资源、非法猎捕野生动物、非法建设、非法人口迁入等违法犯罪行为，坚决维护大熊猫国家公园体制试点范围内正常的资源保护秩序。

（二）四川省林草局工作情况

工作开展情况——加强人为活动管控。2018 年 5 月，以四川省大熊猫国家公园体制试点工作推进领导小组名义印发《关于加强大熊猫国家公园体制试点期间生产经营等人为活动管控的通知》，全面停止试点区内新设采矿权、商业性探矿权、新建水电站等项目审批，强化了林地征占用、林木采伐等审批监管；明确了试点期间严格管控或差别化管理的内容、条件、程序和措施，严禁不符合保护和规划要求的各类建设项目进入国家公园。在试点区开展"绿剑 2018""绿盾 2019"专项行动，重点打击大熊猫国家公园试点区非法占用林地、盗伐滥伐林木、非法猎捕、破坏珍稀濒危野生动植物资源等涉林违法犯罪行为。试点以来四川省国家公园范围内未发生大的刑事案件。

（三）陕西省林业局工作情况

工作开展情况——以专项行动为契机，打击破坏自然资源的违法行为。2016年以来，陕西省先后开展了"中央环保督察反馈问题整改""绿盾""绿卫""森林督查""国有林场和森林公园专项检查""清山查套"等一系列专项行动。特别是为贯彻落实中央领导批示精神，陕西省委、省政府组织多部门联合开展了"秦岭北麓西安境内违规建别墅问题专项整治活动""打击破坏野生动物资源违法犯罪专项行动"，集中排查和整治各类破坏自然资源的违法违规问题，严厉打击各类破坏野生动植物资源的违法犯罪活动。随着上述专项行动的开展，各部门、各单位给予秦岭生态环境保护、珍稀濒危野生动植物保护极大的关注。陕西省林业局顺势而为，筑牢保护野生动物的防线，进一步加强大熊猫国家公园陕西秦岭片区范围内野生动植物资源、生态系统和生态环境的安全。

（四）甘肃省林草局工作情况

取得的经验及成效——持续开展严打行动，成效突出。国家公园体制试点开展以来，主要结合中央环保督察、"绿盾"行动、"绿卫2019"森林督察专项执法及历年卫片执法等工作积极开展白水江片区生态保护工作。白水江分局组成工作组开展专项行动，落实管护目标责任制，对辖区重点沟系及重点区域进行巡护和宣传教育，及时查处违法案件，全面加强资源保护管理。

存在的困难和问题——森林公安机构正在改制，地方政府资源环境执法力量不足，国家公园资源环境综合执法队伍组建困难较多。

下一步工作计划——积极组建统一执法队伍。按照精简、统一、高效的原则，整合白水江片区范围内自然资源、农业农村、生态环境、水利、林草、森林公安等部门的资源环境执法力量，组建资源环境综合执法机构，切实履行好国家公园范围内资源环境综合管理与执法职能。

五 海南热带雨林

国家公园行政执法暂处于新旧交替的"真空期"，综合执法机制未建立。

因行业公安体制和机构改革，目前森林公安已划归省公安厅管理，并明确不再受理林业行政案件。按中央编办有关文件要求，只有具有公务员身份的行政工作人员才能执法。海南省林业局所属林区、林场、保护区干部职工的身份都是事业编制和企业编制，没有公务员编制，他们没有行政执法的资格和权力。海南省级层面一律不设执法机构，全部移交市县设立综合执法局，原有分散到国土、环保等部门的执法未能有效整合，生态环境综合执法机制尚未建立。

六　武夷山

根据《国家公园体制试点评估报告》，武夷山国家公园执法支队，下设武夷山大队、建阳大队、光泽大队，事业编制70人。

（一）武夷山国家公园管理局工作情况

试点工作主要做法——（1）严格执法，加大违法违规行为打击力度。深入开展"春雷行动""绿剑2018""冬季攻势""绿卫2019森林草原执法"等专项行动和常规巡护执法行动，严厉打击毁林开垦、违法违规茶山整治、违法建设、违法建筑等各类破坏生态环境行为，管理局设立以来，整治违法违规茶山7300亩，完成生态修复6500亩；配合武夷山市拆除违规建设39处，共计11602平方米，通过多次入户动员，10户违建户自行拆除违建1335平方米。2018年3月1日《条例》施行以来，共办理各类行政处罚案件33起，处罚当事人36名，罚款金额23.99万元；立刑事案件36起，刑事拘留27人，逮捕18人，起诉24人；立治安案件8起，治安拘留6人。（2）公正司法，提升司法服务生态保护能力水平。建立公检法司联合执法办案协作机制，启动国家公园区域生态环境和资源保护检察监督专项行动，南平市检察院在管理局设立驻国家公园检察官办公室，加快推进自然资源和生态环境公益诉讼，开展破坏资源环境刑事案件现场公开审判，做到快立、快侦、快破、快诉、快审，形成资源保护高压态势，有效遏制各类破坏生态环境现象发生。

试点工作主要经验——共管。联合开展专项打击行动，严厉打击各类破坏自然资源和自然环境违法行为。在重点时段，共同落实森林火灾隐患大排查、野外巡护、防火宣传、行政执法、火源管理等森林火灾预防措施。加强林业有害生物监测预警，联合开展检疫执法行动，共同打击违规调运松木及其制品和其他携带检疫性有害生物苗木、种子等违法犯罪行为，共同推动武夷山国家公园生态系统的完整性保护。

存在的问题和建议——工作人员待遇问题。武夷山国家公园管理机构虽然是省政府垂直管理的省一级财政预算单位，但其工作在最基层，特别是在6个乡镇下设的管理站、执法大队，都在偏远的行政村，交通不便，条件艰苦。这些工作人员既不能享受到省直单位的待遇，也没有享受乡镇工作人员补贴政策。建议对国家公园一线干部在政策、待遇等方面给予倾斜。

下一步工作计划——配合省司法厅尽快出台《武夷山国家公园特许经营管理办法》《武夷山国家公园资源环境管理相对集中行政处罚权工作方案》《武夷山国家公园资源环境管理联动执法工作方案》。

（二）福建省林业局工作情况

认真对标对表，全力推进试点任务落实——健全法规体系。牵头起草《武夷山国家公园条例》，合理划定省与地方职责，明确管理体制、规划与建设、保护与利用、保障措施、法律责任等，确保试点改革稳妥有序推进。2017年11月，福建省第十二届人民代表大会常务委员会第三十二次会议通过《武夷山国家公园条例（试行）》，于2018年3月1日起施行。联合南平市政府向省政府申请实施《武夷山国家公园资源环境管理相对集中行政处罚权工作方案》等，保障国家公园管理机构依法相对集中行使行政处罚权和执法力度、强度。

创新管理体制，建立联动共建机制——健全管理层级。国家公园管理站（正科级），作为武夷山国家公园管理局派出机构，承担自然资源、人文资源、自然环境的保护与管理，以及规划建设管控和相关行政执法工作。管理站站长由有关乡镇长兼任，管理站与相应的执法大队合署办公，人员实行统筹使用、交叉任职。

坚持生态优先，加大自然资源保护力度——强化自然资源保护。牵头建立国家公园重大林业有害生物省、市、县区域联防联治机制，组织开展联合检疫执法专项行动，有效防范重大林业有害生物灾害发生。联合省法院、省检察院开展国家公园森林资源和生态环境违法犯罪专项打击行动，启动国家公园区域生态环境和资源保护检查监督专项行动，实行破坏资源环境刑事案件现场公开审判，强化自然资源司法保障。

七　神农架

根据《国家公园体制试点评估总报告》，神农架试点区建立了多项国家公园监管制度，林区生态环境局与神农架国家公园管理局签订《行政执法委托书》，林区生态环境局委托神农架国家公园管理局行使神农架林区木鱼镇、红坪镇、大九湖镇、下谷乡行政区域内的生态环境行政执法权；设立了监督举报信箱，公开监督举报电话，在网站设置监督举报专栏，成立神农架野生动物保护协会。

体制试点工作成效——形成了科学高效的生态管护机制，强化执法打击。组建了综合执法大队，制定了职责和权力清单，施行国家公园内自然资源综合执法，授权或委托执法事项达172项。强化森林公安执法能力和水平，依法严厉打击涉林违法犯罪行为，共接处警259起，立刑事案件11起，侦查终结移送起诉10起。抓好执法教育培训和执法监督管理，全面提升实战能力和水平。

八　香格里拉普达措试点区

下一步工作计划——进一步理顺管理体制，健全国家公园管理机构建设。按照《保护地意见》中"做到一个保护地、一套机构、一块牌子"和《总体方案》中"由一个部门统一行使国家公园自然保护地管理职责"的要求，需要改革实行国家公园管理局为公务员和事业人员相结合的架构属性，即国家公园管理局（局机关）管理层人员为公务员，下属的管护所、站、点人员为事业编制人员（含工勤人员），同时赋予管理机构行政执法权，增加相应人员编制，健全国家公园管理机构，满足管护工作要求。

九　钱江源—百山祖

试点建设开展情况——基本完成"局信息中心—基层执法所—村级保护点"三级管护体系，积极开展生态保护、科研监测、信息管护等基础设施建设。管理局与开化县政府联合开展系列"清源行动"。2018年6月，"清源一号专项行动"共发现问题27个，处罚案件3件，责令停工4件，其他问题均已完成整治。2022年7月3日，清源二号暨打击非法盗猎野生动物专项行动启动，已处置野生动物行政案件3起，收回保护野生动物知识竞赛答题卡997份，与餐饮场所负责人签订并张贴"保护野生动物承诺书"3000余份。

试点建设主要成效——（1）职责边界更清晰。钱江源国家公园综合行政执法队的设立，进一步增强了资源管护的专项力量。（2）县区融合更紧密。体制试点范围涉及的5个乡镇的乡镇长兼任钱江源国家公园执法大队下属执法所所长。

下一步工作计划——执法队伍授权上岗。推动钱江源国家公园范围内生态资源环境执法授权到位，综合行政执法人员持证上岗。

十　南山试点区

（一）南山国家公园管理局工作情况

1. 建立联合执法机制

整合城步县政府执法资源，成立联合执法领导小组，形成"联合执法小组+综合执法支队+执法大队"链条式执法新机制、新模式，解决了执法碎片化等问题，提升了协同管理效率。

2. 开展专项行动

适时启动联合执法机制，着力开展5项专项保护行动。一是野生动物植物保护。全年不定期开展专项行动2次以上，共查处野生动植物刑事案件33件，抓获犯罪嫌疑人员53人、刑事拘留35人，并提起全省首例刑事附带民事公益诉讼案件，依法惩处非法捕猎野生动物犯罪嫌疑人3名，野生动植物违法即查即破，破案率100%。二是控违拆违。坚持治防结合，开展专项行动3次，拆除违建10处；制止初发违建行为5处，防止了违建增量。三是环境综合整治。围绕脏、乱、差等环境问题，重点开展白云湖湿地等环境专项整治，湿地水库279艘营运船舶全部上岸退出，水库沿岸16家餐饮店全部关停，撤除网箱养鱼597个、2.5万平方米；南山景区游憩经营秩序全面规范。四是禁牧禁种。

针对部分居民随意随地种养等传统行为，颁布出台了禁牧公告，集中开展专项行动 2 次，实现退牧 1000 余头、退牧草山 15000 余亩、退种药材等 1300 余亩，草地生态得到有效恢复。五是森林防火。构建管理局—城步县森林火灾联动应急机制，成立了应急分队，安装了防火应急系统，实行全天候值班值守，每年组织开展春冬重点防火期专项行动 5 次以上，实现试点区零火灾目标。

3. 建立巡护巡查机制

制定了《巡护管理制度》，整合综合执法支队、护林员等人员力量，分组分区包干，轮流值班值守，重点围绕人类活动区域等开展日常巡视巡查，形成常态化机制，有效维护了生态安全。近几年，共查处涉林治安案件 60 起，处罚 62 人；林业行政案件 36 起，处罚 37 人；制止各类苗头性违法行为 50 余起、60 余人。

（二）湖南省林业局工作情况

统一综合执法。为确保南山国家公园管理局全面履行公共事务管理职能，2019 年 3 月 8 日，湖南省人民政府办公厅印发了《湖南南山国家公园管理局行政权力清单（试行）》，对涉及省直部门的 44 项行政权力集中授权，邵阳市政府、城步县政府也依照程序对所涉行政权力集中授权。通过省、市、县三级分别授权的方式，南山国家公园管理局在试点区范围内统一行使涉及经济社会管理权限、行政许可和综合执法等 197 项行政权力，进一步明晰了管理局履职范围和权责界限，大幅提升了行政效能。

附件7
美国和加拿大国家公园执法制度经验借鉴

国际上，各国国家公园管理体制各具特色，执法机制也各有不同。但是，按需而设、根据社会环境变迁而改革、强调与其他部门的合作等是不同国家国家公园管理机构执法队伍建设的相通之处。总结美国和加拿大国家公园管理机构执法的国际经验，可以给中国国家公园体制提供借鉴。

一 美国国家公园执法经验

执法是美国国家公园管理局（National Park Service，NPS）的核心任务之一，是其实现管理目标的基本工具之一。NPS 的使命是"尽可能完整无损地保存国家公园的自然文化资源与价值，以确保人民世世代代欣赏之、为之教育和为之激励"。为支持 NPS 完成这一根本任务，其设有执法部门以保护资源和相关人员、防止犯罪、进行调查、逮捕罪犯并满足游客的需求等。基于历史背景和实际需求，NPS 设有两个执法部门，统一隶属于 NPS 的游客和资源保护局管辖①，二者在执法职能、实际管辖区域方面有一定的差异：（1）美国公园警察（the United States Park Police，USPP），由"美国公园警察局"管理，主要管辖范围集中在华盛顿特区、旧金山和纽约市地区等城市区域；（2）美国公园巡护员（United States Park Ranger，USPR）和特工（Special Agent，SA），由"执法、安全和应急服务司"管理，主要在由 NPS 管理的、USPP 管辖之外的区域开展执法活动。

（一）美国国家公园执法队伍及其主要职责

1. 美国公园警察

美国公园警察是美国历史最悠久的联邦执法部门之一，其起源几乎可以追

---

① 李想、郭晔、林进、衣旭彤、李宇腾、王亚明：《美国国家公园管理机构设置详解及其对我国的启示》，《林业经济》2019 年第 1 期。

溯到 18 世纪 90 年代美国国家首都的起源。早在 1791 年，乔治·华盛顿组建了"公园看守"（Park Watchmen），负责保护华盛顿哥伦比亚特区（Washington District of Columbia）的联邦财产。几经改革，"公园看守"于 1919 年正式更名为"美国公园警察"，并于 1933 年转隶于 NPS。

（1）USPP 的管辖权范围

美国国家公园警察局作为一个提供全面服务的执法机构，在 NPS 管理的区域内同国家公园巡守员（National Park Rangers）共享管辖权。但在实际运行过程中，其主要的管辖范围集中在城市区域，包括华盛顿特区、旧金山和纽约市地区以及某些 NPS 管辖的其他联邦土地。

在 NPS 管辖的联邦土地范围之外，USPP 的职权有两项例外：①根据哥伦比亚特区法典 5-201［The District of Columbia Code5-201（2001）］，USPP 与哥伦比亚特区大都会警察（The Metropolitan Police of the District of Columbia）具有相同的警察权力；②根据哥伦比亚特区法典 5-206（2001），USPP 可以在哥伦比亚特区附近的 9 个县（county）和 1 个城市（city）中的联邦保留地（Federal reservations）内履行警察职责。①

（2）USPP 的职责

美国公园警察是联邦政府为数不多的具有联邦和州权力的全方位警察部门之一。与 USPR 相似，USPP 的核心职能也是保护资源和游客，如通过日常巡逻，保护资源和游客安全、保护公园财产和游客的个人财产、调查犯罪并逮捕涉嫌犯罪的人等。由于工作在城市环境与农村地区的差异，USPP 与 USPR 的工作重点有所不同，如 USPP 在华盛顿地区的交通和停车活动量特别繁重，而 USPR 处理违法事件中涉及交通管制的则比较少，捕鱼、狩猎等有关资源破坏的事件相对较多。

同时，因为 USPP 起源于华盛顿特区的"公园看守人"，历经多年发展，其还具有一系列的专门职责，如总统保护、特殊事件管理、人群控制和面向城市的执法职责等。主要包括：①对常见犯罪的预防、调查和对嫌疑人的拘捕等其他城市警察职责；②为美国总统和到访贵宾提供安保；③管理美国的许多知名纪念碑，包括自由女神像、华盛顿纪念碑、林肯纪念堂、杰斐逊纪念堂和其

---

① 美国国家公园管理局 9 号局长令（Director's Order #9：Law enforcement program）。

他著名的纪念碑和纪念馆等，这些可能成为恐怖分子的袭击目标。

2. 美国公园巡护员

美国公园巡护员（USPR）指所有为国家公园服务的穿着统一制服的国家公园管理局雇员，其职责丰富多样，集中国自然保护地的日常巡护、资源管理、森林防火防虫、搜救和救援等多类人员的职责于一身。

（1）USPR 的职责

具体而言，USPR 的职责是监督、管理和/或执行联邦公园资源保护和使用方面的工作，包括公园保育，自然、历史和文化资源管理，以及为游客提供解说和娱乐项目的发展和运营。主要职责包括：森林和建筑防火，保护财产不受自然或与游客有关的破坏，向游客传播一般、历史或科学信息，民间艺术和工艺示范，管制交通及游客使用设施，法律法规的执行，对违规、投诉、非法侵入/侵占、事故进行调查，搜寻和救援任务，以及与野生动物、湖岸、海滨、森林、历史建筑、战场、考古遗迹和休闲区等资源相关的管理活动。

①解说和教育服务。解说：USPR 为游客提供广泛的信息服务，例如行车路线、火车时刻表、天气预报、旅行计划等；还为访客提供类似"导游"服务，进行以促进资源管理为目标的讲解，包括以幻灯片、演讲、重演等形式进行公园历史、科学、艺术和生态等方面的解说。所有穿制服的 USPR，无论其主要职责如何，通常被认为是资源保护专家。教育：USPR 可以参与主导更正规的基于课程的教育计划，以支持和补充传统的学术教育，或者创建基于资源的课程资料供其他教育者使用。USPR 经常制订教育计划，以帮助教育工作者达到特定的国家和地方教育标准。文化资源教育可能包括获取文物或复制品，自然资源教育可能包括采样，所有这些工作都在 USPR 的监督下进行，以确保对资源的适当保护。

②执法和紧急服务。这类职责是由 USPR 的保护国家公园资源和游客安全的职责而衍生的，主要包括执法、紧急医疗服务、消防和搜救。执法：接受过执法委任的 USPR 可穿着标准 NPS 制服与内政部执法徽章，与 USPP 共同保障国家公园体系的安全。这部分 USPR 是联邦执法人员，拥有广泛的权力，可以在 NPS 所辖区域执行联邦和州法律。除 USPR 外，NPS 还雇用了特工（SA），负责协助公园和地区进行复杂的刑事调查、敏感的内部调查以及其他专门的执法职能。USPR 和特工都会在联邦执法培训中心接受广泛的警察培训，并接受

年度在职和定期枪械培训。负责资源和游客保护，控制交通和游客使用设施，处理投诉等。紧急医疗服务：USPR 通常被认证为荒野急救医疗技术人员，熟练操作救护车并应对医疗事故，接手范围从颠簸和瘀伤到心脏病发作和重大创伤。消防：USPR 通常是第一个发现野火的人，经常接受野外消防训练；在一些公园还执行规定的火灾，并执行结构性灭火任务。搜救：游客可能在国家公园系统许多区域的荒野遭受意外与灾害。训练有素的 USPR 可以帮助远程荒野地区遭受伤害或疾病的游客，或者在地形地势复杂的区域救助陷入困境的游客。搜救范围从游客中心徘徊的儿童到登山时遭遇重大事故的专业登山者。

（2）USPR 的分类

按照主要职责，USPR 可以分为两种类型：解说教育型巡护员和执法应急服务型巡护员。前者主要是通过解说和教育的方式，促进对国家公园资源的保护；后者则是通过执法、紧急医疗服务、消防以及搜救等方式来保护公园资源和游客的安全。但是，这两种类型的 USPR 只是工作侧重点不同，并不是截然分开的，资源管理、教育和游客服务是所有 USPR 的基本职责，执法应急服务型的 USPR 在基本职责基础上，通过接受委任执法、急救医疗技师或护理人员等资格认证，增加了相应的职责。1995 年，NPS 共有 3500 名 USPR，其中 1500 名获得委任可以进行执法。

按照工作岗位性质，USPR 也是可以分为两类：永久性和季节性。永久性 USPR 是指那些成功通过了公务员考试并且是 NPS 的全年雇员的职业人员。季节性巡护员指 NPS 在公园客流量较大的季节聘用的临时人员，以补充永久巡护员的力量。季节性 USPR 一般在永久性 USPR 的带领、指导下开展工作，工作出色的也有机会通过考试等途径转为永久性巡护员。与中国体制不同，NPS 的季节性巡护员也可以通过委任获得执法权，开展相关的执法工作。1997 年，NPS 的 2107 名执法 USPR 中，有 1465 名是永久性雇员，642 名是季节性雇员。

（3）USPR 队伍建设

①教育背景：USPR 职责广泛，相对应的，其教育背景也多种多样，包括自然资源管理、自然科学、地球科学、历史、考古学、人类学、公园和娱乐管理、执法/警察科学、社会科学、博物馆科学、工商管理、公共管理、行为科学、社会学或其他与管理和保护自然和文化资源密切相关的主题。在某些情况下，可以用专业经验代替教育背景。

②执法型 USPR 和特工（SA）培训：所有执法人员都必须完成执法培训。永久性执法型巡护员必须在隶属于美国国土安全部（U. S. Department of Homeland Security）的联邦执法培训中心（Federal Law Enforcement Training Center，FLETC）完成国家公园管理局的课程，主要包括土地管理警察培训项目（Land Management Police Training Program，LMPT）、巡护员特定基础培训项目（Ranger Specific Basic Training Program，RSBTP）、NPS 野外培训和评估项目（NPS Field Training and Evaluation Program，FTEP），全部完成后返回其工作地点。特工（SA）的基本执法培训要求是完成刑事调查员培训项目（Criminal Investigator Training Program，CITP）或内政部的调查员培训项目（Department of Interior，Investigator Training Program，DOI-ITP）课程。季节性执法型巡护员需要达到 NPS"执法、安全和应急服务司"管辖的执法培训中心（NPS-LETC）的执法培训项目或者符合永久性执法巡护员的基本培训要求，还需要完成巡护员定向和评估项目（Ranger Orientation and Evaluation Program，ROEP）。

（二）美国国家公园执法部门与其他部门的合作

美国国家公园体系具有地域广阔、资源类型丰富多样、访客量巨大等特点，执法部门的"单打独斗"不足以应对各类挑战。USPR 和 USPP 都与 NPS 其他部门、联邦政府其他执法队伍以及其管辖区域的地方政府部门等建立了广泛的合作机制。下面以 USPR 与其他部门的合作为例进行说明。

1. 与美国国家公园管理机构内部其他部门的合作

NPS 通过执法队伍与公园解说员、科学研究人员和资源管理人员的团队合作实现精细化的资源保护。

与科学管理类机构的合作。USPR 与科学专家的合作对于在执法队伍中掌握正确的主题专业知识至关重要。例如，夏威夷火山国家公园的 USPR 经常与美国地质调查局合作，以加深他们对火山喷发及相关的地质过程的了解，为的是当成千上万的游客涌向公园观看火山爆发时，USPR 能够在执行公共安全保护措施方面做得更好；他们与 NPS 以及其他联邦机构内部或外部的植物学家、鸟类学家和森林专家合作，以更好地了解受法律授权公园进行保护的雨林生态系统，从而能够更有效地执行联邦禁毒法，禁止大麻种植者进入公园，因为其可以向陪审团和法官清晰地阐明大麻种植对森林资源和地区特有物种濒危鸟类的负面影响。

与公园解说员（park interpreters）的合作。预防犯罪和资源保护最为有效的方法是教育宣传。公园解说员正是在公园内的专业教育人员，旨在通过传播公园内自然与文化遗产资源的价值与重要性。公园解说员因能够更为广泛地接触公众而在宣传教育方面具有天然的优势。通过个人口头介绍、出版物、视频作品、网页和其他媒体等方式，公园解说员向数以亿计的公众宣传 NPS 关于保护的各种理念、信息等。

与科学工作人员的合作类似，USPR 与公园解说员合作以提高公众对资源价值的认识水平的方式是最为有效的。主要的合作形式有：（1）通过开发解说项目与出版物的形式，帮助公众了解公园资源的真正价值，提升其遵守保护相关规则的自觉意识——知情的公众是更加合作和负责任的公众；（2）以媒体形式播报园区内刑事和民事案件的成功起诉结果，以警示大众违法必究，从而达到震慑犯罪和破坏资源行为的目的；（3）结合前面两种方式，在园区内形成同侪压力，即一种社会良知。让公众意识到，公园是需要遵守规则的特殊场所，在这里破坏资源和违规行为是不可取的，并对有上述行为的人感到不齿。通过以上合作方式，巡护员将可以把主要精力集中于解决故意危害公园资源和游客人身安全的问题上。继续以夏威夷火山国家公园为例进行说明：多年来，USPR 与公园解说员合作，将其既有的火山模式和美国地质调查局提供的最新的相关信息相融合，再与商业媒体和夏威夷民防部门合作，促进公园火山喷发期间游客安全、合法的游览。此外，USPR 还与公园解说员、媒体合作，让公众和司法系统意识到大麻种植可能引发枪战、诱杀、资源破坏以及明显提高的犯罪入狱风险，从而形成普遍的社会意识——种植大麻、破坏公园的雨林生态系统是错误、违法的，最终公园中大麻种植量大幅降低。

总之，执法部门与其他部门人员的合作对园区内资源保护管理十分重要，而这种预防性的执法也需要充足的资金和持续的警觉。如果没有充足的 USPR，公园的游客在犯罪成本降低的情况下更易滋生犯法行为；如果没有科学家和解说员及管理机构对执法活动的辅助支持，有效执法也将大打折扣。

2. 与其他执法部门的合作

NPS 与其他执法队伍的合作，在美国法典中做出相关规定。针对国家公园管理局管辖的国土空间范围内，美国法典 54 U.S.C. 102701 授权了国家公园管理局与联邦、州和地方机构的执法合作，授权内政部：①当国家公园管理过程中，需要临时增加执法人员时，在认为经济可行并符合公共利益的情况下，经联邦机构、州或分区政府的同意之后，可以指定该机构的执法人员在国家公园管理局的管辖范围内执法，行使公园巡护员和特工的执法权；②与州或分区合作，在国家公园管理局的管辖范围内，执行该州或分区的法律法规；③当州或分区政府向国家公园管理局转让一定的立法管辖权时，向州或分区政府提供一定的资金支持（类似中国的转移支付）以补偿其损失。针对国家公园管理局管辖的国土空间范围之外，美国法典 54 U.S.C. 102711 授权内政部可以"使用该系统（NPS）的专项资金，向其管辖区域附近的执法和消防机构提供紧急救援、消防和合作援助等，或其他出于相同目标的活动"。

从国家公园管理局管辖范围内的执法队伍的历史看，USPR 与公园附近地方政府执法部门具有良好的合作关系。因为园区内执法队伍受执法队伍规模不足的困扰，在没有外部支持协助的情况下往往无法应对紧急事件，因此与其他执法部门保持良好的关系便显得十分重要。包括 FBI 和其他联邦机构也都曾回应和支援 USPR 的执法活动。目前，随着公园访客逐年增多，与访客人身财产安全的事项增多，紧急状况下的寻求援助仍是必要的。USPR 与当地政府等其他执法机构的合作依旧紧密。

此外，美国国家公园面临的边境问题十分突出，因此与边境执法人员的合作也尤为重要。与墨西哥边境交界的美国国家公园以其荒野特征，成为走私、偷渡、贩毒人员的主要区域，严重危害了公园的资源和访客安全。[①] 在这一问题上美国海关局及边境巡防队与 USPR 形成了良好合作。由于国家公园地广人稀，一两名 USPR 无法应对配备武装的大批走私者和偷渡者，园区内部的后备支援往往来不及。而海关局在墨西哥边境的人员则相距较近，可以提供协助以缉拿走私贩毒人员；边境巡防队对非法入境打击也使其常常深入公园内部支援巡护员工作。

---

① 这些人由于往往采取隐蔽的直线穿越，对园区资源破坏比较严重，体现在两方面：一是在园区内对动植物的伤害；二是随意丢弃垃圾。

二　加拿大国家公园执法经验

加拿大国家公园的建设已逾百年，其执法队伍建设可回溯至 1909 年的"娱乐性狩猎监督官"（Game Guardian），而较新的执法计划（Law Enforcement Program，LEP）则在 2008 年实施，可见它也是在不断摸索、改善中前行。梳理其过去发展脉络有助于我们理解其执法队伍及职责形成的原因，而研究它现在的形式和内容（执法队伍和职责）则有助于我们了解它是如何实现保护国家公园理念的，以此进一步为中国国家公园执法建设提供借鉴。

（一）加拿大国家公园执法队伍建设及其职责

1. 加拿大国家公园执法队伍建设

长期以来，执法一直被加拿大国家公园用作管理工具，以确保遵守旨在保护自然和文化资源并在其所管理的国家遗产地中提供高质量游客体验的一系列法律法规。

加拿大国家公园设置园警（Park Wardens）已有数十年，设置"狩猎管理员"的历史更可以追溯至 1909 年，彼时狩猎管理员的主要职能在于监管狩猎活动和防控火灾。1965 年，首次发布了园警职责及其执法指南。到 2000 年，加拿大国家公园内大约有 400 名园警在岗。他们的职责主要是保护国家公园内的自然资源及执法。虽然所有园警都完成了基本的执法培训，但只有少数园警职位专门从事执法活动。随着国家公园建设和发展，面对更具多元化的问题和挑战，园警职能也随之不断发生变化。

在最近的几十年中，国家公园中的执法工作受到各种社会因素的影响（例如，国家公园的参观人数和非法采伐物种的价值增加）。这些因素导致园警在执行执法职责时面临潜在的安全风险增加（例如，与全副武装的偷猎者相遇、对多种不法行为的执法）。2007 年 5 月，国家公园执法部门对职业健康与安全进行的审查确定，有必要配发武器来减少执法行动的固有危险。使用武器的基本前提是，当执法事件的结果可能很可怕（即严重的人身伤害或死亡）时，必须采取所有合理的预防措施以防止发生这种情况。这一决定是对加拿大国家公园执法方式进行根本改变的动力。

2008年5月，加拿大政府授权国家公园建立多达100个完全致力于执法的武装警卫编制。随后，加拿大国家公园成立了新的执法部门——执法大队（Law Enforcement Branch，LEB），负责该机构的执法活动。此后，"园警"一词指负责执法的特定职位。而LEB作为全国范围的国家公园执法部门，依靠国家公园执法体系和组织结构，可确保在给定时间部署执法人员到最需要的地方。

附专栏　《加拿大国家公园法》中执法机制相关条文

十八

部长可以依据加拿大公园机构法任命公园警卫，其职责是依据法律赋予的权力执行本法令及加拿大的其他法规，维持公园内治安。从法律上讲，公园警卫是治安官员的一类。

十九

部长可以指派联邦政府公共部门、省、市或地区政府以及原住居民政府的个人或组织作为本法令的执行官员。执行官员拥有法律授予的权力和保护，是治安官员的一类。

二十

1. 每个公园警卫人和执行官员都将获得部长签署的委任书，并参加部长主持的宣誓仪式。

2. 执行官员的委任书将明确该执行官员根据本法令可以行使的权力以及其负责的公园。

3. 在履行职责时，公园警卫、执行官员及其随从可以进入和穿越私人土地。

二十一

1. 公园警卫或执行官员可以根据法典在没有逮捕证的情况下逮捕：（1）公园警卫或执行官员发现的违反本法令的人；或（2）有合理的证据，公园警卫或执行官员相信已经违反或即将违反本法第26条所提行为的人。

2. 公园警卫可以根据法典，在没有逮捕令时逮捕公园内任何违反加拿大任一法令的人。

二十二

1. 公园警卫或执行官员：（1）在执行第 2 款时，白天和夜晚可进入和搜查任何地方，打开和检查任何包裹或容器；（2）可以查封任何属于第 2 款规定的物品。

2. 如有合理的理由表明某一建筑物、车辆、船舶或其他运输工具，或在包裹或容器里有：（1）有合理的理由表明违反了本法令或相关规定的事物，或（2）有合理的理由表明可以提供犯罪证据的物品，相应的司法机构可以向公园警卫或执行官员授予搜查证，据此使其可以进入和搜查任何地方，或打开和检查包裹或容器。

3. 如果具有获得搜查证的条件，但由于情况紧急而使这一要求不可执行时，公园警卫或执行官员可以在没有搜查证时行使第 1 款的权力。

---

2. 园警职责

加拿大国家公园园警也是治安官（Peace Officer），其主要职责在于园区执法和履行并提供其他与园区命令相关的法律支持。本部分将从执法范围、执法种类和执法优先事项三方面说明园警职责。

从执法范围来看，园警主要在加拿大国家公园系统内，并被《加拿大国家公园法》（*Canada National Parks Act*）明确列出的国家公园内执法[1]。例如在加拿大国家公园法未涵盖的国家历史遗址（National Historic Sites），园警没有执法权，只能依靠警局执法。

从执法种类来看五大类分别是：资源保护、访客体验、公共安全、管理和公共和平。附表 7-1 展示了园警的执法种类及相关情形的举例，并标注了警察局及其他执法部门与园警执法活动的分工和交叉情况。

从执法优先事项上看，执法优先事项体现了园警的职责重心所在，优先事项的确定进一步明确了园警在何种情形下的行动方向。2008 年的《加拿大国家公园执法管理条例》（*PCA Management Directive on Law Enforcement*）和其他

---

[1] 在某些情形下可进行园外执法，如园外活动对国家公园内资源造成长期慢性的严重损害或是追查业已发生的损害园内资源的违法等。

附表 7-1 执法责任分工

执法种类	相关情形举例	园警	辖区警察局	其他
资源保护	偷猎;栖息地破坏	X		X
	在《加拿大国家公园法》未列出的国家历史遗迹中的文物清除或破坏		X	
访客体验	禁酒令;噪声和干扰	X		
公共安全	禁区;限制活动	X		
管理	不遵守擅自租赁占用许可证、进入许可、露营许可;偏远地区使用许可证	X		
公共和平	省法规:饮酒;危险驾驶;道路交通	X+	X	X
	联邦法规:危险品运输;出入境		X	X
	刑法:盗窃,袭击和毒品	X+	X	X

说明：X 代表具有此类职责，+表示此类职责受政策限制（或者说职责较弱）。

相关政策程序确立了执法部门最应优先应对的领域。

执法优先事项如附表 7-2 所示，对于优先事项，一般明确园警应采取有针对性的活动以主动回应。主动回应的条件限定越少，表明事件优先级越高。被动反应亦是如此，在被动反应中，采取条件限定越少的针对性活动回应，表明事项优先级越高。

附表 7-2 园警执法优先事项

事件类型	主动回应	被动反应
优先事项		
重大自然文化资源保护事件 对国家公共利益造成重大损害和影响(例如偷猎,栖息地破坏,文化资源盗窃)	针对性活动(例如巡逻,情报收集,特殊行动)	响应的最高优先级
访客体验过程中违规 根据 PCA 的法律法规(例如违反饮酒和制造噪声)或 PSOJ 参与的公共和平事件(例如盗窃,故意破坏他人财产)	针对性活动(例如,巡逻,监视社交网站) 园警依据 SDA 参与国家公园防控准则	当园警因为有针对性的活动而在场时,反应将是最高优先级。在其他时间,响应将取决于事件的优先级

续表

事件类型	主动回应	被动反应
公众和访客安全执法 （例如，禁区，限制活动）	针对性活动（如，封锁）需在已证明有必要采取执法行动来保护被访的公共、自然或文化资源的情形下实施。否则应由园区其他职员履行其职能	在即将对公共安全或资源造成风险的情况下，对不遵守安全通知的活动做出最高优先级的回应
次要事项		
轻微的自然和文化资源保护事件 对国家公共利益造成轻微损害和影响（例如，拾柴火，乱扔垃圾）	园警不必采取针对性活动	基于园警的可用性回应（如恰好在空闲时间）
行政违规 对公园造成财产和物质损失（例如，违反入境许可证，营业执照）	园警不必采取针对性活动，除非： • 已证明不合规是长期存在的； • 预防未能解决问题； • 通过SDA已达成的针对性行动	根据公园管理员的可用性，对巡逻过程中遇到的事件做出响应（例如，现场车辆数量，露营或船只许可证）
其他 对公园访客、职员和财产造成重大威胁的事件（例如，反应性失控事故、公共安全紧急事件、刑事案件）	园警不必采取针对性活动	特殊情况下，基于园警可用性回应

资料来源：Adapted from RMAF/RBAF 2009 and Management Directive，Law Enforcement。

对于次要事项而言，没有明确园警有主动回应的职责。相关职责或是弱化或是由其他职员负责，在被动反应中也大多要求应视园警的可用性而采取回应措施，可见次要事项中园警在一般情况下不负有处理此种事项职责，仅在某些条件下有协助处理事务的情形。综上分析，加拿大园警执法优先事项和重要职能集中于重大自然文化资源保护事件、游客体验及公众和访客安全执法方面；次要事项和较少的职能体现在轻微自然文化资源保护事件、行政违规执法和其他重大威胁事件的处理上。

（二）加拿大国家公园园警执法处理的常见问题及主要处理方式

园警在处理执法事件时，会记录在事件跟踪系统（Occurrence Tracking System，OTS）中。从2009年5月到2015年3月的大约6年中，事件跟踪系统记录了总共43718起事件（即每年平均7669起）（见附表7-3）。这些内容按 PCA 执法部门评估的事件类别进行分组（即资源节约、访客体验与行政管理）。分析其中报告的五个最常见的事件是：非法露营（7%），高速公路上违规（6%），违规饮酒（6%），非法篝火晚会（5%）和不拴狗绳（5%）。

附表 7-3 加拿大国家公园 OTS 中记录的"事件类型"及其相关频率
（2009 年 5 月至 2015 年 3 月）

事件类别	具体事件类型	总数（件）	本事件类型中的占比（%）	所有事件中的占比（%）
资源节约	非法露营	3181	13	7
	不拴狗绳	2203	9	5
	非法篝火晚会	2074	9	5
	非法捕鱼	1664	7	4
	限制区域内的活动	1532	6	4
	损坏/损坏/破坏-自然物体	1137	5	3
	进入禁区	998	4	2
	令人不满意的营地条件	973	4	2
	违规使用雪地车	958	4	2
	路外行车	864	4	2
	违规使用全地形车（ATV）	809	3	2
	骚扰野生动物	773	3	2
	乱抛垃圾	697	3	2
	带走自然物体	572	2	1
	家畜	576	2	1
	违规使用火器	547	2	1
	倾倒垃圾	506	2	1
	非法狩猎	505	2	1
	喂食野生动物	424	2	1
	垃圾-存储	303	1	1
	防御/损坏/破坏-标牌	223	1	1
	偷猎	222	1	1
	资源提取	221	1	1
	边界检查	193	1	0
	木材采伐	144	1	0
	低空飞机	134	1	0
	无人看管的篝火	115	0	0

续表

事件类别	具体事件类型	总数（件）	本事件类型中的占比（%）	所有事件中的占比（%）
	非法使用山地自行车	115	0	0
	非法诱捕（snaring）	114	0	0
	带走鹿角	88	0	0
	带走野生动物的特定部位	82	0	0
	危险物种	76	0	0
	非法向导	73	0	0
	运河-在许可证规定的条件之外工作	67	0	0
	停止检查	67	0	0
	污染-水	62	0	0
	污染-土壤	61	0	0
	损坏/损毁/破坏-文化物品	59	0	0
	运河-无许可证工作	45	0	0
	非法捕鱼-CLAM	43	0	0
	非法道路建设	42	0	0
	污染-有毒物质溢出	36	0	0
	带走-文化物品	27	0	0
	非法诱捕（trapping）	26	0	0
	化石	21	0	0
	非法交易野生动物	17	0	0
	运河-未经许可装车	16	0	0
	非法放牧	15	0	0
	粮食泄漏	15	0	0
	进出口野生动物	12	0	0
	污染-空气	9	0	0
	非法交易野生植物	8	0	0
	投毒	5	0	0
	总计-资源保护	23749		54
访客体验	高速公路上违规	2656	24	6
	违规饮酒	2419	21	6
	噪声太大	1644	15	4
	营地干扰	1219	11	3
	恣意破坏他人（或公共）财产行为	823	7	2
	盗窃	666	6	2

续表

事件类别	具体事件类型	总数(件)	本事件类型中的占比(%)	所有事件中的占比(%)
	禁用机动车	463	4	1
	恶作剧	463	4	1
	破坏并进入	213	2	0
	违规吸毒	197	2	0
	动武攻击	106	1	0
	危险驾驶	106	1	0
	神思恍惚(vagrancy)	94	1	0
	家庭纠纷	91	1	0
	裸体主义	48	0	0
	妨碍治安官	48	0	0
	非法越境	5	0	0
	总计-访客体验	11261		26
行政管理	未经许可的露营	1155	29	3
	违反公园使用许可	1036	26	2
	违反停车规定	847	21	2
	未经许可停泊	244	6	1
	非法经营	191	5	0
	违规停泊	169	4	0
	违规使用船舶	164	4	0
	机动车超重	149	4	0
	总计-行政管理	3955		9
其他	投诉	3069	65	7
	各种(野生动物冲突,游客安全等)	1684	35	4
	总计-其他	4753		11
	累计	43718		100

注：表中数据均来自原始材料，加总数据与各分项数据之和不一致，系由四舍五入所致。

　　面对违法事件，园警的主要职责是在事件发生时提供执法响应，其有权自行决定对任何给定事件的适当响应级别。这可以包括一系列行动：不采取任何行动，提供信息，警告，转介或请求其他机构提供协助，调查，驱逐，指控和逮捕。园警根据他们对事件情况和相关法律框架的分析，进行专业判断，可以确定适当的执法对策。

2013~2014 年，LEB 报告了四种常见的执法方式：告知访问者信息，发出警告，提起指控和逮捕（见附图 7-1）。2013~2014 年，园警记录了 7399 条警告（口头或书面），并告知 527 位访客（或访客群体）有关规章制度的信息。这代表了大多数执法行动（77%）的执法方式。虽然园警会定期采取措施预防犯罪或减轻其影响，但是教育和告知公众的主要职责并不在于 LEB。这意味着园警执法重心偏移到次要事项上。

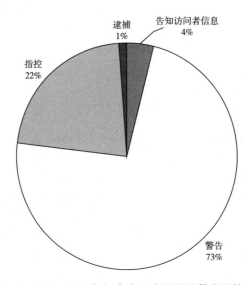

附图 7-1　2013~2014 年加拿大国家公园园警主要执法方式

数据还显示，2013~2014 年园警总共提出 2044 项指控（即平均每年 1022 项指控），实施了 120 次逮捕。大多数指控（57%）和大约 25% 的逮捕与加拿大国家公园法有关。其余的则受其他联邦和省级法律法规［例如《刑法》（*Criminal Code*）、《候鸟公约法》（*Migratory Birds Convention Act*）、《濒危物种法》（*Species at Risk Act*），以及各种省级酒类法、交通法和附则］。

虽然无法从 OTS 或年度报告中的数据确定这些指控导致成功起诉的程度，但显然已经取得一些成果。在所有支队中，这些指控在 2013 年产生至少 10 万美元的罚款，在 2014 年产生至少 12.7 万美元的罚款。LEB 的《国家摘要》（2014 年）指出，许多 LEB 指控文件通过有罪认罪得以很快解决。少数涉及更复杂调查的文件花了两年或更长时间才能解决。例如，CNPA（2009）的修正案对商业企业规定了巨额的最低罚款，导致相关案件大多旷日持久，因为被罚企业宁可陷入纷争以避免巨额损失。

（三）加拿大国家公园园警与其他执法队伍的合作

园警经常需要与其他执法机构一起工作。园警可能会根据操作要求请求其他执法人员并提供帮助。与这些合作伙伴保持富有成效的工作关系对于 PCA 执法项目的成功以及实现加拿大国家公园遗址中资源保护、优质访客体验和访客安全这一更广泛目标至关重要。

（1）关于建立这些伙伴关系的规定在《执法管理指令》（2008）中有详细说明。LEB 还制定了其他联邦、省或地区立法下的公园管理员的指定标准（2012）。加拿大非公园管理局法规对指定园警很重要，因为它：①为园警提供立法执法工具，以支持在不适用加拿大国家公园管理局立法的特定遗产地或环境中（例如布鲁斯半岛国家公园）的资源保护和游客体验目标；②允许在以下位置指定园警《候鸟公约法》（1994）和《野生动植物保护以及国际和省际贸易法的规定》（*Wild Animal and Plant Protection and Regulation of International and Interprovincial Trade Act*，1992）；③向园警提供与合作伙伴有效合作所需的权限（进行联合巡逻和行动，提供相互支持等）。

（1）此外，与他人合作的标准（the *Standards on Working with Others*，2014）中规定了园警可以向其他执法人员提供协助的限制。这些包括：①园警可以在合法权限范围内向其他执法机构提供园区内的执法协助；②园警只能进行与 PCA 执法任务有关的机构间巡逻，机构间特殊行动或机构间调查；③园警仅可在所提供的帮助并未明显损害国家公园内执法队（紧急情况除外）的情况下，协助其他执法机构。

目前，执法队已与其他执法机构签订了 7 份正式协议，以建立园警与其他执法机构之间的工作关系（见附表 7-4）。

附表7-4　PCA执法部门与其他执法机构签订的正式协议

合作对象	协议形式	起始年份	目的
加拿大皇家骑警	谅解备忘录	1987	阐明各组织在执法方面的角色和职责
	谅解备忘录	2009	为PCA提供进入加拿大警察信息中心的权限，并向PCA提供执法培训(每年更新)
ECCC*执法处	谅解备忘录	2015	合作执行《候鸟公约法》
农业部	谅解备忘录	2015	就布鲁斯半岛国家公园地区的执法和公共安全对策进行合作
安大略省警察局	议定书	2015	同上
安大略省自然资源局	谅解备忘录	2013	指定国家公园园警为省保护官员
育空地区环境局	谅解备忘录	2014	指定国家公园园警为地区保护官员

说明：谅解备忘录为memorandum of understanding，议定书为memorandum of agreement。
＊Department of Environment and Climate Change Canada，加拿大环境和气候变化部。

除此之外，园警确认已与众多执法合作伙伴建立了正式和非正式的运营关系。对加拿大国家公园而言，全国范围内最重要的合作伙伴是加拿大皇家骑警，省/地区自然资源和野生动植物服务中心，ECCC的执法部门和DFO（Department of Fisheries and Oceans，渔业与海洋部）的保护部门；各园区范围内重要的合作伙伴包括省、市和社区的警察部门，以及加拿大边境服务局和美国的执法合作伙伴。有证据表明，无论是正式还是非正式业务，所有相关伙伴均参与其中，且职责清晰。

三　对中国国家公园执法机制构建的启示

借鉴美国和加拿大国家公园执法机制的经验，中国国家公园管理机构需要坚持目标导向和问题导向，吸取历史经验教训，建立专门的执法队伍，并加强与其他部门的合作。

（一）执法机制的建立既顺承历史又立足当下

各国国家公园包括执法机制在内的各项管理制度的构建，都不是一蹴而就的，而是随着经济社会的发展而逐步完善的。如美国国家公园管理体系中，基于历史发展，形成了美国公园警察和美国公园巡护员两类执法人员，在 NPS 管理的区域内共享管辖权。但在实际运行过程中，公园警察主要的管辖范围集中在城市区域，包括华盛顿特区、旧金山和纽约市地区以及某些 NPS 管辖的其他联邦土地。加拿大国家公园管理体系中，随着经济社会的发展和国家公园法规体系的完善，国家公园执法队伍历经"狩猎管理员"、兼职园警和专职武装园警三个阶段的变迁，既顺承历史又立足当下，形成了专职的执法队伍。中国国家公园由各类保护地整合而来，原有的执法基础薄弱，部分保护地由森林公安开展执法活动。在建立执法机制过程中，应当吸取既有保护地管理中的执法经验和执法基础薄弱带来的教训，坚持目标导向和问题导向，建立统一、规范、高效的执法体系。

（二）设立专门而独立的执法队伍

根据《总体方案》，国家公园的首要功能是保护重要自然生态系统的原真性、完整性，同时兼具科研、教育、游憩等综合功能。国家公园管理机构，履行国家公园范围内的生态保护、自然资源资产管理、特许经营管理、社会参与管理、宣传推介等职责，负责协调与当地政府及周边社区关系。可以想见，国家公园管理机构面临的违法问题将会涉及资源保护和访客管理两大方面。国家公园执法队伍职责应该包括保护园区资源和访客安全。国家公园内可能存在复杂的违规违法行为、资源保护和游览风险等，要求执法人员掌握资源保护、救助等特殊的技能，需要专门的培训模式，具有很强的专业性，需要专门的执法队伍，由国家公园管理机构统一管理，以确保统筹管理、培训、建设，而更好地实现保护园区资源和访客安全的理念。

（三）强调执法队伍与其他机构的合作

国家公园在由国家公园管理机构统一管理的基础上，还是需要加强与地方政府相关部门的合作。根据《总体方案》，国家公园所在地方政府行使辖区（包括国家公园）经济社会发展综合协调、公共服务、社会管理、市场监管等职责。在实际运行过程中，国家公园范围内的重大地质灾害、森林防火等资源管理方面的执法和社会治安、市场监管等方面的执法，都需要加强与地方政府机构和其他执法机构的合作，增强对紧急重大事件的联合执法，以实现更有效地执法。

附件8
国外国家公园的特许经营制度建设情况

一　美国国家公园特许经营

美国 1872 年建立第一个国家公园，经过近 150 年的探索与发展，建立了较为完善的国家公园管理制度。特许经营制度成为国家公园管理制度的重要组成部分，在自然资源有效保护和游客服务方面发挥了不可替代的重要作用。

（一）特许经营的定位和理念

美国国家公园管理局有两项使命，一是保护自然及文化资源，二是提供游客服务（《国家公园管理局组织法》）。美国国家公园为游客提供两项服务，一项是国家公园管理局直接提供的服务，一般是免费或将费用包含在门票中，可以理解为非商业性服务；另一项是国家公园管理局授权开展的商业服务。1872 年，美国国会建立黄石国家公园时授权内政部部长向私人租赁土地以提供游客食宿服务并修建设施，这标志着在国家公园内开展特许经营活动的开始，以及特许经营活动早于国家公园管理局的建立。[①]

商业服务又分为特许经营（Concession）、商业使用授权（Commercial Use Authority，CUA）和租赁（Leasing）三类。这三类商业服务在经营项目、经营期限、经营范围、管理层级和经费使用等方面的区别见附表 8-1。此外，游客体验改进合同（Visitor Experience Improvements Authority Contract，VEIA Contract）也属于商业服务的范畴。

特许经营是最主要的商业服务类型，开展最早，规模最大、涉及游客人数最多、盈利能力最强。2017 年，美国国家公园共签署 575 份特许经营合同，有 480 多个特许经营者，其中 60 份合同的经营收入占总经营收入的比重高达85%，另有 430 份合同的经营收入低于 50 万美元。同年，美国国家公园吸引

[①] 天恒可持续发展研究所、全球环境基金：《国内外保护地特许经营现状分析报告》，2021。

了 331 万游客前来参观，特许经营项目为美国国家公园创造了约 10 亿美元的收入。除了特许经营，美国国家公园对周边社区还有明显的发展带动作用，这是美国国家公园"政绩"的重要体现，是美国的两山转化方式：2017 年，在国家公园边界外约 97 公里范围内的周边社区产生了 182 亿美元的消费，其中 30.42% 来自住宿，20.34% 来自餐饮，同时创造了 30.6 万个工作岗位、119 亿美元的劳动收入和 358 亿美元的国内生产总值。①

商业使用授权，指国家公园管理局根据法律规定，授权个人、公司或其他实体向国家公园游客提供服务。

租赁指国家公园历史建筑物或非历史建筑物或设备的对外出租，是与游客使用、航空使用、矿藏勘探与开采、特殊用途等并列的国家公园的利用方式。

附专栏 8-1　美国国家公园对周边社区经济社会发展的贡献

2022 年 6 月，美国国家公园管理局官网发布了 NPS 的报告《2021 年国家公园游客支出影响》②：2021 年，国家公园访客在国家公园附近社区的消费为国家经济带来了 425 亿美元的效益，并支持了 322600 个工作岗位，其中大部分是当地就业岗位。大约 2.97 亿游客在国家公园 60 英里范围内的社区花费了 205 亿美元。在 322600 个由游客支出支持的工作岗位中，268900 个工作岗位位于公园门户社区。③ 住宿是美国国家公园访客的最大开支项目，餐饮位居第二。这个影响评估已有近 20 年的历史，与此相对

---

① 这方面的评估方法和最新成果介绍参见专栏 8-1。必须说明的是，这组数字体现的是国家公园对周边社区的经济和就业带动作用，不是特许经营本身的直接产出。

② 指标包括访客支出（Visitor Spending）、就业岗位（Jobs）、经济产出（Economic Output）等。通过分析社区内大量的经济活动、经济产出贡献，为国家公园对经济社会的发展影响评估提供依据。其中，访客支出是某一年当地和非当地游客在公园周边地区直接支出的总额；就业岗位是指主要由游客在公园周边地区的消费支持的全职、兼职及临时工作岗位；经济产出指公园周边地区所有访客支出产生的商品和服务生产的总估计价值。

③ 原文为：In recent years, we have shared the NPS Visitor Spending Effects model with many international colleagues, a tool that shows how visitor spending in communities near national parks has a positive economic impact. The 2021 report was just issued, showing that 297 million visitors contributed $42.5 billion to the nation's economy, supporting 322,600 mostly local jobs. 报告全文参见 https://www.nps.gov/orgs/1778/vse2021.htm。

比的是，2002 年美国的 348 个国家公园体系成员每年带来 106 亿美元的旅游收入，提供 21.2 万个工作机会；2012 年，约有 2.82 亿游客来到美国国家公园，这些游客在周边社区花费了 147 亿美元，提供了 24.2 万个岗位。近 20 年间，这些数据在稳步增长。

附表 8-1　美国国家公园三类商业服务的区别

商业服务类型	经营项目	经营期限	经营范围	管理层级	经费使用
特许经营	住宿、餐饮、零售等大规模经营项目或服务	长期合同，一般不超过 10 年，但可延长至 20 年	国家公园边界内	由内政部部长授权，国家公园管理局负责合同管理	特许使用费收入的 80%用作所在国家公园管理经费，20%存入美国财政部专门账户用作国家公园管理局商业服务项目管理经费
商业使用授权	婚礼、拍摄电影等小规模经济活动或项目	短期协议，商业开发商对公园的一次性利用活动	国家公园边界内	由所在公园管理局审批与管理	申请费、管理费和场地使用费等收入由国家公园独立支配
租赁	除特许经营与商业使用授权之外的建筑或设备的对外出租	无明确规定，租赁期可长达 60 年	国家公园范围内	由所在国家公园管理局进行招标和审核	租赁费收入由国家公园单独支配，用于公园内基础设施建设和历史遗迹保护等

（二）特许经营的服务类型

目前，美国国家公园有特许经营 26 个类型。2018 年，国家公园共签署 450 份特许经营合同，涉及 1005 个特许经营服务项目，即平均每个合同涉及 2.23 个特许经营服务项目。这 26 个服务类型中，导游服务和旅行用品、零售经营、交通运输、食品经营服务是最主要的服务，这四个服务类型合计占 2018 年签署的合同项目的 50%以上（见附表 8-2）。此外，部分特许经营服务类型仅在特定的国家公园开展，如邮轮巡航服务均在冰川湾国家公园开展。

目前宿营地的经营管理权多数由国家公园管理局掌握，少部分宿营地由特许经营者运营。这个领域最近争议颇多：国家公园管理局总体上认为宿营地的经营是其提供的游客服务的重要内容，倾向于应由国家公园管理机构直接运营，而部分特许经营者则认为其应属于商业服务。

附表8-2　2018年美国国家公园特许经营服务类型统计表

	特许经营服务类型		涉及该特许经营类型的合同数量	占所有服务的比例	合同数量占合同总数的比例（%）
1	Guide Service and Outfitters	导游服务和旅行用品	188	18.7	41.8
2	Retail Operations	零售经营	149	14.8	33.1
3	Transportation	交通运输	113	11.2	25.1
4	Food Service Operations	食品服务经营	103	10.2	22.9
5	Rentals	租赁	87	8.7	14.9
6	Horse and Mule Operations	骡马经营	67	6.7	12.2
7	Lodging	住宿	55	5.5	10.7
8	Water Guides	水上项目向导	48	4.8	8.2
9	Scenic and Sightseeing Tours(all)	观光旅行	37	3.7	5.6
10	Auto, Gas, and Service Stations	汽车、汽油和服务站	25	2.5	5.6
11	Campgrounds	宿营地	25	2.5	5.6
12	Marinas	海洋经营	21	2.1	4.7
13	Vending Machines	自动售货机	20	2.0	4.4
14	Water Transportation	水上运输	13	1.3	2.9
15	Winter Sports Operations	冬季运动经营	13	1.3	2.9
16	Shower and Laundry	洗浴和洗衣	11	1.1	2.4
17	Trailer Village Services	拖车小屋旅行服务	7	0.7	1.6
18	Cruise Lines	邮轮巡航	6	0.6	1.3
19	Photo graphic Materials	摄影材料	6	0.6	1.3
20	Golf Courses	高尔夫课程	2	0.2	0.4
21	Kennel Service	狗舍服务	2	0.2	0.4
22	Medical Clinics	医疗服务	2	0.2	0.4
23	Parking Lot Services	停车场服务	2	0.2	0.4
24	Bath Houses	浴室	1	0.1	0.2
25	Swimming Pools	泳池	1	0.1	0.2
26	Wi-Fi Services	无线网服务	1	0.1	0.2
	总计		1005	100.0	223.3

（三）特许经营的管理体系

美国国家公园特许经营管理体系由国家公园主管机构、咨询机构和监管机构组成。国家公园管理局是国家公园特许经营的主管机构，有4项主要职责：审查合同履行情况和财务活动；评估游客设施、商品与服务质量；检查特许经营项目的安全、风险管理以及实施情况；批准并监管相关的服务定价与收费标准。国家公园管理局重点审查年收入超过500万美元或合同期超过10年的合同，其下属的6个地区分局有权根据实际情况确定特许经营费。

特许经营咨询委员会是咨询机构，负责就特许经营事务向国家公园管理局提供咨询服务。委员会由与国家公园特许经营活动无利益关系的非政府职员组成，人数不超过7人，任期不得超过4年。委员会有6项职责：确保特许经营项目的必要性和适当性；拟定和提出促进国家公园特许经营项目及其管理过程中的增效减负政策；决定特许经营服务合同期限，明确合同内容，选出最佳中标机构和个人；规定特许经营项目的属性与范围；确定特许经营费的征收方案；编写国家公园特许项目评估报告，提交众议院和参议院能源与自然资源委员会。内务部审计署是特许经营的监管机构，负责定期对国家公园特许经营项目进行审查。

（四）特许经营的法律法规

经过多年的发展，美国逐步建立了较为完善的国家公园特许经营法律体系。《国家公园管理局组织法》是美国国家公园开展商业服务最早的法律依据。1928年，国会允许内政部部长以非竞争方式授予特许经营合同。1950年，国家公园管理局出台首份特许经营指导原则。

从20世纪60年代到90年代，特许经营经历了一系列改变。1965年颁布了《特许经营政策法》（*Concession Policy Act*），是美国第一部管理特许经营的法律，由9个部分构成。该法是针对美国国家公园管理局的特许经营活动的一部专门法。其中最为重要的是以下两项内容：一是"为了保护和保存公园的资源和价值，必须严格控制在这些区域内提供的食宿、基础设施和服务，保证游客的访问不会过分损害这些资源和价值，并把设施建设的影响控制在公园价值受损最小的范围内"；此外，还要求特许经营遵循两个原则，即所提供的公共使用机会是必要且适当的，必须保证资源与价值受到最大限度的保护。二是"内政部部长应该采取适当鼓励和支持私人或企业的措施"，以完成国家公园应为游客提供设施与服务的任务。该法公布后，为潜在特许经营者提供了多项优惠政策，提高了企业参与国家公园管理的积极性，但也存在游客服务质量下降、设施维护不力、垄断经营等问题。

20世纪90年代后，部分国家公园特许经营项目合同期满，让特许经营项目更能体现竞争性和商业效率的改革提上了日程。1998年，《国家公园管理局特许经营管理促进法》（以下简称《促进法》）应运而生。该法对特许经营程序、合约期限、特许经营费等提出明确要求，是现行美国国家公园特许经营管理的基础法律；修改了续签政策，转向扶持小型特许经营机构、旅行用品商、导览员等，并引入了评估机制，对特许经营项目的总体运营效果和环境影响等进行定期评估。《促进法》与《特许经营政策法》相比，主要做了四方面的改变：一是取消了对特许经营者在更新合同时的优先权限定，目前只有极少数规模很小的特许经营项目在更新合同时原特许经营者拥有获得新合同的优先权；二是限定了特许经营期限，《促进法》法规定特许经营合同的最长期限是10年，部分需要特许经营者投入较高建设资金的项目期限可延长至20年，而《特许经营政策法》并无类似规定；三是调整了特许经营费的归口，《特许经营政策法》规定所有特许经营费上缴国家公园管理局，《促进法》变更为80%为各国家公自留，20%上缴国家公园管理局，这一规定增强了各国家公园在特许经营管理上的积极性；四是增加了问责和监管的内容。总体上，《促进法》提高了特许经营的竞争性，促进了特许经营者对其自身业务的管理，同时也提高了国家公园管理局的特许经营费收入。

2006年发布的《美国国家公园管理政策》（*NPS Management Policies*）也对特许经营政策做了规定。其第10章（商业游客服务）第2节包括特许经营政策、商业游客服务规划、特许经营合同签订、特许经营业务实施、特许经营财务管理、特许经营设施、特许经营雇员及雇佣条件、国家公园员工等8个部分。该管理政策提出国家公园商业服务管理的详尽规定，为保证公园资源不受损害和游客获得优质服务，提供了细致的操作规程。

除上述法律、法规外，国家公园特许经营活动也受《美国联邦法规》和国家公园局长令等相关法规的约束。

（五）特许经营的管理模式

根据《促进法》，特许经营先要制定商业服务项目总体规划，然后推行公开招标—评标授予—签订合同—定期评估的管理流程。国家公园管理局公开发布招标说明书，概述项目内容和合同要求等，有兴趣的特许经营者上交提案，并附可行性研究报告。接到提案后，管理局组织相关人员组成评估组，评估工作聚焦对国家公园自然资源的影响、特许经营服务价格、申请者特许经营服务的经验、财务能力等方面，评估分数最高者即可得到授权，签订合同后可开展特许经营活动。管理局会监督特许经营者的业绩和合同履行情况，对其进行年度评级，其结果反映在年度总评（Annual Overall Rating，AOR）报告中。

1. 项目规划

美国国家公园特许经营活动由美国国家公园管理局实行全国统一管理，制定商业服务项目总体规划，决定在国家公园内可以开展哪些特许经营项目和如何开展。国家公园管理局设有公园规划与专项研究部门，组建了由特许经营专家、公园主管及工作人员、社区规划专家、自然及文化资源专家、环境设计专家等跨学科专业人员组成的工作团队。公园规划与专项研究部门负责起草特许经营项目总体规划，并在7个地区分局的规划部门配合下完成各个国家公园特许经营规划，其中丹佛分局的规划部门为制定特许经营规划提供技术服务。

2. 特许经营的评标和授予

特许经营通过公开招标遴选特许经营者，中标者既有个人也有企业。招标具有竞争性，能充分利用市场机制选择合适的特许经营者，以充分实现特许经营项目的市场价值。

招标工作由5个环节组成。

发布招标信息：国家公园管理局通过《商业贸易日报》等全国性媒体发布招标说明书，打造面向个人、企业等的信息共享平台。招标说明书内容详细，包含特许经营活动范围、特许经营费用、国家公园提供的公共设施或服务、经营者考核指标等。

组织投标：参与投标的经营者根据招标说明书要求向国家公园管理局递交项目标书，阐述项目经营方案。

评标：国家公园管理局成立由国家公园管理人员与特许经营管理专家等技

术人员组成的评估组，对标书及经营方案进行打分和评审。

中标公示：评估组根据评审结果撰写总结，由国家公园管理局公布评审结果、总结中标的投标人和开发方案，并接受公众质询。

签署合同：国家公园管理局与中标方签订特许经营合同，共同确定特许经营项目的具体经营方案与开发利用方式，对自然资源的开发程度、保护措施和破坏自然资源意外事件的应急措施等做出详细规定。

3. 合同管理和审查

特许经营的招标和授予过程依照相关法律进行，而合同的管理和审查则是十分复杂的过程。合同管理共有 17 项内容，包括合同变更管理、合同文件管理（业务规划、维修计划、土地及不动产文件和其他合同文件等）、特许经营保险管理、环境管理、风险管理、公共卫生管理、资产管理、游客满意度调查、特许经营利率管理、特许经营公共事业管理、预约管理规范以及其他合同管理规范与业务要求等。在合同审查方面，国家公园管理局通过核查特许经营者独立制定的相关规程、国家公园管理局的特许经营审查项目（Concession Review Program）、国家公园管理局专门的特许经营监测、检查和评估活动三个途径来监管并评估特许经营活动，以确保特许经营者遵守合同规定，执行相关法律，为公园游客提供优质、安全、卫生且环保的服务。合同审查主要包括 7 项内容，其结果反映在年度总评报告中。

4. 运营监管

国家公园管理局负责对国家公园特许经营项目进行监管，内容包括生态环境影响监管、经营合规监管和经营活动监管。

生态环境影响监管。即监管商业活动对自然环境的影响。国家公园管理局根据《促进法》从四方面开展环境管理：经营活动不能损害生态环境；经营者须制定环境维护与治理方案；国家公园管理局要加强对经营者的培训教育，增强其对公园内环境的了解；宣传环境维护方面表现出色的经营者。国家公园管理局商业服务项目办公室采用"环境审查表"开展环境审查工作。每个特许经营项目初期需要进行基础环境审查，之后至少每 5 年开展一次常规环境审查。

经营合规监管。即监管特许经营者是否违反合同规定开展经营活动，诸如是否存在超出特许经营权范围的经营活动。国家公园管理局首先通过其他经营者的反馈、游客投诉和现场调查等方式获取违规经营信息，然后根据经营活动内容对环境的影响程度决定如何处理。若违规经营对环境影响较小且不占用基础设施，国家公园管理局会根据经营者提交的申请进行重新授权，允许其继续开展特许经营活动；若经营活动对国家公园自然资源和环境及其他经营者产生不利影响，将中止其经营合同并对其进行起诉。

经营活动监管。即监管特许经营活动范围、经营时间、经营内容、财务情况和经营成效，包括提供给游客的服务质量和对建筑物的维护等。主要由国家公园管理局聘请特许经营专家进行年度评估。特许经营专家通过调研考察收集项目信息，进行评估审查工作，为国家公园管理局商业项目管理决策提供依据。

（六）特许经营的资金机制

《国家公园组织法》规定，所有特许经营费都应上交至财政部，上缴后分成两个子账户。但《促进法》和1999年颁布《20%特许经营费账户使用规定》中已修改为：各国家公园收取的特许经营费20%上缴给联邦财政，用于国家公园管理局特许经营服务管理，用途限定在特许经营管理咨询委员会费用、特许经营合同服务费用以及其他与特许经营的相关费用等三个使用方向；其余80%留园使用（见附表8-3）。用途限定在保护、参观和设施维护方面。特许经营费留园制度的设计有效提高了各国家公园的积极性。

确定特许经营费的主要依据有以下三个方面。

净利润：根据类似经营者的实际利润情况，同时考虑季节性、承载量、可达性、人力及材料成本、项目重要性等因素，一般交通类特许项目的利润高于住宿类、住宿类高于餐饮类。根据国家公园管理局出台的《小型特许经营项目经营费征收指南》（Guidance for Franchise Fees for Small Concession Contracts），游憩类项目的特许经营费一般为总收入的3%，最高不超过1000美元；住宿类项目的特许经营费一般为总收入的5%，最高不超过1000美元。

合同义务：特许经营合同规定的经营内容、模式也会影响特许费的收取，如《促进法》出台后，要求特许经营者保障更高质量的基础设施和服务设备，由于成本增加，美国政府面向国家公园特许经营企业或个人征收的特许费用有所下调。

产品价格：国家公园不同产品的市场价格不同，利润差异较大，如交通类产品价格比住宿类价格高，而住宿类又普遍比餐饮类高，因此特许费的确定要考虑产品价格差异因素。

附表8-3　美国国家公园特许经营项目费的资金使用方向

规定用途		主要内容
20%上缴财政	特许经营管理咨询委员会费用	行政管理、会议等相关费用
	特许经营合同服务费用	为国家公园管理局提供优化合同管理、提出新项目合同、协助危机管理、费率核算、收费分析、可行性研究、项目评估等服务
	其他与特许经营的相关费用	其他与特许经营相关且必需的内容,如项目征求意见会务费等,此类费用必须在国家公园80%的特许经营留存资金不足以支付的情况下方可产生
80%留存本园	保护费用	公园生态与历史文化资源保护
	参观服务	公园生态与历史文化价值提升
	公园设施维护	设施更新与维护

为保证特许经营费使用的公正性，特许经营所有权人须提交反映特许经营业务的年度财务报告，内容应包括收入表、资产负债表以及总收入、运营情况。国家公园管理局不得向拥有或寻求获得特许经营权的实体、个人索要或接受捐款或礼品，违反者根据《促进法》依法追责。

特许经营活动的开展不仅为国家公园提供了优质的游客服务，也为国家公园带来了直接的经济收益。2018年国家公园管理局获得的特许经营费约1.2亿美元，其中约60%由占比40%的大型特许经营者缴纳。不同特许经营合同所收取的特许经营费不同，平均为合同额的7.9%，即特许经营者经营项目收入的7.9%用于支付特许经营费，而非其利润额的比例。

二　加拿大国家公园特许经营

加拿大是世界上第三个建立国家公园的国家，每年吸引全世界近千万人次参观游玩，在促进其自然保护和当地发展的同时也传播了自然保护思想。加拿大制定和实施了包括特许经营在内的一系列国家公园管理法律法规。

（一）特许经营的定位和理念

《加拿大国家公园商业条例》第一条规定：国家公园的特许经营是指在公园内进行的以营利、集资或商业促销为目的的交易、产业、雇佣、占用行为或特殊事件，即使针对慈善组织或非营利性组织或个人，都须经过许可（License），即特许经营。

国家公园特许经营的目的是通过合作伙伴创造新的和有创造力的机会帮助加拿大国民发现、接触和保护加拿大的土地。[①]

国家公园内提供的所有商业设施应符合以下理念和需求。[②]

增进公众对自然环境的理解、欣赏与愉悦。国家公园内特许经营设施的提供有助于增加加拿大国民和国际游客对自然环境的理解和欣赏能力，促进其精神愉悦。

增加公众的游憩参与机会。国家公园内的特许经营设施能为公众提供更多的游憩参与和体验机会，使公众形成"连接感"（sense of personal connection）。

面向公众的可得性。国家公园内的特许经营设施可让更多公众获得享受。

（二）特许经营的法律法规

加拿大的国家公园特许经营管理形成了国家、财政部和国家公园管理局三个层面的法律保障。国家层面，在《加拿大国家公园组织法》《加拿大国家公园法》《加拿大国家公园商业条例》构成的法律框架内，出台了《使用者付费法》《国家公园占用租赁及许可条例》等法律法规和政策文件（见附表8-4）。《加拿大国家公园法》中包括"国家公园商业管理规定"。此外，针对主要经营行为出台了专门的行为规章，如《国家公园钓鱼条例》《国家公园露营条例》《国家公园村舍管理条例》等。

财政部的《不动产管理政策》《不动产评估标准》为特许经营费的确定提供了政策标准依据。

国家公园管理局也制定了特许经营收入管理、财务管理等相关政策文件。

---

① https://www.pc.gc.ca/en/agence-agency/partenaires-partners.
② 来自《加拿大国家公园管理局导则与运行政策》。

总体而言，以《加拿大国家公园组织法》为核心的国家公园特许经营管理制度体系，保障了国家公园特许经营的有效运行，保障了国家公园特许经营收费管理的科学性、规范性。

附表8-4　加拿大国家公园特许经营的法律基础

法律类型	法律依据
国家法律规章	《加拿大国家公园组织法》《加拿大国家公园法》《使用者付费法》《财务管理法》《联邦不动产法》《加拿大国家公园商业条例》《国家公园建筑条例》《加拿大国家公园占用租赁和许可条例》《国家公园商业条例》《国家公园钓鱼条例》《国家公园露营条例》《国家公园村舍管理条例》
财政部政策、导则、标准	《不动产管理政策》《应收账款管理指令》《不动产评估标准》等
国家公园管理局政策	《加拿大国家公园使用者收费与收入管理政策（即收入政策）》《应收账款管理政策》《国家公园不动产管理政策与运行导则》等

资料来源：加拿大国家公园官网，https://laws-lois.justice.gc.ca/eng/acts/N-14.01/。

（三）特许经营的管理体系

加拿大环境与气候变化部（Minister of Environment and Climate Change）下设国家公园管理局（The Parks Canada Agency，PCA），负责制定全国遗产地各类活动的相关规章制度和发布商业活动特许许可。特许经营管理中，推进小型特许项目管理的去中心化，导向（guiding）和户外装备（outfitting）项目的许可由地方国家公园批准。

《加拿大国家公园法》规定，国家公园管理局需每两年向众议院报告国家公园体系的整体情况，其中包括特许经营管理；每两年召开部长圆桌会，总结国家公园体系的工作进展，接受公众问责。

（四）特许经营的服务类型

根据特许经营活动与土地的关系，加拿大特许经营分为授权、租赁和许可三种形式（见附表8-5）。根据《加拿大国家公园商业条例》，授权是指国家公园管理局根据《国家公园商业条例》，授权经营者在指定地点获取水、饮

463

料、码头等资源，以及运行和维护公园内的设施，如狩猎、放牧、伐木等。"租赁"或"许可"，则需依据《加拿大国家公园占用租赁和许可条例》获得规定权限，其中"租赁"是指需要加拿大地产租赁权（Leasehold Interest）合同，一般包括地产租赁协议（Tenancy Agreement）和租赁许可。

附表 8-5　加拿大国家公园特许经营的主要类型

类型	管理对象	示例
授权	特定活动的批准或许可	国家公园内开展交易、旅游、游憩或娱乐、零售等相关活动的授权
租赁	一般与地产租赁有关	国家公园内的酒店、汽车旅馆、木屋、平房营及其他固定设施租赁
许可	事件许可（event permits）：某次具体活动的许可	某种有组织的事件活动
	进入许可（land access permits）：因工程、研究或其他活动进入某地块的许可	工程进入许可、研究许可等

由于加拿大国家公园特许经营的公开信息有限，无法获知特许经营项目的数量结构。从产品类型上看，国家公园特许经营项目主要包括游憩项目（如户外装备、向导）、住宿（露营、木屋、酒店）、零售（酒水、百货、自动售卖机）。

（五）特许经营的资金机制

加拿大《财务管理法》规定，加拿大国家公园拥有两年期的滚动预算体制，以保障国家公园的资金投入稳定，另外对于自我盈利获得的收入，国家公园可全额保留。

加拿大国家公园特许经营有效地改善了国家公园经营现状。国家公园管理局辖属的保护地每年可以创造33亿加元的收入，项目辐射400多个社区单位[①]，38个国家公园的特许经营、游憩收入是国家公园收入的重要构成部分，相当

---

① Parks Canada Agency's 2015–16 Departmental Sustainable Development Strategy.

于国家公园运营成本的 15%。① 同时，特许经营也带动了地方就业和经济发展，充满活力的特许经营项目吸引更多的参观者前往国家公园。

三　新西兰国家公园特许经营

（一）特许经营的定位和理念

新西兰国家公园永久地保护新西兰境内罕见、壮观或具科学价值的，且能体现国家利益的独特美景、生态系统或自然特征，旨在保存其内在价值，供民众使用、游憩并受益［新西兰《国家公园法》（1980 年）第 4（1）节］。《国家公园法》第 4（2e）节规定，只有在保护的首要目的得以保证的前提下，政府才能鼓励公众使用和进入国家公园游憩。

根据《国家公园法》第 49 节、《保护法》第Ⅲ B 部分有关国家公园的相关条款和《国家公园法一般性政策》10.1（c），新西兰国家公园内的所有特许经营项目应遵循以下原则。

依法合规。特许经营项目应遵守相关法律法规，国家公园管理计划的原则、目标及相关政策，不违背所在地块的建设目标。

环境保护。特许经营项目应以确保国家公园处于自然状态为前提，避免、弥补和缓解国家公园负面影响，使用现有的服务和设施对公园价值的负面影响最小化。

全民公益。能为人们的利益、使用和享受提供基本的设施和服务。

（二）特许经营的法律法规

新西兰 13 个国家公园以《国家公园法》为基本法。《保护法》第 5.7 节对特许经营使用进行了规定。《保护法》第 17 节和《国家公园法》第 49 节都规定：在公共保护地（包括国家公园）内开展任何活动，都必须获得特许授权，不以营利为目的的游憩活动除外。依活动种类不同，特许授权可具体分为

---

① National Audit of Operating Revenue Leases, Concessions and Other Revenues（Office of Internal Audit and Evaluation, 2012）.

租约、执照和许可。① 开矿不受此限，出于历史和法律原因，矿业活动受《皇家矿产资源法》（Crown Minerals Act）管辖。该法禁止在国家公园内进行矿产资源的勘探和开发。

此外，特许经营活动也依据《占有人责任法》（Occupiers' Liability Act 1957）和《健康与安全雇佣法》（Health and Safety in Employment Act 1992）等相关法律法规的框架开展。其中，《占有人责任法》要求土地或建筑占用者在经过授权使用这些资产的过程中确保参观者安全；《健康与安全雇佣法》确保工作场所及其附近人员的人身安全；《健康与安全雇佣规章》[The Health and Safety in Employment（Adventure Activities）Regulations] 要求探险项目经营者应拥有确保安全运营的资格证书，并是 WorkSafe New Zealand 的注册成员。在《保护法》和《国家公园法》框架内，根据涉及土地的性质和经营活动的排他性差异，新西兰的国家公园近 4500 个特许经营项目，包括租约、执照和许可三种形式。其中，"租约"以排他性经营为典型特征，与"许可"形式的非排他性对应，"许可"多是不涉及土地权益、排他性等的行为授权。

特许申请不发放给那些可能严重破坏保护价值，造成无法补救的后果或可在其他地区实施的项目。任何可能造成重大环境影响的特许申请需在全国和地方性报纸上向公众通报。民众可反馈意见，也有权在公众听证会上陈述自己的意见。

（三）特许经营的管理模式

新西兰保护部（Department of Conservation，DOC）作为中央政府机构，几乎管辖着新西兰含国家公园在内的所有受保护的陆地、水域及原生物种。保护部下设运营、技术和科研团队，分支机构遍布全新西兰。特许经营机制的依据是：在保护地内开展的商业活动都应向"保护地所有者"支付租金。

保护部作为国家公园特许经营服务事务主管机构，代表政府向公众提供旅社、营地、小屋、滑雪吊索等设施设备，停车场、道路、小道等公共空间以及

---

① 租约、执照和许可是保护部作为授权主体与第三方机构签订的不同形式的、具法律约束力的协议。租约允许受许方在指定期限内使用土地；执照允许受许方在指定期限内从事某类活动；许可允许受许方从事一次性活动。

公园入口处的住宿、交通及其他服务设施，并设有企业服务副局长岗位。国家公园内更复杂专业的游览项目需由保护部批准和授权，再通过特许的方式交由私人企业提供。特许项目运营过程中，受保护部全程监督。

保护部明确指出，一项经营活动是否会被允许，取决于两点：第一，所提出的经营活动是否与国家公园保护管理计划和地区保护管理策略相符合；第二，每个特许经营活动都需要做环境影响评估。在经营者提出申请后，保护部根据该项目会产生的潜在环境影响程度来判断该特许经营项目需要通过的各种程序。

针对涉及的所有特许经营者，保护部和国家公园设立了严格的生态保护考评体系和完备的退出机制，那些在生态保护方面考评不合格的特许经营者，将面临被取消特许经营权的处罚。

（四）特许经营的服务类型

新西兰特许经营产品类型主要包括：住宿；水陆空交通服务；商业性教育服务；向导服务（包括狩猎、涉水、徒步、攀岩、滑雪/冰、皮划艇/独木舟等）；冰场；蹦极地；商店、茶室、饭店、汽修及其他租赁服务；独屋休闲、通信设施、蜂窝、苔藓采摘、放牧等特色服务项目。大型许可主要发放给酒店、汽车旅馆、滑雪场和无线通信设施。

（五）特许经营的资金机制

特许经营费的逻辑是，凡利用公共保护地内的资源获取利益，都必须支付资源使用费，因为公共保护地内的资源属新西兰全民所有。特许经营费交至保护部，先存入财政部监管的皇家账户，然后通过年度财政预算返还给保护部，补贴公共保护地管理年度预算。

2008年，保护部在全国共批准了3612个特许经营点，除去农业的特许经营，数量最多的是进入许可（特殊地役权）和旅游住宿。如，2007～2008年，新西兰特许经营的总利润是1400万新西兰元，约合7000万元人民币。保护部2015年年度收入为3.586亿新西兰元，其中，3.15亿新西兰元来自财政收入，其余0.436亿新西兰元来自其他收入。其他收入中，1470万新西兰元为旅游类收入，50万新西兰元为租赁收入，260万新西兰元为零售收入，930万新西兰元为捐款，90万新西兰元为资源使用费，450万新西兰元为许可证费用，1110万新西兰元为回收的管理费。

特许经营带来很大利润，但也具有争议。一方面，特许经营权申请程序烦冗、制约经济增长和限制私有收益；另一方面，社会团体，尤其是致力于环保和游憩的非政府组织也质疑保护部有可能牺牲自然保护，换取商业机会。他们还怀疑政府会大力提倡特许经营，减少自然保护的财政投入。因此，非政府组织密切关注特许经营许可申请，一旦觉察出任何有损国家公园内自然保护、历史遗迹和游憩者利益的迹象，他们就会站出来反对。他们尤其关注商业性旅游类特许经营的申请。这也解释了《保护法》为何在第6节指出保护部的职责是鼓励而不是允许开展旅游，即保护部应积极倡导游憩休闲，但要毫无偏倚地审查商业性旅游项目。

四　其他国家的国家公园特许经营

（一）日本的国家公园特许经营

1931年，日本政府出台《国家公园法》，标志着日本国家公园制度的正式成立。国家公园实行中央、地方政府、当地社区三方协商的综合管理模式，禁止国家公园管理部门从事营利性活动。

根据《自然公园法》（1957年），日本国家公园特许经营的目的为"保护国家公园内的自然资源，并加以合理利用，完善游客体验所必需的公共设施"。《自然公园法》第10条规定：国家公园事业由国家执行；地方公共团体和政令规定的其他公共团体可以与环境大臣协商，执行国家公园项目的一部分；除国家及公共团体以外的企业，由环境大臣的批准，执行国家公园项目的一部分；想要得到许可的人，必须通过环境部门的指令，向环境大臣提交协议或申请书。

日本《环境事业业务方法书》规定，国家公园事业征收费用依据设施性质（集团设施建筑、公共福利设施、公共绿地、特定产业废弃物处理设施、国家公园复合设施）和租赁对象（中小企业、地方公共团体、其他人）而定。具体的特许经营费率按复合标准计算，而非按统一的费率收取。特许经营的类型包括公共、安保、文化以及交通等设施，并对设施的类别和实施区域（特别保护地区和特别地域）进行明确界定。此外，日本《自然公园法》第57条规定公园内旅游设施建设方面的公共设施（如自然道路、防火设施、卫生设施、游客中心、停车场、野营地等），必须由环境省支持的地方公共团体共同投资营建，中央和地方提供的经费比例分别为1:2或1:3，而不能由私人企业承担；并且强制要求受许人在获得特许经营权之前签订风景地保护协定或环境保护合同。此外，国家公园特许经营需要为当地居民提供充分的就业机会。

（二）韩国的国家公园特许经营

韩国国家公园的建立已有50多年的历史，目前国家公园的管理主体是韩国国立公园管理公团。针对国家公园内的特许经营，已发展了一套相对完善的经营体系。《自然公园法》和《自然公园法实施令》规定，在符合国家公园生态保护宗旨的前提下，可以通过特许经营为游客提供必要且优质服务。因此，韩国国家公园特许经营目的是"在符合国家公园宗旨的前提下，为游客提供必要服务"。国家公园的运营资金主要来自国家拨款，部分来自门票和特许经营项目等收入。

韩国把国家公园的特许设施列为"总统令指定设施"，凡涉及国家公园特许经营设施的行为必须经由"总统令"进行法律授权。《自然公园法实施令》第2条规定，总统令指定设施包括：公园管理事务所、公园信息中心、警察局、图书馆、牧场、环境基础设施等公共设施；保护公园里野生生物和濒临灭绝生物、防盗、防灾、造景设施等公园资源，并谋求游客安全的保护和安全设施；体育设施、有线网络、水上休闲系列设施、广场、野营场、青少年修习设施、观光渔场、展望台、野生动物观察台、岛屿瞭望台、休憩所、公共厕所等休养及便利设施；植物园、动物园、水族馆、博物馆、展览馆、演出场等文化设施；道路、停车场、桥梁、轨道、无轨列车、小规模机场、水上游艇交通运输设施；纪念品销售店、药房、食品店、美容店、洗浴场等商业设施；酒店、旅馆等住宿设施；第1号至第7号设施的附带设施。

法律划定了禁止特许经营的范围，几乎涵盖了国家公园的各个方面，使特许经营活动能够在法律监督下阳光运行。法律强制规定国家公园特许经营受许人须在签订合同前，先签订环境保护合同，履行环境保护的责任。

（三）澳大利亚的国家公园特许经营

澳大利益是世界上第二个建立国家公园的国家。澳大利亚在1998年发布《环境保护和生物多样性保护条例》，批准国家公园实施特许经营制度，遵循资源有偿使用的基本原则，允许企业、公众等参与特许经营活动。其目的是通过特许经营活动，企业和公众可以分担运营成本和保护国家公园的责任。该条例第12条规定，国家公园内开展的商业活动应考虑是否可能危害公共安全，不利于生物多样性或自然遗产的保护，不利于保护区内设施的保护，妨碍土著居民在保留区内举办文化活动的隐私，妨碍土著居民对土地的文化利用，干扰他人的隐私。这些活动包括商业旅游、商业摄影、摄像、考察研究及其他商业活动。

澳大利亚的624个国家公园中，6个由联邦政府国家公园管理局管理，其余资源较为一般的国家公园由州和当地根据地方情况设置相关机构进行管理，多数实施联合管理。各州的国家公园在基础设施数量和类型以及私营部门参与程度等方面不同，运营资金由联邦政府和州政府的拨款以及各个动植物保护组织以及个人的捐款组成，资金管理实行收支两条线。国家公园内的基础设施，如营地、道路和游客中心均由政府投资建设。国家公园根据联邦政府制定的各项保护和发展规划开展旅游。

澳大利亚国家公园倾向于将特许经营权授予当地原住居民，经营期限较短，一般不超过12个月，从而确保受许人可以受到国家公园管理机构的严格管理。澳大利亚国家公园特许经营准入严格，需要获得经营许可证。如维多利亚州国家公园管理部门规定，必须具有公共责任保险、拥有急救设施和条件的企业或个人才可以取得在国家公园内12个月的经营权，若想取得更长时间的经营权，就需要满足更严格的条件和标准。在这种方式中，国家公园管理部门的主要职责是按照联邦及州的法律，监督受许人的经营行为，而受许人则在法律及特许经营协议的约束下，搞好经营活动，提高服务效率。

（四）南非国的家公园特许经营

南非生物多样性在世界排名第三，国家公园是其国家级保护地中最典型的代表，生物多样性和文化价值出众，被予以最高程度的保护。南非国家公园管理局是依据《国家公园法》（1976 年）成立的法定公共实体，之后《国家公园法》被《保护地法》取代。2009 年修订后的《保护地法》，允许环境事务部部长授权国家公园管理局管理国家级或省级保护地和世界遗产地，并指定国家公园管理局作为国家公园管理的唯一法定机构。国家公园管理局有权与国家机构、当地社区、个人或其他团体签订保护地共管协议。此外，南非国家公园管理局制定了委托授权框架，明晰了不同授权的授权范围。

南非国家公园建立之初必要的基础设施由国家投资建设，以后的运营就转入商业化模式。各个国家公园都开展旅游及特许经营活动，收入统一上交国家公园管理局，实行收支两条线。国家公园 75%的预算支出依靠自营收入，其余不足的部分由国家财政补助。

自 2011 年起，自营收入平均占总收入的 70%。例如，2014 年，特许经营和公私合作为南非国家公园管理局产生了 8550 万南非兰特的收入；2015 年，国家公园管理局的收入基本可分为两大块：自营收入（51.6%）和捐款拨款收入（48.4%）。基础设施特许经营，受许人只能租用，这对国家公园管理局来说是一个最合适的风险共担安排。旅馆特许经营允许受许人在国家公园内建造和运营旅游设施，通常需要签订 20 年以上的特许经营合同，之后受许人可接管、投资改造现有的住宿设施，也可投资建造新设施。通过签订特许经营协议，允许受许人在合约规定的时间和范围内在国家公园开展商业服务，同时也要承担一定的财务、环境管理、社会目标和赋权等方面的义务。若违反协议，在合同结束时将从预先交付的履约保证金中扣除一定的罚金。转让这些设施时，国家公园管理局会按这些资产的折旧价值收回。

尽管自建立之日起，国家公园管理局的自营收入主要来自旅游，但多年来一直深受旅游服务质量低、市场占有率不高及定价不能按市场需求浮动这些因素的限制。1999 年，参照同类私营企业，国家公园管理局审查了其商业活动，剖析了自身的不足。因人员和资金有限，国家公园管理局做出历史性决定，外包国家公园内所有的游客管理项目，仅保留公园内旅游设施建设和监管职能。这一举动旨在使国家公园管理局倾全力专注保护地内的生物多样性管理。该举措分步实现。第一阶段的战略分以下三步走。第一步：出让克鲁格国家公园现有露营地的特许经营权，并开发新的用于特许经营的场所。第二步：外包所有国家公园内大型露营地的零售和餐饮服务。第三步：外包大型露营地的旅游服务项目，包括房屋清洁、园艺、洗衣、安保服务等。

国家公园管理局成立了专门的商业发展司，负责根据国际金融公司的交易建议，设计、采购和管理（商业）合同，并制订了详细的"商业战略计划"。目前，国家公园管理局共有 39 个特许经营合同，并于 2015 年完成了国家公园内所有餐馆和零售点的招标，餐厅由原来的非特许经营转为特许经营。

五　国外国家公园特许经营机制的比较

（一）明确保护是特许经营中的首要目的

案例国家的国家公园开展特许经营的目的都是在保护国家公园独特的自然生态环境的前提下，为公众提供良好的自然体验和自然教育的机会，从而分担国家公园的运营成本和保护成本，以下梳理了各个国家的国家公园开展特许经营目的的法律依据（见附表 8-6）。

附表 8-6　不同国家国家公园开展特许经营的目的

国家	法律名称	具体内容
美国	《国家公园管理局特许经营管理促进法》	第 401 条　国会认为公共设施、设备和服务对有效地保护和保存公园资源和价值是必需的，而这些必需是在严格的控制下，以防不受约束和任意的使用 第 402 条　特许经营的项目必须满足两个条件：①对公园来说是必须且必要的；②与公园的宗旨保持高度一致 第 403 条　设施和服务：公共通道、共用设施或建筑、水上活动、狩猎、捕鱼、骑马、露营和登山体验，以及为访客提供安全而愉悦体验的专门户外游憩指导等
加拿大	《加拿大国家公园商业条例》	第 1 条　在公园内进行的营利、获利、集资或商业推广等活动，包括由慈善组织、非营利组织或个人在公园内进行的活动 第 5 条　主管人应考虑该活动是否影响：公园的自然和文化资源，在公园中居住的人的安全、健康和享受，公园范围内的人和提供的服务的安全性，公园的保护、控制和管理

续表

国家	法律名称	具体内容
新西兰	《国家公园法》	第4(1)节 描述"国家公园是永久地保护新西兰境内罕见、壮观或具科学价值的,且能体现国家利益的独特美景、生态系统或自然特征,旨在保存其内在价值,供民众使用、游憩并受益"。第4(2e)节规定,只有在保护的首要目的得以保证的前提下,政府才能鼓励公众使用和进入国家公园游憩
日本	《自然公园法》	第2条 可以转让的设施是为了增进自然公园的保护,或提升游客自然资源体验所需要的公园设施,并由环境厅长官所指定的地方(一个或多个)(包括这些设施的设置所需的土地):道路、广场、园地、宿舍、避难小屋、休息所、瞭望设施、导游所、野营场、停车场、公共厕所、污物处理设施、植物园、动物园、水族馆、博物馆、植物复原设施或动物繁殖设施等 第3条 国家、地方公共团体、自然公园的使用者按照《环境基本法》第3条至第5条规定的关于环境保护的基本理念,从各自的立场上应努力做到对出色的自然风景胜地的保护及其合理利用
韩国	《自然公园法》	第73条 ①公园管理厅为了让国民能够健康地利用自然公园,可以施行自然公园体验事业。②自然公园体验事业要在自然公园的景观、生态文化环境不被破坏的前提下进行,具体的范围、种类及费用的征收都以总统命令形式授权 第26条 禁止的营业范围:赌博、携带破坏自然资源的工具进入、诱发噪声、影响公园生态系统的动物进入(除残疾人辅助动物外)、易引发火灾、对保护和管理自然生态系统和自然文化景观有危害等行为
澳大利亚	《环境保护和生物多样性保护条例》	第12条 考虑该活动是否可能:危害公共安全,干涉保护或保存生物多样性或遗产,妨碍保护区内的设施或设施的保护,妨碍传统土地所有者——原住居民在保留区举办文化活动的隐私,妨碍传统拥有者——原住居民对土地的文化利用,干扰他人的隐私。活动包括商业旅游、商业摄影或摄像、研究及其他商业活动

因资料有限,未查到南非国家公园特许经营的专门法律,但南非《保护地法》列出该国建立以国家公园为主的保护地的目的包括:保护地体系就是保护南非具代表性的生物多样性及自然的陆地和海洋景观所在区域的生存力;保护这些区域的生态完整性;保护这些区域的生物多样性;保护南非所有具代表性的生态系统、物种及其自然栖息地;保护南非的珍稀或濒危物种;保护生态脆弱或环境敏感区域;协助确保生态产品和服务的可持续供应;酌情考虑自然和生物资源的可持续利用;营造或增加以自然资源为基础的旅游目的地;协

调自然环境生物多样性、人类定居与经济发展之间的相互关系；全面促进人类、社会、文化、精神和经济的发展；修复和恢复退化的生态系统，促进濒危和易危物种的恢复。强调应在保护生物多样性和生态系统的基础上，酌情考虑自然和生物资源可持续利用等。

（二）优先建立建全特许经营的法律法规

国家公园的公共属性确定了其特许经营区别于一般的商业特许经营，不会为申请人创造新的权利，而仅仅是一种权利授予行为。受许人可以利用这种权利去获取利益，但是必须在法律法规约束的范围内。因此，各个国家都制定了一系列相关的法律法规，使国家公园的特许经营有法可依、有章可循。有的国家制定了国家公园特许经营的专门法，有的国家在国家公园或保护地相关的基本法中规定了国家公园特许经营的相关内容，并且随着社会的发展和根据国家公园的经营情况适时进行修订和完善（见附表8-7）。

附表8-7 不同国家的国家公园特许经营相关法律法规

国家	法律法规	特点
美国	1916年《国家公园管理局组织法》；1928年国会允许内政部部长以非竞争方式授予特许经营合同；1950年国家公园管理局出台首份特许经营指导原则；1965年《特许经营政策法》；1998年《国家公园管理局特许经营管理促进法》；2006年《美国国家公园管理政策》；《美国联邦法规》和国家公园局局长令等	制定了国家公园特许经营专门法，相关法律法规逐渐健全和完善
加拿大	《加拿大国家公园组织法》《加拿大国家公园法》《使用者付费法》《财务管理法》《联邦不动产法》《加拿大国家公园商业条例》《国家公园建筑条例》《国家公园占用租赁和许可条例》《国家公园商业条例》《国家公园钓鱼条例》《国家公园露营条例》《国家公园村舍管理条例》；《不动产管理政策》《应收账款管理指令》《不动产评估标准》等；《加拿大国家公园使用者收费与收入管理政策（即收入政策）》《应收账款管理政策》《国家公园不动产管理政策与运行导则》等	形成了国家、财政部和国家公园管理局三个层面的法律保障
新西兰	《保护法》《国家公园法》《占有人责任法》《健康与安全雇佣法》	基本法和其他专门法相结合
日本	《国家公园法》《自然公园法》《环境事业业务方法书》	环境和保护地类法律

续表

国家	法律法规	特点
韩国	《自然公园法》《自然公园法实施令》	与总统令制定设施相结合:凡涉及国家公园特许经营设施的行为必须经由"总统令"进行法律授权
澳大利亚	《环境保护和生物多样性保护条例》	条列中具体条款规定了特许经营
南非	《国家公园法》后被《保护地法》取代	基本法

（三）明晰特许经营管理机构和职责权限

各个国家的国家公园特许经营的管理模式不同，但均明确了各个管理机构的职责权限。几个案例国家的国家公园特许经营管理模式主要可以分为三类，中央集权型、综合管理型和地方自治型，根据各国的国情均形成了相对完善的管理体系（见附表8-8）。

附表8-8 不同国家的国家公园特许经营管理模式

管理模式	国家	特点
中央集权型	美国(典型)	美国国家公园的特许经营由内政部部长授权,国家公园管理局负责统一管理全国的特许经营活动,制定商业服务项目总体规划,决定在国家公园内可以开展哪些特许经营项目和如何开展
	新西兰	新西兰保护部是国家公园特许经营服务事务主管机构,保护部下设运营、技术和科研团队,分支机构遍布全新西兰
	南非	南非国家公园管理局为国家公园的唯一法定管理机构,有权与国家机构、当地社区、个人或其他团体签订保护地共管协议。此外,南非国家公园制定了委托授权框架,明晰了不同授权的授权范围
	韩国	实行一元化的管理机制,管理主体是韩国国立公园管理公团
综合管理型	加拿大	加拿大国家公园管理局,负责制定全国遗产地各类活动相关规章制度、发布商业活动特许许可,地方国家公园负责向导和户外装备项目的许可批准
	日本	日本的国家公园特许经营实行中央、地方政府、当地社区三方协商的综合管理模式,禁止国家公园管理部门从事营利性活动

续表

管理模式	国家	特点
地方自治型	澳大利亚	624个国家公园中，除6个由联邦政府成立的国家公园，由国家公园管理局进行管理，其余资源较为一般的国家公园由州和当地政府地根据实际情况设置相关机构进行管理

（四）厘清特许经营资金机制和费率模式

特许经营收入作为国家公园自营收入的一项重要补充（见附表8-9），为国家公园运营和更好地保护提供了资金支持。这笔经费的收入和支出各个国家有不同的制度，但基本遵循收支两条线的原则。

如，美国各国家公园收取的特许经营费20%上缴联邦财政，用于国家公园管理局特许经营服务管理，用途限定在特许经营管理咨询委员会费用、特许经营合同服务费用以及其他与特许经营的相关费用等三个使用方向；其余80%留园使用，用途限定在保护、参观服务和设施维护方面。新西兰特许经营费也是交至保护部，先存入财政部监管的皇家账户上，然后通过年度财政预算返还给保护部，补贴公共保护地管理年度预算。南非特许经营费也是上交国家公园管理局，实行收支两条线。

附表8-9 2012~2016年不同国家国家公园特许经营收入占总收入比例

单位：%

国　　家	2012年	2013年	2014年	2015年	2016年
美　　国	10.34	11.23	13.31	13.56	14.27
加 拿 大	3.10	3.44	3.03	3.41	2.36
澳大利亚	22.67	24.94	33.82	35.82	36.61
韩　　国	1.33	1.86	1.67	1.71	2.03

2015年，新西兰保护部其他收入中的旅游类、租赁、零售和许可证费用收入等约共占总收入的6.22%。南非国家公园自2011年起，其自营收入平均占到其总收入的70%，国家公园75%的预算支出来自自营收入，其余不足的部分才由国家财政补助。

此外，特许经营费率的计算是国家公园从特许经营合理合法获利的基础和关键。案例国家特许经营费率的制定方式并不相同，具体分为单一标准和复合标准，相应法律依据见附表8-10。

（五）加强特许经营监督管理和相应处罚

为保证特许经营项目符合国家公园保护的宗旨，各个国家均通过规定法律规定特许经营的监管主体、监管要求以及处罚措施。如，美国国家公园管理局负责对国家公园内特许经营的生态环境影响监管、合规监管和活动监管。若违规经营对环境影响较小且不占用基础设施，国家公园管理局会根据经营者提交的申请进行重新授权，允许其继续开展特许经营活动；若经营活动对国家公园自然资源和环境及其他经营者产生不利影响，将中止其经营合同并对其进行起诉。日本和韩国强制要求受许人在获得特许经营权之前签订风景地保护协定或环境保护合同。新西兰保护部全程监督国家公园特许经营的运营，保护部和国家公园设立了严格的生态保护考评体系和完备的退出机制，那些在生态保护方面考评不合格的受许人，或面临被取消特许经营权的处罚。南非国家公园管理部门在监督管理过程中发现受许人违反特许经营协议的规定，在合同结束时将从预先交付的履约保证金中扣除一定的罚金。

（六）确保公众参与及为原住居民提供机会

国家公园特许经营活动离不开公众的参与，同时也要考虑原住居民的利益。例如，澳大利亚法律法规规定，国家公园特许经营活动不得妨碍原住居民在保留区内举办文化活动的隐私，不得妨碍原住居民对土地的文化利用，不得干扰他人的隐私，并倾向于将国家公园特许经营权授予当地原住居民。新西兰国家公园特许经营申请不发放给那些可能严重破坏保护价值，造成无法补救的后果或可在其他地区实施的项目，任何可能造成重大环境影响的特许申请须在全国和地方性报纸上向公众通报，民众可反馈意见也有权在公众听证会上陈述自己的意见。此外，新西兰非政府组织密切关注特许经营许可申请，反对任何有损国家公园内自然保护、历史遗迹和游憩者利益的迹象。日本明确要求国家公园特许经营需要为当地居民提供充分的就业机会。

附表 8-10 特许经营费率相关规定

国家	法律名称	特许经营费率相关规定
美国	《国家公园管理局特许经营管理促进法》	第406条 费率合理性。特许人的费率和收费须经部长批准。除非合同另有规定,费率和收费的合理性认为适当性主要与类似条件下具有可比性的设施、货物和服务的费率和收费比较,并适当考虑以下因素和部长认为的其他因素:季节长度、高峰负荷、平均占有率、可达性、劳动力和材料的可用性及成本、赞助类型。任务虑以上因素后,不得超过类似的设施、货物和服务的市场费率和费用 第407条 特许经营费。特许合同应考虑到特许人在获得可能价值的前提下向政府支付由部长确定的特许经营金额、特许经营费或其他货币形式。这种可能价值或金额均应在特许合同中确定,只能在合同有效期内发生不可预期的极端变化时,允许部长或特许人提出重新考虑特许经营费。特别账户。特许经营费应存入美国财政部设立的特别账户,其中20%的资金可由部长直接支配,用于支持整个国家公园系统的各种活动
加拿大	《国家公园租赁和营业许可证法规》	第2条 加拿大公共土地租赁费的主要依据是:土地评估价值和居民消费价格指数。评估价值在评估这些土地或同等土地的基础上,由部长确定适用于租赁或时价或许可的公园内公共土地的价值;居民消费价格指数是指全年度加拿大公布的所有商品年度消费物价指数
日本	《环境事业务方法书》	日本国立公园事业费用依据该设施性质(集团设施建筑、公共福利设施、公共绿地、特定产业废弃物处理设施,国立/国定公园复合设施)和租赁对象(中小企业、地方公共团体,其他人)而定
韩国	《自然公园法实施细则》	第24条 收费应考虑该设施的安装费用和管理费用,从实际收费角度由环境部部长确定收费金额 第25条 公园事业应向公园管理部门提交保证书及保证险费率
	《自然公园法实施令》	第22条 根据占用自然公园或使用许可的人向公园管理厅支付恢复原状所需的费用,或是依据《国家作为当事人签订合同的法律执行令》中规定支付的金额。费用应在公园管理厅审定的金融机构进行管理
澳大利亚	《环境保护和生物多样性保护法》	第170条 费用(环境与能源部)部长在对平展的活动或是否可签和评估其影响后书面的形式确定可收费的金额。在决定收费金额之前,部长必须咨询、实施活动的人;如果建议实施活动的人不是通过实施或实施相关政策,计划或方案的支持者;如果通过战略评估,则须咨询负责管理厅审定的支持者
	《环境保护和生物多样性保护条例》	第18条 许可费的组成部分:用于处理行政程序的费用(administration component);用于评估和评估相关活动条件的费用(assessment component);提供监督或监管观者符合许可条件的费用(management component)

附件9
中国国家公园特许经营实施指南[*]

为践行"绿水青山就是金山银山",统一规范管理中国国家公园特许经营活动,在生态保护第一前提下,提高国家公园内自然资源资产的经营利用水平和公众体验质量,维护国家、公众和特许经营受让人合法权益。在系统梳理总结全球典型国家的国家公园及相关自然保护地特许经营管理现状与共性问题的基础上,结合中国国家公园经营管理的实践经验,以践行"绿水青山就是金山银山"为目标,以"最严格的保护"为旨向,提出基于决策者视角的具有可操作性和适应于中国的国家公园特许经营实施路径。主要内容包括导则、项目规划、招投标管理、合同管理、特许经营费与价格管理、经营者管理、访客管理与社区促进、风险管控八部分。^①

一　国家公园特许经营目标与原则

（一）特许经营的目标

国家公园需依法向公众提供必需、必要的生态服务或产品,禁止开展非必需、非必要、与国家公园管理目标相矛盾的商业活动。国家公园授权开展商业活动,旨在实现以下三方面目标。^②

1.公众获得更佳享受

（1）国家公园内所有获得特许经营许可的商业服务,应对体现国家公园

＊　本指南由生态环境部对外合作与交流中心提出。起草单位为北京市东城区天恒可持续发展研究所、浙江工商大学、湖北经济学院。主要起草人员为张海霞、邓毅、万旭生、毛焱、薛瑞、黄梦蝶、周寅。这是全球环境基金（GEF）中国保护地管理改革规划型项目之国家公园体制机制创新项目"国家公园特许经营研究"的部分项目成果。

①　全球环境基金、天恒可持续发展研究所:《中国国家公园特许经营研究》,2021。

②　张海霞:《中国国家公园特许经营机制研究》,中国环境科学出版集团,2018。

全民公益性和享受是必要且适当的。①

（2）国家公园内所有获得特许经营许可的商业服务，应以不降低体验质量为前提，能提高公众对国家公园的设施利用率和认同度，并维系自然与文化遗产的原有价值。

2. 经营服务更加高效

（1）科学设置与市场相适应的竞争规则，吸引有竞争力、有创新力、有社会责任感的企业、组织或个人，为公众提供更高质量的商业服务。禁止国家公园内出现滥用市场支配地位的垄断经营行为。

（2）坚持科学规划，确保所有特许经营设施与服务的科学性、稳定性和可持续性，加强质量、卫生监督管理和调控机制，保障商业服务的质量和水平。

（3）实施业态引导，扶持发展对生态产品价值转化、国家公园品牌增值有积极意义的经营业态，优先选择生态小微企业、原住居民参与经营或就业的经营主体倾斜。

3. 保护能力得到提升

（1）坚持生态示范原则，所有特许经营活动应具有突出的生态示范效益和凝聚公众生态保护意识等积极作用。

（2）建立有效激励机制，推动国家公园生态保护能力和国家公园管理机构能力同步提升。

（二）特许经营的原则

国家公园内开展特许经营活动，应严格遵循以下四个基本原则。

1. 生态保护第一、有限特许

坚持生态保护第一，积极鼓励生态友好型特许经营项目示范，实施严格数

---

① "全民公益性"指全民共享、共有、共建，服务国家公园访客、社区居民。国家公园的国家意义决定了国家公园的社区福祉并不仅限于"原住居民"，具有促进社区共同体形成的建构功能。以生态移民的公众"身份"为例，生态移民所引起的原住居民生计空间变化具有复杂性，如多数国家公园生态移民移出后，新生计空间与原生计空间无关，但武夷山国家公园的部分茶农（主要是原武夷山国家级风景名胜区范围内的），搬迁到国家公园后仍继续经营国家公园内的茶园。

量控制、范围控制，实施白名单制度，严禁对国家公园生态环境和遗产资源造成可能的破坏性影响。

2. 坚持全民公益、社区受益

特许经营活动应具有明确的公益性价值，确保国家公园特许经营活动不断满足人民群众对优美生态环境、优良生态产品、优质生态服务的需要，促进原住居民的生存与发展。

3. 坚持规范高效，精细化管理

科学编制特许经营项目计划，依法明确特许经营相关主体的权责关系，针对不同产权关系有序开展分类分项目转让，禁止整体转让，实施依法有效的项目合同管理、价格管理、监督管理，推动社会共治和治理现代化。

4. 坚持生态为民，周边友好

特许经营项目应服务国家公园发展以生态产业化和产业生态化为主体的生态经济体系，应有明确的传统产业升级和生态产品价值转化路径，生态惠民、生态利民意义突出；应能促进周边友好，推动区域生态产品品牌的建设，推动生态产品国际互认，促进中国国家公园品牌增值，共筑国家公园共同体。

二　国家公园特许经营许可方式与范围

国家公园内利用自然资源资产开展商业经营活动的法人或组织，需获得特许经营资格，依法办理许可手续、缴纳特许经营权使用费后方可从事经营活动。禁止国家公园内一切未经授权的经营活动。

国家公园特许经营方式分为一般经营许可、活动许可、品牌许可三类[1]。

（一）一般经营许可

一般经营许可是指依法授权法人或组织在国家公园内开展指定的商业活动，包括：①投资、建设、运营服务设施的；②销售商品、租赁场地或设施设备的；③提供餐饮、住宿、交通接待服务的；④提供特色导览解说[2]、

---

[1]　全球环境基金、天恒可持续发展研究所：《中国国家公园特许经营研究》，2021。
[2]　国家公园有义务为人民群众提供基本自然解说与导览服务。为提高公众自然体验质量，可通过特许经营的方式，适度开发专业性的特色导览与解说项目。

生态体验或者户外活动服务的；⑤其他利用自然资源资产从事商业服务活动的。

（二）活动许可

在国家公园内法人或其他组织面向社会公众举办的活动，须经由国家公园管理机构批准，依法获得活动许可。内容包括：①开展体育比赛活动的；②开展文艺演出等活动的；③举办展览、会议等活动的；④开展拍摄、商业广告等活动的；⑤其他国家公园内举办的非日常商业活动。

（三）品牌许可

国家公园的商标、名称、吉祥物、口号等公用标识、公用品牌及其他依法享有知识产权，须经国家公园管理机构或相关委托机构授权许可后，方可使用。

国家公园品牌许可包括以下四种形式：①国家公园公用标识的商品授权：公用标识用于商品设计开发；②国家公园公用标识的促销授权：公用标识用于各类活动赠品；③国家公园公用标识的主题授权：公用标识用于策划并经营相关主题的项目；④国家公园公用品牌的授权：依托自然资源资产的生态产品与服务品牌，由国家公园管理机构依法委托相关机构组织品牌认证。依法获得委托机构认证后，方可在商品授权、促销授权、主题授权中使用载有国家公园品牌质量等级的标识。品牌许可不限定为国家公园域内经营者使用。

（四）白名单制度

实施国家公园特许经营项目白名单制度，各地方国家公园管理局研究提出《国家公园特许经营项目业态白名单》，白名单应明确适用业态项目的空间范围、项目实施时间、活动强度、经营主体要求、产品质量要求等，并在各国家公园特许经营规划中载明。可根据实际情况，3~5年后进行业态白名单的修订与更新。

以下类型商业业态，不纳入国家公园特许经营的业态范畴：①与国家公园生态保护目标和相关法律法规相违背的；②将管理权与经营权相混淆，造成交叉补贴的；③将政府购买服务与特许经营相混淆的。

三 国家公园特许经营管理模式与机构职责

（一）管理模式

国家公园内全民所有自然资源资产所有权由中央政府直接行使的，由国家林业和草原局（国家公园管理局）行使特许经营项目的计划、审批、许可等事务的集中统一管理。其他各级国家公园管理局负责特许经营日常管理，可代行中国国家公园管理局授权的部分特许经营管理职责。

国家公园内全民所有自然资源资产所有权由中央政府委托相关省级政府代理行使的，由省级政府负责所辖国家公园特许经营项目的规划、审批、许可等事务，重大特许经营项目由各省级政府会同国家林草局联合审批。各级国家公园管理机构负责日常管理，可代行部分国家林草局授权职责、部分省级政府授权职责（见附图9-1）。

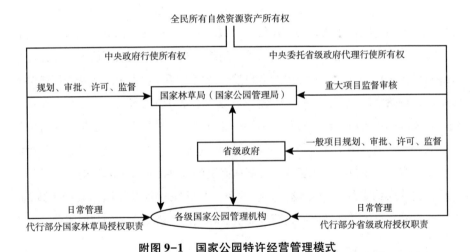

附图9-1 国家公园特许经营管理模式

（二）国家林草局（国家公园管理局）职责

国家林草局（国家公园管理局）应当履行以下国家公园特许经营管理职责：①设置特许经营管理职能处室，负责全国国家公园特许经营的日常管理事务；②制定全国层面的国家公园特许经营法规政策，组织编制特许经营项目规划；③拟定中央委托省级政府代理行使自然资源资产所有权国家公园的特许经营项目招标文件，负责颁发全民所有自然资源资产所有权由中央政府直接行使的国家公园特许经营项目许可证；④会同地方国家公园机构提出重大项目名单，监督审核中央委托省级政府代理行使自然资源资产所有权国家公园的重大特许经营项目；监督其他相关合同的履行情况；⑤会同相关部门开展全国国家公园特许经营费管理和特许经营项目价格管理；⑥委托相关机构开展国家公园生态产品品牌认证；⑦提供所辖国家公园特许经营活动开展所必要的公共服务和配套设施；⑧负责全国层面特许经营项目的信息公开和投诉受理；⑨制定全国层面国家公园特许经营项目的临时接管应急预案；⑩其他特许经营管理职责，相关法律规章规定的职责。

（三）省级政府职责

省级政府依法得到授权后，可作为中央政府委托相关省级政府代理行使的国家公园特许经营事务管理主体，其应当履行以下管理职责。①负责全民所有自然资源资产所有权由中央政府委托相关省级政府代理行使的国家公园特许经营管理事务；②制定特许经营相关法规政策，组织编制特许经营项目规划；③拟定特许经营项目招标文件，颁发全民所有自然资源资产所有权由中央政府委托相关省级政府代理行使的国家公园特许经营许可证；④监督特许经营合同履行情况；⑤会同相关部门进行特许经营费管理和特许经营项目价格管理；⑥委托相关机构开展国家公园产品品牌认证；⑦特许经营管理信息公开和投诉受理；⑧制定临时接管应急预案；⑨提供特许经营活动开展所必要的公共服务和配套设施，提供与特许经营受让人约定的设施建设与维护服务；⑩国家林草局（国家公园管理局）或省级政府授权的其他特许经营管理职责，相关法律规章规定的其他职责。

（四）各级国家公园管理机构职责

依法正式设立的各国家公园管理机构，应当履行以下特许经营管理职责：①负责国家公园特许经营日常管理；②组织特许经营项目招标和竞争性谈判；③负责特许经营费执收管理；④签署特许经营项目合同，监督特许经营受让人合同履行情况；⑤特许经营项目信息公开和投诉受理；⑥落实提供特许经营活动开展所必要的公共服务和配套设施，提供与特许经营受让人约定的设施建设与维护服务；⑦向上级主管部门提交《国家公园特许经营年度报告》；⑧负责特许经营项目的生态环境监管和市场监管；⑨国家林草局（国家公园管理局）或各级管理部门机构授权的其他职责，相关法律规章规定的其他职责。

（五）其他相关部门和基层地方政府职责

生态环境部负责国家公园特许经营生态环境监管；国家发改委等部门负责国家公园特许经营市场监管；县级以上人民政府的相关职能部门依法履行对国家公园特许经营活动的监督管理职责。

四　国家公园特许经营项目规划

（一）规划依据与类型

1. 规划依据与效力

各地方国家公园管理机构应依法根据全国国家公园发展规划、全国国家公园空间规划、各国家公园总体规划，坚持科学保护、推动高质量发展的基本原则，尊重并科学利用公园内的自然资源、景观、文化遗迹，研究编制特许经营项目规划。国家公园内禁止开展与总体规划、特许经营项目规划不一致的，或未载明的特许经营活动。

2. 规划类型

本指南所指特许经营项目规划，包括《国家公园特许经营项目规划》《国家公园特许经营项目专项规划》。特许经营项目专项规划由地方国家公园管理机构根据实际情况在《国家公园特许经营项目规划》的基础上编制。

（二）规划编制与审批

1. 国家公园特许经营规划

国家公园内全民所有自然资源资产所有权由中央政府直接行使的，可授权地方国家公园管理机构组织编制《国家公园特许经营项目规划》，报国家林草局（国家公园管理局）审批、备案。

国家公园内全民所有自然资源资产所有权由中央政府委托相关省级政府代理行使的，可授权由地方国家公园管理机构组织编制《国家公园特许经营项目规划》，省级政府审批同意后，报国家林草局（国家公园管理局）备案。

2. 国家公园特许经营专项规划

国家公园内全民所有自然资源资产所有权由中央政府直接行使的，可授权由地方国家公园管理机构组织编制、审批《国家公园特许经营项目专项规划》，报国家林草局（国家公园管理局）备案。

国家公园内全民所有自然资源资产所有权由中央政府委托相关省级政府代理行使的，可授权由地方国家公园管理机构组织编制《国家公园特许经营项目专项规划》，报省级政府备案。

（三）规划内容与期限

1. 规划内容

国家公园特许经营项目规划、国家公园特许经营项目专项规划应包括以下内容：①实施背景；②指导思想与基本原则；③特许经营项目白名单（含项目类型、空间布局、数量控制、特许方式、年度实施计划）；④特许经营项目运营管理（机构建设、招投标管理、合同管理、收支与价格管理、社区促进计划）；⑤特许经营项目监督管理（项目质量技术标准、内部监督机制、外部监督机制）；⑥特许经项目保障措施（含规章制度、风险防控、人才保障）；⑦应当明确的其他事项。

2. 规划期限

国家公园特许经营项目规划、国家公园特许经营项目专项规划规划期限一般为10年，与国家公园总体规划保持一致。

（四）环境影响评价

国家公园特许经营项目规划、国家公园特许经营项目专项规划应对规划实施可能对生态系统产生的整体影响、经济、社会和环境效益，以及当前利益与长远利益之间的关系进行分析、预测和评估。

对各项进行环境影响评估，应当遵守国家公园总体规划技术规范、国家公园设立标准、国家公园资源调查与评价规范等标准和技术规范。

各级国家公园管理机构报送审批规划草案时，应当将环境影响报告书一并附送规划审批机关审查，未附送报告书的，规划审批机关应要求其补充；未及时补充的，规划审批机关不予审批。

（五）信息公开与评估

特许经营项目报送审批前，组织编制的各级国家公园管理机构依法将规划草案、环境影响评价报告予以公告，征求专家和公众的意见。公告时间不得少于 30 日。报送审批材料中需附具意见采纳情况及理由，并向社会公布采纳情况及理由。未附具对公众意见采纳与不采纳情况及其理由的说明，不采纳理由明显不合理或未将意见采纳情况及时向社会公布的，审批机关不予批准。

各级国家公园管理机构应当定期组织有关部门和专家对各类国家公园特许经营规划实施情况进行评估，并采取论证会、听证会或者其他方式征求国家公园内及周边公众、单位、社会团体等的意见，每年向国家林草局（国家公园管理局）提交《国家公园特许经营年度报告》。

五 国家公园特许经营招投标管理

（一）招标管理

1. 招标主体

国家公园特许经营招标人原则上应是正式设立的地方国家公园管理机构。招标人不具备编制招标文件和组织评标能力的，可以委托招标代理机构招标。

招标代理机构应当在国家公园管理机构委托范围内办理招标事宜，并遵守相关法律法规和国家公园管理机构相关规定。

2. 招标项目条件

国家公园内特许经营招标项目一般需满足三个基本条件：①特许经营项目所涉及的自然资源资产所有权和经营权清晰，有利于经营权转让和资产交割；②特许经营项目符合国家公园建设目标、国家公园总体规划、国家公园特许经营项目规划及相关法律政策法规，达到环境影响评价标准，依法获得并完成审批程序；③应标法人或组织在项目运营期间有足够的资金保障。符合国家公园特许经营规划，但市场条件不充分的项目，进入库存项目库，待到市场条件改善时再发布。

3. 招标方式

国家公园特许经营招标分为公开招标和邀请招标。

国家公园特许经营项目原则上应以招标公告方式邀请不特定法人或其他组织投标。国家公园内不宜公开招标的重大特许经营项目，可以投标申请书的方式邀请特定法人或其他组织投标。

4. 招标公示

国家公园特许经营项目招标人提出招标项目后，报请上级主管部门批准与委托后，向社会公开招标条件。

提前 1 个月在国家公园管理机构及上级主管部门官方媒体发布招标公告，公告时间不少于 20 日，招标公告应载明特许经营招标项目的性质、数量、实施地点、时间以及获取招标文件的方法等事项。

根据招标条件，地方国家公园管理机构或招标委托代理机构对应标人进行资格审查，提出符合条件的投标候选人。

（二）投标管理

1. 投标主体

国家公园特许经营项目投标人，必须是中华人民共和国境内注册具有代表性、负责任，能独立承担民事责任的法人。包括以下类型：①依法注册的非营利或营利法人；②原住居民或本地居民成立的城镇农村合作经济组织、农村集体经济组织、基层群众性自治组织等特别法人；③由特别法人与营利法人、非营利法人组合的投标联合。

严格国家公园特许经营项目投标人资格审查，特许经营项目投标人不得出现以下情形：①投标人以往从事相同或者类似业务过程中曾发生重大安全责任事故、环境污染事故或者造成生态环境损害被依法追究责任的；②本级政府所属融资平台公司及其他控股国有企业（除符合相关法规文件规定）；③个体工商户和农村承包经营户；④投标人被列入经营异常名录或者具有违法失信记录的；⑤为所投标项目提供前期咨询服务或采购代理服务的；⑥不同投标人但单位负责人为同一人或者存在控股、管理关系的；⑦其他有关法律、行政法规及部门规章禁止的。

2. 投标文件要求

特许经营项目投标人应向地方国家公园管理机构提交下列投标文件、资料：①营业执照复印件或者企业登记（注册）证书复印件；②特许经营项目操作手册；③市场计划书；④其他文件资料、书面承诺及相关证明材料。特许经营项目应标人为原有特许经营受让人时，还应当提交有关批准文件或相关证明文件。

特许经营项目操作手册应当包括以下内容：①投标人简介；生态保护与利用理念、优势条件；②投资总额、实施进度及提供产品或服务的标准等基本经济技术指标；③投资回报、市场价格及其测算；④基础设施维护计划；⑤员工能力建设与志愿者发展计划；⑥社区发展计划；可行性分析（含环境影响评价）；⑦特许经营合同框架草案及特许经营期限；⑧责任承诺和保障；⑨特许经营期限届满后资产处置方式及应当明确的其他事项。

（三）评标管理

1. 评标主体

国家公园特许经营项目评标人原则上应是正式设立的地方国家公园管理机构。招标人不具备组织评标能力的，可以委托招标代理机构招标。

2. 评标程序

特许经营评标人依照下列程序开展评标工作：①国家公园特许经营项目评标人根据招标条件，对特许经营权的投标人进行资格审查，推荐符合条件的投标候选人。②组织评标委员会，科学选择国家公园特许经营权的最佳受让人；通过依法招标不能确定特许受让人的，中央政府行使责任资源资产所有权的国家公园，经国家公园管理局批准，可采取竞争性谈判方式选择特许受让人；中央政府委托省级政府行使责任资源资产所有权的国家公园，经省级政府批准，可采取竞争性谈判方式选择特许受让人；经国家公园管理机构经认定，应标人数量不足且市场条件不成熟的项目，可调入国家公园特许经营库存项目库，根据本案第十二条重新发布招标。③地方国家公园管理机构在网站上公布中标情况予以公示，公示时间不少于20天，并提交上级主管部门备案。④公示期满，对中标者无异议的，经地方国家公园管理局上级主管部门批准后，与中标者（即"特许经营受让人"）签署特许经营合同。

3. 评标标准

由所有权人委员会根据招标文件规定的评标标准和方法，提出不同类型项目评标指标（见附表9-1），评标标准需明确保护措施、业绩背景、服务价格、特许经营费、商品和服务质量、社区效益、风险管理计划等方面的要求。评标标准需明确不影响特许经营项目质量情况下，鼓励本地资本参与的基本原则。

附表9-1 国家公园特许经营项目招评标参考指标

评标指标	指标解释
保护措施	合法合规性 环境促进计划(含保护和维护投入) 生态保护的示范价值说明 遗产与文化保护的示范价值说明 资产维护与管理计划
业绩背景	经营范围 注册资本 资信与投融资能力 申请人身份
服务价格	收益取得方式 价格和收费标准的确定 价格调整方法
特许经营费	缴纳方式 缴纳金额
商品和服务质量	市场计划书(含商业模式可持续性) 特许经营项目操作手册 员工能力建设 公共卫生措施 安全保障措施等
社区效益	社区就业贡献说明 社区经济反哺计划 社区培训计划等
风险管理计划	风险分担计划 应急预案 保险情况说明
附加项	续签情况(与原有经营性项目关系) 项目创新性

同等条件下，特别法人、解决国家公园原住居民和周边居民就业有突出贡献的营利法人、非营利法人及其组成的伙伴关系享有优先权。

同等条件下，原有特许经营受让人，履约情况良好者，享有优先续约权。

（四）许可管理

1. 分级分类管理

国家林草局（国家公园管理局）和省级政府依法负责全国国家公园特许经营事务的集中统一管理，颁发许可证。其他地方国家公园管理机构负责特许经营日常管理。建议提升专业化管理和监督管理水平，实施分级分类管理模式。

2. 一般许可管理

（1）国有土地增量项目准入。确需依托国家公园内土地、房屋、码头等国有资产开展特许经营活动的，依法许可特许经营受让人建设运营或者经营特定基础设施。特许经营受让人与国家公园管理机构正式签订的特许经营合同，应明确建筑或设施使用租期、租金、使用范围、保护、维护等相关责任和期满后的资产处置办法。

（2）集体土地增量项目准入。确需依托国家公园内已建集体或个人所有的建筑或设施开展特许经营活动的，根据公共利益需要的重要性，对于承载重要生态保护价值或者历史文化遗产价值，有利于国家公园管理可行性和保护目的性的重大项目，依法由国家公园管理机构统一收购并予以补偿，再向企业、集体或个人进行经营权转让。重大项目由地方国家公园管理机构会同所有权人委员会提出名单，由国家公园管理局认定并备案。

确需依托集体经营性建设用地和集体宅基地开展特许经营的项目，在生态保护优先、原住居民生计保护前提下，禁止外来资本进入国家公园内的原住居民宅基地领域，严禁房地产开发、庄园会所类项目。由国家公园管理机构与村集体与村民签署委托合同，约定土地使用和补偿机制，方可开展经营许可。准予特许经营项目的集体经营性建设用地必须是存量集体经营性建设用地，严禁盲目新增集体经营性建设用地范围，坚守耕地红线不突破的底线。

（3）国有土地存量项目准入。国家公园内国有土地上已开展的经营性项目，经营权已经转让给社会资本的，符合国家公园特许经营规划及相关法律法规并确需开展特许经营的，由国家公园管理机构统一对原有经营项目资产评估和回购后，根据特许经营规划的项目设置面向社会重新招标。不符合本案第5条或相关法律法规的依法由国家公园管理机构收回或责令停止。

（4）集体用地存量项目。国家公园集体经营性建设用地上已经以出租、出让、转让、抵押等方式转让给社会资本的经营性项目，以及由原住民利用宅基地开展的农业经营服务项目，已通过合同、股份合作等形式转让经营权，对于承载重要生态保护价值或者历史文化遗产价值、有利于国家公园管理可行性和保护目的性的项目，如符合相关法律规定且确需继续开展的建议由政府征收，不符合本案第5条或相关法律法规的依法责令停止。

3. 活动许可管理

确需在国家公园内开展的拍摄、节事活动、商业广告等活动，需经由国家公园管理机构批准后，依法获得活动许可，并签署特许经营合同。

活动许可合同需明确活动时间、活动形式、活动地点、活动规模、生态环境影响风险及其规避措施等内容。特许经营合同需明确活动时间、活动形式、活动地点、活动规模、生态环境影响风险及其规避措施等内容。

4. 品牌许可管理

（1）生态产品标准体系规划。由各级国家公园管理机构组织编制国家公园生态产品标准体系规划，提出各国家公园生态产品标识、标准清单和认证目录。

（2）国家公园生态产品认证。各级国家公园管理机构依法委托相关第三方机构开展国家公园生态产品品类的认证、产地认证、品质认证，推动生态产品标准国际互认。

（3）国家公园品牌授权。确需使用国家公园品牌标识的使用者，应向国家公园管理机构依法申请品牌授权。建议全国国家公园品牌标识和品牌授权，由国家公园管理局负责；各国家公园的相关品牌标识和品牌授权由国家公园管理局或省级政府负责。

5. 许可项目退出管理

国家公园内严禁与资源保护相矛盾的经营活动，已在国家公园范围内开展经营性活动且经评估存在以下情况的，国家公园管理局依法实施项目退出机制：

（1）砍伐、放牧、狩猎、捕捞、采药、开垦、烧荒、开矿、采石、挖沙、小水电开发等非可持续性资源利用的。

（2）将国家公园门票、公共交通、公益解说等公共服务内容交由企业、组织或个人经营的。

（3）特许经营受让人存在市场支配地位和经营者集中等垄断性经营行为的。

（4）其他对国家公园生态系统维护、国家公园公益性存在潜在威胁的，存在不良行为信用记录的项目。

（五）合同管理

1. 合同的签订与内容

（1）合同签订。所有权人委员会研究并提出国家公园特许经营项目的标准合同，标准合同由国家公园管理局负责审批。地方国家公园管理机构依法代表上级主管部门与特许经营受让人签署特许经营合同，并提交上级主管部门审批、备案。招标代理机构不得代表地方国家公园管理机构与特许经营受让人签署特许经营合同。

（2）合同内容。标准特许经营合同内容应当包括：项目基本情况；特许经营方式、内容、范围及期限；特许经营者的经营范围、注册资本、出资方式和出资比例；服务价格约定和服务质量承诺；特许经营权使用费的收取方式和标准；特许人和特许经营受让人权利和义务；特许经营建筑与设施的权属与维护保养计划；访客服务计划；环境和文化保护计划；特许经营项目就业促进计划；从业人员保护意识与社会责任培训；环境影响评价；社会效益和社会影响分析；财政报告规定；安全管理与应急预案；履约担保；禁止事项；项目移交及临时接管的标准、方式、程序；特许经营期限届满后资产处置方式；退出机制；违约责任及争议解决方式；政府承诺；需约定的其他事项；监督管理；应当明确的其他事项。

2. 合同期限

特许经营项目合同期的确定，需综合评估特许经营类型服务规模、服务内容、生命周期、总投资量、投资回收期等因素。特许经营项目合同期为：①涉及建筑与设施建设、租赁的一般经营许可项目，合同期一般为 10 年；②不涉及建筑与设施建设、租赁的一般经营许可项目，合同期一般为 3 年，最长不超过 10 年；③活动许可项目，合同期为 3 个月到 1 年。

依法签订的特许经营合同，自签订成立时生效；附生效条件的合同，自条件成熟时生效。涉及固定资产投资成本和回收期的特许经营合同，需明确合作期限中管理者和经营者在"建设期""运营期"的责任。

3. 合同监督

国家公园管理机构负责对特许经营合同载明内容的全程生态环境监管和市场监管，并广泛接受社会监督，依法及时取缔对环境资源有破坏、私自扩大经营规模以及对公园核心发展理念无关的经营服务。

国家公园特许经营项目的程序监管、伙伴监管、价格监管、期限监管、资产监管、运营监管、奖惩监管、舆论监管等情况，通过《国家公园特许经营年度报告》向全社会公开。

对私自进行经营范围扩大，但又符合国家公园总体规划和特许经营实施方案需要的经营项目，经营扩大部分按协议特许经营权使用费标准加倍收取。

国家公园管理局组织第三方项目到期评估，对特许经营项目合同执行情况、经济社会影响和生态影响进行综合评估，评估结果作为重新招标依据。

4. 合同变更和终止

（1）合同变更

特许经营合同有效期内，特许经营权所依据的法律、法规、规章修改、废止，或者授予特许经营权的客观情况发生重大变化的，管理机构可以依法变更或者撤回特许经营权。由此给特许经营者造成财产损失的，应当依法给予补偿。

特许经营受让人达到合同要求并无明显违规的，国家公园管理机构不得随意停止或转让其经营权。行政区划调整，政府换届、部门调整和负责人变更，不得影响特许经营合同履行。

（2）合同终止

国家公园特许经营项目合同附终止期限的，自期限届满时失效。合同到期后，特许经营受让人应停止所有经营活动，将原运营项目无偿移交国家公园管理机构。

因特许经营合同一方严重违约或不可抗力等原因，导致特许经营受让人无法继续履行合同约定义务，或者出现特许经营合同约定的提前终止合同情形的，经协商一致后，可以提前终止合同。特许经营合同提前终止的，国家公园管理机构收回特许经营项目，并根据实际情况和合同约定给予原特许经营受让人相应补偿。

特许经营期限届满终止或者提前终止，按照本指南第十四条规定，由国家公园管理机构重新选择特许经营受让人。因特许经营期限届满重新选择特许经营者受让人的，原特许经营受让人在经营期间履约较好，服务质量好，无游客投诉等不良情况，同等条件下享有续约优先权。新的特许经营受让人选定之前，实施机构和原特许经营受让人应当制定预案，保障产品或服务的持续稳定提供。

六 国家公园特许经营费与服务价格管理

（一）特许经营费的收取原则

特许经营费由地方国家公园管理机构会同所有权人委员会，参考行业特点、经营规模、经营方式等因素，依据公平合理的原则，在兼顾国家公园管理特许经营双方利益的基础上协商确定。

对于微利或者享受财政补贴的项目，特许经营合同中可以约定减免特许经营权用费。

（二）特许经营费的收取方式

特许经营费可采取以下收取方式：基于特许经营项目收入的收取方式，基于特许经营项目利润的收取方式，固定收费方式。

基于特许经营项目收入的收取方式是指按照特许经营项目收入总额的一定比例收费。国家公园管理机构也可以将特许经营项目收入总额从低到高划分不同档次，实行累进收费制。该方式操作相对简单，对国家公园管理机构财务管理水平要求较低。

基于特许经营项目利润的收取方式是指按照特许经营项目利润的一定比例收费。考虑到特许经营商可能通过虚列成本、关联定价等方式降低利润，该方式要求国家公园管理机构有较高的财务管理水平。

固定收费方式是指以固定数额收取特许经营费。无论特许经营商的业务收缩还是扩大，费用都不会变化。该方式易于管理，适用于小型特许经营项目或是预期费用收入低、不稳定或难以监督的项目，但该方式缺乏弹性，无法让各方分担特许经营风险和收益。

地方国家公园管理机构可以根据需要对初创期的特许经营项目免收或者减收特许经营费，也可以设定特许经营项目的最低收费数额。

（三）特许经营费的调整

建立特许经营费的调整机制，由特许经营双方在评估用户数量变化、运营成本变动、项目收支等情况协商调整价格。

（四）特许经营费的预算管理和分配使用管理

国家公园特许经营费由地方国家公园管理机构收取，纳入省级一般公共预算管理，特许经营费涉及省级与市、县级分成的，分成比例按照财政事权与支出责任相适应的原则，由省级人民政府或者其财政部门规定。

（五）特许经营费使用管理

国家公园特许经营收入使用范围，限定为公园生态保护、设施维护、社区发展及日常管理等方面支出。

（六）特许经营项目定价原则

特许经营项目定价应将市场定价原则与公众利益相结合，根据投资和运营成本、使用者数量、公众的承受能力以及其他相同类型产品或服务价格等因素决定。

（七）特许经营项目定价程序

特许经营项目价格由国家公园管理机构依据定价原则，在充分掌握信息的基础上进行合理定价。实行政府定价管理的国家公园特许经营项目价格，由省级价格主管部门会同各级国家公园管理机构在成本监审的基础上，依据法律规定的定价程序确定并向社会公告。

（八）特许经营项目价格的调整

建立特许经营项目价格的定期协商调整机制，由特许经营项目协议双方在评估用户数量变化、运营成本变动、项目收支等情况，以及社会各方面对价格的意见的基础上，协商调整价格。实行政府定价管理的国家公园特许经营项目价格调整，由省级价格主管部门在对价格执行情况进行调查、监测和评估的基础上，依据法律规定的程序进行。

（九）特许经营项目价格管理

各级价格主管部门和各级国家公园管理机构应依据国家相关法律法规和特许经营合同，加强对特许经营项目的价格监管。严格落实明码标价规定，纠正和查处不按规定明码标价、不执行优惠政策、擅自涨价、通过捆绑销售变相涨价等违法违规行为。建立健全价格失信惩戒机制，将各种价格违法违规行为作为特许经营商及其主要负责人不良信用记录纳入全国信用信息共享平台，实施失信联合惩戒。

七 国家公园经营者管理

（一）经营者条件

特许经营受让人需为：①中华人民共和国境内依照法定程序设立的有限责任公司、股份有限公司和其他企业法人等营利企业法人。②社会团体、基金会、社会服务机构等非营利法人。③城镇农村合作经济组织、农村集体经济组织、基层群众性自治组织等特别法人。④个人独资企业、合伙企业、不具法人资格的专业服务机构等非法人组织不在特许经营受让人范围。⑤鼓励特许经营受让人发展营利企业法人、非营利企业法人、特别法人组合的不同类型伙伴关系。保护原住居民权益，创新有限合伙分权控制等原住居民增权机制。

（二）经营者权利和义务

特许经营受让人在合同有效期内，依法享有以下享有特定自然资源资产的使用权、经营权；有权对特许人提供虚假信息、不履行合同约定等行为，依法申诉并索取赔偿。

特许经营受让人在合同有效期内，应履行以下职责：①应当根据特许经营合同约定，确保相应资金或落实资金来源，按时缴纳特许经营费；②应当遵守与国家公园管理机构的产品或服务价格约定，依法提供优质、持续、高效、安全的产品或者服务；③应当履行促进社区发展的义务，根据合同约定确保规定比例原住居民或本地就业人数，定期开展员工能力提升培训；④应当定期对特许经营项目设施进行检修和保养，保证设施运转正常及经营期限届满后资产按规定进行移交；⑤应当确保经营活动符合所在国家公园总体规划和特许经营项目规划的要求，不破坏自然资源资产或者使其失去原有生态、科学、观赏价值；⑥不以转让、出租、质押等方式处置特许经营权以及自然资源资产；⑦不擅自变更特许经营合同约定的经营内容或擅自停业、歇业；⑧按约定期向国家公园管理机构上报合同约定的财务、员工等情况，依法向消费者出具购货凭证或者服务单据；⑨相关法律规章规定的其他职责。

（三）法律责任

对生态系统存在潜在威胁的，不能履行特许经营合同的，不能按约定缴纳特许经营费的，擅用国家公园统一标识者、实际经营活动与申请经营活动不符的，国家公园管理机构有权警告、暂停或终止特许经营受让人的经营活动，并予以公告。情节严重的，依法处以罚款，并予以公告；构成犯罪的，依法追究刑事责任。

特许经营受让人不良行为信用记录是特许经营续约评价的主要参考依据。

八 访客管理与社区促进

（一）访客管理主体

各级国家公园管理机构有义务为访客购买特许经营产品或服务提供预约、导览、告知、投诉和反馈等服务，监督特许经营受让人为访客提供合同载明的产品和服务，并依法监督产品与服务质量。

（二）访客预约管理

国家公园应实施访客预约机制，门票、住宿、餐饮、特色解说、生态体验等消费项目均需通过国家公园管理部门授权的预约平台预约。

（三）访客入园须知

国家公园访客需在预约缴费前签署入园须知，出示已购保险证明。入园须知需包括以下方面：①国家公园的特殊性、定位和价值；②预约园区的自然地理和文化概况；③园区生态保护和尊重原住居民文化的注意事项；④进入园区内的行为准则；⑤各类风险、突发事件应急处理。

（四）访客行为管理

访客进入国家公园享有基础公共服务和所购特许经营项目的知情权、安全权、自由选择权、监督评价权等。

国家公园管理机构建设国家公园大数据平台，设置访客大数据管理平台。国家公园管理机构应为访客体验提供必备的基础解说系统、公共交通系统、安全标识系统、访客反馈系统，编制并发放入园访客行为守则，监督访客购买旅游意外险。

国家公园管理机构应建立访客奖励机制，对访客选择绿色出行、绿色消费、科普体验、志愿者服务给予物质或精神奖励。

国家公园特许经营受让人为访客提供承诺质量的产品和服务，监督并制止对破坏生态系统，造成野生动植物伤害、人员伤害及其他违反国家公园建设目标的访客行为，并报送通过国家公园管理机构，国家公园管理机构依法予以处罚。

（五）社区优先权

鼓励国家公园内原住居民的城镇农村合作经济组织、农村集体经济组织、基层群众性自治组织等特别法人参与特许经营活动。同等条件下，原住居民特别法人具有优先权。

鼓励国家公园原住居民作为有限责任公司、股份有限公司和其他企业法人等营利企业法人，同等条件下，原住居民特别法人具有优先权。

（六）社区伙伴关系

鼓励社会团体、基金会、社会服务机构等非营利法人与国家公园内原住居民的农村集体经济组织、农村专业合作社集体发展伙伴关系，探讨促进原住居民增收和生活质量提高的收益方式。

社会资本参与特许经营竞标，必须提供以确保原住居民或集体收益的主体地位为前提，并提供解决原住居民或本地居民就业方案、社区公益培育方案等。

附件10
大熊猫国家公园荥经片区泥巴山廊道
特许经营项目自然体验线路产品业态设计

大熊猫国家公园泥巴山廊道自然教育项目围绕泥巴山廊道、龙苍沟区域开展高端小团模式的自然探索和环境教育徒步，拟测试7条线路开展自然教育活动试点生态体验和自然教育经营活动。结合课程安排进行路线设计，传达国家公园"生态保护第一"和"可持续发展"的理念，行前依托泥巴山管护站等国家公园管理机构站点以课堂或游戏的方式开展国家公园介绍和行前教育。开展每次3~8小时的户外生态体验活动，了解国家公园管护员的日常工作和保护活动，课程模块包括红外相机监测、野生大熊猫寻踪、特许捡屎官、昆虫课堂等自然教育模块，让访客通过泥巴山管护站和科研科普工作走进大熊猫栖息地，了解国家公园建设的意义、挑战和成果。七条线路的产品业态设计如下。

No.1 羚牛之路

适合春季和秋季，3月、4月、5月为最佳时间，四驱巡护车辆+徒步，难度系数4.0。

【路线】荥经—云雾山管护站，1小时车程；

管护站—徒步起点1小时车程（20km）；

管护员巡护4小时，体验人员徒步7小时：古牛沟、牛井（3km单程，6km往返）。

【亮点】春季杜鹃珙桐，羚牛监测，观鸟，溯溪，观蛙，夜观萤火虫。

【体验】野蜂窝、野猪塘、蚂蟥阵、八月笋、邂逅羚牛（1头）。

No.2 飞羽之路

适合春季和秋季，3月、4月、5月为最佳时间，四驱巡护车辆+徒步，难度系数 2.0。

【路线】荥经—徒步起点 1 小时车程；

徒步起点—云雾山管护站，约 3 公里；

活动时间 3~5 小时。

【亮点】春季珙桐、杜鹃，春秋两季观鸟，植物和昆虫，夜观萤火虫。

No.3 珙桐大道

适合春季和秋季，3 月、4 月、5 月为最佳时间，四驱巡护车辆+徒步，难度系数 2.0。

【路线】荥经—云雾山管护站（徒步起点），1 小时 20 分钟车程；

活动时间 3~5 小时。

【亮点】春季珙桐、杜鹃，春秋两季观鸟，植物和昆虫，溯溪寻蛙，夜观萤火虫，露营、灯诱。

NO.4 大熊猫痕迹红外相机探秘之路

（管护站向下 3 公里，养蜂处停车，下行 500 米，走安放红外相机的小路）

适合春、夏、秋、冬季节，四驱巡护车辆+徒步，难度系数 3.5。

【路线】

荥经县城—泥巴山管护站（1.5 小时车程），下行 3 公里养蜂处停车，沿着山路下行 500 米，小路进山。

泥巴山管护站—大熊猫红外检测第一个相机处，1 小时路程。

【亮点】

植物：春季杜鹃、三月竹嫩笋，秋季八月瓜、狗枣猕猴桃、罗豆子（胡颓子科一种植物），松果。

监测：可开展水质监测，土壤监测，竹子样方监测。

观察：观鸟，大熊猫粪便，红外相机数据读取和分析。

往返路线，典型四川山地，陡坡攀爬，走山梁。

【体验】

林地密实，攀爬难度大，不太适合初级访客。

各种大型真菌。

山脊线有高大树木。

发现熊猫老旧粪便，野猪坑。

NO.5 大熊猫巢穴探秘之路

适合春、夏、秋、冬季节，环线徒步，难度系数3.0。

【路线】

荥经县城—泥巴山管护站，1.5小时车程。

泥巴山管护站—大熊猫巢穴处，1小时路程。

【亮点】

植物：春季杜鹃、三月竹嫩笋，夏季雨后蘑菇，秋季八月瓜、狗枣猕猴桃、罗豆子（胡颓子科一种植物），松果。

监测：可开展水质监测，土壤监测，竹子样方监测。

观察：观鸟，大熊猫巢穴，红外相机数据读取和分析。

【体验】

沿途有不同的景观：穿梭竹林后有一段人工林，线路全程竹林、人工林相互交替；

有巡护道路，沿途平缓的地方可坐下休息，开阔的人工林里可观鸟；

刚冒出地面的蘑菇，叫不出名儿的兰科植物；

蜘蛛网和水滴；熊猫木屋和红外相机数据读取和分析；竹林与野猪坑；干涸的山沟、雉类动物（一雉顶十鸟）

NO.6 熊猫秘径

（泥巴山管护站旁边，穿越幽深竹林，寻找国道边的大熊猫秘径）

适合春、夏、秋、冬季节，从管护站开始徒步，难度系数3.0。

【路线】

荥经县城—泥巴山管护站，单程1.5小时。

泥巴山管护站—熊猫秘径，保护站为徒步起点，沿108国道上行约300米后，从小路进山，往返约3小时。

【亮点】

1. 国道旁的熊猫秘径，可能是距离108国道最近的一个大熊猫活动点位，直线距离约 600 米，可讲解大熊猫种群扩散的生态学知识、大熊猫廊道的识别和长期监测、为促进大熊猫种群扩散和交流而采取的廊道保护行动等，可与下一条路线上栖息地改造和原生植物种植相结合。

2. 观赏植物：杜鹃（4~5月）、兰科（4~7月）、各种颜色的覃菌（6~8月）；可食野果：狗枣猕猴桃（8月）、罗豆子（8月）。

3. 观察：大量兽类痕迹，包括野猪巢穴、獾类痕迹、藏酋猴、竹鼠洞、大熊猫粪便、大熊猫爬树留下的爪痕，红外相机（非常理想的红外相机点位，能拍到各类动物）数据读取和分析。

【体验】

1. 往返路线，竹林茂密，穿越难度较大，但坡度不大，适当维护后，可开放给初中级访客。

2. 终点是一个兽道交汇点，有一个平台，可称为熊猫秘径，有可供大熊猫攀爬和标记的大树，有粪便、爪痕等痕迹，通过红外相机能看到各种动物，可亲身体验熊猫的秘密生活。

3. 沿途各种覃菌、兰花、野果、动物痕迹，体验感丰富。

NO.7 护猫之路—八百亩熊猫廊道恢复

适合春、夏、秋、冬季节，往返徒步，难度系数 2.0。

【路线】

荥经县城—泥巴山管护站，单程 1.5 小时。

泥巴山管护站—芹菜坪，沿 108 国道开车上行约 1500 米到达芹菜坪徒步起点，5 分钟车程。

芹菜坪起点—红外相机点位，徒步往返距离约 5 公里；

活动时间 3~4 小时。

【亮点】

1. 国道旁的护猫之路，与熊猫秘径隔路相望，可近距离观察栖息地恢复的保护措施，如林下灌丛清理、原生树种种植，可深入讲解大熊猫种群扩散的生态学知识、大熊猫廊道的识别和长期监测、为促进大熊猫种群扩散和交流而采取的廊道保护行动等。

2. 观赏植物：杜鹃（4~5月），各种野花（菊科、荚蒾、旌节花、苦苣苔、龙胆）；可食野果：猕猴桃（8月）。

3. 观察：观鸟，包括林鸟和红腹角雉；多处豹猫粪便，大熊猫粪便；红外相机拍到熊猫带崽的影像。

4. 夜观：有相对较宽的溪流，可开展溯溪、观蛙、观虫活动。

【体验】

1. 往返路线，步道宽敞，坡度很小，入门级徒步，但路程稍长，可开放给初级访客。

2. 拍到过大熊猫带崽的影像，路线中途还有一条较短的岔路支线，里面有大熊猫巢穴，可结合廊道恢复情况讲述大熊猫保护故事。

3. 可以模拟、体验熊猫栖息地巡护，沿途观鸟、记录动物痕迹。

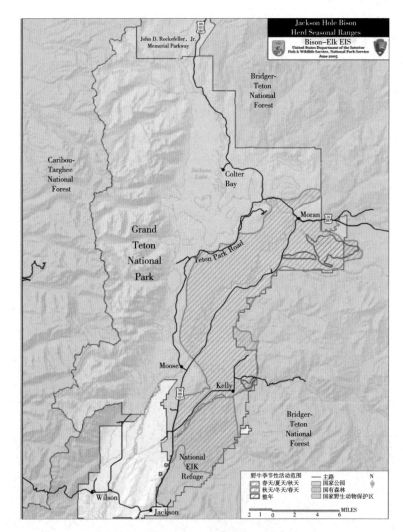

图 5-2　跨自然保护地季节性野牛栖息地示意

利用水晶梨种植基地良好的生态基础和区位条件，与周边民宿形成互联互动，增加民宿农事体验活动，围绕潭岭水库打造环湖绿道并设置游船码头，利用水库几个湖心岛设置一系列生态旅游项目。

图23-4 潭岭村绿色产业升级示意

太平洞村位于湖南省和广东省交界处，清远市阳山县北部，东临韶关乳源县，西临秤架乡炉田村，面积86平方公里。

产业现状以传统种植业为主，其中，第一产业主要为农作物种植，主要作物有水稻、蔬菜、玉米、马铃薯等。太平洞村是阳山县重要的茶叶、兰花种植基地。

图23-5 太平洞村地理位置示意

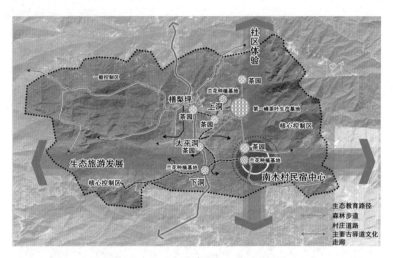

图 23-6　太平洞村绿色产业示意

图书在版编目（CIP）数据

中国国家公园体制建设报告. 2021-2022 / 苏杨，张
海霞，何昉主编 . -- 北京：社会科学文献出版社，
2022.12

ISBN 978-7-5228-1007-2

Ⅰ . ①中… Ⅱ . ①苏… ②张… ③何… Ⅲ . ①国家公
园-体制-研究报告-中国-2021-2022 Ⅳ .
①S759.992

中国版本图书馆 CIP 数据核字（2022）第 205602 号

中国国家公园体制建设报告（2021~2022）

主　　编／苏　杨　张海霞　何　昉
副 主 编／王　蕾　苏红巧　邓　毅

出 版 人／王利民
组稿编辑／宋月华
责任编辑／韩莹莹　范　迎　卫　羚
责任印制／王京美

出　　版／社会科学文献出版社·人文分社（010）59367215
　　　　　地址：北京市北三环中路甲 29 号院华龙大厦　邮编：100029
　　　　　网址：www.ssap.com.cn
发　　行／社会科学文献出版社（010）59367028
印　　装／天津千鹤文化传播有限公司

规　　格／开本：787mm×1092mm　1/16
　　　　　印张：32.75　字数：551 千字
版　　次／2022 年 12 月第 1 版　2022 年 12 月第 1 次印刷
书　　号／ISBN 978-7-5228-1007-2
定　　价／198.00 元

读者服务电话：4008918866